普通高等职业教育"十三五"规划教材

大学计算机基础教程

主　编　徐　岩

副主编　司巧梅　陈英奎　黄海宽

主　审　李　静

北京邮电大学出版社
www.buptpress.com

内 容 简 介

本书共 13 章,内容包括计算机基础知识、Windows 7 操作系统、Word 2010 文字处理软件、Excel 2010 电子表格处理软件、PowerPoint 2010 演示文稿制作软件、计算机网络与应用、计算机多媒体技术基础、数据通信技术基础、数据结构基础、程序设计基础、软件工程基础、数据库设计基础、信息安全技术基础。每一章即是一个独立的知识模块,每个模块包括若干个学习目标,每个目标对应多个知识点。

本书内容力求深入浅出、通俗易懂,方便对初学者进行科学指导,形成对学科的整体认知。着重培养学生的计算机学科思维方式及使用计算机解决和处理问题的能力,提升大学生的综合素质。

本书知识的深度和广度符合最新的全国计算机等级考试相关要求,适合作为高职院校各专业的计算机基础课程教材。

图书在版编目(CIP)数据

大学计算机基础教程 / 徐岩主编. -- 北京:北京邮电大学出版社,2016.8(2018.9 重印)
ISBN 978-7-5635-4854-5

Ⅰ.①大… Ⅱ.①徐… Ⅲ.①电子计算机—高等学校—教材 Ⅳ.①TP3

中国版本图书馆 CIP 数据核字(2016)第 178266 号

书 名	大学计算机基础教程
著作责任者	徐 岩 主 编
责 任 编 辑	满志文 郭子元
出 版 发 行	北京邮电大学出版社
社 址	北京市海淀区西土城路 10 号(邮编:100876)
发 行 部	电话:010-62282185 传真:010-62283578
E-mail	publish@bupt.edu.cn
经 销	各地新华书店
印 刷	北京玺诚印务有限公司
开 本	889 mm×1 194 mm 1/16
印 张	19.75
字 数	648 千字
版 次	2016 年 8 月第 1 版 2018 年 9 月第 2 次印刷

ISBN 978-7-5635-4854-5   定 价:45.00 元

· 如有印装质量问题,请与北京邮电大学出版社发行部联系 ·

前　言

随着计算机技术和网络通信技术的飞速发展,计算机的应用程度已成为现代社会发展的重要标志之一。由于计算机被广泛用于工作、学习和生活中,"计算机应用基础"课程成为各专业必修课,用以培养学生具有计算机应用技能,使学生能够掌握信息社会所需要具备的信息理论基础,以及利用计算机处理问题的思维能力;使学生适应飞速发展的计算机技术和社会对人才知识结构需求的变化,具有获取、分析、处理和应用各种信息的能力,以适应社会对人才的需求。

全书共 13 章,内容包括计算机基础知识、Windows 7 操作系统、Word 2010 文字处理软件、Excel 2010 电子表格处理软件、PowerPoint 2010 演示文稿制作软件、计算机网络与应用、计算机多媒体技术基础、数据通信技术基础、数据结构基础、程序设计基础、软件工程基础、数据库设计基础、信息安全技术基础。每一章即是一个独立的知识模块,每个模块包括若干个学习目标,每个目标对应多个知识点。

本书具有以下特点:

(1) 以计算思维为导向,以突出应用、强化能力为目标;

(2) 结合教育教学改革新理念、新要求;

(3) 广融最新应用技术,知识具有先进性和实用性;

(4) 知识模块化、精炼实用,适用于不同层次的教学对象;

(5) 学习目标清晰,知识内容覆盖最新的全国计算机等级考试大纲。

全书由多年从事计算机专业教育、具有丰富一线教学经验的教师编写。李静教授指导编写团队并审阅全部书稿,具体撰写分工如下:司巧梅编写第 1、3、4 章,徐岩编写第 2、5、9、11 章,陈英奎编写第 6、7、8、10 章,黄海宽编写第 12、13 章。在编写过程中,参考了大量有价值的文献与资料,吸取了许多人的宝贵经验,得到了牡丹江师范学院和牡丹江大学计算机专业教师的大力支持与帮助,在此深表谢意。同时,对在编写过程中参考的大量文献资料的作者一并致谢。由于计算机技术发展迅速,加上编者水平有限,书中难免出现错误,敬请读者批评、指正。

编　者

目　　录

第1章　计算机基础知识

【学习目标】

1. 了解计算机的发展历程及发展趋势；
2. 掌握计算机的特点及应用领域；
3. 了解计算机热点技术；
4. 掌握计算机系统组成，掌握计算机硬件系统和软件系统的基本知识；
5. 了解计算机基本工作原理；
6. 掌握几种常用数制间的转换方法；
7. 掌握计算机的主要技术指标。

1.1　计算机的发展及应用

计算机是 20 世纪科学技术最卓越的成就之一，是科学技术和生产力高度发展的必然产物，计算机及其应用已渗透到社会生活的各个领域，有力地推动了整个信息化社会的发展。进入 21 世纪，掌握以计算机为核心的信息技术的基础知识并具有一定的应用能力，是现代大学生必备的基本素质。

计算机是一种能够自动、高速、精确地存储和加工信息的电子设备。自从第一台计算机诞生以来，计算机得到了迅猛发展，人们研制出了各种类型的计算机，广泛应用于社会生活的各个领域，发挥着巨大的作用。

1.1.1　计算机概述

1. 计算机的产生

1946 年 2 月，世界上第一台通用电子数字计算机 ENIAC（Electronic Numerical Integrator And Computer），在美国宾西法尼亚大学研制成功，如图 1-1 所示。ENIAC 的研制成功是计算机发展史上的一座里程碑。该计算机最初是为了分析和计算炮弹的弹道轨迹而研制的。ENIAC 结构庞大，占地 170 平方米，重达 30 吨，使用了18 000个电子管，耗电 150 千瓦。虽然它每秒只能进行 5 000 次加减法或 400 次乘法运算，在性能方面与今天的计算机无法相比，但是，ENIAC 的研制成功在计算机的发展史上具有划时代的意义，它的问世标志着电子计算机时代的到来，标志着人类计算工具的新时代开始了，标志着世界文明进入了一个崭新时代。

图 1-1　世界上第一台电子计算机 ENIAC

英国科学家艾兰·图灵（图 1-2）和美籍匈牙利科学家冯·诺依曼（图 1-3）是计算机科学发展史的两位关键人物。图灵建立了图灵机模型，并提出了图灵机是非常有力的计算工具的原理，奠定了计算机设计的基础，并提出图灵测试理论，阐述了机器智能的概念。冯·诺依曼被称为计算机之父，他确立了现代计算机的基本结构，提出了"存储程序"的工作原理，并以二进制数表示数据。他和他的同事们研制了电子计算机 EDVAC，对后来的计算机在体系结构和工作原理都产生了重大影响。在 EDVAC 中采用了"存储程序"的概念，以此概念为基础的各类计算机统称为冯·诺依曼机。

2. 计算机的发展

从第一台电子数字计算机诞生以来，计算机技术获得了突飞猛进的发展，计算机的体积不断变小，性能、速度不断提高。电子元器件的更新是其发展的重要标志之一。根据电子计算机所采用的电子元器件不同，一般把电子计算机的发展划分为四代，目前正在向第五代过渡。

图 1-2 图灵　　　　　　　　　　　图 1-3 冯·诺依曼

第一代：电子管计算机(1946—1957年)，其基本特征是采用电子管作为计算机的逻辑元件；数据表示主要是定点数；软件使用机器语言或汇编语言编写程序。运算速度为每秒几千次至几万次。因此第一代计算机体积庞大、耗电量大、造价很高，主要用于军事和科学研究工作。

第二代：晶体管计算机(1958—1964年)，其基本特征是逻辑元件逐步由电子管改为晶体管；存储器采用磁芯和磁鼓；出现了系统软件(监控程序)，提出了操作系统概念，并且出现了高级语言如 FORTRAN 语言等。运算速度为每秒几十万次。与第一代电子计算机相比，晶体管计算机体积减小、重量减轻、能耗降低、成本下降、速度快，可靠性大大提高。除了进行科学计算外，还可用于数据处理和事务处理。

第三代：集成电路计算机(1965—1971年)，其基本特征是逻辑元件采用中、小规模集成电路，从而使计算机体积更小，重量更轻，耗电更省，寿命更长，成本更低，运算速度可达每秒几十万次到几百万次。第一次采用半导体存储器作为主存，取代了原来的磁芯存储器，使存储器容量的存取速度有了革命性的突破，增加了系统的处理能力；软件越来越完善，高级程序设计语言在这个时期有了很大发展，并且出现了操作系统和会话式语言。这一阶段采用了集成电路工艺技术，在存储器和外部设备上都使用了标准输入/输出接口，结构采用标准组件组装，使得计算机的兼容性更好，应用范围扩大到工业控制等领域。

第四代：大规模、超大规模集成电路计算机(1972年至今)，其基本特征是逻辑元件采用大规模和超大规模集成电路，使计算机体积、重量、成本均大幅度降低，计算机的性能空前提高。目前，计算机的速度最高可以达到每秒几百万次至上亿次浮点运算。操作系统不断完善，软件方面发展了数据库系统、分布式操作系统，应用软件已成为现代工业的一部分。网络通信技术、多媒体技术及信息高速公路使世界范围内的信息传输更加快捷。

3. 计算机的发展趋势

今后计算机的发展趋势更加趋于巨型化、微型化、网络化、多媒体化和智能化。

(1) 巨型化

巨型化并不是指计算机的体积大，而是相对于大型计算机而言的一种运算速度更高、存储容量更大、功能更完善的计算机。巨型机的研制水平，可以衡量整个国家的科技能力。

(2) 微型化

随着微电子技术和超大规模集成电路的发展，计算机的体积趋向微型化。从20世纪80年代开始，微机得到了普及。现在，又出现了笔记本式计算机、掌上电脑、手表电脑等。此外，微机已嵌入电视、电冰箱、空调器等家用电器、仪器仪表等小型设备中，同时也进入工业生产中作为主要部件控制着工业生产的整个过程，使生产过程自动化。

(3) 网络化

现代信息社会的发展趋势就是实现资源共享，即利用计算机网络，把分散在不同地理位置上的计算机通过通信设备连接起来，形成一个规模巨大、功能强大的计算机网络，使信息能得到快速、高效的传递。

(4) 多媒体化

多媒体技术是指利用计算机来综合处理文字、图形、图像、声音等媒体数据，形成一种全新的音频、视频、动画等信息的传播形式。目前多媒体化已成为计算机最重要的发展方向。

（5）智能化

智能化是让计算机具有模拟人的感觉和思维过程的能力。即让计算机能够进行图像识别、定理证明、研究学习、探索、联想、启发和理解人的语言等功能，它是新一代计算机要实现的目标。

1.1.2　计算机的特点及分类

1. 计算机的特点

计算机是一种能按照事先存储的程序，自动、高速地进行大量数值计算和各种信息处理的现代化智能电子设备。计算机之所以能够应用于各个领域，能完成各种复杂的处理任务，是因为它具有以下一些基本特点。

（1）运算速度快

运算速度是指计算机每秒能执行多少指令。常用单位是 MIPS，即每秒执行定点加法的次数或平均每秒钟执行指令的条数。

（2）计算精度高

由于计算机采用二进制数进行运算，其计算精度可用增加二进制的位数来获得。计算机可以保证计算结果的任意精确度要求。这取决于计算机表示数据的能力。现代计算机提供多种表示数据的能力，以满足对各种计算精确度的要求。

（3）记忆能力强

计算机的存储器（内存储器和外存储器）类似于人的大脑，能够记忆大量的信息。不仅可以存储数据和程序，还可以保存大量的文字、图像、声音等信息资料，并能对这些信息加以处理、分析和重新组合，以满足各种应用的需要。

（4）逻辑判断能力强

具有逻辑判断能力是计算机的一个重要特点，计算机不仅可以进行算术运算，还可以进行逻辑运算。在程序执行过程中，计算机能够进行各种基本的逻辑判断，并根据判断结果来决定下一步执行哪条指令。这种能力，是计算机处理逻辑推理问题的前提，保证了计算机信息处理的高度自动化，使得计算机在自动控制、人工智能、专家系统和决策支持等领域发挥着越来越重要的作用。

（5）自动化程度高，通用性强

由于计算机的工作方式是将程序和数据先存放在计算机内，工作时按程序规定的操作，一步一步地自动完成，一般无须人工干预，因而自动化程度高。这一特点是一般计算工具所不具备的。

计算机通用性的特点表现在几乎能求解自然科学和社会科学中一切类型的问题，能广泛地应用各个领域。

2. 计算机的分类

随着计算机技术的发展和应用，尤其是微处理器的发展，计算机的类型越来越多样化。计算机按照不同的标准可以有不同的分类方法。

（1）按计算机处理数据的方式分类

按计算机处理数据的方式可以分为数字计算机和模拟计算机。

数字计算机处理的是一种称为符号信号或数字信号的电信号，这些数据在时间上是离散的，计算机输入的是数字量，输出的也是数字量。

模拟计算机所使用的电信号是模拟自然界的实际信号。模拟信号在时间上是连续的，通常称为模拟量，如电压、电流等。模拟电子计算机处理问题的精度差，所有的处理过程均需模拟电路来实现，电路结构复杂，抗外界干扰能力差。

（2）按计算机功能分类

按计算机的功能可以分为通用计算机和专用计算机。

通用计算机是指为解决各种问题，主要用于商业、工业、政府机构和家庭个人。

专用计算机是指为适应某种特殊应用而设计的计算机，主要在某些专业范围内应用。我们在导弹和火箭上使用的计算机很大部分就是专用计算机。

（3）按计算机的规模和处理能力分类

按计算机的规模大小和综合处理能力，计算机可分为巨型机、大型机、小型机、微型机。

①巨型机

巨型机也称超级计算机，是目前运算速度最快、处理能力最强的计算机，主要应用于原子能、航空航天、石油勘探等领域。

②大型机

大型机是指通用性好、处理速度快、运算速度仅次于巨型计算机的计算机，主要应用于大中型企事业单位的中央主机。

③小型机

小型机规模小、结构简单、维护方便、成本较低，功能略逊于大型机，适用于中小企业用户。

④微型机

微型机又称个人计算机（PC），其价格便宜，功能齐全，体积小，操作容易，广泛用于个人用户，是目前最普及的机型。

（4）按工作模式分类

按工作模式可划分为工作站和服务器。

工作站是一种介于微型机和小型机之间的高档微型计算机系统，通常配有高分辨率的大屏幕显示器和大容量存储器，具有较强的数据处理能力和图形功能。

服务器是一种在网络环境中为多个用户提供服务的共享设备。服务器要求具有较好的稳定性和可靠性，并能提供网络环境中的各种通信服务和资源管理功能。

1.1.3 计算机的应用领域

计算机技术的发展及其对社会的巨大作用，已使计算机应用大至进行空间探索小至揭示微观世界，从日常生活到社会各个领域无所不至，具体有以下几个方面的应用。

1. 科学计算

科学计算也称数值计算，是计算机最早的应用领域，在科学研究和科学实践中，以前无法用人工解决的大量、复杂的数值计算等问题，现在用计算机可快速、准确地解决。计算机计算能力的提升，推进了许多科学研究的发展，如著名的人类基因序列分析计划、人造卫星的轨道测算、天气预报、高能物理以及地质勘探等许多尖端科学技术的计算都需要借助计算机。

2. 信息处理

所谓信息处理，是指对大量数据进行加工处理，如收集、存储、传送、分类、检测、排序、统计和输出等，再筛选出有用的信息。信息处理是非数值计算，与科学计算不同，处理的数据虽然量大，但计算方法简单。目前信息处理已成为计算机应用领域的一个重要方面。例如，企业管理、物资管理、统计报表、财务管理、信息情报检索等。

3. 过程控制

过程控制又称实时控制，是指计算机实时采集控制对象的数据，加以分析处理后，按系统要求对控制对象进行控制。工业生产领域的过程控制是实现工业生产自动化的重要手段，利用计算机代替人对生产过程进行监视和控制，可以大大提高劳动生产率。过程控制在机械、冶金、石油化工、电力、建筑和轻工等各个部门都得到了广泛的应用。

4. 计算机辅助系统

计算机辅助系统是以计算机为工具，并且配备专用软件辅助人们完成特定的工作任务，以提高工作效率和工作质量为目标的硬件环境和软件环境的总称。计算机辅助系统包括计算机辅助设计、计算机辅助制造、计算机辅助教学等。

（1）计算机辅助设计（Computer Aided Design，CAD）

在工业设计中，为提高设计速度和设计质量，技术人员可借助 CAD 完成相关设计工作。该技术已广泛地应用于飞机、汽车、机械、电子、建筑和轻工等领域。

（2）计算机辅助制造（Computer Aided Manufacturing,CAM）

在机器制造业中,利用计算机通过各种数值计算控制机床和设备,自动完成产品的加工、装配、检测和包装等制造过程。该技术已广泛应用于飞机、汽车、家用电器、电子产品制药业等方面。

（3）计算机辅助教学（Computer Aided Instruction,CAI）

CAI技术是利用计算机模拟教师的教学行为进行授课,学生通过与计算机的交互进行学习并自测学习效果,从而提高了教学效率和教学质量,是新型的教育技术和计算机应用技术相结合的产物。目前,各类学校都已开展了网上教学、远程教学和移动教学。

（4）其他计算机辅助系统

此外,还有其他的计算机辅助系统,如利用计算机作为工具辅助产品测试的计算机辅助测试系统（Computer Aided Testing,CAT）;利用计算机对文字、图像等信息进行处理、编辑、排版的计算机辅助出版系统（Computer Aided Publishing,CAP）、计算机仿真模拟系统（Computer Simulation System）等。

5．网络与通信

现代通信技术与计算机技术结合,构成联机系统和计算机网络。利用计算机网络,各计算机之间可以方便地共享数据、软件和硬件,可以快速、及时地传送或查询信息（包括数据、文字、图像、语音与视频）,可以收发传真、拨打可视电话,可以在家中进行购物、查询、求医及求职等。目前流行的 Internet 就是一个最大的计算机网络系统。

6．人工智能

人工智能是指模拟人类的学习过程和探索过程。通过设计具有智能的计算机系统,让计算机具有通常只有人类才具有的智能特性,如识别图形、声音,具有学习、推理能力,能够适应环境等。机器人是计算机在人工智能领域的典型应用。

7．数字娱乐

运用计算机网络可以为计算机用户带来丰富多彩的娱乐活动,如丰富的电影、电视资源、网络游戏等。另外,数字电视的发展也使传统电视的单向播放模式转变为交互模式。

8．电子商务

电子商务利用计算机技术、网络技术和远程通信技术实现整个过程的电子化、数字化、网络化以及商务化,即通过使用互联网等电子工具,达成各种商业交易或利用电子业务共享信息,实现企业间业务流程的电子化,并提高各企业间的环节效率。

1.1.4　计算机的新技术

计算机应用技术日新月异,目前常用的主要技术有中间件技术、普适计算、网格计算、云计算、物联网、大数据等。

1．中间件技术

中间件（Middleware）位于操作系统和应用程序之间,向各种应用软件提供服务,使不同的应用进程能在不同平台下通过网络相互通信。目前,在计算机软件技术的推动下,中间件技术不断发展,日渐成熟,形成各种不同层次、不同类型的中间件产品。例如,数据访问中间件、消息中间件、交易中间件等。

2．普适计算

普适计算（Ubiquitous Computing）是无所不在的,随时随地可以进行计算的一种方式,其目的是建立一个充满计算和通信能力的环境。在普适计算环境下,整个世界是一个网络的世界,为不同目的服务的计算和通信设备连接在网络中,人们可以便捷地获得需要的信息和服务。目前,较为成熟的普适计算领域的系统有 Jini 技术、AURU、Centaurus 等。

3．网格计算

网格计算（Grid Computing）是利用互联网把分散在不同地理位置的计算机组织成一个"虚拟的超级计算机",其中每一台参与计算的计算机就是一个"结点",而整个计算是由成千上万个"结点"组成的"一张网格"。网格计算机的优势是具有超强的数据处理能力和充分利用网上闲置的处理能力。"大学课程在线"是中国教育科研网(CERNET)在网格计算方面的一个典型应用。

4. 云计算

云计算(Cloud Computing)是分布式计算、网格计算、并行计算、网络存储及虚拟化计算机和网络技术发展融合的产物,或者说是它们的商业实现。云计算是一种基于互联网的超级计算模式,将计算任务分布在大量计算机构成的资源池上,使各种应用系统能够根据需要获取计算力、存储空间和各种软件服务,这些应用或者服务通常不是运行在自己的服务器上,而是由第三方提供。最简单的云计算技术在网络服务中随处可见,如搜索引擎、网络信箱、Google 的 Applications(包括 Gmail、Gtalk、Google 日历)等都是云计算的具体应用。云计算是划时代的技术。

5. 物联网

物联网(The Internet of Things),顾名思义,"物联网就是物物相连的互联网"。这里有两层含义:第一,物联网的核心和基础仍然是互联网,是互联网的延伸和扩展;第二,其用户端延伸和扩展到了任何物品与物品之间,进行信息交换和通信。

物联网被称为继计算机和互联网之后,世界信息产业的第三次浪潮,代表着当前和今后相当一段时间内信息网络的发展方向。从一般的计算机网络到互联网,从互联网到物联网,信息网络已经从人与人之间的沟通发展到人与物、物与物之间的沟通,功能和作用日益强大,对社会的影响也越发深远。现在的物联网应用领域已经扩展到了智能交通、仓储物流、环境保护、平安家居、个人健康等多个领域。

6. 大数据

大数据(Big Data)是指所涉及的信息量规模巨大到无法通过传统软件工具,在合理时间内达到撷取、管理和处理的数据集。大数据技术已广泛应用到医疗、能源、通信等行业。例如,解码最原始的人类基因组曾花费 10 年时间处理,如今可在一星期之内实现。

1.2　计算机中信息的表示

在计算机中,信息是以数据的形式表示和使用的,计算机能表示和处理的信息包括数值型数据、非数值型数据(字符、图像、音频和视频等),而这些信息在计算机内部都是以二进制的形式表示的。也就是说,二进制是计算机内部存储、处理数据的基本形式。计算机之所以能区别这些不同的信息,是因为它们采用不同的编码规则。

1.2.1　数制的概念

数制是指用一组固定的符号和统一的规则来计数的方法。数制也是数的表示及计算的方法。

1. 进位计数制

进位计数制是按进位的方式计数的数制,简称进位制。在日常生活中通常使用十进制数,也可根据需要选择其他进数制,例如,1 年有 12 个月,为十二进制;1 小时等于 60 分钟,为六十进制;1 天 24 小时,为二十四进制。

数据无论采用哪种进位制表示,都涉及"基数"和"权"两个基本概念。例如,十进制有 0,1,2…,9 共 10 个数码,二进制有 0、1 两个数码,通常把数码的个数称为基数。十进制数的基数是 10,进位原则是"逢十进一";二进制数的基数是 2,进位原则是"逢二进一"。R 进制数的基数是 R,进位原则是"逢 R 进一"。

位权是指一个数字在某个固定位置上所代表的值,简称"权",处在不同位置上的数字所代表的值不同,每个数字的位置决定了它的值和位权,而各进位计数制中位权的值是基数的若干次幂。因此,用任何一种进位计数制表示的数都可以写成按位权展开的多项式之和,即任意一个 R 进制数 N 可表示为:

$$(N)_R = a_{n-1}a_{n-2}\cdots a_1 a_0 . a_{-1}\cdots a_{-m}$$
$$= a_{n-1} \times R^{n-1} + \cdots + a_1 \times R^1 + a_0 \times R^0 + a_{-1} \times R^{-1} + \cdots + a_{-m} \times R^{-m}$$

其中,a_i 是数码,R 是基数,R^i 是第 i 位上的权。

例如,十进制数 314.5 可用如下按权展开式表示:
$$(314.5)_{10}=3\times10^2+1\times10^1+4\times10^0+5\times10^{-1}$$

2．计算机内部采用二进制的原因

（1）易于物理实现

具有两种稳定状态的物理器件容易实现,如电压的高和低、电灯的亮和灭、开关的通和断,这样的两种状态恰好可以用二进制数中的"0"和"1"表示。计算机中若采用十进制,则需要具有 10 种稳定状态的物理器件,制造出这样的器件是很困难的。

（2）运算规则简单

二进制运算法则简单。两个一位二进制数的求和、求积运算组合各有四种,即 $0+0=0,0+1=1,1+0=1,1+1=0$(向高位进一)及 $0*0=0,0*1=0,1*0=0,1*1=1$。而求两个一位十进制的和与积的运算组合则各有 55 种之多,让计算机去实现就困难得多。

（3）逻辑性强

计算机的工作是建立在逻辑运算基础上的,逻辑代数是逻辑运算的理论依据。有两个数码,正好代表逻辑代数中的"真"与"假"。

（4）易于转换

二进制数与十进制数之间可以互相转换。这样,既有利于充分发挥计算机的特点,又不影响人们使用十进制数的习惯。

（5）工作可靠性高

由于电压的高低、电流的有无两种状态分明,采用二进制可以提高信号的抗干扰能力,可靠性高。

3．计算机中常用的数制

（1）十进制数

十进制数有 10 个数码,基数是 10,分别用符号 0、1、2、3、4、5、6、7、8、9 表示。低位向高位的计数规则是"逢十进一"。

例如,十进制数 147.65 可用如下按权展开式表示:
$$(147.65)_{10}=1\times10^2+4\times10^1+7\times10^0+6\times10^{-1}+5\times10^{-2}$$

（2）二进制数

二进制是计算机中普遍采用的进位计数制。二进制数只有 0 和 1 两个数码,基数是 2。低位向高位的计数规则是"逢二进一"。

例如,二进制数 1010.11 可用如下按权展开式表示:
$$(1010.11)_2=1\times2^3+0\times2^2+1\times2^1+0\times2^0+1\times2^{-1}+1\times2^{-2}$$

（3）八进制数

八进制数有 8 个数码,基数是 8,分别用符号 0、1、2、3、4、5、6、7 表示。低位向高位的计数规则是"逢八进一"。

例如,八进制数 713.4 可用如下按权展开式表示:
$$(713.4)_2=7\times8^2+1\times8^1+3\times8^0+4\times8^{-1}$$

（4）十六进制数

十六进制数有 16 个数码,基数是 16,分别用符号 0、1、2、3、4、5、6、7、8、9、A、B、C、D、E、F 表示,其中 A、B、C、D、E、F 分别表示 10、11、12、13、14、15。低位向高位的计数规则是"逢十六进一"。

例如,十六进制数 7A9.F 可用如下按权展开式表示:
$$(7A9.F)_2=7\times16^2+10\times16^1+9\times16^0+15\times16^{-1}$$

1.2.2　数制转换

1．将 R 进制数转换为十进制数

将一个 R 进制数转换成十进制数的方法是:按权展开,然后按十进制运算法则将数值相加。

【例 1-1】 将二进制数 $(10011.011)_2$ 转换为十进制数。

$$(10011.011)_2 = 1 \times 2^4 + 0 \times 2^3 + 0 \times 2^2 + 1 \times 2^1 + 1 \times 2^0 + 0 \times 2^{-1} + 1 \times 2^{-2} + 1 \times 2^{-3}$$
$$= 16 + 2 + 1 + 0.25 + 0.125 = (19.375)_{10}$$

【例 1-2】 将八进制数 $(36.4)_8$ 转换为十进制数。

$$(36.4)_8 = 3 \times 8^1 + 6 \times 8^0 + 4 \times 8^{-1}$$
$$= 24 + 6 + 0.5 = (30.5)_{10}$$

【例 1-3】 将十六进制数 $(A2B.4)_{16}$ 转换为十进制数。

$$(A2B.4)_{16} = 10 \times 16^2 + 2 \times 16^1 + 11 \times 16^0 + 4 \times 16^{-1}$$
$$= 2560 + 32 + 11 + 0.25 = (2603.25)_{10}$$

2. 将十进制数转换为 R 进制数

将十进制数转换成 R 进制数的方法是:将整数部分和小数部分分别转换。

整数部分(除 R 取余、倒排余数):将十进制数除以 R,得到一个商和余数,再将商除以 R,又得到一个商和一个余数,如此继续下去,直至商为 0 为止,将每次得到的余数按照得到的顺序逆序排列,即为 R 进制整数部分。

小数部分(乘 R 取整、顺序排列):将小数部分连续地乘以 R,保留每次相乘的整数部分,直到小数部分为 0 或达到精度要求的位数为止,将得到的整数部分按照得到的顺序排列,即为 R 进制的小数部分。

【例 1-4】 将十进制数 $(117.625)_{10}$ 转换为二进制数。

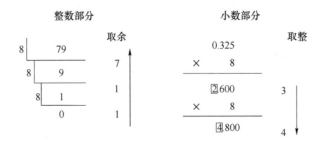

结果为 $(17.625)_{10} = (1110101.101)_2$

【例 1-5】 将十进制数 $(79.325)_{10}$ 转换为八进制数(小数部分保留两位有效数字)。

$(79.325)_{10} = (117.34)_8$

3. 二进制、八进制、十六进制数的相互转换

(1) 八进制、十六进制转换为二进制

八进制转换为二进制的转换规则:根据表 1-1 将每位八进制数码展开为 3 位二进制数码。

十六进制转换为二进制的转换规则:根据表 1-2 将每位十六进制数码展开为 4 位二进制数码。

转换后,如果首尾有"0",需去掉首尾的"0"。

表 1-1　二进制与八进制转换

1 位八进制数	0	1	2	3	4	5	6	7
3 位二进制数	000	001	010	011	100	101	110	111

表 1-2　二进制与十六进制转换

1 位十六进制数	0	1	2	3	4	5	6	7
4 位二进制数	0000	0001	0010	0011	0100	0101	0110	0111
1 位十六进制数	8	9	A	B	C	D	E	F
4 位二进制数	1000	1001	1010	1011	1100	1101	1110	1111

【例 1-6】　将八进制数 $(764.13)_8$ 转换为二进制数。

$$(\quad 7\quad 6\quad 4\quad .\quad 1\quad 3\quad)_8$$
$$\downarrow\quad \downarrow\quad \downarrow\quad \quad \downarrow\quad \downarrow$$
$$111\quad 110\quad 100\quad 001\quad 011$$

$(764.13)_8 = (111110100.001011)_2$

【例 1-7】　将十六进制数 $(F5C.1A)_{16}$ 转换为二进制数。

$$(\quad F\quad 5\quad C\quad .\quad 1\quad A\quad)_{16}$$
$$\downarrow\quad \downarrow\quad \downarrow\quad \quad \downarrow\quad \downarrow$$
$$1111\quad 0101\quad 1100\quad 0001\quad 1010$$

$(F5C.1A)_{16} = (111101011100.00011010)_2$

（2）二进制转换为八进制与十六进制

二进制转换为八进制数的转换规则：以小数点为中心，分别向左、向右每三位分成一组，首尾组不足三位时首尾用"0"补足，将每组二进制数根据表 1-1 转换成一位八进制数码。

二进制转换为十六进制数的转换规则：以小数点为中心，分别向左、向右每四位分成一组，首尾组不足四位时首尾用"0"补足，将每组二进制数根据表 1-2 转换成一位十六进制数码。

【例 1-8】　将二进制数 $(1101011.01101)_2$ 转换为八进制数、十六进制数。

$$(\quad 001\quad 101\quad 011\quad .\quad 011\quad 010\quad)_2$$
$$\downarrow\quad \downarrow\quad \downarrow\quad \quad \downarrow\quad \downarrow$$
$$1\quad 5\quad 3\quad 3\quad 2$$

$(1101011.01101)_2 = (153.32)_8$

$$(\quad 0110\quad 1011\quad .\quad 0110\quad 1000\quad)_2$$
$$\downarrow\quad \downarrow\quad \quad \downarrow\quad \downarrow$$
$$6\quad B\quad 6\quad 8$$

$(1101011.01101)_2 = (6B.68)_{16}$

1.2.3　计算机信息编码

计算机信息编码就是指对输入到计算机中的各种数值和非数值型数据用二进制数进行编码的方式。对于不同类型的数据其编码方式是不同的。

1．计算机中数据的存储单位

（1）位（bit）

计算机中存储信息的最小单位，是二进制的一个数位，简称位（比特），位的取值只能为 0 或 1。

（2）字节（Byte，简称 B）

计算机中存储信息的基本单位，规定 8 位二进制数为 1 个字节，单位是 B（1 B＝8 bit），常见的存储单位如表 1-3 所示。

表 1-3 常见的存储单位

单位	名称	含义	说明
KB	千字节	1 KB＝1024 B＝2^{10} B	适用于文件计量
MB	兆字节	1 MB＝1024 KB＝2^{20} B	适用于内存、软盘、光盘计量
GB	吉字节	1 GB＝1024 MB＝2^{30} B	适用于硬盘计量
TB	太字节	1 TB＝1024 GB＝2^{40} B	适用于硬盘计量

（3）字长

随着电子技术的发展,计算机的并行能力越来越强,人们通常将计算机一次能够并行处理二进制数称为字长,字长是计算机的一个重要指标,直接反映一台计算机的计算能力和精度,字长越长,计算机的数据处理速度越快。计算机的字长通常是字节的整数倍,如 8 位、16 位、32 位,发展到今天,微型机已达到 64 位,大型机已达到 128 位。

2. 数值型数据编码

（1）原码

原码是一种直观的二进制机器数表示形式,其中最高位表示符号。最高位为"0"表示该数为正数,最高位为"1"表示该数为负数,有效值部分用二进制数绝对值表示。

【例 1-9】 设机器的字长为 8 位,求$(+8)_{10}$和$(-8)_{10}$的原码。

$(+8)_{10}$的原码为$(00001000)_2$,$(-8)_{10}$的原码为$(10001000)_2$

【例 1-10】 设机器的字长为 8 位,求$(+0)_{10}$和$(-0)_{10}$的原码。

$(+0)_{10}$的原码为$(00000000)_2$,$(-0)_{10}$的原码为$(10000000)_2$

（2）反码

采用反码的主要原因是为了计算补码。编码规则是:正数的反码与其原码相同,负数的反码是该数的绝对值所对应的二进制数按位求反。

【例 1-11】 设机器的字长为 8 位,求$(+8)_{10}$和$(-8)_{10}$的反码。

$(+8)_{10}$的反码为$(00001000)_2$,$(-8)_{10}$的反码为$(11110111)_2$

【例 1-12】 设机器的字长为 8 位,求$(+0)_{10}$和$(-0)_{10}$的反码。

$(+0)_{10}$的反码为$(00000000)_2$,$(-0)_{10}$的反码为$(11111111)_2$

（3）补码

正数的补码与原码相同,负数的补码为该数的反码末位加"1"。

【例 1-13】 设机器的字长为 8 位,求$(+8)_{10}$和$(-8)_{10}$的补码。

$(+8)_{10}$的补码为$(00001000)_2$,$(-8)_{10}$的补码为$(11111000)_2$

【例 1-14】 设机器的字长为 8 位,求$(+0)_{10}$和$(-0)_{10}$的补码。

$(+0)_{10}$的补码为$(00000000)_2$,$(-0)_{10}$的补码为$(00000000)_2$

在计算机中,只有补码表示的数具有唯一性,所以数值用补码方式进行表示和存储,可以将符号位和数值位统一处理,利用加法就可以实现二进制的减法、乘法和除法运算。

在实际生活中,数值除了有正、负数之外还有带小数的数值,当要处理的数值含有小数部分时,计算机不仅要解决数值的表示,还要解决数值中小数点的表示问题。在计算机系统中,不是采用某个二进制位来表示小数点,而是用隐含规定小数点位置的方式来表示。同时,又根据小数点的位置是否固定,数的表示方法可分为定点数和浮点数两种类型。

3. 非数值型数据编码

在计算机中,通常用若干位二进制数代表一个特定的符号,用不同的二进制数据代表不同的符号,并且二进制代码集合与符号集合一一对应,这就是计算机的编码原理。常见的符号编码有以下几种:

（1）西文字符的编码

用以表示字符的二进制编码称为字符编码。计算机中常用的字符(西文字符)编码有两种:EBCDIC 码和 ASCII 码。

ASCII 码是美国信息交换标准代码(American Standard Code for Information Interchange)的缩写,被国际标准化组织指定为国际标准,有 7 位码和 8 位码两种版本。

微型计算机采用的是 ASCII 码,而国际通用的则是 7 位 ASCII 码,即用 7 位二进制数来表示一个字符的编码,共有 2^7＝128 个不同的编码值,相应可以表示 128 个不同字符的编码。

(2) 汉字的编码

计算机处理汉字信息时,由于汉字具有特殊性,因此汉字的输入、存储、处理及输出过程中所使用的汉字代码不相同,其中,用于汉字输入的输入码,用于机内存储和处理的机内码,用于输出显示和打印的字模点阵码(或称字形码)。

①《信息交换用汉字编码字符集·基本集》

《信息交换用汉字编码字符集·基本集》是我国于 1980 年制定的国家标准 GB 2312—80,代号为国标码,是国家规定的用于汉字信息处理使用的代码的依据。

GB 2312—80 中规定了信息交换用的 6763 个汉字和 682 个非汉字图形符号(包括几种外文字母、数字和符号)的代码。6763 个汉字又按其使用频度、组词能力以及用途大小分成一级常用汉字 3755 个,二级常用汉字 3008 个。在此标准中,每个汉字(图形符号)采用 2 个字节表示,每个字节只用低 7 位。由于低 7 位中有 34 种状态是用于控制字符,因此,只用 94(128－34＝94)种状态可用于汉字编码。这样,双字节的低 7 位只能表示 94×94＝8836 种状态。此标准的汉字编码表有 94 行、94 列。其行号称为区号,列号称为位号。在双字节中,用高字节表示区号,低字节表示位号。非汉字图形符号置于第 1～11 区,一级汉字 3755 个置于第 16～55 区,二级汉字 3008 个置于第 56～87 区。

②汉字的机内码

汉字的机内码是供计算机系统内部进行存储、加工处理、传输统一使用的代码,又称为汉字内部码或汉字内码。不同的系统使用的汉字机内码有可能不同。目前使用最广泛的一种为两个字节的机内码,俗称变形的国标码。这种格式的机内码是将国标 GB 2312—80 交换码的两个字节的最高位分别置为 1 而得到的。其最大优点是机内码表示简单,且与交换码之间有明显的对应关系,同时也解决了中西文机内码存在二义性的问题。例如"中"的国标码为十六进制 5650(01010110 01010000),其对应的机内码为十六进制 D6D0(11010110 11010000),同样,"国"字的国标码为 397A,其对应的机内码为 B9FA。

③汉字的输入码(外码)

汉字输入码是为了利用现有的计算机键盘,将形态各异的汉字输入计算机而编制的代码。目前在我国推出的汉字输入编码方案很多,其表示形式大多用字母、数字或符号。编码方案大致可以分为:以汉字发音进行编码的音码,例如全拼码、简拼码、双拼码等;按汉字书写的形式进行编码的形码,例如五笔字型码;也有音形结合的编码,例如自然码。

④汉字的字形码

汉字字形码是汉字字库中存储的汉字字形的数字化信息,用于汉字的显示和打印。目前汉字字形的产生方式大多是数字式,即以点阵方式形成汉字。因此,汉字字形码主要是指汉字字形点阵的代码。

汉字字形点阵有 16×16 点阵、24×24 点阵、32×32 点阵、64×64 点阵、96×96 点阵、128×128 点阵、256×256 点阵等。一个汉字方块中行数、列数分得越多,描绘的汉字也就越细微,但占用的存储空间也就越多。汉字字形点阵中每个点的信息要用一位二进制码来表示。对 16×16 点阵的字形码,需要用 32 个字节(16×16÷8＝32)表示;24×24 点阵的字形码需要用 72 个字节(24×24÷8＝72)表示。

汉字字库是汉字字形数字化后,以二进制文件形式存储在存储器中而形成的汉字字模库。汉字字模库也称汉字字形库,简称汉字字库。

1.3　计算机系统组成

一个完整的计算机系统包括硬件系统和软件系统两部分。

计算机硬件系统是组成计算机系统的各种物理部件的总称,是组成计算机的物理实体;是能够看得见摸得着的电子线路和物理装置的总称,是计算机工作的基础。计算机软件系统是指挥计算机工作的各种程序的集合,是计算机的灵魂,是控制和操作计算机工作的核心。计算机通过执行程序而运行,计算机工作时软件、硬件协同工作,两者缺一不可。计算机系统的组成如图1-4所示。

1.3.1 计算机硬件系统

1946年,曾直接参加ENIAC研制工作的美籍匈牙利科学家冯·诺依曼提出了以存储程序概念为指导的计算机逻辑设计思想,勾画出了一个完整的计算机体系结构。现代计算机虽然结构上有多种类型,但多数都是基于冯·诺依曼提出的计算机体系结构理论,因此,被称为冯·诺依曼型计算机。它的主要特点可以归纳为:

①程序和数据以二进制表示。

②采用存储程序方式。

③计算机硬件系统由运算器、控制器、存储器、输入设备和输出设备5个基本部分组成,其结构如图1-5所示。

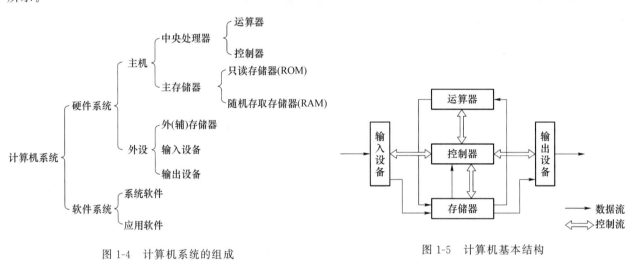

图1-4 计算机系统的组成　　　　　　　　图1-5 计算机基本结构

1. 运算器

运算器的基本功能是完成对各种数据的加工处理。运算器由算术逻辑单元、累加器、状态寄存器、通用寄存器组等组成。算数逻辑单元的基本功能为加、减、乘、除四则运算,与、或、非、异或等逻辑运算,以及位移、求补等操作。

在计算机运算过程中,运算器不断得到由主存储器提供的数据,运算后又把结果送回到主存储器保存起来。整个运算过程是在控制器的统一指挥下,按程序中编排的操作顺序进行的。

2. 控制器

控制器是计算机的指挥中心,负责决定执行程序的顺序,给出执行指令时机器各部件需要的操作控制命令。它由程序计数器(PC)、指令寄存器(IR)、指令译码器(ID)、时序产生器和操作控制器组成,它的基本功能是按程序计数器所指出的指令地址从内存中取出一条指令,并对指令进行分析,根据指令的功能向有关部件发出控制命令,控制执行指令的操作,然后程序计数器加1,重复执行上述操作,从而完成协调和指挥整个计算机系统的操作。

运算器和控制器合称为中央处理器(Central Processing Unit,CPU),是计算机的核心部件。在微型机上中央处理器通常是一块超大规模集成电路芯片。

3. 存储器

存储器是计算机系统中的记忆设备,用来存放程序和数据。计算机中的全部信息,包括输入的原始数据、计算机程序、中间运行结果和最终运行结果都保存在存储器中。它根据控制器指定的位置存入和取出信息。

根据功能的不同,存储器一般分为主存储器和辅助存储器两种类型。

（1）主存储器

主存储器（又称为内存储器，简称主存或内存）用来存放正在运行的程序和数据。主存储器被划分为很多单元，称为存储单元，每个存储单元可以存放 8 位二进制信息。为了存取存储单元中的内容，用唯一的编号来标识存储单元，这个编号称为存储单元的地址，当要从存储器某单元读取数据或写入数据时，必须提供所访问单元的内存地址。

按照存取方式，主存储器可分为随机存取存储器（Random Access Memory，RAM）和只读存储器（Read Only Memory，ROM）两种。只读存储器一般存放计算机系统管理程序，如基本输入/输出系统 BIOS（Basic Input/Output System），在生产制作只读存储器时，将相关的程序指令固化在存储器中，在正常工作环境下，只能读取其中的指令，而不能修改或写入信息。即使断电，只读存储器中的信息也不会丢失。随机存取存储器用来存放正在运行的程序及所需要的数据，CPU 既可从中读取数据，又可向它写入数据。但是断电后，随机存取存储器中的信息将全部丢失。通常 RAM 是指计算机的主存。

（2）辅存储器

辅助存储器（又称为外存储器，简称辅存或外存）用来存放多种大信息量的程序和数据，可以长期保存。它既是输入设备，又是输出设备。常用的外存有磁盘、光盘、U 盘等。

用户通过输入设备输入的程序和数据最初送入主存；控制器执行的指令和运算器处理的数据取自主存，运算的中间结果和最终结果保存在主存中；输出设备输出的信息来自主存；主存中的信息如要长期保存应送到外存中，因此，主存要与计算机的各个部件打交道，进行数据传送。通常外存不和计算机的其他部件直接交换数据，只和主存交换数据。与主存相比，外存储器的主要特点是：存储容量大，价格便宜，断电后信息不丢失，但存取速度慢。

通常将 CPU 和主存储器合称为主机。

4. 输入设备

输入设备用来接收用户输入的数据和程序，并将它们转换为计算机可以识别和接收的形式存放到主存中。常用的输入设备有键盘、鼠标、扫描仪、光笔和数字化仪等。

5. 输出设备

输出设备用于将存放在主存中由计算机处理的结果转换为人们所能接受的形式。常用的输出设备有显示器、打印机和绘图仪等。

1.3.2　计算机软件系统

计算机软件是指为运行、维护、管理、应用计算机所编制的程序及程序运行所需要的数据、文档、资料的集合。一般把计算机软件系统分为系统软件和应用软件两大类。

1. 系统软件

系统软件也称为系统程序，系统软件是指维护计算机系统正常运行和支持用户运行应用软件的基础软件。其主要功能是调度、管理、监控、服务和维护计算机资源（包括硬件和软件）以及开发应用的软件。系统软件是完成对整个计算机系统进行调度、管理、监控及服务等功能的软件。利用系统程序的支持，用户只需使用简便的语言和符号等就可编制程序，并使程序在计算机硬件系统上运行。系统程序能够合理地调度计算机系统的各种资源，使之得到高效率的使用，能监控和维护系统的运行状态，能帮助用户调试程序、查找程序中的错误等，大大减轻了用户管理计算机的负担。

系统软件主要包括操作系统、各种计算机程序设计语言、语言处理程序、数据库管理系统、系统支持和服务程序、网络通信软件等。

（1）操作系统（Operating System，OS）

操作系统是一个管理计算机系统资源、控制程序运行的系统软件，实际上是一组程序的集合。对操作系统的描述可以从不同的角度来描述。从用户的角度来说，操作系统是用户和计算机交互的接口。从管理的角度讲，操作系统又是计算机资源的组织者和管理者。操作系统的任务就是合理有效地组织、管理计算机的软硬件资源，充分发挥资源效率，为方便用户使用计算机提供一个良好的工作环境。

目前,在微型计算机上广泛使用的操作系统有 Windows 2000/XP、Linux 等。

（2）计算机语言

计算机语言又称为程序设计语言（Programming Design Language），是人与计算机交流信息的一种语言。程序设计语言通常分为机器语言、汇编语言和高级语言。

①机器语言（Machine Language）

在计算机中,指挥计算机完成某个基本操作的命令称为指令。所有的指令集合称为指令系统,直接用二进制代码表示指令系统的语言称为机器语言。

机器语言是唯一能被计算机硬件系统理解和执行的语言。因此,机器语言的处理效率最高,执行速度最快,且无须"翻译"。但机器语言的编写、调试、修改、移植和维护都非常烦琐,程序员要记忆几百条二进制指令,这限制了计算机的发展。

②汇编语言（Assemble Language）

汇编语言是用反映指令功能的助记符来代替难懂、难记的机器指令的语言。其指令与机器语言指令基本上是一一对应的,是一种面向机器的程序设计语言。用汇编指令编写的程序称为汇编语言源程序,计算机无法直接执行汇编语言源程序,必须将其翻译成机器语言目标程序才能执行。由于汇编语言采用了助记符,因此,它比机器语言编写的程序容易阅读,克服了机器语言难读、难修改的缺点,同时还保留了机器语言编程质量高、占存储空间少、执行速度快的优点。所以在对实时性要求较高的程序设计中也经常采用汇编语言编写。但汇编语言面向机器,使用汇编语言编程需要直接安排存储位置,并规定寄存器和运算器的动作次序,还必须了解计算机对数据的描述方式。这对绝大多数人来说,不是一件容易的事情。另外,该语言依赖于机器,不同的计算机在指令长度、寻址方式、寄存器数目、指令表示等方面都不一样,这样使得汇编程序不仅通用性较差,而且可读性也差。

机器语言和汇编语言都是面向机器的语言,称为低级语言。

③高级语言（Advanced Language）

高级语言是采用接近自然语言的字符和表达形式并按照一定的语法规则来编写程序的语言,是一种面向问题的计算机语言。用高级语言编写的源程序在计算机中也不能直接执行,通常要翻译成机器语言的目标程序才能执行。常用的高级语言有 Basic、FORTRAN、C 和 Pascal 等语言。高级语言具有较大的通用性,用标准版本的高级语言编写的程序可在不同的计算机系统上运行。

近年来,随着面向对象和可视化技术的发展,出现了 C++、Java、JavaScript、J++ 等面向对象程序设计语言和 Visual FoxPro、Visual Basic、Visual C++、Delphi 等开发环境。

（3）语言处理程序

计算机只能执行机器语言程序,用汇编语言或高级语言编写的程序（称为源程序）,计算机是不能识别和执行的。因此,必须配备一种工具,它的任务是把用汇编语言或高级语言编写的源程序翻译成计算机可执行的机器语言程序,这种工具就是"语言处理程序"。语言处理程序包括汇编程序、解释程序和翻译程序。

①汇编程序

汇编程序是把用汇编语言编写的汇编语言源程序翻译成计算机可执行的由机器语言表示的目标程序的翻译程序,其翻译过程称为汇编。

②解释程序

解释程序接受用某种程序设计语言（比如 BASIC 语言）编写的源程序,然后对源程序中的每一个语句进行解释并执行,最后得出结果。也就是说,解释程序对源程序是一边翻译,一边执行。所以,它是直接执行源程序或源程序的内部形式的,它并不产生目标程序。解释程序执行的速度要比编译程序慢得多,但占用内存较少,对源程序错误的修改也较方便。

③编译程序

编译程序是将用高级语言所编写的源程序翻译成与之等价的用机器语言表示的目标程序的翻译程序,其翻译过程称为编译。编译程序与解释程序的区别在于:前者首先将源程序翻译成目标代码,计算机再执行由此生成的目标程序;而后者则是检查高级语言书写的源程序,然后直接执行源程序所指定的动作。一般而言,建立在编译基础上的系统在执行速度上都优于建立在解释基础上的系统。但是,编译程序比较复杂,这使得开发和维护费用较大;相反,解释程序比较简单,可移植性也好,缺点是执行速度慢。

(4) 数据库管理系统

对有关的数据进行分类、合并,建立各种各样的表格,并将数据和表格按一定的形式和规律组织起来,实行集中管理,就是建立数据库(Data Base)。对数据库中的数据进行组织和管理的软件称为数据库管理系统(Data Base Management System,DBMS)。DBMS 能够有效地对数据库中的数据进行维护和管理,并能保证数据的安全、实现数据的共享。较为著名的 DBMS 有:FoxBase+、FoxPro、Visual FoxPro 和 Microsoft Access 等。另外,还有大型数据库管理系统 Oracle、DB2、SYBASE 和 SQL Server 等。

(5) 系统支持和服务程序

服务性程序又称实用程序,是指为了帮助用户使用和维护计算机,提供服务性手段而编制的一类程序。这些程序为计算机软件、硬件管理中执行某个专门功能。例如,编辑程序、装配连接程序、诊断程序、监控程序、系统维护程序等。

2. 应用软件

应用软件是指用户利用计算机及其提供的系统软件为解决某一些具体问题而编制的各种程序和相关资料。它可以拓宽计算机系统的应用领域,放大硬件的功能。

常用的应用软件为办公软件套件、多媒体处理软件、Internet 工具软件等。

(1) 办公软件套件

办公软件是日常办公需要的一些软件,主要有微软 Office、永中 Office、WPS、苹果 iWork、Google Docs 等。

(2) 多媒体处理软件

多媒体处理软件主要包括图形处理软件、图像处理软件、动画制作软件、音频视频处理软件、桌面排版软件等。

(3) Internet 工具软件

随着计算机网络技术的发展和 Internet 的普及,逐渐出现了许多基于 Internet 环境的应用软件。

1.3.3　计算机硬件系统和软件系统之间的关系

硬件和软件是一个完整的计算机系统互相依存的两大部分,它们的关系主要体现在以下几个方面。

(1) 硬件和软件互相依存

硬件是软件赖以工作的物质基础,软件的正常工作是硬件发挥作用的唯一途径。计算机系统必须要配备完善的软件系统才能正常工作,且充分发挥其硬件的各种功能。

(2) 硬件和软件无严格界线

随着计算机技术的发展,在许多情况下,计算机的某些功能既可以由硬件实现,也可以由软件来实现。因此,硬件与软件在一定意义上说没有绝对严格的界线。

(3) 硬件和软件协同发展

计算机软件随着硬件技术的迅速发展而发展,而软件的不断发展与完善又促进硬件的更新,两者密切地交织发展,缺一不可。

1.4　计算机工作原理

按照冯·诺依曼型计算机的体系结构,计算机的工作过程就是执行程序指令的过程。要了解计算机的工作过程,首先要知道计算机指令的概念。

1.4.1　计算机的指令系统

1. 指令及指令系统

指令是指计算机完成某个基本操作的命令。指令能被计算机硬件理解并执行。一条指令就是计算机机器语言的一个语句,是程序设计的最小语言单位。一台计算机所能执行的全部指令的集合,称为这台计算机的指令系统。指令系统比较充分地说明了计算机对数据进行处理的能力。不同种类的计算机,其指令系统的指令数目与格式也不同。指令系统越丰富完备,编制程序就越方便灵活。指令系统是根据计算机使用要求设计的。

操作码	地址码

图 1-6   指令的一般格式

一条计算机指令是用一串二进制代码表示的,它通常由操作码和地址码两个部分组成,其一般格式如图 1-6 所示。

其中,操作码用来表征该指令的操作特性和功能,即指出进行什么操作;地址码指出参与操作的数据在存储器中的地址。一般情况下,参与操作的源数据或操作后的结果数据都在存储器中,通过地址可访问该地址中的内容,即得到操作数。

2. 指令类型

任何一台计算机的指令系统一般都包含有几十条到上百条指令,下面按一般计算机的功能把指令划分以下几种类型:

(1) 算术运算指令

计算机指令系统一般都设有二进制数加、减、比较和求补等最基本的指令,此外还设置了乘、除法运算指令、浮点运算指令以及十进制运算指令等。

(2) 逻辑运算指令

一般计算机都具有与、或、非(求反)、异或(按位加)和测试等逻辑运算指令。

(3) 数据传送指令

这是一种常用的指令,用以实现寄存器与寄存器、寄存器与存储单元以及存储器单元与存储器单元之间的数据传送,对于存储器来说,数据传送包括对数据的读(相当于取数指令)和写(相当于存数指令)操作。

(4) 移位操作指令

移位操作指令分为算术移位、逻辑移位和循环移位三种,可以实现对操作数左移或右移一位或若干位。

(5) 堆栈及堆栈操作指令

堆栈是由若干个连续存储单元组成的先进后出(FILO)存储区,第一个送入堆栈中的数据存放在栈底,最后送入堆栈中的数据存放在栈顶。栈底是固定不变的,而栈顶却是随着数据的入栈和出栈在不断变化。

(6) 字符串处理指令

字符串处理指令就是一种非数值处理指令,一般包括字符串传送、字符串转换(把一种编码的字符串转换成另一种编码的字符串)、字符串比较、字符串查找(查找字符串中某一子串)、字符串匹配、字符串的抽取(提取某一子串)和替换(把某一字符串用另一字符串替换)等。

(7) 输入输出(I/O)指令

输入/输出指令用来实现输入/输出设备与主机之间的信息交换,交换的信息包括输入/输出的数据、主机向外设发出的控制命令或外设向主机发送的信息等。

(8) 其他指令

特权指令:具有特殊权限的指令,在多服务用户、多任务的计算机系统中,特权指令是不可少的。

陷阱与陷阱指令:陷阱实际上是一种意外事故中断,中断的目的不是为了请求 CPU 的正常处理,而是为了通知 CPU 所出现的故障,并根据故障情况,转入相应的故障处理程序。

转移指令:用来控制程序的执行方向,实现程序的分支。

子程序调用指令:在编写程序过程中,常常需要编写一些经常使用的、能够独立完成的某一特定功能的程序段,在需要时能随时调用,而不必重复编写,以便节省存储空间和简化程序设计。

1.4.2   计算机基本工作原理

用户借助计算机解决问题时,首先要研究此问题的解决方法,然后根据解决问题的步骤,选用多条指令进行有序地排列,这一指令序列就称为程序,最后通过输入设备将程序和数据输入到计算机的存储器中保存起来,程序运行后,计算机从存储器依次取出指令,送往控制器进行分析,并根据指令的功能向各有关部件发出各种操作控制信号,最终的运算结果要送到输出设备输出。这个过程可以用图 1-7 所示的框图来描述,其中每个方框表示计算机的一个部分,图中的实线箭头表示数据流,虚线箭头表示指令流,即控制信息。因此,计算机的工作过程实际上是快速地执行指令的过程。

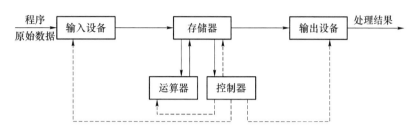

图 1-7 计算机工作基本流程

下面以指令的执行过程简单说明计算机的基本工作原理。指令的执行过程可分为以下步骤:

(1) 取指令。从存储器某个地址中取出要执行的指令送到 CPU 内部的指令寄存器暂存。

(2) 分析指令。把保存在指令寄存器中的指令送到指令译码器进行分析,由操作码确定执行什么操作,由地址码确定操作数的地址。

(3) 执行指令。根据分析的结果,由控制器向各个部件发出相应控制信号,完成该指令规定的操作。

(4) 为执行下一条指令做好准备,即形成下一条指令地址。

1.5 微型计算机硬件的组成

计算机硬件具体如表 1-4 所示。

表 1-4 计算机硬件组成

设备名称	设备简介	选购建议	图例
CPU	CPU 也称微处理,是微机系统的核心部件。衡量 CPU 基本性能的指标有字长和主频。主频指的是 CPU 的时钟频率,通常以 MHz(GHz)为单位,主频越高,CPU 运算速度越快。如 Pentium IV 3.0 GHz 的处理器速度要明显高于 Pentium IV 2.0 GHz(其中 2.0 GHz 指的就是 CPU 的主频)。当今生产 CPU 的两大厂家分别是美国 Intel 公司和美国 AMD 公司,Intel 公司的高低端产品分别为 Pentium(奔腾)系统和 Celeron(赛扬)系列。AMD 公司的高低端产品分别为 Athlon 64(速龙)和 Sempron(闪龙)。主频一直是两大处理器巨头争相追逐的焦点。就在主频已经达到极致而无力继续提升以及由于高主频所带来的高热量无法解决的负担下,Intel 和 AMD 都不约而同地投向了多核 CPU 的发展方向,目前以双核产品为主流	首先要提醒大家不要盲目追求主频。目前主流的 CPU 工作频率已经是很高了,虽然 Intel 的 P4 3.06 GHz 已经发售。但是在 Intel 没有推出采用 800 MHz 外频作为前端总线的 P4 以前,AMD 的 Athlon XP 系列曾比同频 P4 性能要高出一截,因此证明了主频低不等于性能差。所以在选购 CPU 的时候还是有很多需要注意的地方。 对于从事专业视频、3D 动画和 2D 图像处理的用户来说,应选择高端产品(无论是 Intel 的还是 AMD 的),有条件的用户最好考虑一下双核心的 CPU。但是在专业领域里,CPU 的整体性能并不完全依赖频率。专业软件对 CPU 的要求是贪婪的,并且通常都支持双 CPU 等技术,在实际的 3D 专业软件中,高端 CPU 的性能和低端 CPU 差距是明显的	

设备名称	设备简介	选购建议	图例
内存	内存是计算机的主要存储器,程序运行的场所。通常情况下,内存容量越大,程序运行速度越快	选购时除了考虑内存的容量外,还要考虑型号是否与主板匹配。目前主板支持的内存有 DDR、DDR2 内存。内存的容量可以根据实际需要选择至少 512 MB,推荐 1～2 GB。对于普通家用和日常办公,目前主流配置为 512 MB,对于大型图片和数据处理,一般建议配置最好能在 1 GB 以上。建议选购的品牌有金士顿(Kingston)、宇瞻(Apacer)、现代、三星等盒装内存	
硬盘	硬盘是微机的主要外部存储器。目前台式机一般配置 3.5 英寸的 80～160 GB 硬盘。也有高达 320GB 的硬盘。流行的转速为 7200 转/分钟。常见的有希捷、迈拓、日立、三星等品牌。使用时应注意防震、防灰尘,温度为 10～40℃,湿度为 20%～80%。为防止由于意外故障(损坏、病毒感染等)还应经常备份数据	家庭选购建议容量和转速为 120～160 GB,7200 转/分钟,一定要买 8M 缓存的版本,建议选购希捷、迈拓、日立等品牌	
主板	主板是计算机系统中最大的一块集成电路板。它包括微处理器 CPU 插槽,内存插槽、总线扩展槽、输入输出接口电路等。每种设备都要通过相应的接口与主板连接	选购主板的原则:实用,一般选用与 CPU 兼容的中端产品即可,选购时应注意主板的芯片组、主板的扩展性以及主板的品牌	
显示器	显示器是微型机必不可少的输出设备,负责将计算机处理的数据、计算结果等内部信息转换为人们习惯接收的信息形式(如字符、图像、声音等)。显示器由监视器和显示适配器两部分组成,通常所说的显示器指监视器,显示适配器指显示卡。 显示器按原理分为两大类:一是阴极射线(纯平 CRT);二是液晶(LCD)。衡量显示器性能的主要技术指标是它的分辨率,用整个屏幕上光栅的列数和行数的乘积来表示。乘积越大,分辨率越高,图像越清晰。常用分辨率 800×600、1024×768、1280×1024 等	如果是专业设计,推荐选用 CRT 的显示器,而不推荐液晶(LCD),虽然液晶显示器的技术越来越好,但是在对比度、色彩还原等方面,LCD 和 CRT 的差距还是很明显的。专业设计推荐著名的三菱钻石珑管的飞利浦 109P4。 对于一般用户来说建议选用液晶显示器,不仅节省空间,而且辐射小、环保	

设备名称	设备简介	选购建议	图例
显示卡	显卡又称显示适配卡,分为独立和主板集成两种类型。现在的显卡都是 3D 图形加速卡。它是连接主机与显示器的接口卡。其作用是将主机的输出信息转换成字符、图形和颜色等信息,传送到显示器上显示。显示卡插在主板的 AGP 扩展插槽中。 每块显卡基本上都是由"显示主芯片"、"显示缓存"(简称显存)、"BIOS"、数字模拟转换器(RAMDAC)、"显卡的接口"以及卡上的电容、电阻等组成。多功能显卡还配备了视频输出以及输入,供特殊需要。随着技术的发展,目前大多数显卡都将 RAMDAC 集成到了主芯片了。 显示主芯片是显示卡的核心,它的主要任务就是处理系统输入的视频信息并将其进行构建、渲染等工作。显示主芯片的性能直接决定显示卡性能的高低,不同的显示芯片,不论从内部结构还是其性能,都存在着差异,而其价格差别也很大	如果是做图形处理、多媒体开发用,则只选 ATI 或者 NVIDIA 的芯片的显卡。如果选择了用其他芯片组的显卡,包括集成的显卡,就会发现,软件运行得比人家慢许多。即便是一般用户也推荐选用独立显卡	
打印机	打印机作为各种计算机的最主要输出设备之一,随着计算机技术的发展和日趋完美的用户需求而得到较大的发展。尤其是近年来,打印机技术取得了较大的进展,各种新型实用的打印机应运而生,一改以往针式打印机一统天下的局面。目前,在打印机领域形成了针式打印机、喷墨打印机、激光打印机三足鼎立的主流产品,各自发挥其优点,满足各界用户不同的需求	喷墨打印机价格低廉,可输出彩色图形,常用于广告和美术设计,适合家庭使用。激光打印机具有高速度、高精度、低噪声的特点,广泛应用于办公系统及印刷系统。选购激光打印机时应注意它的分辨率,一般在 1200×1200 dpi 以上为宜	
鼠标	鼠标有光电式和机械式,目前大多使用光电式鼠标。对光电式鼠标还分有线和无线两类。有线鼠标接口有 USB 和 PS/2。其基本操作有:指向、单击、双击、拖动。关于鼠标的使用除右键提供快捷菜单外,大多使用左键	建议选用有线光电式鼠标,因为无线鼠标除了购买成本较高外,还要额外加装电池。推荐选购罗技、微软	
键盘	键盘是微型机最常用的输入设备之一。有 AT、PS/2、USB 三种接口,其中 USB 接口支持热插拔,其他两种接口必须在断电后才可插拔。键盘也有有线和无线两类	建议选用有线 USB 接口键盘,价格在几十元至几百元不等,在保证性能的同时,也要考虑使用的舒适性	

设备名称	设备简介	选购建议	图例
光盘	光盘按性能分为三类：只读型、一次写入型、可重复擦写型。 　　只读型光盘：又称为 CD-ROM，信息由厂家写入，只能读出数据，而不能修改和写入数据。 　　一次写入型光盘：又称为 CD-R，就是指空白光盘，可以用光盘刻录机写入一次数据，以后便不可再修改和写入了。 　　可重复擦写型光盘：又称为 CD-RW，这种光盘可多次使用。 　　按存储容量分为：CD-ROM 和 DVD-ROM。 　　CD-ROM 的存储容量为 650 MB，DVD-ROM 的存储容量为 4.7～17 GB	如果想用光盘来保存数据，一般用户经常使用的是一次写入型的光盘(CD 或 DVD)，即空白盘，价格在 2～5 元/张。但这些空白光盘必须用光盘刻录机写入数据	
U 盘	具有 USB 接口的移动存储器，基本取代了软磁盘。存储容量目前为 64 MB～16 GB，价格在几十元至几千元不等。目前，主要生产厂家有爱国者、朗科、纽曼等	对于一般用户来说，选择 1～2 GB 的容量，价格在 130 元左右较为合适	

1.6　微型计算机的主要性能指标

　　一台微型计算机功能的强弱或性能的好坏，不是由某项指标来决定的，而是由它的系统结构、指令系统、硬件组成、软件配置等多方面的因素综合决定的。但对于大多数普通用户来说，可以从以下几个指标来大体评价计算机的性能。

1. 字长

　　字长一般是指 CPU 一次能直接处理的二进制代码的位数。一般来说，计算机在同一时间内处理的一组二进制数称为一个计算机的"字"，而这组二进制数的位数就是"字长"。字长是计算机的一个重要指标，字长直接反映了计算机的计算精度、功能和速度。字长越长，表示一次读写和处理的数据速度越快，计算精度越高，处理能力越强。目前，微型计算机字长有 16 位、32 位、64 位。

2. 主频

　　主频即 CPU 的时钟频率(CPU Clock Speed)，是 CPU 内核(整数和浮点数运算器)电路的实际运行频率。一般称为 CPU 运算时的工作频率，简称主频。主频越高，单位时间内完成的指令数也越多。目前，常用的微机 CPU 主频有 3.0 GHz、3.2 GHz、3.4 GHz、3.5 GHz。

3. 运算速度

　　计算机执行不同的运算所需的时间不同，因此只能用等效速度或平均速度来衡量。一般以计算机单位时间内执行的指令条数表示运算速度，单位是 MIPS(百万条指令/秒)。

4. 存储容量

　　存储容量一般是指主存储器中能够存储信息的总字节数，是衡量计算机存储能力的指标。以 MB、GB 为单位，反映了主内存储器存储数据的能力。主存容量的大小直接影响计算机的整体性能。

5. 存取周期

　　存取周期是指对内存进行一次读/写(取数据/存数据)访问操作所需的时间。

6. 软件配置

软件配置情况直接影响微型计算机系统的使用和性能的发挥。通常应配置的软件有：操作系统、计算机语言以及工具软件等，另外还可配置数据库管理系统和各种应用软件。

各项指标之间也不是彼此孤立的，在实际应用时，应该把它们综合起来考虑，而且还要遵循"性能价格比"的原则。

习 题

一、选择题

1. 世界上第一台计算机是 1946 年在美国研制成功的，其英文缩写名为（ ）。

A. EDSAC   B. ENIAC   C. EDVAC   D. UNIVAC-I

2. 冯·诺依曼（Von Neumann）在总结 ENIAC 的研制过程和制订 EDVAC 计算机方案时，提出两点改进意见，它们是（ ）。

A. 采用 ASCII 编码集和指令系统   B. 引入 CPU 和内存储器的概念

C. 机器语言和十六进制   D. 采用二进制和存储程序控制的概念

3. 办公室自动化（OA）是计算机的一大应用领域，按计算机应用的分类，它属于（ ）。

A. 科学计算   B. 辅助设计   C. 实时控制   D. 数据处理

4. 当代微型机中所采用的电子元器件是（ ）。

A. 电子管   B. 晶体管

C. 小规模集成电路   D. 大规模和超大规模集成电路

5. 下列的英文缩写和中文名字的对照中，错误的是（ ）。

A. CAD——计算机辅助设计   B. CAM——计算机辅助制造

C. CIMS——计算机集成管理系统   D. CAI——计算机辅助教育

6. 微机的主机指的是（ ）。

A. CPU、内存和硬盘   B. CPU、内存、显示器和键盘

C. CPU 和内存储器   D. CPU、内存、硬盘、显示器和键盘

7. 电子计算机最早的应用领域是（ ）。

A. 数据处理   B. 数值计算   C. 工业控制   D. 文字处理

8. 计算机之所以能按人们的意图自动进行工作，最直接的原因是因为采用了（ ）。

A. 二进制   B. 高速电子元件   C. 程序设计语言   D. 存储程序控制

9. 在微机中，西文字符所采用的编码是（ ）。

A. EBCDIC 码   B. ASCII 码   C. 国标码   D. BCD 码

10. 数值 10H 是（ ）进位制表示法。

A. 二进制   B. 八进制   C. 十进制   D. 十六进制

11. 字长是 CPU 的主要性能指标之一，它表示（ ）。

A. CPU 一次能处理二进制数据的位数   B. CPU 最长的十进制整数的位数

C. CPU 最大的有效数字位数   D. CPU 计算结果的有效数字长度

12. 十进制数 18 转换成二进制数是（ ）。

A. 010101   B. 101000   C. 010010   D. 001010

13. 1 GB 的准确值是（ ）。

A. 1024×1024 Bytes   B. 1024 KB

C. 1024 MB   D. 1000×1000 KB

14. 在标准 ASCII 码表中，已知英文字母 A 的 ASCII 码是 01000001，则英文字母 E 的 ASCII 码是（ ）。

A. 01000011   B. 01000100   C. 01000101   D. 01000010

15. 衡量微型计算机性能的综合指标是（　　　）。

A. 功能　　　　　　　B. 性价比　　　　　　C. 运算速度　　　　　　D. 操作次数

16. 在计算机中,信息的最小单位是（　　　）。

A. bit　　　　　　　B. Byte　　　　　　　C. Word　　　　　　　D. DoubleWord

17. 度量计算机运算速度常用的单位是（　　　）。

A. MIPS　　　　　　B. MHz　　　　　　　C. MB/s　　　　　　　D. Mbit/s

18. 计算机问世至今经历了四代,而划分成四代的主要依据是计算机的（　　　）。

A. 规模　　　　　　B. 功能　　　　　　　C. 性能　　　　　　　D. 构成器件

19. CPU 主要技术性能指标有（　　　）。

A. 字长、主频和运算速度　　　　　　　　B. 可靠性和精度

C. 耗电量和效率　　　　　　　　　　　　D. 冷却效率

20. 组成一个计算机系统的两大部分是（　　　）。

A. 系统软件和应用软件　　　　　　　　　B. 硬件系统和软件系统

C. 主机和外部设备　　　　　　　　　　　D. 主机和输入/输出设备

21. 构成 CPU 的主要部件是（　　　）。

A. 内存和控制器　　　　　　　　　　　　B. 内存、控制器和运算器

C. 高速缓存和运算器　　　　　　　　　　D. 控制器和运算器

22. 下列设备中,可以作为微机输入设备的是（　　　）。

A. 打印机　　　　　　B. 显示器　　　　　C. 鼠标器　　　　　　D. 绘图仪

23. 当电源关闭后,下列关于存储器的说法中,正确的是（　　　）。

A. 存储在 RAM 中的数据不会丢失　　　　B. 存储在 ROM 中的数据不会丢失

C. 存储在 U 盘中的数据会全部丢失　　　　D. 存储在硬盘中的数据会丢失

24. 计算机指令由两部分组成,它们是（　　　）。

A. 运算符和运算数　　B. 操作数和结果　　C. 操作码和操作数　　D. 数据和字符

25. 硬盘属于（　　　）。

A. 内部存储器　　　　B. 外部存储器　　　C. 只读存储器　　　　D. 输出设备

26. 当前流行的移动硬盘或优盘进行读/写利用的计算机接口是（　　　）。

A. 串行接口　　　　　B. 平行接口　　　　C. USB　　　　　　　D. UBS

27. 在计算机中,一个字节是由（　　　）个二进制位组成的。

A. 4　　　　　　　　B. 8　　　　　　　　C. 16　　　　　　　　D. 24

28. 显示器的主要技术指标之一是（　　　）。

A. 分辨率　　　　　　B. 扫描频率　　　　C. 重量　　　　　　　D. 耗电量

29. 计算机操作系统的主要功能是（　　　）。

A. 管理计算机系统的软硬件资源,以充分发挥计算机资源的效率,并为其他软件提供良好的运行环境

B. 把高级程序设计语言和汇编语言编写的程序翻译到计算机硬件可以直接执行的目标程序,为用户提供良好的软件开发环境

C. 对各类计算机文件进行有效的管理,并提交计算机硬件高效处理

D. 为用户提供方便地操作和使用计算机

30. 下列软件中,属于系统软件的是（　　　）。

A. 航天信息系统　　　B. Office 2003　　　C. Windows　　　　　D. 决策支持系统

31. 在计算机系统软件中,最基本、最核心的软件是（　　　）。

A. 操作系统　　　　　B. 数据库管理系统　C. 程序语言处理系统　D. 系统维护工具

32. 计算机硬件能直接识别、执行的语言是（　　　）。

A. 汇编语言　　　　　B. 机器语言　　　　C. 高级程序语言　　　D. C++语言

33. 一般情况下,计算机的内存储器比外存储器（　　　）。

A. 便宜　　　　　　　　　　　　　　　　B. 存储量大

C. 存取速度快　　　　　　　　　　　　　D. 虽贵但能存储更多的信息

34. 在计算机系统中,指挥、协调计算机工作的设备是(　　)。

A. 输入设备　　　　　B. 控制器　　　　　C. 运算器　　　　　D. 输出设备

35. 专门为某一应用目的而设计的软件是(　　)。

A. 应用软件　　　　　B. 系统软件　　　　C. 工具软件　　　　D. 目标软件

36. 物联网技术可以应用在多个领域,其中(　　)不是物联网的主要应用。

A. 楼房监控　　　　　B. 蔬菜大棚温度监测　　C. 物品交换　　　　D. 道路安全监控

37. 大数据处理中的数据分析根据不同层次大致可分为 3 类:计算架构、(　　)以及数据分析和处理。

A. 支撑技术　　　　　B. 数据解释　　　　C. 查询与索引　　　　D. 数据的收集管理

38. 物联网是一个基于(　　)、传统电信网等信息承载体,让所有能够被独立寻址的普通物理对象实现互联互通的网络。

A. 互联网　　　　　B. 局域网　　　　　C. 城域网　　　　　D. 校园网

39. 计算思维吸取了解决问题所采用的一般数学(　　)。

A. 教学方法　　　　　B. 思维方法　　　　C. 逻辑方法　　　　D. 计算方法

40. 云计算服务除了提供计算服务外,还必然提供了(　　)服务。

A. 存储　　　　　　　B. 分布　　　　　　C. 打包　　　　　　D. 运算

二、填空题

1. 用高级程序设计语言编写的程序称为(　　)。

2. 字长是指(　　)在一次操作中能处理的最小数据单位,它体现了一条指令所能处理数据的能力。

3. 计算机向使用者传递计算、处理结果的设备,称为(　　)。

4. 与十进制数"85"等值的二进制数是(　　)。

5. 用(　　)编制的程序计算机能直接识别。

6. 计算机硬件系统包括(　　)和外部设备两部分。

7. 在计算机中,数据信息从内存中读取,在(　　)中进行运算。

8. 计算机的硬件系统核心是中央处理器,它是由(　　)和控制器两个部分组成的。

9. 操作系统是管理计算机(　　)资源和软件资源的系统软件。

10. 程序一定要调入(　　)中才能运行。

11. 常用的打印机有针式打印机、喷墨式打印机和(　　)打印机。

12. 在计算机系统中,1 KB＝(　　)B。

13. 第二代电子计算机采用的电子器件是(　　)。

14. 专门为某一应用目的而设计的软件是(　　)。

15. 在微机中,字符的比较就是对它们的(　　)码进行比较。

16. 数据的最小单位,即二进制数的 1 位,通常称为(　　)。

17. 在计算机应用中,"计算机辅助设计"的英文缩写是(　　)。

18. 计算机存储器容量的基本单位是(　　)。

19. 微型计算机中运算器进行的运算是(　　)。

20. 微型计算机的运算器、控制器和内存储器三部分的总称是(　　)。

21. 云计算服务大致可分基础设施即服务(LaaS)、平台即服务(PaaS)、(　　)即服务(SaaS)三个层次。

22. 云计算是集分布式处理、并行处理和(　　)、虚拟化等多种技术为一体的互联网行业最热门的新概念。

23. 构成物联网的三个层次分别是(　　)、传输层和应用层。

24. 物联网实质是利用(　　)通过互联网实现商品自动识别和信息的互联和共享。

25. 物联网就是通过信息传感设备,按约定的协议,把任何物品与(　　)相连接,进行信息交换和通信,以实现智能化识别、定位、跟踪、监控和管理的一种网络。

第2章　Windows 7 操作系统

【学习目标】

1. 掌握操作系统的概念、功能及分类；
2. 了解常用操作系统；
3. 掌握 Windows 7 操作系统的基本概念及操作；
4. 掌握 Windows 7 资源管理器的使用方法；
5. 掌握利用控制面板进行系统设置和个性化设置的方法；
6. 掌握应用程序的安装、卸载、启动与退出的方法；
7. 了解 Windows 7 常用附件程序。

2.1　操作系统概述

2.1.1　操作系统的基本概念

操作系统是一个大型的软件系统，它负责计算机的全部软件、硬件资源的管理、控制和协调并发活动，实现信息的存储和保护，并为用户使用计算机系统提供方便的用户界面。操作系统使得计算机系统实现了高效率和高度自动化。

操作系统在计算机系统中充当计算机硬件系统与应用程序之间的界面，所以，操作系统既面向系统资源又面向用户。面向系统资源，要求操作系统必须尽可能提高资源的利用率；面向用户，要求操作系统必须提供方便易用的用户界面。

操作系统是计算机资源的管理者，它通过管理计算机资源来控制计算机系统功能的实现，并为其他系统软件和所有应用软件提供支撑平台。由于操作系统本身也是软件，所以它对计算机系统资源的管理和控制是以不同寻常的方式来运作的。与一般的应用程序不同，它涉及的对象是系统资源，而且可以直接对处理机进行设置和控制，而其他软件则必须通过操作系统提供的系统调用界面才能使用系统资源。

2.1.2　操作系统的分类

根据操作系统在用户界面的使用环境和功能特征的不同，操作系统一般可分为三种基本类型，即批处理系统、分时系统和实时系统。随着计算机体系结构的发展，又出现了许多种操作系统，它们是嵌入式操作系统、个人计算机操作系统、网络操作系统和分布式操作系统。

1. 批处理操作系统

批处理（Batch Processing）操作系统的工作方式是用户将作业交给系统操作员，系统操作员将许多用户的作业组成一批作业，之后输入到计算机中，在系统中形成一个自动转接的连续的作业流，然后启动操作系统，系统自动执行每个作业。最后由操作员将作业结果交给用户。

批处理操作系统的特点是多道和成批处理。但是用户自己不能干预自己作业的运行，一旦发现错误不能及时改正，从而延长了软件开发时间，所以这种操作系统只适用于成熟的程序。

批处理操作系统的优点是作业流程自动化、效率高、吞吐率。缺点是无交互手段、调试程序困难。

2. 分时操作系统

分时（Time Sharing）操作系统的工作方式是：一台主机连接了若干个终端，每个终端有一个用户使用。

用户向系统提出命令请求,系统接受每个用户的命令,采用时间片轮转方式处理服务请求,并通过交互方式在终端上向用户显示结果。用户根据上一步的处理结果发出下一道命令。

分时操作系统将 CPU 的运行时间划分成若干个片段,称为时间片。操作系统以时间片为单位,轮流为每个终端用户服务。由于时间片非常短,所以每个用户感觉不到其他用户的存在。

分时系统具有多路性、交互性、"独占"性和及时性的特征。多路性是指同时有多个用户使用一台计算机,宏观上看是多个作业同时使用一个 CPU,微观上是多个作业在不同时刻轮流使用 CPU。交互性是指用户根据系统响应结果进一步提出新请求(用户直接干预每一步)。"独占"性是指用户感觉不到计算机为其他人服务,就像整个系统为他所独占。及时性是指系统对用户提出的请求及时响应。

常见的通用操作系统是分时系统与批处理系统的结合。其原则是:分时优先,批处理在后。"前台"响应需频繁交互的作业,如终端的要求;"后台"处理时间性要求不强的作业。

3. 实时操作系统

实时操作系统(Real Time Operating System,RTOS)是指使计算机能及时响应外部事件的请求,在严格规定的时间内完成对该事件的处理,并控制所有实时设备和实时任务协调一致地工作的操作系统。实时操作系统追求的主要目标是:对外部请求在严格时间范围内做出反应,具有高可靠性和完整性。

4. 嵌入式操作系统

嵌入式操作系统(Embedded Operating System)是运行在嵌入式系统环境中,对整个嵌入式系统以及它所操作、控制的各种部件装置等资源进行统一协调、调度、指挥和控制的系统软件。

5. 个人计算机操作系统

个人计算机操作系统是一种单用户多任务的操作系统。个人计算机操作系统主要供个人使用,功能强、价格便宜,可以在几乎任何计算机上安装使用。它能满足一般人操作、学习、游戏等方面的需求。个人计算机操作系统的主要特点是:计算机在某一时间内为单个用户服务;采用图形界面进行人机交互,界面友好;使用方便,用户无须专门学习,也能熟练操纵计算机。

6. 网络操作系统

网络操作系统是基于计算机网络的,是在各种计算机操作系统上按网络体系结构协议标准开发的系统软件,包括网络管理、通信、安全、资源共享和各种网络应用。其目标是实现网络通信及资源共享。

7. 分布式操作系统

通过高速互联网络将许多台计算机连接起来形成一个统一的计算机系统,可以获得极高的运算能力及广泛的数据共享,这种系统被称作分布式系统(Distributed System)。

分布式操作系统的特征是:统一性,即它是一个统一的操作系统;共享性,即所有的分布式系统中的资源是共享的;透明性,其含义是用户并不知道分布式系统是运行在多台计算机上,在用户眼里整个分布式系统像是一台计算机,对用户来讲是透明的;自治性,即处于分布式系统的多个主机都可独立工作。

网络操作系统与分布式操作系统在概念上的主要区别是:网络操作系统可以构架于不同的操作系统之上,也就是说它可以在不同的主机操作系统上,通过网络协议实现网络资源的统一配置,在大范围内构成网络操作系统。在网络操作系统中并不能对网络资源进行透明的访问,而需要显式地指明资源位置与类型,对本地资源和异地资源的访问区别对待。分布式操作系统比较强调单一性,它是由一种操作系统构架的。在这种操作系统中,网络的概念在应用层被淡化了。所有资源(本地的资源和异地的资源)都用同一方式管理与访问,用户不必关心资源在哪里,或者资源是怎样存储的。

2.1.3　操作系统的特点

安装操作系统的目的在于提高计算机系统的效率,增强系统的处理能力,提高系统资源的利用率,方便用户的使用。为此,现代操作系统广泛采用并行操作技术,使多种硬件设备能并行工作。以多道程序设计为基础的现代操作系统具有以下主要特征:

1. 并发性

并发性是指两个或多个事件在同一时间间隔内发生。在多道程序环境下,并发性是指在一段时间内,宏观上有多个程序在同时运行,但在单处理机系统中,每一时刻却仅能有一道程序执行,故微观上这些程序只能是分时地交替执行。倘若在计算机系统中有多个处理机,则这些可以并发执行的程序便可被分配到多个处理机上,实现并行执行,即利用每个处理机来处理一个可并发执行的程序,这样,多个程序便可同时执行。两个或多个事件在同一时刻发生称为并行。在操作系统中存在着许多并发或并行的活动。例如,系统中同时有三个程序在运行,它们可能以交叉方式在 CPU 上执行,也可能一个在执行计算,一个在进行数据输入,另一个在进行计算结果的打印。由并发而产生的一些问题是:如何从一个活动转到另一个活动,如何保护一个活动不受另一个活动的影响,以及如何实现相互制约活动之间的同步。为使并发活动有条不紊地进行,操作系统就要对其进行有效的管理与控制。

2. 共享性

共享是指系统中的资源可供内存中多个并发执行的程序共同使用。由于资源属性的不同,对资源共享的方式也不同,目前主要有以下两种资源共享方式:(1)互斥共享方式。系统中的某些资源,如打印机、磁带机,虽然它们可以提供给多个用户程序使用,但为使所打印或记录的结果不致造成混淆,应规定在一段时间内只允许一个用户程序访问该资源。这种资源共享方式称为互斥式共享。(2)同时访问方式。系统中还有另一类资源,允许在一段时间内由多个用户程序"同时"对它们进行访问。这里所谓的"同时"往往是宏观上的,而在微观上,这些用户程序可能是交替地对该资源进行访问。例如对磁盘设备的访问。

并发和共享是操作系统两个最基本的特征,它们又互为对方存在的条件。一方面,资源共享是以程序的并发执行为条件的,若系统不允许程序并发执行,自然不存在资源共享问题;另一方面,若系统不能对资源共享实施有效管理,协调好多个程序对共享资源的访问,也必然影响到程序并发执行的程度,甚至根本无法并发执行。

3. 虚拟性

虚拟是指将一个物理实体映射为若干个逻辑实体。前者是客观存在的,后者是虚构的,是一种感觉性的存在,即主观上的一种想象。例如,在多道程序系统中,虽然只有一个 CPU,每次只能执行一道程序,但采用多道程序技术后,在一段时间间隔内,宏观上有多个程序在运行。在用户看来,就好像有多个 CPU 在各自运行自己的程序。这种情况就是将一个物理的 CPU 虚拟为多个逻辑上的 CPU,逻辑上的 CPU 称为虚拟处理机。类似的还有虚拟存储器、虚拟设备等。

2.1.4　操作系统的功能

操作系统的主要职责是管理、调度、协调计算机各部分的工作,更有效地分配计算机系统的硬件和软件资源,使计算机发挥更大的效能,并为用户提供一个良好的工作环境和友好的接口。从资源管理的角度,操作系统具有如下功能。

1. 处理机管理

在多道程序或多用户的环境下,要组织多个作业同时运行,就要解决处理机管理的问题。在多道程序系统中,处理机的分配和运行都是以进程为基本单位的,因而对处理机的管理可归结为对进程的管理。进程管理包括以下几方面:

①进程控制。为多道程序并发执行而创建进程,并为之分配必要的资源。当进程运行结束时,撤销该进程,回收该进程所占用的资源,同时,控制进程在运行过程中的状态转换。

②进程同步。为使系统中的进程有条不紊地运行,系统要设置进程同步机制,为多个进程的运行进行协调。

③进程通信。系统中的各进程之间有时需要合作,需要交换信息,为此需要进行进程通信。

④进程调度。从进程的就绪队列中,按照一定的算法选择一个进程,把处理机分配给它,并为它设置运行现场,使之投入运行。

2. 存储管理

存储管理的主要任务是为多道程序的运行提供良好的环境,方便用户使用存储器,并提高内存的利用率。存储管理包括以下几个方面:

①内存分配。为每道程序分配内存空间,并使内存得到充分利用,在作业结束时收回其所占用的内存空间。

②内存保护。保证每道程序都在自己的内存空间运行,彼此互不侵犯,尤其是操作系统的数据和程序,绝不允许用户程序干扰。

③地址映射。在多道程序设计环境下,每个作业是动态装入内存的,作业的逻辑地址必须转换为内存的物理地址,这一转换称为地址映射。

④内存扩充。内存的容量是有限的。为满足用户的需要,通过建立虚拟存储系统来实现内存容量的逻辑上的扩充。

3. 设备管理

在计算机系统的硬件中,除了 CPU 和内存,其余几乎都属于外部设备,外部设备种类繁多,物理特性相差很大。因此,操作系统的设备管理往往很复杂。设备管理主要包括:

①缓冲管理。由于 CPU 和 I/O 设备的速度相差很大,为缓和这一矛盾,通常在设备管理中建立 I/O 缓冲区,而对缓冲区的有效管理便是设备管理的一项任务。

②设备分配。根据用户程序提出的 I/O 请求和系统中设备的使用情况,按照一定的策略,将所需设备分配给申请者,设备使用完毕后及时收回。

③设备处理。设备处理程序又称设备驱动程序,对于未设置通道的计算机系统其基本任务通常是实现 CPU 和设备控制器之间的通信。即由 CPU 向设备控制器发出 I/O 指令,要求它完成指定的 I/O 操作,并能接收由设备控制器来的中断请求,给予及时的响应和相应的处理。对于设置了通道的计算机系统,设备处理程序还应能根据用户的 I/O 请求,自动构造通道程序。

④设备独立性和虚拟设备。设备独立性是指应用程序独立于具体的物理设备,使用户编程与实际使用的物理设备无关。虚拟设备的功能是将低速的独占设备改造为高速的共享设备。

4. 文件管理

处理机管理、存储管理和设备管理都属于硬件资源的管理。软件资源的管理称为信息管理,即文件管理。

在现代计算机系统中,总是把程序和数据以文件的形式存储在文件存储器中(如磁盘、光盘、磁带等)供用户使用。为此,操作系统必须具有文件管理功能。文件管理的主要任务是对用户文件和系统文件进行管理,并保证文件的安全性。文件管理包括以下内容:

①文件存储空间的管理。所有的系统文件和用户文件都存放在文件存储器上。文件存储空间管理的任务是为新建文件分配存储空间,在一个文件被删除后应及时释放所占用的空间。文件存储空间管理的目标是提高文件存储空间的利用率,并提高文件系统的工作速度。

②目录管理。为方便用户在文件存储器中找到所需文件,通常由系统为每一文件建立一个目录项,包括文件名、属性以及存放位置等,由若干目录项又可构成一个目录文件。目录管理的任务是为每一文件建立其目录项,并对目录项加以有效的组织,以方便用户按名存取。

③文件读、写管理。文件读、写管理是文件管理最基本的功能。文件系统根据用户给出的文件名去查找文件目录,从中得到文件在文件存储器上的位置,然后利用文件读、写函数,对文件进行读、写操作。

④文件存取控制。为了防止系统中的文件被非法窃取或破坏,在文件系统中应建立有效的保护机制,以保证文件系统的安全性。

5. 用户接口

为方便用户使用操作系统,操作系统必须为用户或程序员提供相应的接口,通过使用这些接口达到方便地使用计算机的目的。

操作系统为用户提供了以下接口:

①命令接口。命令接口分为联机命令接口和脱机命令接口。联机命令接口是为联机用户提供的,它由一组键盘命令及其解释程序所组成。当用户在终端或控制台上输入一条命令后,系统便自动转入命令解释程序,对该命令进行解释并执行。在完成指定操作后,控制又返回到终端或控制台,等待接收用户输入的下

一条命令。这样,用户可通过不断输入不同的命令,达到控制自己作业的目的。

②脱机命令接口。脱机命令接口是为批处理系统的用户提供的。在批处理系统中,用户不直接与自己的作业进行交互,而是使用作业控制语言(JCL),将用户对其作业控制的意图写成作业说明书,然后将作业说明书连同作业一起提交给系统。当系统调度到该作业时,通过解释程序对作业说明书进行逐条解释并执行。这样,作业一直在作业说明书的控制下运行,直到遇到作业结束语句时,系统停止该作业的执行。

③程序接口。程序接口是用户获取操作系统服务的唯一途径。程序接口由一组系统调用组成。每一个系统调用都是一个完成特定功能的子程序。早期的操作系统(如 UNIX、MS-DOS 等),系统调用都是用汇编语言写成的,因而只有在用汇编语言写的应用程序中可以直接调用。近年来推出的操作系统中,如 UNIX System V、OS/2 2.x 版本中,系统调用是用 C 语言编写的,并以函数的形式提供,从而可在用 C 语言编写的程序中直接调用。而在其他高级语言中,往往提供与系统调用一一对应的库函数,应用程序通过调用库函数来使用系统调用。

④图形接口。以终端命令和命令语言方式来控制程序的运行固然有效,但给用户增加了不少负担,即用户必须记住各种命令,并从键盘输入这些命令以及所需数据来控制程序的运行。大屏幕高分辨率图形显示和多种交互式输入/输出设备(如鼠标、光笔、触摸屏等)的出现,使得改变"记忆并输入"的操作方式为图形接口方式成为可能。图形用户接口的目标是通过出现在屏幕上的对象直接进行操作,以控制和操纵程序的运行。这种图形用户接口大大减轻或免除了用户记忆的工作量,其操作方式也使原来的"记忆并输入"改变为"选择并点取",极大地方便了用户,并受到用户的普遍欢迎。

图形用户接口的主要构件是:窗口、菜单和对话框。国际上为了促进图形用户接口(GUI)的发展,1988 年制定了 GUI 标准。到 20 世纪 90 年代,各种操作系统的图形用户接口普遍出现,如 Microsoft 公司的 Windows 95、Windows 98、Windows NT 等。

2.1.5 常用操作系统

1. DOS 操作系统

磁盘操作系统(Disk Operation System,DOS)是一种单用户、单任务的计算机操作系统。DOS 采用字符界面,必须输入各种命令来操作计算机,这些命令都是英文单词或缩写,比较难于记忆,不利于一般用户操作计算机。进入 20 世纪 90 年代后,DOS 逐步被 Windows 系统所取代。

2. Windows 操作系统

Microsoft 公司成立于 1975 年,是世界上最大的软件公司之一,其产品覆盖操作系统、编译系统、数据库管理系统、办公自动化软件和互联网软件等各个领域。从 1983 年 11 月 Microsoft 公司宣布 Windows 1.0 诞生到今天的 Windows 8,Windows 已经成为风靡全球的计算机操作系统。Windows 操作系统发展历程为:Windows 1.0、Windows 3.1、Windows 95、Windows NT、Windows 98、Windows Me、Windows 2000、Windows XP、Windows 2003、Windows Vista、Windows 7,目前,最新的版本为 Windows 8。

3. UNIX 操作系统

UNIX 操作系统于 1969 年在贝尔实验室诞生,它是交互式分时操作系统。

UNIX 取得成功的最重要原因是系统的开放性、公开源代码、易理解、易扩充、易移植性。用户可以方便地向 UNIX 系统中逐步添加新功能和工具,这样可使 UNIX 越来越完善,提供更多服务,从而成为有效的程序开发支持平台。同时可以安装和运行在微型机、工作站以至大型机和巨型机上的操作系统。

美国苹果公司的 Mac 操作系统就是基于 UNIX 内核开发的图形化操作系统,是苹果机专用系统,一般情况下无法在普通的 PC 上安装。从 2001 年 3 月发布的 Mac OS X v10.0 版本到今天的 Mac OS X v10.9 版本,一直以简单易用和稳定可靠著称。

4. Linux 操作系统

Linux 是由芬兰科学家 Linux Torvalds 于 1991 年编写完成的一个操作系统内核。当时,他还是芬兰首都赫尔辛基大学计算机系的学生,在学习操作系统课程时,自己动手编写了一个操作系统原型。Linux 把这个系统放在互联网上,允许自由下载,许多人对这个系统进行改进、扩充、完善,进而逐步地发展完成完整的

Linux 操作系统。

Linux 是一个开放源代码、类 UNIX 的操作系统。

5. 移动终端常用操作系统

移动终端是指可以在移动中使用的计算机设备,具有小型化、智能化和网络化的特点,广泛应用于人们生产生活各领域,如手机、笔记本式计算机、POS 机、车载计算机等。移动终端常用的操作系统主要有以下系列:

(1) IOS 操作系统

在 Mac OSX 桌面系统的基础上,苹果公司为其移动终端设备(iPhone、iPod touch、iPad 等)开发了 IOS 操作系统,于 2007 年 1 月发布,原名为 iPhone OS 系统,2010 年 6 月改名为 IOS,目前最新的版本是 IOS 8。

(2) 安卓操作系统

美国谷歌公司基于 Linux 平台,开发了针对移动终端的开源操作系统即安卓(Android)操作系统,2008 年 9 月发布了最初的 Android 1.1 版本,目前最新版本是 Android 4.4。由于是开源系统,所以拥有极大的开放性,允许任何移动终端厂商加入到安卓系统的开发中来,应用安卓系统的主要设备厂商有三星、HTC、华为、中兴等。

(3) COS 操作系统

2014 年 1 月,中国科学院软件研究院和上海联彤网络通信技术有限公司在北京联合发布了具有自主知识产权的国产操作系统 COS(China Operating System)。COS 系统采用 Linux 内核,支持 HTML 5 和 Java 应用,具有符合中国消费者行为习惯的界面设计,支持多终端平台和多类型应用,具有安全快速等特点,可广泛应用于移动终端、智能家电等领域。该系统不开源,所以应用程序只能通过"COS 应用商店"程序下载和安装。目前,HTC、中兴、联想等厂家正在基于 COS 系统平台研发智能手机。

2.2　Windows 7 操作系统

2.2.1　Windows 7 简介

Windows 是 Microsoft 公司在 20 世纪 80 年代末推出的基于图形界面的、单用户多任务图形化操作系统,对计算机的操作是通过对"窗口""图标""菜单"等图形界面和符号的操作来实现的。用户与计算机之间的交互不仅可以通过键盘,还可以用鼠标选择、点击来完成。用户与计算机的交互更直观,更符合人类的习惯,用户操作的体验更好。

Windows 7 操作系统是微软于 2009 年 7 月 14 日正式上线,2009 年 10 月 22 日于美国正式发布的操作系统。

2.2.2　Windows 7 的特点

Windows 7 的设计主要围绕五个重点:针对笔记本式计算机的特有设计;基于应用服务的设计;用户的个性化;视听娱乐的优化;用户易用性的新引擎。跳跃列表,系统故障快速修复等,这些新功能令 Windows 7 成为最易用的 Windows。

1. 易用

Windows 7 简化了许多设计,智慧化的窗口缩放功能为用户提供了方便,可以轻松、直观地在不同文档之间切换。

2. 简单

Windows 7 将会让搜索和使用信息更加简单,包括本地、网络和互联网搜索功能,直观的用户体验将更加高级,还会整合自动化应用程序提交和交叉程序数据透明性。

3. 效率

在 Windows 7 中,系统集成的搜索功能非常强大,只要用户打开开始菜单并开始输入搜索内容,无论是要查找应用程序还是文本文档等,搜索功能都能自动运行,给用户的操作带来极大的便利。

4. 全新任务栏

Windows 7 提供了一个全新的任务栏,取消了原来的快速启动栏以及在任务栏中显示运行的应用程序名称和小图标,取而代之的是没有标签的大图标。用户可以拖放图标自行定制,并可以在文件和应用程序之间快速切换。

5. 灵活方便的文件组织和管理功能

Windows 7 可以使用"库"来组织和访问文件,而不管其存储位置。可以在同一位置访问不同文件夹中的文件。

6. 更高的稳定性和安全性

Windows 7 提供全新的用户安全机制。自带的 Internet Explorer 8 的安全性也有了提升。Windows 7 继承了之前版本的优点,在加强系统稳定性、安全性的同时,重新对系统组件进行了完善和优化。小工具可以单独在桌面上放置。为了防止黑客使用某小工具接管自己的计算机,2012 年 9 月,微软停止了对 Windows 7 小工具下载的技术支持。

7. Windows Aero 特效

Windows Aero 是从 Windows Vista 开始使用的重新设计的用户界面,透明玻璃感让用户眼前一亮。"Aero"是首字母缩略字,即 Authentic(真实)、Energetic(动感)、Reflective(具反射性)及 Open(开阔)的缩写,以为 Aero 界面是具立体感、令人震撼、具透视感和阔大的用户界面。

2.2.3 Windows 7 安装和运行的硬件环境

安装和运行 Windows 7,系统需要计算机硬件达到的最低配置如表 2-1 所示。

表 2-1　Windows 7 硬件要求参数

设备名称	推荐配置	备注
CPU	1 GHz 及以上的 32 位或 64 位处理器	Windows 7 有 32 位和 64 位两种版本,如果希望安装 64 位版本,则需要支持 64 位运算的 CPU
内存	1 GB(32 位)/2 GB(64 位)	最低 1 GB
硬盘	20 GB 及以上	不能低于 16 GB,参见 Microsoft 手册
显卡	有 WDDM1.0 驱动的支持 DirectX10 及以上级别的独立显卡	显卡支持 DirectX 9 就可以开启 Windows Aero 特效
其他设备	DVD R/RW 驱动器或者 U 盘等其他储存介质	安装使用

2.3　Windows 7 的基本操作

2.3.1 Windows 7 的启动和退出

1. Windows 7 的启动

步骤 1　依次打开计算机外围设备电源开关和主机电源开关。

步骤 2　计算机系统执行硬件测试,测试无误后即开始系统引导。

步骤 3　系统引导完后,进入 Windows 7 登录界面。

步骤 4　单击要登录的用户名,输入用户密码,继续完成启动,出现 Windows 7 系统桌面,如图 2-1 所示。

2. Windows 7 的退出

当用户不准备使用计算机时,应该将其退出。用户根据不同的需要选择不同的退出方法,如关机、睡眠、锁定、注销和切换用户等,如图 2-2 所示。

图 2-1　Windows 7 系统桌面

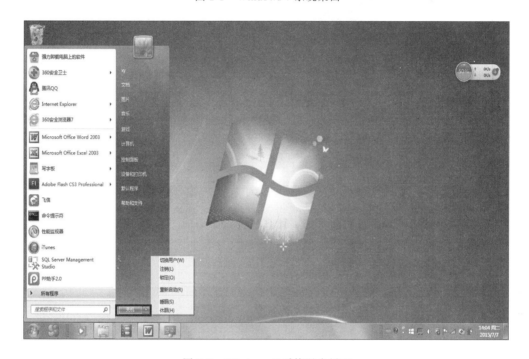

图 2-2　Windows 7 系统退出界面

2.3.2　鼠标、窗口、菜单操作

1. 鼠标操作

常用的鼠标操作有如下几种：

单击左键（简称单击）：单击鼠标左键。

单击右键（简称右击）：单击鼠标右键后，通常出现一个快捷菜单。

双击：连续快速单击左键两下。

指向：将鼠标箭头移动到目标位置。

拖拽：将目标用左键点住不放，然后拖动到目标区。

2. 桌面简介

桌面是用户启动 Windows 之后见到的主屏幕区域，也是用户执行各种操作的区域。它包括【开始】菜单、任务栏、桌面图标和通知区域等组成部分，如图 2-1 所示。

（1）【开始】菜单如图 2-3 所示。

①在【开始】菜单中选择【所有程序】，即出现所有应用程序菜单项，可以启动应用程序，如图 2-4 所示。

图 2-3 【开始】菜单

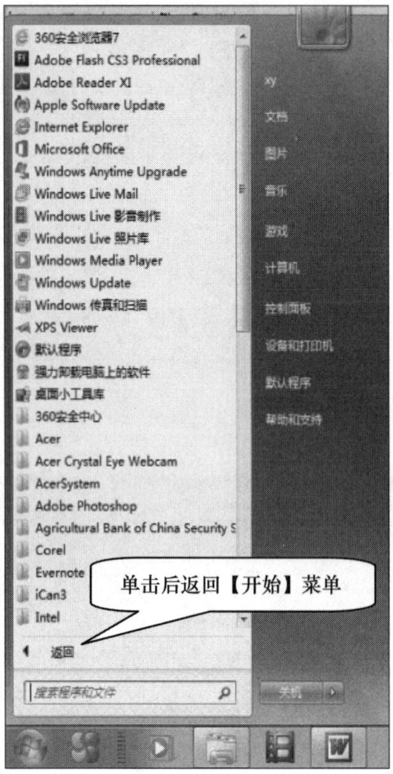

图 2-4 【所有程序】菜单

②在【开始】菜单中选择【控制面板】，即可调整计算机的设置，如图 2-5 所示。

③在【开始】菜单中，可以完成在计算机中【搜索程序和文件】，如图 2-6 所示。在文本框中输入要搜索的文件名或程序名，即可完成。

图 2-5 【控制面板】

图 2-6 【搜索程序和文件】功能

（2）任务栏。任务栏位于桌面最下方，提供快速切换应用程序、文档和其他窗口的功能。相比之前的 Windows 版本，Windows 7 的任务栏发生了较大的改变。具体表现在：

①将程序锁定到任务栏。

②预览窗口。

③跳转列表。

例如，将鼠标放在最小化在任务栏里的文件或文件夹上，会列出文件或文件夹的列表，如图 2-7 所示。在其中一个文件或文件夹上面单击鼠标，则激活该应用程序。

（3）通知区域。通知区域位于 Windows 7 任务栏的右侧，用于显示时间、一些程序的运行状态和系统图标，单击图标，通常会打开与该程序相关的设置，也称系统托盘区域，如图 2-8 所示。

图 2-7　鼠标指向任务栏中 Word 图标

3．Windows 7 窗口的组成及操作

窗口是应用程序运行或查看文档是打开的一块区域。Windows 的许多操作都是在窗口中进行的，它是构成 Windows 图形用户界面的一个主要元素。以"计算机"中"C 盘"窗口为例，介绍窗口的组成，如图 2-9 所示。

图 2-8　通知区域

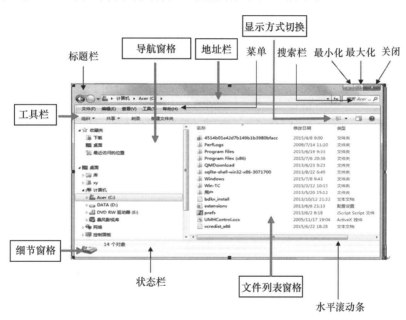

图 2-9　窗口和对话框

（1）窗口的组成

①地址栏

地址栏显示了当前访问位置的完整路径，同时路径中的每个文件夹结点都会显示为按钮，单击按钮即可快速跳转到对应的文件夹。在每个文件夹按钮的右侧还有一个箭头按钮，单击后可以列出与该按钮相同位置下的所有文件夹。通过使用地址栏，可以让用户快速切换到当前位置路径下的任何一个文件夹中。

②工具栏

系统会根据当前所在的文件夹以及选择的文件类型，显示相关的功能按钮。

③导航窗格

导航窗格以树形结构图的方式列出了一些常见位置，同时该窗格中还根据不同位置的类型，显示了多个子结点，每个子结点可以展开或合并。包含"收藏夹""库""计算机""网络"几个项目，可以让用户通过这几个项目快速浏览文件或文件夹。

④文件列表窗格

文件列表窗格中列出了当前浏览位置包含的所有内容,例如文件、文件夹,以及虚拟文件夹等。在文件列表窗格中显示的内容,还可以通过视图按钮更改显示视图,这样用户就可以根据文件夹内容的不同,选择最合适的视图。

⑤细节窗格

在文件列表窗格中单击某个文件或文件夹项目后,细节窗格中就会显示有关该项目的属性信息。而具体要显示的内容则取决于所选文件的类型。

⑥库窗口

当用户打开"文档""图片""音乐""视频"这4个库文件夹时,才会显示该窗格。

⑦显示方式切换

在这里列出的3个按钮,分别可控制当前文件夹使用的视图模式。

⑧预览窗格

如果在文件列表窗格中选中了某个文件,随后该文件的内容就会直接显示在预览窗格中,这样不需要双击文件将其打开,就可以直接了解每个文件的详细内容。如果希望打开预览窗格,只需要单击窗口右上角"显示切换方式"中的"显示预览窗格"按钮即可。

(2)窗口操作

①Windows 7 中窗口的基本操作有以下几项:

a. 移动窗口和改变窗口大小。

b. 窗口的最大化、最小化、还原及关闭。

c. 滚动窗口内容。

d. 切换窗口。

e. 排列窗口。

右击任务栏的空白处,在弹出的快捷菜单中可以选择窗口的排列方式,如图 2-10 所示。

图 2-10　任务栏快捷菜单

②层叠窗口:右击任务栏的空白处,在弹出的快捷菜单中选择【层叠窗口】命令,可以使窗口纵向排列且每个窗口的标题均可见,如图 2-11 所示。

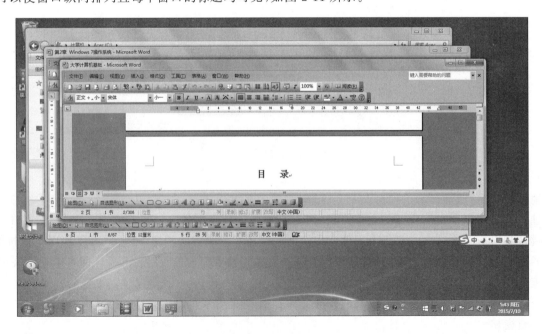

图 2-11　层叠窗口

③堆叠显示窗口:右击任务栏的空白处,在弹出的快捷菜单中选择【堆叠显示窗口】命令,可以使每个窗口堆叠显示,如图 2-12 所示。

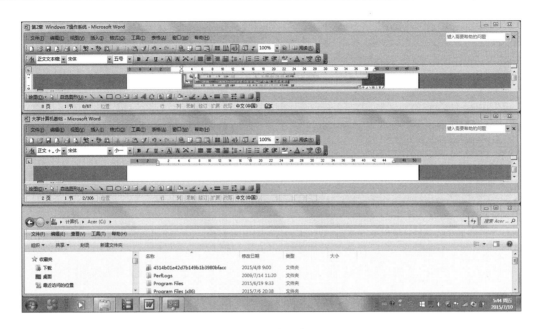

图 2-12　堆叠窗口

④并排显示窗口:右击任务栏的空白处,在弹出的快捷菜单中选择【并排显示窗口】命令,可以使每个打开的窗口可见,且均匀分布在桌面上,如图 2-13 所示。

图 2-13　并排显示窗口

(3) 对话框基本操作

对话框是 Windows 和用户进行信息交流的界面,为了获得用户信息,Windows 会打开对话框向用户提问,用户可以通过回答问题来完成对话。

图 2-14 和图 2-15 是【工具】菜单中的【文件夹选项】。

(4) 菜单和工具栏

①菜单包括如下几种:

a. 打开和关闭菜单。

b. 菜单中命令项。

c. 快捷菜单

图 2-14 【工具】菜单　　　　　　　图 2-15 【文件夹选项】

②工具栏。大多数 Windows 应用程序都有工具栏,工具栏上的按钮在菜单中都有对应的命令。可以说工具栏是为了方便用户使用应用程序而设计的。

当移动鼠标指针指向工具栏上的某个按钮时,稍停留片刻,应用程序将显示该按钮的功能名称。

用户可以用鼠标把工具栏拖放到窗口的任意位置,或改变排列方式。

2.4　Windows 7 系统设置

2.4.1　外观设置(桌面图标、背景、主题)

1. 桌面图标设置

Windows 7 桌面图标大小设置:Windows 7 为用户提供了 3 种大小规格的图标显示方式,即大图标、中等图标和小图标(经典图标)。在桌面空白处单击鼠标右键,选择快捷菜单中的【查看】选项,在展开的子菜单中选择一种图标规格即可,如图 2-16 所示。

2. 背景设置

在【控制面板】窗口中选择【外观和个性化】功能图标,打开【更改桌面背景】窗口,用户可以通过该窗口更改背景设置以适应个人喜好,如图 2-17 和图 2-18 所示。

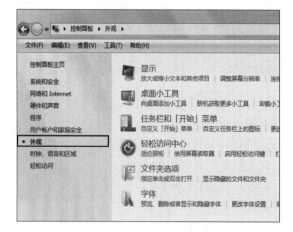

图 2-16　桌面快捷菜单　　　　　　图 2-17　控制面板的【外观】界面

3. 主题设置

在【控制面板】窗口中选择【外观和个性化】功能图标,打开【更改主题】窗口,用户可以通过该窗口更改主题设置以适应个人喜好,如图 2-19 所示。

图 2-18　更改桌面背景

图 2-19　【控制面板】窗口【外观和个性化】

2.4.2　开始菜单、桌面图标的设置

1. "开始"菜单的设置

Windows 7 开始菜单显示最近使用过的程序和项目,可以从右键菜单中选择【从列表中删除】命令,如图 2-20 所示。

先用鼠标右键单击 Windows 7 的圆形【开始】按钮,然后选择【属性】,打开【自定义开始菜单】的设置面板,如图 2-21 所示。

在【开始】菜单中的【隐私】设置里,可以选择是否储存最近打开过的程序和项目,这两个功能默认为勾选,所以用户一般都可以从 Windows 7 开始菜单中看到最近使用过的程序和项目。如果不想显示这些,可以在这里取消相关的勾选设置,如图 2-22 所示。如果不想显示个别的程序和项目,也可以直接从右键菜单中选择【从列表中删除】。

单击【开始】菜单中的【自定义】按钮,可以对 Windows 7【开始】菜单做进一步的个性化设置。如显示什么、不显示什么、显示的方式和数目等,如图 2-23 所示。如果想恢复初始设置,Windows 7 还提供【使用默认设置】按钮,可以一键还原所有原始设置。

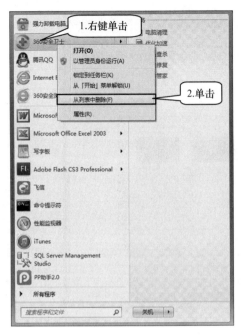

图 2-21　【开始】按钮的快捷菜单

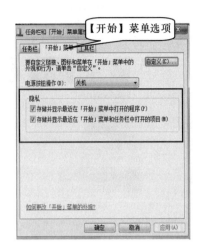

图 2-20　删除最近使用过的程序或项目窗口

图 2-22　【开始】菜单中的【隐私】设置

2．桌面图标的设置

设置 Windows 7 显示桌面图标：Windows 7 安装完成
后，默认的 Windows 7 桌面只有一个【回收站】，【我的电脑】【Internet Explorer】图标及【我的文档】等是默认
不显示的，用户可以通过下述方法打开：

①在桌面上单击鼠标右键（其中查看菜单的子项是用来修改桌面图标的大小，如需修改图标大小只需
在此菜单设置即可），选择个性化。

②在个性设置窗口，单击左侧的【更改桌面图标】。

③根据自己需要进行桌面图标设置即可。

2.4.3　鼠标的个性化设置

在【控制面板】窗口中选择【硬件和声音】功能图标，如图 2-24 所示，打开【硬件和声音】窗口，单击【鼠标】
选项，如图 2-25 所示，打开【鼠标属性】对话框，如图 2-26 所示，用户可以更改鼠标设置以适应个人喜好。

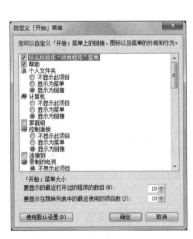

图 2-23　自定义【开始】菜单

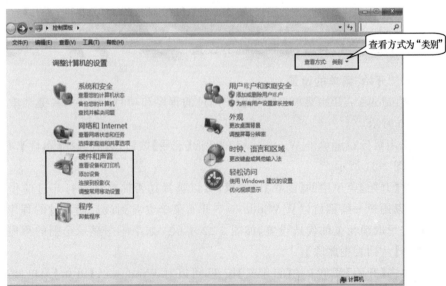

图 2-24 在【控制面板】窗口中选择【硬件和声音】功能图标

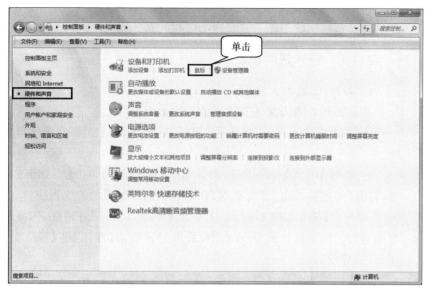

图 2-25　【鼠标】选项　　　　　　　　　　图 2-26　【鼠标属性】对话框

2.4.4　字体的个性化设置

在【控制面板】窗口中选择【外观和个性化】功能图标，打开【字体】窗口，用户可以预览、删除或者显示/隐藏字体、更改字体设置以及调整 Clear Type 文本，如图 2-27 所示。

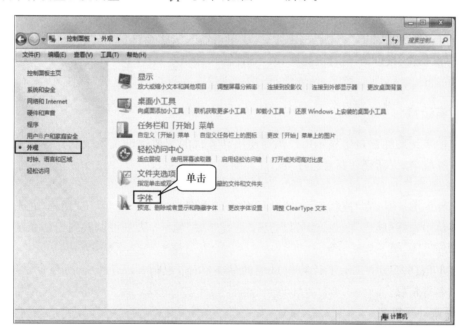

图 2-27　【控制面板】中【外观和个性化】

2.4.5　日期和时间设置

在计算机系统中用户可以更新和更改日期、时间和时区。方法如下：

在"控制面板"的"窗口"视图模式中，单击"日期和时间"图标，打开"日期和时间"对话框，如图 2-28 所示。

①在"日期和时间"选项卡中单击【更改日期和时间】按钮，在打开的对话框中可以更改日期和时间；单击【更改时区】按钮，在弹出的窗口的下拉列表框中可以选择时区。

②在"附加时钟"选项卡中可以勾选"显示此时钟"复选框，添加新的时钟显示，再通过更改时区和显示名称设置新的时钟，设置完成后分别单击【应用】和【确定】按钮即可生效。

图 2-28 "日期和时间"对话框

③在"Internet 时间"选项卡中,用户可以设置以保护用户的计算机时间在联网状态下与互联网上的时间服务器同步。

2.4.6 输入法的设置

1. 添加/卸载输入法

添加或卸载输入法的具体操作步骤如下:

• 在语言栏中右击"输入法"图标,在弹出的快捷菜单中选择"设置"命令。

• 在弹出的"文本服务和输入语言"对话框中单击【添加】按钮,打开"添加输入语言"对话框,在列表中选择要添加的输入法。

• 单击【确定】按钮,返回"文本服务和输入语言"对话框,即可看到添加的输入法已经在列表中,最后分别单击【应用】和【确定】按钮,完成设置。

若要删除某个输入法,可在"文本服务和输入语言"对话框中选择需要删除的输入法,单击【删除】按钮即可。

有些输入法的添加,如五笔输入法、搜狗拼音输入法等,应下载相应的输入法软件进行安装。如果安装后在语言栏中没有相应的输入法,可以在"文本服务和输入语言"对话框中按上述步骤进行添加。

2. 输入法的使用

启动和关闭输入法:按【Ctrl+Space】快捷键。

• 输入法切换:按【Ctrl+Shift】快捷键,或单击"输入法指示器"图标,在弹出的输入法菜单中选择一种汉字输入法。

• 全角/半角切换:按【Shift +Space】快捷键,或单击输入法状态窗口中的【全角/半角切换】按钮。

• 中英文标点切换:按【Ctrl+.】快捷键,或单击"输入法指示器"中【中英文标点切换】按钮。

另外,特殊字符的输入,如希腊字母、数学符号等,通过输入法指示器上的"软件盘"输入较为方便。

2.4.7 系统设置

Windows 7 的系统属性窗口中显示用户当前使用计算机的主要硬件及系统软件等相关信息,还可以通过设置来更改计算机名、更新硬件驱动程序等。

1. 查看系统属性

查看系统属性的方法是,在"控制面板"窗口的"图标"视图模式中单击"系统"图标,右击"计算机"图标,在弹出的快捷菜单中选择"属性"命令,都可以打开"系统属性"窗口,从中可以看到当前系统信息,如图 2-29 所示。

在计算机基本信息窗口中显示了计算机系统的基本状态,包括 CPU 型号、内存容量以及操作系统类型、版本、计算机名等信息。

2. 查看和更改计算机名

单击"系统属性"对话框中的"计算机名称、域和工作组设置"旁的【更改设置】按钮,打开"系统属性"对话框如图 2-30 所示。该对话框显示了完整的计算机和隶属工作组名或隶属域名。在对话框中可更改计算机描述及网络属性,具体操作步骤如下。

①单击【更改】按钮,打开"计算机名/域更改"对话框,如图 2-31 所示。

②在"计算机名"文本框中可以输入新的计算机名,单击【确定】按钮即可生效。

③在"隶属于"选项卡中选择计算机隶属类型。若隶属于工作组,则在"工作组"文本框中输入工作组名。若隶属于域,则在"域"文本框中输入域名。

④单击【确定】按钮,完成操作。

图 2-29　"系统属性"窗口

图 2-30　"系统属性"对话框

图 2-31　"计算机名/域更改"对话框

3．硬件管理

如果用户要查看计算机硬件的相关信息,则在"系统属性"对话框中选择"硬件"选项卡,该选项卡中有"设备管理器"和"设备安装设置"两种管理类别。

(1) 设备管理器

"设备管理器"为用户提供计算机中所安装硬件的图标化显示。使用"设备管理器"可以检查硬件的状态并更新硬件设备的驱动程序,用户也可以使用"设备管理器"的诊断功能来解决冲突问题,并允许更改对该硬件的资源配置。

"硬件"选项卡中如图 2-32 所示,单击【设备管理器】按钮,打开"设备管理器"窗口,如图 2-33 所示。在列表框中单击"▷"按钮,则展开下一级目录,可以从中选择相关的硬件设备图标,右击该图标弹出快捷菜单,选择"扫描检测硬件改动"命令,可以检查此硬件设备工作是否正常;选择"更新驱动程序软件"命令,可以运行硬件添加向导,按照提示为新增硬件设备添加驱动程序。

(2) 设备安装设置

在"设备安装设置"中可以设置系统硬件安装和自动升级规则。可以在"硬件"选项卡中,单击【设备安装设置】按钮,打开"设备安装设置"对话框,如图 2-34 所示,按照提示可以选择相应的 Windows Update 规则,单击【保存更改】按钮,即可完成设置。

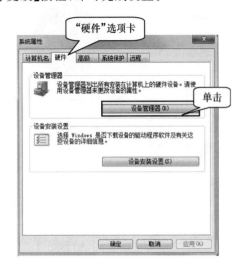

图 2-32 "系统属性"中"硬件"选项卡   图 2-33 "设备管理器"窗口

图 2-34 "设备安装设置"对话框

2.4.8 网络设置与管理

1. 新建连接

打开控制面板里的【网络和 Internet】,进入网络和共享中心,选择【查看网络状态和任务】,如图 2-35 所示。然后选择设置新的连接或网络,手动连接到无线网络(安全类型设置为无身份验证)。

2. 设置 IP 和默认网关

【更改适配器】→【单击本地连接】→【属性】→【Internet 协议】→【属性】。根据需要设置 IP 和默认网关,如图 2-36、图 2-37 和图 2-38 所示。

3. 启用网络发现

选择【网络与共享中心】选项,进行【更改高级共享】设置。

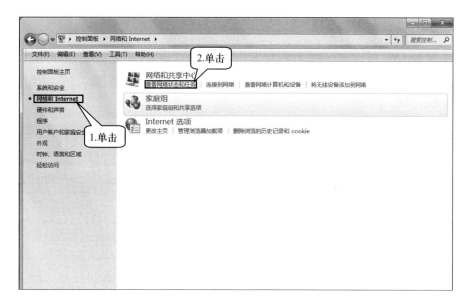

图 2-35　"网络和 Internet"界面

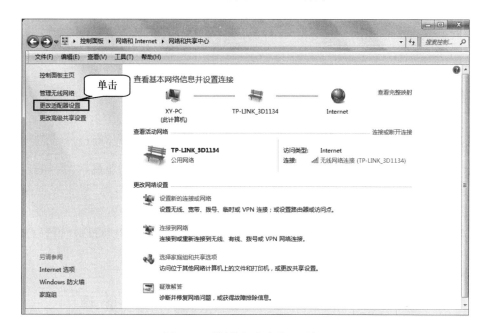

图 2-36　"网络与共享中心"界面

图 2-37　"本地连接属性"对话框　　　　　图 2-38　"Internet 协议属性"对话框

2.4.9 打印机的设置与安装

为了设置与安装打印机,首先要打开"打印机和传真"窗口。即在"控制面板"窗口中双击"打印机和传真"图标,"打印机和传真"窗口如图 2-39 所示。如果系统已经安装有打印机,则在"打印机"窗口中还有已经安装的打印机的图标。

图 2-39 "打印机和传真"窗口

1. 添加打印机

在"打印机和传真"窗口的属性栏中单击"添加打印机"超级链接,系统即显示"添加打印机向导"对话框,此后只需按照向导中所要求的步骤一步一步操作即可。

2. 设置打印机属性

在"打印机和传真"窗口中单击要设置属性的打印机图标,然后在属性栏中单击"设置打印机属性"超级链接,系统即显示"属性"对话框,输入位置等信息,再单击"确定"按钮即可。

2.5 Windows 7 文件(文件夹)管理

计算机中所有的程序、各种类型的数据都是以文件的形式存储在磁盘中,因此文件的组织与管理成为操作系统中的重要内容。

2.5.1 文件和文件夹概述

1. 文件

文件是被赋予了名称并存储在磁盘上的有组织的数据集合,它既包含了像程序、文字、图形、图像、声音等各种类型的数据,也把具体的物理设备当成文件处理,这样就大大简化了操作系统的管理和用户的操作。每个文件有一个命名,称为文件名。文件名通常由主文件名和扩展名两部分组成,中间由小圆点间隔。扩展名是为了对各种类型的文件加以归档(表 2-2),在 Windows 7 操作系统中,利用文件的扩展名识别文件是一种常用的重要方法。一般情况下,文件可以分为文本文件、图像文件、照片文件、压缩文件、音频文件、视频文件等。例如,扩展名为.txt 的文件表示文本文件,扩展名为.exe 的文件表示可执行文件等。

表 2-2　文件名

扩展名	文件类型	扩展名	文件类型
.txt	文本文档/记事本文档	.docx	Word 文件
.exe/.com	可执行文件	.xlsx	电子表格文件
.hlp	帮助文件	.rar/.zip	压缩文件
.htm/.html	超文本文件	.wav/.mid/.mp3	音频文件
.bmp/.gif/.jpg	图形文件	.avi/.mpg	可播放视频文件
.ini/.sys/.dll/.adt	系统文件	.bak	备份文件
.bat	批处理文件	.tmp	临时文件
.drv	设备驱动程序文件	.ini	系统配置文件
.mid	音频文件	.ovl	程序覆盖文件
.rtf	丰富文本格式文件	.tab	文本表格文件
.wav	波形声音	.obj	目标代码文件

2. 文件夹

在计算机的磁盘中存在大量的文件,为了便于存储、查找等管理文件工作,Windows 引入了文件夹的概念来对文件分门别类地进行管理。文件夹就像是我们日常生活中的书橱存放书籍一样,通过把不同类别的文件放在不同的文件夹中,使用户可以方便地对文件进行管理操作。文件夹中还可以再创建文件夹,形成一种层次结构,这种树型结构的管理方法是一种较为流行的文件管理模式。

3. 文件和文件夹的命名

在 Windows 系统中,每个文件都有一个文件名,文件名由主文件名和扩展名两部分构成。主文件名一般由用户自己命名,最好与文件的内容相关联,尽量做到"见名知意"。文件夹的命名与文件的命名类似。Windows 系统支持长文件命名。

文件和文件夹的命名规则:

(1) 文件名或文件夹名可以由字母、数字、汉字或空格及部分字符组成,但不能出现以下字符:\、/、:、*、?、"、<、>、|,不能多于 255 个字符。

(2) 文件名可以有扩展名,也可以没有。有些情况下系统会为文件自动添加扩展名。一般情况下,文件名与扩展名中间用符号"."分隔。

(3) 不能利用英文大小写字母来区分文件或文件夹的名字。

2.5.2　文件管理工具

Windows 7 系统提供了多种管理文件和文件夹的工具,通过这些工具可以对文件和文件夹进行管理操作,其中常用的管理工具有"资源管理器"和"库"管理。

1. "资源管理器"

"资源管理器"是 Windows 系统提供的一种管理文件和文件夹的有效工具,通过它们可以方便地进行文件或文件夹的浏览、查看、移动、复制和删除等操作。

常用的启动"资源管理器"的方法是:单击"开始"按钮,鼠标指针指向"所有程序",在"常用程序列表"中单击"附件",然后单击"Windows 资源管理器",即可打开资源管理器窗口。

还可以通过如下方法打开"资源管理器":用鼠标右击"开始"按钮,单击快捷菜单中的"打开 Windows 资源管理器"选项,即可打开资源管理器窗口。

资源管理器窗口的"导航窗格"以树状结构分层显示计算机内所有资源的详细列表,"文件列表窗格"则显示当前选中的"导航窗格"项目所包含的所有文件和文件夹。"导航窗格"中所有项目前面的图标"▷"表示该项目有下一级子文件夹,单击图标"▷",可展开其下一级子文件夹,并且图标变成图标"◢";单击图标

"▲"可折叠起已展开的内容，使"导航窗格"内容更紧凑、直观。如果展开的文件或文件夹的前面没有图标"▲"，说明该文件或文件夹已到达最底层。

双击桌面上"计算机"图标，可以打开"计算机"窗口。或者通过按下键盘上的"Windows＋E"键，也可以打开"计算机"窗口。其使用方法与"资源管理器"相同，在此不再赘述。

2. "库"

这是 Windows 7 操作系统中新推出的一个有效的文件管理模式，它看起来跟文件夹比较相似，但是又有很大的不同。从图 2-9 所示的窗口的界面中，用户可以看到"库窗格"好像跟传统的文件夹比较相像。从某个角度来讲，库与文件夹确实有很多相似的地方。如跟文件夹一样，在库中也可以包含各种各样的子库与文件。但是其本质上跟文件夹有很大的不同。在文件夹中保存的文件或子文件夹都是存储在同一个位置的，而在库中存储的文件则可以来自于计算机中的任意存储位置。如可以来自于用户计算机上的关联文件或者来自于移动磁盘上的文件。这个差异虽然比较细小，但却是传统文件夹与库之间的最本质的差异。

其实库的管理方式更加接近于快捷方式。库中的对象就是各种文件夹与文件的一个快照，库中并不真正存储文件，从而提供一种更快捷的管理方式。例如，用户有一些工作文档主要存储在自己计算机上的 D 盘和移动硬盘 F 中。为了以后工作的方便，用户可以将 D 盘与移动硬盘 F 中的文件都复制到新建库中。在需要使用 D 盘与移动硬盘 F 中的这些文件时，只要直接打开新建库即可（前提是移动硬盘 F 已经连接到用户主机上了），而不需要再去定位到 D 盘和移动硬盘 F 上了。

2.5.3 文件或文件夹的管理

1. 文件或文件夹的查看与搜索

随着计算机里面存放的文件越来越多，当要查找以前的某个文件时，如果记不清楚它的存放位置，找起来会很麻烦。这时，采用适当的搜索办法来提高搜索效率是必不可少的。在 Windows 系统中自带了一个搜索功能，真正利用好这个功能对用户的搜索有很大帮助。

其实 Windows 7 系统中对搜索功能进行了改进，不仅在"开始"菜单可以进行快速搜索，而且对于硬盘文件搜索推出了索引功能。

单击任务栏上的"开始"按钮，即可弹出"开始"菜单。在搜索提示框中输入"搜索的程序和文件"，可自动开始搜索，搜索结果会即时显示在搜索框上方的开始菜单中。如搜索"图像"，则如图 2-40 所示。当搜索结果充满开始菜单空间时，还可以单击"查看更多结果"，即可在资源管理器中看到更多的搜索结果，以及搜索到的对象数量，如图 2-41 所示。

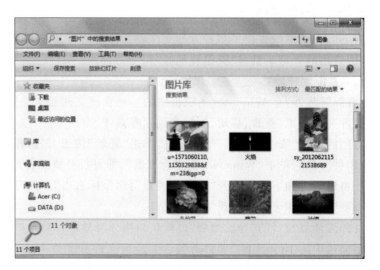

图 2-40　"开始"菜单上的搜索框　　　　　　　图 2-41　单击"图片"中的搜索结果

在 Windows 7 中还设计了再次搜索功能,即在经过首次搜索后,如果搜索结果太多,可以进行再次搜索,可以选择系统提示的搜索范围,如根据种类、修改日期、类型、大小和名称等进行搜索。

另外,还可以利用通配符进行搜索。在搜索时,如果关于文件的某些信息记得不是很清楚,就可以利用通配符来进行模糊查找。"?"代表任何单个字符,"＊"可代表文件或文件夹名称中的一个或多个字符。例如,要查找所有以字母"X"开头的文件,可以在查询内容中输入"X＊"。同时也可以一次使用多个通配符。如果想查找一种特殊类型的字符串时,可以使用"＊."＋"文件类型"的方法,如使用"＊.JPG"就可以查找到所有.JPG 格式的文件。

2. 文件或文件夹的选择

(1) 选择单个文件或文件夹

将鼠标指针指向文件或文件夹,单击鼠标即可,该对象表现为高亮显示。

(2) 选择连续的多个文件或文件夹

①单击第一个要选择的文件或文件夹,然后按住"Shift"键不放,再单击最后一个文件或文件夹,则从第一个到最后一个之间的所有文件或文件夹都被选定。

②鼠标指向要选择的文件或文件夹的周围,然后按住鼠标左键不放,拖动鼠标,当所有要选择的文件或文件夹被框选后,松开鼠标左键即可。

(3) 选定不连续的多个文件或文件夹

按住"Ctrl"键不放,依次单击要选择的文件或文件夹即可。

(4) 全部选定

依次单击"工具栏"中的"组织"按钮、"全选"命令,或者按"Ctrl＋A"快捷键,则可以选定当前文件夹中的所有文件和文件夹。

通过上述方法选定的文件或文件夹会出现蓝色底色,表示被选定。如果要取消部分被选定的文件或文件夹,则只需在"文件列表窗格"的空白区域单击鼠标即可。

3. 新建文件夹

鼠标右击"开始"按钮,单击快捷菜单中的"打开 Windows 资源管理器"选项,即可打开"资源管理器"窗口。首先定位新建文件夹的位置(例如 D 盘),然后打开 D 盘,用鼠标右击"文件列表窗格"的空白区域,鼠标指针指向快捷菜单中的"新建"命令,然后单击级联菜单中的"文件夹"命令。此时,"文件列表窗格"中将出现一个文件夹图标,在图标下会有蓝底色的待改变的文件夹默认名"新建文件夹",直接输入新的名字,然后按回车键确认即创建了一个新文件夹。

新建文件与新建文件夹过程相同。首先定位新建文件的位置,之后在空白处右击,然后选择"新建"选项,再单击要新建的文件类型即可。

4. 打开和关闭文件或文件夹

文件或文件夹在使用时,通常都需要先将其打开,然后进行读或写,最后将其保存并关闭。

(1) 打开文件或文件夹

打开文件或文件夹常见的方法有以下三种:

①选择需要打开的文件或文件夹,用鼠标双击文件或文件夹或文件夹的图标即可打开文件或文件夹。

②在需要打开的文件或文件夹名上单击鼠标右键,在弹出的快捷菜单中选择"打开"菜单命令即可打开文件或文件夹。

③在需要打开的文件图标上单击鼠标右键,在弹出的快捷菜单中选择"打开方式"菜单命令,在弹出的子菜单中选择相应的软件即可打开文件。

(2) 关闭文件

通常文件的打开都和相应的窗口有关,在窗口的右上角都有一个"关闭"按钮,单击"关闭"按钮,可以直接关闭文件;或者在文件当前活动窗口中,按组合键"Alt＋F4",可以快速关闭当前被打开的文件。

5. 复制文件或文件

复制文件或文件夹是指复制一个文件或文件夹的副本并放到目标位置。复制命令执行后,原位置和目标位置均有该文件或文件夹。下面介绍几种常用的复制操作方法。

（1）使用菜单命令操作

在"文件列表窗格"中选定要复制的文件或文件夹，依次单击菜单栏中的"复制""粘贴"命令，即可将选定的文件或文件夹复制到目标位置。

（2）使用鼠标拖动操作

展开资源管理器"导航窗格"内的目录树，目标文件夹或驱动器可见，然后选定要复制的文件或文件夹。如果被复制的对象与目标位置在同一驱动器上，则需要按住"Ctrl"键不放，拖动被复制的对象到目标位置，释放鼠标左键和"Ctrl"键即可；否则，只需要鼠标将被复制的对象直接拖动到目标位置，即可完成复制操作。

（3）使用快捷菜单命令操作

鼠标右击要复制的文件或文件夹，在弹出的快捷菜单中选择"复制"命令，然后在资源管理器的"导航窗格"内选定目标文件夹或驱动器，在其"文件列表窗格"的空白处右击，在弹出的快捷菜单中选择"粘贴"命令即可。

（4）使用快捷键操作

选定要复制的文件或文件夹，使用"Ctrl＋C"键将选定的对象复制到剪贴板上，然后在资源管理器的"导航窗格"内选定目标文件夹或驱动器，使用"Ctrl＋V"键即可将剪贴板中的内容粘贴到目标位置。

6. 移动文件或文件夹

移动文件或文件夹是指将文件或文件夹从原来的位置移动到一个新的位置，移动命令执行后，原位置的文件或文件夹就不存在了。下面介绍几种常用的移动操作方法。

（1）使用菜单命令操作

在"文件列表窗格"中选定要移动的文件或文件夹，依次单击菜单栏中的"编辑""剪切"命令，然后单击资源管理器"导航窗格"内的目标文件夹或驱动器，依次单击菜单栏中的"编辑""粘贴"命令，即可将选定的文件或文件夹移动到目标位置。

（2）使用鼠标拖动操作

展开资源管理器"导航窗格"内的目录树，使目标文件或驱动器可见，然后选定要移动的文件或文件夹。如果被移动的对象与目标位置在同一驱动器上，则用鼠标将选定的文件或文件夹直接拖动到目标位置即可；否则，需按住"Shift"键不放，用鼠标拖动文件或文件夹到目标位置，释放鼠标左键和"Shift"键，即可完成移动操作。

（3）使用快捷菜单命令操作

用鼠标右击要移动的文件或文件夹，在弹出的快捷键菜单中选择"剪切"命令，然后在资源管理器的"导航窗格"内选定目标文件夹或驱动器，在其"文件列表窗格"的空白处右击，在弹出的快捷菜单中选择"粘贴"命令即可。

（4）使用快捷键操作

选定要移动的文件或文件夹，使用"Ctrl＋X"键将选定的对象剪切到剪贴板上，然后在资源管理器的"导航窗格"内选定目标文件夹或驱动器，使用"Ctrl＋V"键即可将剪贴板中的内容粘贴到目标位置。

需要注意的是，如果发现某个文件或文件夹移动走后才发现不妥当，既可以采用上述方法移动回去，也可以通过在窗口的"文件列表窗格"中右击，在其出现的快捷菜单中单击"撤销移动"命令。

7. 重命名文件或文件夹

用户可以根据需要更改文件或文件夹的名字，具体操作如下：

在"文件列表窗格"中选定要重命名的文件或文件夹，依次单击菜单栏中的"文件""重命名"命令，或者右击要重命名的文件或文件夹，在弹出的快捷菜单中选择"重命名"命令，则该文件或文件夹的名字处于编辑状态，在编辑框中输入新的名字，按"Enter"键或单击窗口的空白处，即可完成重命名操作。一次只能对一个文件或文件夹进行重命名操作。

用户还可以选择需要更改名称的文件，用鼠标两次单击（不是双击）文件名，之后选择的文件名将处于编辑状态，在其中输入名称，按"Enter"键即可。

8. 删除文件或文件夹

对于磁盘中不再有用的文件或文件夹，可以将其删除以释放磁盘空间，下面介绍几种常用的删除方法。

（1）使用菜单命令操作

在"文件列表窗格"中选定要删除的文件或文件夹,依次单击菜单栏中"文件""删除"命令,弹出"删除文件"对话框,单击"是"按钮,则所选定的文件或文件夹被移到回收站中。

（2）使用鼠标拖动操作

在"文件列表窗格"中选定要删除的文件或文件夹,用鼠标将其直接拖动到 Windows 桌面的"回收站"图标上即可。

（3）使用快捷菜单命令操作

在"文件列表窗格"中选定要删除的文件或文件夹,用鼠标指向其中一个图标右击,在弹出的快捷菜单中选择"删除"命令,单击"删除文件"对话框中的"是"按钮,则所选定的文件或文件夹被移到回收站中。

（4）使用"Delete"键操作

在"文件列表窗格"中选定要删除的文件或文件夹,按键盘上的"Delete"键,单击"删除文件"对话框中的"是"按钮,即可将其放入回收站。

删除文件或文件夹操作都是将被删除对象移动到回收站中。如果用户想直接删除选定的文件或文件夹而不是移动到回收站中,则可以按住"Shift"键不放,同时执行上述删除文件的操作即可。

9. 还原文件或文件夹

通过回收站还可以将被删除的文件或文件夹还原到原来的位置。具体操作如下:如果要恢复被误删除的文件或文件夹,则可以双击 Windows 桌面的"回收站"图标,在弹出的"回收站"窗口中选择要恢复的文件或文件夹,单击"回收站"窗口工具栏中的"还原此项目"按钮,即可将文件或文件夹还原到原来的位置。或者右击要还原的文件或文件夹,在弹出的快捷菜单中选择"还原"命令,则该文件或文件夹就被还原到原来的位置。

10. 查看文件或文件夹属性

对于计算机中的任何一个文件或文件夹,如果用户想知道文件或文件夹的详细信息,可以通过查看其属性来了解。

在需要查看属性的文件或文件夹名称上单击鼠标右键,在弹出的快捷菜单中选择"属性"菜单命令,系统弹出所选文件或文件夹"属性"对话框。在"常规"选项卡中,用户可以看到所选文件或文件夹的详细信息。

"只读"属性:设置文件或文件夹是否为只读(意味着不能更改或意外删除)。用鼠标单击复选框(即勾选)则表示文件或文件夹是只读的。

"隐藏"属性:设置该文件或文件夹是否被隐藏,隐藏后如果不知道其名称就无法查看或使用此文件或文件夹。用鼠标单击复选框(即勾选)则表示文件或文件夹是隐藏的。

11. 隐藏文件或文件夹

（1）隐藏文件或文件夹

具体步骤如下:

①右击需要隐藏的文件,在弹出快捷菜单中选择"属性"命令。

②在弹出的对话框中选中"隐藏"选框,单击"确定"按钮。

③返回到文件夹窗口后,该文件已经隐藏。

（2）在"工具"菜单下选择"文件夹选项"中"查看"选项卡设置不显示隐藏文件,如图 2-42 所示。

12. 创建文件或文件夹的快捷方式

对于经常使用的文件或文件夹,可以为其创建快捷方式图标,将其放在桌面上或其他可以快速访问的地方,这样可以避免因寻找文件或文件夹而浪费时间,从而提高用户的效率。

选中需要创建快捷方式的文件或文件夹,用鼠标右键单击并在弹

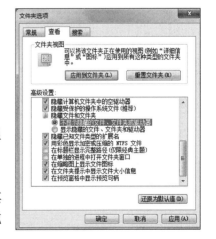

图 2-42　"查看"选项卡

出的快捷菜单中选择"发送到"级联菜单中的"桌面快捷方式"菜单命令,系统将自动在桌面上添加一个所选文件或文件夹的快捷方式,用鼠标双击就可以打开相应的文件或文件夹。

13. 查看文件的扩展名

Windows 7 系统默认情况下并不显示文件的扩展名,用户可以使用以下方法使用以下方法使文件扩展名显示出来。

(1) 打开任意一个文件夹,可以看到在该文件夹窗口的"文件列表窗格"中的所有文件都不显示扩展名,单击文件夹窗口"菜单栏"中的"工具"菜单,在出现的下拉菜单中选择"文件夹选项"菜单命令。

(2) 单击"文件夹选项",弹出"文件夹选项"对话框,选择"查看"选项卡,在"高级设置"栏中取消勾选"隐藏已知文件类型的扩展名"复选框,单击"确定"按钮,此时用户可以查看到文件的扩展名。

14. 加密文件或文件夹

(1) 加密文件或文件夹

右键选择需设置的文件(夹),选择【属性】选项,在【高级属性】选项里进行设置。

图 2-43 【高级属性】选项

(2) 解密文件或文件夹

右键选中所需的文件(夹),选择【属性】选项,在【高级属性】选项里进行设置,如图 2-43 所示。最后,单击"确定"按钮。

2.5.4 资源管理器

1. 打开资源管理器窗口

(1) 在 Windows 7 中,资源管理器是另一个管理文件的工具。其功能和"计算机"相似,只是窗口分为左、右两部分。在"开始"按钮上单击鼠标右键,在弹出的快捷菜单中选择"资源管理器"命令,即可打开"资源管理器"窗口,如图 2-44 所示。

(2) 在"计算机"图标上单击鼠标右键,在弹出的快捷菜单中选择"资源管理器"命令,也可打开"资源管理器"窗口。

图 2-44 "资源管理器"窗口

2. 查看文件夹的分层结构

(1) 查看当前文件夹中的内容

在"资源管理器"左窗口(即文件夹树窗口)中单击某个文件夹名或图标,则该文件夹被选中,成为当前文件夹,此时在右窗口(即文件夹内容窗口)即显示该当前文件夹中下一层的所有子文件夹与文件。

(2) 展开文件夹树

在"资源管理器"的文件夹树窗口中,可看到在某些文件夹图标的左侧含有"+"或"-"的标记。如果文件夹图标左侧有"+"标记,则表示该文件夹下还含有子文件夹,只要单击该"+"标记,就可以进一步展开该文件夹分支,从而可以从文件夹树中看到该文件夹中下一层子文件夹。如果文件夹图标左侧有"-"标记,则表示该文件夹已经被展开,此时若单击该"－"标记,则将该文件夹下的子文件夹折叠隐藏起来,该标记变为"＋"。如果文件夹图标左侧既没有"＋"标记,也没有"－"标记,则表示该文件夹下没有子文件夹,不可进行展开或折叠隐藏操作。

3.设置文件排列形式

为了便于对文件或文件夹进行操作,可以将文件夹内容窗口中文件与文件的显示形式进行调整。单击"资源管理器"窗口菜单栏中的"查看"菜单项,即显示一个"查看"菜单,如图 2-45 所示。

图 2-45 "查看"菜单

在"查看"菜单中,有 5 个调整文件夹内容窗口显示方式的命令,其意义如下。

(1)平铺:以多行显示直观的大图标及文件与文件夹的名称,是默认的查看方式。

(2)列表:显示为多行直观的缩略图及文件与文件夹名称,便于快速浏览图像文件。

(3)图标:以多行显示文件与文件夹的名称和小图标。既可显示出更多的文件与文件夹,也方便对文件与文件夹的选取、复制和删除操作。

(4)列表:以多列显示文件与文件夹的名称和更小的图标。可显示出最多的文件与文件夹内容。

(5)详细信息:以单列显示小图标和文件与文件夹的名称、大小、类型、修改时间等详细信息。可利用这些信息对文件夹内容进行排序。

在"查看"菜单中,还有一个用于调整文件夹内容窗口中文件与文件夹排列顺序的"排序方式"命令。当选择"排序方式"命令后,将显示级联菜单,如图 2-46 所示。其意义如下。

(1)名称:按文件或文件夹名的顺序进行排列。

(2)类型:按文件夹与文件类型进行排列。

(3)大小:按文件所占的字节数进行排列。

(4)修改日期:按文件最后修改的日期进行排列。

(5)自动排列:按系统默认的方式进行排列。即按名称升序,先文件夹,后文件;先符号,后数字,再字母,最后汉字拼音。

为了调整文件与文件夹的排列顺序,除了利用"查看"菜单外,还可以利用快捷菜单。在"资源管理器"窗口中单击鼠标右键,即显示快捷菜单,在该菜单中再选择"排列图标"命令,则显示一个包含上述调整文件与文件夹排列顺序的菜单命令。

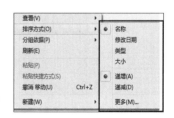

图 2-46 "排列图标"菜单

2.5.5 应用程序的管理

1.应用程序的运行

双击应用程序安装文件,根据提示进行操作,注意选择自己需要安装的路径。还可以将应用程序安装光盘放进光驱,根据提示进行操作,安装完成后,退出光驱,取出光盘。

2. 应用程序的运行

双击应用程序或者右击该应用程序,选择【打开】选项。

3. 应用程序的卸载

①打开控制面板。选择【开始】中的【控制面板】命令,再选择【程序】,或双击桌面上的【控制面板】图标。

②选择控制面板里的【程序】,再选择【卸载程序】,如图 2-47 所示。

图 2-47 【程序】界面

右击所需要卸载的应用,选择【卸载/更改】,如图 2-48 所示。

选择【卸载】后应用程序将被卸载。

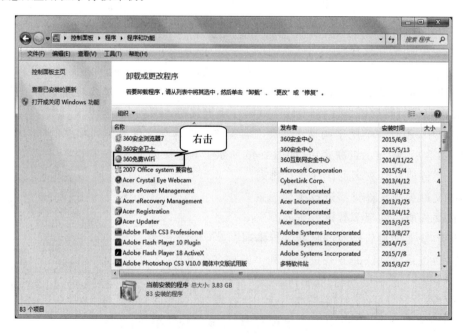

图 2-48 【卸载/更改程序】界面

4. 应用程序间的切换

Windows 7 是多任务操作系统,允许多个应用程序同时运行,并且很方便地在多个应用程序之间切换。应用程序之间的切换可以通过以下几种方法实现。

(1)每个运行的应用程序在任务栏上都有对应的应用程序图标,通过单击任务栏上的应用程序图标可以很方便地在各应用程序之间切换。

（2）单击应用程序窗口的任何可见部分即可切换到该应用程序。

（3）按 Alt＋Tab 快捷键，显示当前正在运行的应用程序图标，选择要切换的应用程序即可。

2.6　Windows 7 附件

Windows 7 为广大用户提供了功能强大的附件，如便签、记事本、写字板、画图、计算器、系统工具和多媒体等程序。

2.6.1　便签、记事本和写字板

1. 便签

"便签"程序是为了用户在计算机桌面上为自己或别人标明事项或留言。桌面上可以添加多个"便签"程序窗口，"便签"程序窗口可以调整大小和颜色，"便签"中的文字也可以进行简单的效果修饰。

单击【开始】按钮，选择"所有程序"命令，在弹出的菜单中选择"附件"命令，单击"便签"图标，打开"便签"程序窗口。

2. 记事本

"记事本"程序是系统自带的文本编辑工具。"记事本"程序只能完成纯文本文件的编辑，默认情况下，文件存盘的扩展名为.txt。

单击【开始】按钮，选择"所有程序"命令，在弹出的菜单中选择"附件"命令，单击"记事本"图标，打开"记事本"程序窗口。

3. 写字板

"写字板"程序也是一款文本编辑软件。功能比"记事本"强大，"写字板"不仅支持图片插入，还可以进行编辑与排版。

单击【开始】按钮，选择"所有程序"命令，在弹出的菜单中选择"附件"命令，单击"写字板"图标，打开"写字板"程序窗口。

2.6.2　画图

Windows 7 中的"画图"程序是图形处理及绘制软件，具有绘制、编辑图形、文字处理以及打印图形文档等功能。

单击【开始】按钮，选择"所有程序"命令，在弹出的菜单中选择"附件"命令，单击"画图"图标，打开"画图"程序窗口。

画图程序窗口由以下几个部分组成。

标题栏：包括快速反应工具栏以及当前用户正在编辑的文件名称。

菜单栏：包括"主页"和"查看"两个选项卡。

功能区：包含大量绘图工具和调色板。

绘图区：用户绘制和编辑图片的区域。

状态栏：左下角显示当前鼠标在绘图区的坐标，中间部分显示当前图像的像素，右侧可调整图像的显示比例。

使用"画图"程序提供的绘图工具，可以方便地对图像进行简单编辑处理。此外，"画图"程序还提供了多种特殊效果的实用命令，可以美化绘制的图像。

2.6.3　计算器

用户可以用计算器的标准模型执行简单的计算，还可以应用科学型模式、程序员模式、统计信息模式等高级功能。

单击【开始】按钮,选择"所有程序"命令,在弹出的菜单中选择"附件"命令,单击"计算器"图标,打开"计算器"程序窗口。

1. 标准型计算器

计算器的默认界面是"标准型"计算器,用它只能执行简单的计算。计算器可以使用鼠标单击操作,也可以按【NumLock】键,激活小键盘数字输入区域,然后再输入数字和运算符。该计算器还能进行简单的数据存储。

2. 科学型计算器

在工具栏的"查看"菜单中选择"科学型"命令,可将"标准型"计算器转换成"科学型"计算器。"科学型"计算器的功能很强大,可以进行三角函数、阶乘、平方、立方等运算功能。

3. 程序员模式计算器

在工具栏的"查看"菜单中选择"程序员"命令,进入"程序员"计算器模式,用户可以进行数制转换或逻辑运算。

4. 统计信息计算器

在工具栏的"查看"菜单中选择"统计信息"命令,进入"统计信息"计算器模式,用户可以进行统计数据,该模式下提供平均值计算、标准偏差计算等统计学常用计算。

2.7 Windows 7 系统维护与安全

2.7.1 磁盘格式化/清理、整理磁盘碎片

1. 磁盘格式化

磁盘格式化是将整个磁盘内容全部删除,释放空间。在【控制面板】的【系统和安全】选项卡下的【管理工具】里可创建并格式化磁盘分区,或者选中需要格式化的磁盘右键选择【格式化】,弹出如图 2-49 所示窗口,设置后单击【开始】按钮,即对该磁盘进行格式化。

2. 磁盘清理

磁盘清理是指清理磁盘删除某个驱动器上旧的或不需要的文件,释放一定的空间,从而起到提高计算机运行速度的效果。在【控制面板】的【系统和安全】选项卡上的【管理工具】里释放磁盘空间,或者选中需要进行磁盘清理的磁盘右键选择【属性】,弹出如图 2-50 所示窗口。在【常规】选项卡里单击【磁盘清理】按钮,弹出如图 2-51 所示的窗口,设置后单击【确定】按钮,即对该磁盘进行磁盘清理。

图 2-49 【格式化】对话框

图 2-50 常规"本地磁盘属性"选项卡

图 2-51 磁盘清理

3. 整理磁盘碎片

使用【磁盘碎片整理程序】，可重新整理硬盘上的文件和使用空间，以达到提高程序运行速度的目的。在【控制面板】的【系统和安全】选项卡下的【管理工具】里对硬盘进行碎片整理，或者选中某磁盘右键选择【属性】，弹出如图 2-52 所示窗口。在【工具】选项卡里单击【立即进行碎片整理】按钮，弹出如图 2-53 所示窗口，选择需要清理磁盘碎片的磁盘后单击【磁盘碎片整理】按钮，即对该磁盘进行磁盘清理。

图 2-52　工具"本地磁盘属性"的选项卡　　　　图 2-53　磁盘碎片整理

2.7.2　创建 Windows 7 系统还原点、还原系统

Windows 7 提供了系统还原功能，此功能可以在系统出错时不用重新安装系统。方法：右击桌面"计算机"图标，选择【属性】，弹出【系统】窗口，如图 2-54 所示。

图 2-54　系统基本信息

在【系统】窗口的左侧窗格中，选择【系统保护】选项卡，弹出【系统属性】对话框，如图 2-55 所示，选中需要开启还原点设置的驱动器，单击【配置】按钮。

如果想打开【还原系统设置和以前版本的文件】的功能,应选择【还原系统设置和以前版本的文件】;如果想打开【还原以前版本的文件】的功能,请选择【仅还原以前版本的文件】,如图 2-56 所示。

在【系统保护】对话框中选中需要开启还原点设置的驱动器,单击【创建】按钮,输入还原点名,可以帮助用户识别还原点的描述,单击【创建】按钮即可。

 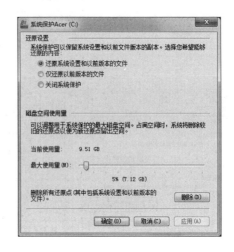

图 2-55　【系统属性】对话框　　　　　　　　图 2-56　"还原设置"对话框

2.7.3　Windows 7 用户账户管理

1. 添加或删除用户账户

在【控制面板】的【用户账户和家庭安全】选项卡里【用户账户】里,用户可以对账户进行添加和删除。

2. 更改 Windows 密码

在【控制面板】的【用户账户和家庭安全】选项卡里的【用户账户】里,用户可以更改 Windows 密码,如图 2-57 所示。

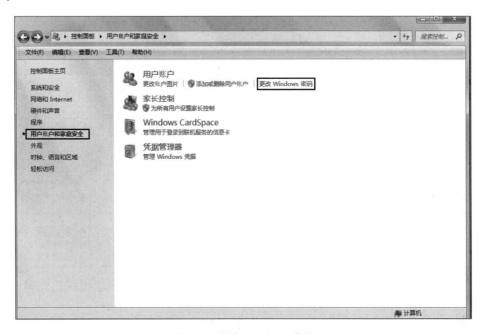

图 2-57　更改 Windows 密码

2.7.4　Windows 防火墙

1. 防火墙的启动

在 Windows 7 桌面上,通过【开始】菜单命令进入【控制面板】,然后在【系统和安全】栏里找到【Windows

防火墙】功能,如图 2-58 所示。

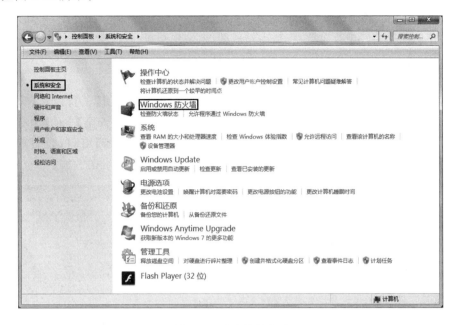

图 2-58　防火墙的启动

2. 防火墙的设置

防火墙如果设置不好,不仅不能阻止网络恶意攻击,还可能阻挡用户自己正常访问互联网,所以很多计算机用户都不会去手动设置防火墙。现在 Windows 7 系统的防火墙设置相对简单很多,普通的计算机用户也可独立进行相关的基本设置。单击进入【打开或关闭 Windows 防火墙】设置窗口,单击【启用 Windows 防火墙】即可设置用户 Windows 7 的防火墙。

Windows 7 新手用户尽可放心大胆地进行设置,因为 Windows 7 系统提供的防火墙【还原默认设置】功能可帮助用户把防火墙恢复到初始状态,如图 2-59 所示。

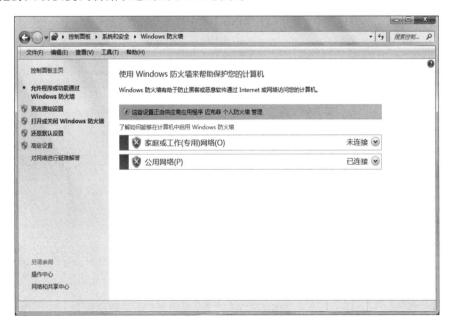

图 2-59　防火墙设置

Windows 7 提供了 3 种网络类型供用户选择使用:公共网络、家庭网络和工作网络,后两者都被 Windows 7 系统视为私人网络。对所有网络类型,Windows 7 都允许手动调整配置。另外,Windows 7 系统中为每一项设置都提供了详细的文字说明,一般用户在手动设置前阅读即可。

3. Windows 7 防火墙的高级设置

作为不少 Windows 7 旗舰版的高级用户来说，想要把防火墙设置得更全面详细，可通过【高级设置控制台】为每种网络类型的配置文件进行设置，包括出站规则、入站规则、连接安全规则等。

2.7.5 家长控制

首先，需要设置计算机的管理员密码，不然任何用户都可以跳过和关闭【家长控制】功能。以计算机管理员身份登录 Windows 7 系统后，打开【控制面板】，单击【用户账户和家庭安全】下的【为所有用户设置家长控制】，进入【家长控制】窗口，单击【计算机管理员】账户，进入【设置密码】窗口，设置好管理员密码，如图 2-60、图 2-61、图 2-62 所示。

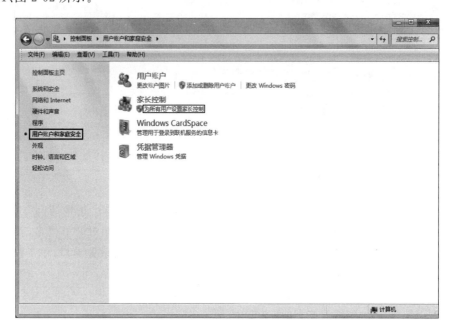

图 2-60　用户账户和家庭安全

图 2-61　家长控制

其次，单击【创建新用户账户】按钮，如图 2-63 所示。给新用户命名，单击【创建账户】按钮，如图 2-64 所示。

最后，单击"用户控制"，选择【启用】，在此可以进行【时间限制】【游戏】【允许和阻止特定程序】等设置，如图 2-65 所示。

图 2-62　设置密码

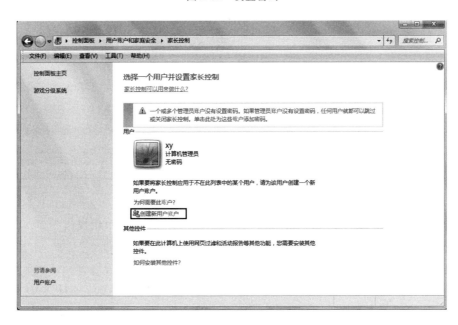

图 2-63　创建新账户

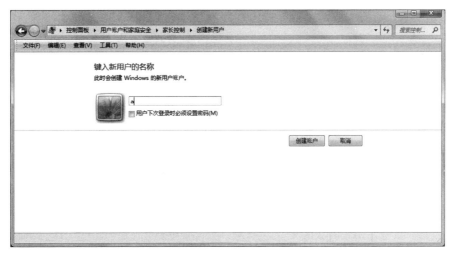

图 2-64　输入新用户名称

图 2-65　新用户控制

习　　题

一、选择题

1. 在 Windows 环境中,鼠标器主要有 3 种操作方式,即单击、双击和(　　)。
   A. 连续交替按下左、右键　　　　　　　　B. 拖拽
   C. 连击　　　　　　　　　　　　　　　　D. 与键盘击键配合使用

2. 在 Windows 7 中,关于对话框的叙述中不正确的是(　　)。
   A. 对话框没有最大化按钮　　　　　　　　B. 对话框没有最小化按钮
   C. 对话框不能改变形状大小　　　　　　　D. 对话框不能移动

3. 在下列操作中,(　　)直接删除文件而不把删除文件放入回收站中。
   A. Del　　　　　　B. Shift+Del　　　　　　C. Alt+Del　　　　　　D. Ctrl+Del

4. 在 Windows 7 中,关于文件名的说法不正确的是(　　)。
   A. 在同一个文件夹中,文件(夹)不能重名　B. 文件名中可以包含空格
   C. 文件名中可以包含汉字　　　　　　　　D. 一个文件名最多包含 256 个字符

5. 当前微机上运行的 Windows 7 系统属于(　　)。
   A. 网络操作系统　　　　　　　　　　　　B. 单用户单任务操作系统
   C. 单用户多任务操作系统　　　　　　　　D. 分时操作系统

6. 在 Windows 7 中,操作具有(　　)特点。
   A. 先选择操作命令,再选择操作对象　　　B. 先选对象,再选择操作命令
   C. 需同时选择操作命令和操作对象　　　　D. 允许用户任意选择

7. 以下四种输入法中,(　　)不是中文 Windows 7 预装的输入法。
   A. 智能 ABC 输入法　　　　　　　　　　B. 区位输入法
   C. 郑码输入法　　　　　　　　　　　　　D. 五笔字型输入法

8. 在 Windows 7 中,移动窗口时,鼠标指针要停留在(　　)处拖拽。
   A. 标题栏　　　　　　B. 状态栏　　　　　　C. 菜单栏　　　　　　D. 对话框

9. 在 Windows 7 中,不能对任务栏进行操作的是(　　)。
   A. 改变尺寸大小　　　B. 移动位置　　　　　C. 删除　　　　　　　D. 隐藏

10. 有关桌面的说法正确的是(　　)。

A. 桌面的图标都不能移动　　　　　　　　B. 桌面上不能打开文档

C. 桌面上的图标不能排列　　　　　　　　D. 桌面上的图标能"自动排列"

11. 在 Windows 7 的菜单中,命令项颜色为灰色时表示(　　)。

A. 该命令当前可以使用　　　　　　　　　B. 该命令当前正在起作用

C. 该命令当前不可以使用　　　　　　　　D. 将弹出对话框

12. 可以通过(　　)来改变显示属性。

A. 活动桌面　　　　　B. 控制面板　　　　　C. 任务栏　　　　　D. 打印机

13. 操作系统是(　　)的接口。

A. 用户与软件　　　　　　　　　　　　　B. 系统软件和应用软件

C. 主机与外设　　　　　　　　　　　　　D. 用户与计算机

14. 在 Windows 中,剪切板是用来在程序和文件间传递信息的临时存储区,此存储区是(　　)。

A. 回收站的一部分　　　　　　　　　　　B. 硬盘的一部分

C. 内存的一部分　　　　　　　　　　　　D. 软盘的一部分

15. 在 Windows 中,"回收站"是(　　)。

A. 内存中的一块区域　　　　　　　　　　B. 硬盘上的一块区域

C. 软盘上的一块区域　　　　　　　　　　D. 高速缓存上的一块区域

16. 下列关于窗口与对话框的叙述中,正确的是(　　)。

A. 所有的窗口与对话框中都有菜单栏

B. 所有的窗口与对话框都可以移动位置

C. 所有的窗口与对话框都不可以改变大小

D. 对话框既不能移动位置也不能改变大小

17. 在 Windows 7 中,选定硬盘中的一个文件后,按"Delete"键,则该文件(　　)。

A. 从磁盘中删去　　　　　　　　　　　　B. 被放到剪贴板中

C. 被移动　　　　　　　　　　　　　　　D. 被放到回收站中

18. 在 Windows 操作系统环境下,切换中文和英文输入法,按(　　)组合键。

A. Alt＋Space　　　　　　　　　　　　　B. Ctrl＋Space

C. Alt＋Delete　　　　　　　　　　　　　D. Ctrl＋Delete

19. 在 Windows 操作系统环境下,应用程序窗口的标题栏右侧,可能出现的按钮组合是(　　)。

A. 最小化、最大化、还原按钮　　　　　　　B. 最大化、还原、关闭按钮

C. 最小化、还原、关闭按钮　　　　　　　　D. 还原、最大化按钮

20. 在 Windows 操作系统中,不同文档之间互相复制信息需要借助于(　　)。

A. 剪贴板　　　　　　　　　　　　　　　B. 记事本

C. 写字板　　　　　　　　　　　　　　　D. 磁盘缓冲器

21. 在 Windows 环境下,下列操作中与剪贴板无关的是(　　)。

A. 剪切　　　　　　　B. 复制　　　　　　　C. 粘贴　　　　　　　D. 删除

22. 下面是关于 Windows 系统文件名的叙述,错误的是(　　)。

A. 文件名中允许使用汉字　　　　　　　　B. 文件名中允许使用多个圆点分隔符

C. 文件名中允许使用空格　　　　　　　　D. 文件名中允许使用竖线("|")

23. 在 Windows 7 下,要查找文件 a. txt,执行的操作是(　　)。

A. 选择开始→搜索→文件和文件夹下输入即可

B. 选择开始→程序→附件→搜索下输入文件名即可

C. 选择开始→程序→附件→文件查询器

D. 打开 IE 一个一个地找

24. 鼠标指针变为一个"沙漏"状,表明( )。

A. Windows 执行的程序出错,中止其执行

B. Windows 正在执行某一处理任务,请用户稍等

C. 提示用户注意某个事项,并不影响计算机继续工作

D. 等待用户输入 Y 或 N,以便继续工作

25. 在 Windows 中,实施打印前( )。

A. 需要安装打印应用程序

B. 用户需要根据打印机的型号,安装相应的打印机驱动程序

C. 不需要安装打印机驱动程序

D. 系统将自动安装打印机驱动程序

26. 在 Windows 的默认环境中,下列( )组合键能将选定的文档放入剪贴板中。

A. Ctrl+V   B. Ctrl+Z   C. Ctrl+X   D. Ctrl+A

27. 在 Windows 系统中,下列叙述正确的是( )。

A. 只能用鼠标

B. 为每一个任务自动建立一个显示窗口,其位置和大小不能改变

C. 在不同的磁盘间不能用鼠标拖动文件名的方法实现文件的移动

D. Windows 打开的多个窗口,既可平铺,也可层叠

28. 在 Windows 7 中,资源管理器实际上是一个强有力的( )。

A. 文件管理工具   B. 磁盘管理工具   C. 硬件管理工具   D. 网络管理工具

29. 计算机系统中,依靠( )来指定文件类型。

A. 文件名   B. 扩展名   C. 文件内容   D. 文件长短

30. Windows 的整个显示屏幕称为( )。

A. 窗口   B. 操作台   C. 工作台   D. 桌面

二、实训题

在打开的窗口中进行下列 Windows 操作,完成所有操作后,关闭窗口。

1. 在 E 盘上建立一个文件夹并命名为"15001"。

2. 在文件夹"15001"中创建一个文本文档,命名为"text. txt"。

3. 将文件夹"15001"中所有文件的扩展名显示出来。

4. 更改"text. txt"文件名为"xuesheng. docx",并设置属性为只读。

5. 在"15001"文件夹中建立一个文件夹并命名为"ks"。

6. 将 Word 文档"xuesheng. docx"复制到文件夹"ks"中。

7. 在文件夹"15001"中创建一个文本文档,命名为"kk. txt"。

8. 在"15001"文件夹中建立一个文件夹并命名为"hd"。

9. 将文件夹"15001"中文本文档"kk. txt"移动到文件夹"hd"中。

10. 删除文件夹"ks"中的文件。

11. 在 D 盘上创建文件夹"15001"的快捷方式,并命名为"D 盘 15001"。

12. 将当前屏幕画面保存在"15001"文件夹中,并命名为"pingmu. bmp"。

第 3 章　Word 2010 文字处理软件

【学习目标】

1. 掌握 Word 2010 的启动、退出方法和窗口组成；
2. 掌握 Word 2010 文档的基本操作、文档编辑、文档排版的方法；
3. 掌握 Word 2010 长文档编辑的方法；
4. 掌握 Word 2010 图文混排的方法；
5. 掌握 Word 2010 表格制作和处理的方法；
6. 了解使用邮件合并技术批量处理文档的方法。

3.1　Word 2010 基本知识

3.1.1　Word 2010 简介

Word 2010 是 Office 2010 组件中使用最为广泛的软件之一，主要用于创建和编辑各种类型的文档，是一款文字处理软件；适用于家庭、文教、桌面办公和各种专业排版领域，作为 Office 2010 的重要组成部分，它格外引人注目。

从整体特点上看，Word 2010 丰富了人性化功能体验，改进了用来创建专业品质文档的功能，为协同办公提供了更加简便的途径。同时，云存储使得用户可以随时随地访问到自己的文件。较之以前版本，Word 2010 新增了以下的功能。

（1）截图工具：通过"插入"选项卡中的"屏幕截图"功能，用户可以轻松地截取图片，只需用鼠标单击，便可将相应窗口截图插入到编辑区域中。通过可用视窗的选择，用户可以实现截取浏览器或者运行中的软件的视图。此外，"屏幕剪辑"还提供了自定义截图功能，会自动隐藏 Office 组件窗口，以免对需要截图的内容造成遮挡。用户可以通过鼠标自由选取截图区域。

（2）背景移除工具：通过"图片工具→格式"选项卡中的"删除背景"按钮，轻松删除图片背景。此外背景移除工具还可以添加、去除图片水印。

（3）SmartArt 模板：通过使用 SmartArt 模板，用户可以轻松快捷地制作精美的业务流程图。在 Office 2010 中，SmartArt 自带资源得到了进一步扩充。其"图片"标签便是新版 SmartArt 的最大亮点，用它能够轻松制作出"图片＋文字"的抢眼效果，同时其"类别"中也有新图形加入。

（4）文件选项卡："文件"按钮实则更像是一个控制面板。界面采用了"全页面"形式，分为三栏，最左侧是功能选项卡，最右侧是预览窗格。无论是查看或编辑文档信息，还是进行文件打印，随时都能在同一界面中查看到最终效果，极大地方便了对文档的管理。

（5）翻译器：通过"审阅"选项卡中的"翻译"按钮实现该功能。对于文档中有大量外语的用户，这是一项十分方便有用的功能。

（6）字体特效—书法字体：Word 2010 提供了多种字体特效，其中还有轮廓、阴影、映像、发光四种具体设置供用户精确设计字体特效，可以让用户制作更加具有特色的文档。

（7）导航窗格：Word 2010 增加了导航窗格的功能，用户可在导航窗格中快速切换至任何章节的开头（根据标题样式判断），同时也可在输入框中进行即时搜索，包含关键词的章节标题会在输入的同时，瞬时地高亮显示。

（8）粘贴选项：在 Word 2010 中，在进行粘贴时，图片旁边会出现粘贴选项。在粘贴选项中，有常见的各种操作，方便用户选用。此外，在 Word 2010 中，在进行粘贴之前，工作区会出现粘贴效果的预览图。用户可以在未粘贴的时候就看到粘贴后的效果。

（9）使用 OpenType 功能微调文本：Word 2010 提供高级文本格式设置功能，其中包括一系列连字设置以及样式集与数字格式选择。用户可以与任何 OpenType 字体配合使用这些新增功能，以便为录入文本增添更多光彩。

（10）Word 2010 在线实时协作功能：用户可以从 Office Word Web Apps 中启动 Word 2010 进行在线文档的编辑，并可在左下角看到同时编辑的其他用户（包括其他联系方式、IM 等信息，需要 Office Communicator）。而当其他用户修改了某处后，Word 2010 会提醒当前用户进行同步。

3.1.2　Word 2010 的启动和退出

1. Word 2010 的启动

启动 Word 2010 的常用方法如下：

（1）从"开始"菜单启动

单击【开始】菜单，选择【所有程序】→【Microsoft office】→"Microsoft Office Word 2010"命令。

（2）从桌面的快捷方式启动

如果桌面上有 Word 的快捷图标，双击快捷方式图标也可启动 Word 程序。

（3）通过文档打开

双击已有的 Word 文档，启动 Word 2010 程序。

2. Word 2010 的退出

退出 Word 2010 的常用方法如下：

- 单击 Word 2010 窗口标题栏右侧的【关闭】按钮。
- 双击 Word 2010 窗口标题栏左侧的"控制"图标。
- 单击【文件】按钮，在后台视图导航栏中选择"退出"命令。
- 按【Alt＋F4】快捷键。

3.1.3　Word 2010 的工作界面

Office 2010 中的大部分组件采用了最新的 Ribbon 界面，它可以智能显示相关命令。Word 2010 工作界面主要由后台视图、快速访问工具栏、标题栏、功能区、编辑区、状态栏等组成，如图 3-1 所示。

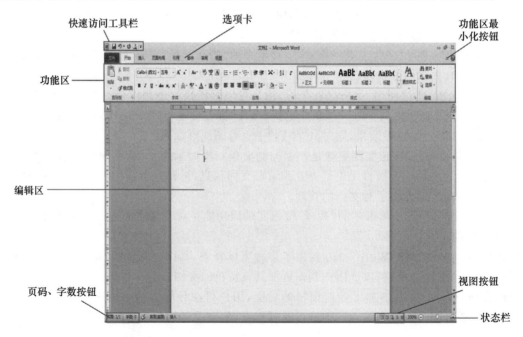

图 3-1　Word 2010 工作界面

1. 标题栏

标题栏位于整个 Word 窗口的最上面,除显示正在编辑的文档的标题外,还包括控制窗口图标及最小化、最大化/向下还原和关闭按钮。单击【关闭】按钮,将退出 Word 环境。双击标题栏可以使窗口在最大化与非最大化窗口之间切换。

2. 功能区与选项卡

与传统的版本相比,Word 2010 中的功能区与选项卡发生了多种变化,功能区可以进行自定义、创建功能区及创建组等操作,选项卡命令中的组合方式在用户操作时则更加直观。

Word 2010 的功能区中有【文件】【开始】【插入】【页面布局】【引用】【邮件】【审阅】【视图】【加载项】等编辑文档的选项卡,如图 3-2 所示。功能区取消了传统的菜单操作方式,单击功能区中的这些名称后,切换到相应的选项卡,可直接显示相应的命令。

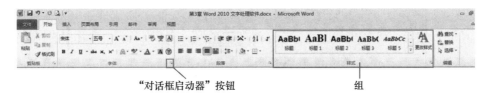

"对话框启动器"按钮　　　　　　　　　　　组

图 3-2　"开始"选项卡

除默认的选项卡外,Word 2010 的功能区还包括其他选项卡(又称上下文选项卡),仅在需要时显示,从而使用户能够更加轻松地根据正在进行的操作来获得和使用所需的命令。例如,在当前文档中插入一张图片时,就会出现"图片工具"选项卡;需要绘制图形时,会出现"绘图工具"选项卡等,省略了繁复的打开工具操作。

在每一组中,除包含工具图标按钮外,在组界面的右下角还增添了【对话框启动器】按钮(图 3-2),单击相应按钮,则会打开相应组的对话框。

当用户不需要查找选项卡时,可以双击选项卡,临时隐藏功能区。反之,即可重新显示。功能区中显示的内容将会根据程序中的窗口宽度自动进行调整,当功能区部分图标缩小时显得节省空间,这就说明功能区较窄,功能区显示的内容是可以变化的。

3. 快速访问工具栏

快速访问工具栏是一个根据用户的需要而定义的工具栏,包含一组独立于当前显示的功能区中的命令,可以帮助读者快速访问使用频繁的工具。在默认情况下,快速访问工具栏位于标题栏的左侧,包括保存、撤销和恢复三个命令,如图 3-3 所示。

若经常使用打印预览和打印命令,可在 Word 2010 快速访问工具栏中添加所需要的命令,具体操作步骤如下。

步骤 1　在 Word 2010 中用鼠标单击标题栏左侧快速访问工具栏右侧的下三角按钮,在弹出的下拉菜单中选择【其他命令】选项,如图 3-4 所示。

图 3-3　自定义快速访问工具栏　　　　　　图 3-4　选择【其他命令】选项

步骤 2 在弹出的【Word 选项】对话框中选择【快速访问工具栏】选项卡,然后单击【从下列位置选择命令】下拉列表框的下拉按钮,在弹出的下拉列表中选择【常用命令】选项,在命令列表框中选择所需要的命令按钮,然后单击【添加】按钮。设置完成后单击【确定】按钮,即可将选择的命令添加到快速工具栏中,如图 3-5 所示。

图 3-5 添加常用命令

4. 后台视图

在 Office 2010 功能区中选择【文件】选项卡,即可查看后台视图。在后台视图中,可以对新建文档、保存文档并发送文档;文档的安全控制选项,文档中是否包含隐藏的数据或个人信息;应用自定义程序等进行相应的管理,并可对文档或应用程序进行操作,如图 3-6 所示。

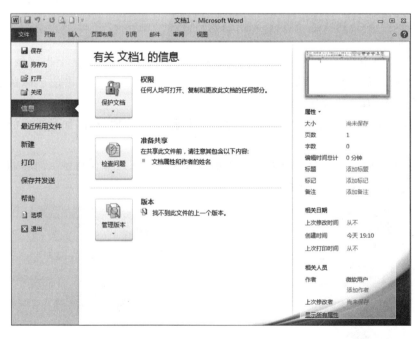

图 3-6 后台视图

5. 实时预览

在处理文件过程中,当鼠标指针移动到相关的选项时,当前的编辑文档中就显示该功能的预览效果。

例如,当设置标题效果时,只需将鼠标指针在标题各个选项上滑过,Word 2010 文档就会显示出实时预览效果,这样的功能有利于读者快速选择标题效果的最佳选项,如图 3-7 所示。

6.增强的屏幕提示

增强的屏幕提示是更大的窗口,与以往版本相比,它可显示比屏幕提示更多的信息,并可以直接从某一命令中的显示位置指向帮助主题链接。

将鼠标指针指向某一命令或功能时,将出现相应的屏幕提示,促使读者迅速了解所提供的信息。如果用户想获得更加详细的信息,也不必在帮助窗口中进行搜索,可直接利用该功能提供的相关辅助信息的链接,直接从当前命令对其进行访问。

说明:按【Ctrl＋F10】组合键可以将文档窗口最大化。

7.上下文选项卡

上下文选项卡仅在需要时显示,从而使用户能够更加轻松地根据正在进行的操作来获得和使用所需的命令。如在文档中插入图片,则功能区会出现【图片工具】下的【格式】选项卡,可对图片进行样式、大小等设置。

8.工作区

用于输入编辑文档内容,鼠标在这些区域呈现"I"形状,在编辑处鼠标为闪烁的"∣"称为插入点,表示当前输入文字出现的位置。

9.状态栏

状态栏位于 Word 2010 工作界面的最下方,用于显示系统当前的状态。与之前的版本不同,Word 2010 在状态栏上增添了【文档的页码】和【文档的字数】按钮,对应可打开"查找和替换"对话框的"定位"选项卡和"字数统计"对话框,可直接进行快捷设置。

10.自定义 Office 功能区

Office 管理器的自定义功能使得用户可以根据日常工作的需要向自定义组中添加命令,将计算机常用图标,如计算器、游戏或者文件管理器等添加到工具栏中,这样可以使操作更加方便、快捷,具体的操作步骤如下。

步骤 1　选择【文件】选项卡中的【选项】命令,弹出【Word 选项】对话框,如图 3-8 所示。

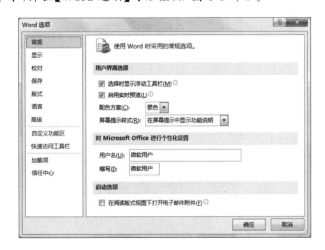

图 3-7　实时预览功能　　　　　　　　　　图 3-8　【Word 选项】对话框

步骤 2　在【Word 选项】对话框中选择【自定义功能区】选项卡,在对话框右侧的列表框中单击【新建选项卡】按钮,即可创建一个新的选项卡,如图 3-9 所示。

步骤 3　选择【新建选项卡】下方的【新建组】复选框,单击【重命名】按钮,在弹出的【重命名】对话框中选择一种符号,在【显示名称】文本框中输入新建组的名称【微笑】,单击【确定】按钮,如图 3-10 所示。

步骤 4　返回【自定义功能区】选项卡,在右侧的【新建选项卡】下可以看到【新建组】已变成了【微笑】,如图 3-11 所示。

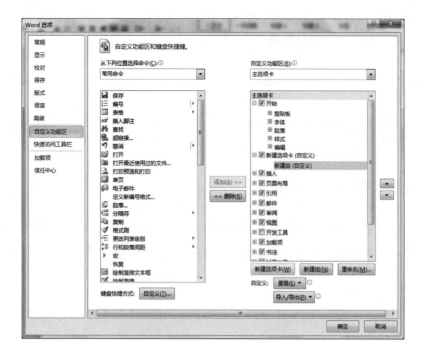

图 3-9　单击【新建选项卡】按钮　　　　　　　　图 3-10　【重命名】对话框

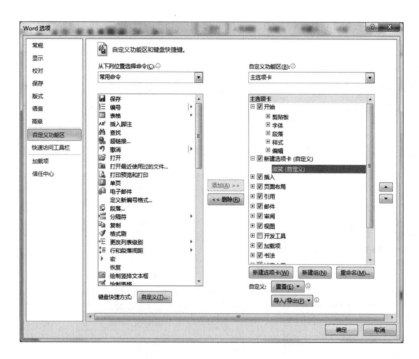

图 3-11　添加到自定义组中的命令

步骤 5　操作完成后,即可在功能区中显示新建的选项卡和组,如图 3-12 所示。

说明:上面讲述的是添加自定义选项卡和组的方法,在日常生活中,若要删除自定义选项卡和组,也可以在【自定义功能区】选项卡中进行相应操作。

图 3-12　新建的选项卡和组

3.2　Word 2010 基本操作

3.2.1　文档的创建

在启动并进入了 Word 2010 后,在工作界面中会自动创建一个名为"文档 1"的空白文档,用户既可以对"文档 1"进行相应的操作,也可以重新创建一个新文档。新建文档的方法有以下两种:

1. 创建一个空白文档

(1) 使用新建命令创建空白文档。单击【文件】按钮,在导航栏中选择"新建"命令,在可用"可用模板"窗口中单击"空白文档"图标,单击【创建】按钮,即可创建新空白文档。

(2) 使用【Ctrl＋N】快捷键,即可打开一个新的空白文档窗口。

(3) 使用"快速访问工具栏"创建文档。

可先在 Word 2010 快速访问工具栏中添加"新建"命令,然后单击【新建】按钮创建新的空白文档。

2. 使用模板创建文档

(1) 使用 Word 2010 中提供的模板创建文件

Word 2010 中模板类型有"可用模板""Office.com"模板,其中"Office.com"模板需要联网后才能使用。

使用"可用模板"创建文档的操作步骤如下。

步骤 1　在 Word 2010 中选择【文件】选项卡下的【新建】命令,在【可用模板】列表框中选择【博客文章】选项,如图 3-13 所示。

图 3-13　单击【博客文章】选项

步骤 2　在【新建】选项卡的最右侧可以看到【博客文章】的预览效果,然后单击【创建】按钮,创建后的效果如图 3-14 所示。

步骤 3　在新建的文档中输入所需的内容,就可以创建相应的文档了。

使用"Office.com"模板创建文档的操作步骤同上。

(2) 用户创建自定义模板

Word 2010 允许用户创建自定义 Word 模板,以适合实际工作需要。创建方法如下:

步骤 1　打开文档窗口,在当前文档编辑区中设计自定义模板所需的元素,例如文本、图片、样式等。在"快速访问工具栏"单击【保存】按钮。

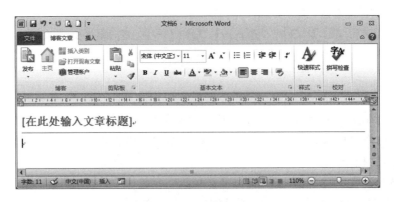

图 3-14　新建的模板

步骤 2　在"另存为"对话框的"保存类型"下拉列表中选择"Word 模板"选项。为模板命名,指定保存位置后单击【保存】按钮。

步骤 3　单击【文件】按钮,选择"新建"命令,在"可用模板"窗口单击【我的模板】图标按钮,打开【新建】对话框。在该对话框中选中刚创建的自定义模板,单击【确定】按钮。

3.2.2　文档的保存

1. 保存文档

保存文档的方法如下:

(1) 单击【文件】选项卡,选择【保存】命令。

(2) 单击"快速访问工具栏上"的【保存】按钮。

(3) 按【Ctrl+S】组合键。

以上方法如果是保存新文档,将打开"另存为"对话框。在对话框中设定保存的位置和文件名,然后单击对话框右下角的【保存】按钮。如果保存的是修改过的旧文档,将直接以原路径和文件名存盘,不再打开"另存为"对话框。

2. 自动保存

为防止因意外掉电、死机等突发事件丢失未保存的文档内容,可执行自动保存功能,指定自动保存的时间间隔,让 Word 文档自动保存文件。自动保存的操作步骤如下。

步骤 1　选择【文件】选项卡中的【选项】命令,弹出【Word 选项】对话框,如图 3-8 所示。

步骤 2　在【Word 选项】对话框中选择【保存】选项卡,在对话框右侧的【保存文档】选项中,在【将文件保存为此格式】下拉列表中选择文件保存类型;选中【保存自动恢复信息时间间隔】复选框,并在其后的微调按钮中输入要自动保存文件的时间间隔;选中【如果我没保存就关闭,请保留上次自动保留的版本】复选框;在【自动恢复文件位置】文本框中输入要保存文件的位置,如图 3-15 所示。

图 3-15　【保存】选项卡

步骤 3　单击【确定】按钮,Word 将以"自动保存时间间隔"为周期定时保存文档。

3. 恢复未保存文档

通常需要恢复未保存的文档时,需要先完成 Word 2010 自动保存功能的设置,才可完成下列恢复文档的操作。

(1) 恢复以前保存过的文档

如果修改了一篇以前保存过的文档,因为某种原因没有保存修改,可以使用如下方法恢复。

　　重新打开以前保存过的文档,单击【文件】选项卡中的【信息】命令,在右侧窗口的【管理版本】图标按钮的"版本"栏目下显示为"＜时间＞(当我没保存就关闭时)"的一个文件版本,单击这个版本即可恢复。

　　(2)恢复新建文档

　　如果没有保存新建文档的修改内容,可以使用如下方法恢复。

　　打开一个 Word 文档,单击【文件】选项卡中的【最近所用文件】命令,单击右下角【恢复未保存文档】按钮,打开"打开"对话框,选择要恢复的文档,单击【打开】按钮即可完成恢复操作。

3.2.3　文档的打开与关闭

1. 打开文档

打开文档的方法如下:

　　(1)单击【文件】选项卡下的【打开】命令,在打开的"打开"对话框中双击所需要的文档即可。

　　(2)按【Ctrl＋O】快捷键打开"打开"对话框,在"文档库"列表区域选择所需文档,单击【打开】按钮。

　　(3)在"资源管理器"窗口中双击所需文档即可。

　　(4)单击【文件】选项卡中的【最近所用文件】命令,在"最近使用的文档"窗口中,单击所需文档即可。

2. 关闭文档

关闭文档的方法如下:

　　(1)单击【文件】选项卡中的【关闭】命令,关闭当前文档。

　　(2)单击 Word 2010 标题栏中的【关闭】按钮,关闭当前文档。

　　(3)使用"Alt＋F4"快捷键,关闭当前文档。

　　(4)单击【文件】选项卡中的【退出】命令,关闭打开的 Word 文档。

3.2.4　文档的视图

　　文档视图是指在应用程序窗口中的显示形式,每一种显示形式的改变不会修改文档内容。Word 2010 的视图方式包括页面视图、Web 版式视图、大纲视图、阅读版式视图、草稿视图。视图的切换可通过【视图】选项卡的"文档视图组"来切换,或者通过屏幕右下侧的视图及显示比例控制面板实现。

1. 页面视图

　　页面视图是首次启动 Word 后默认的视图模式。用户在这种视图模式下看到的是整个屏幕布局。在页面视图中,用户可以轻松地进行编辑页眉页脚、处理分栏、编辑图形对象等操作。

2. Web 版式视图

　　Web 版式视图专为浏览、编辑 Web 网页而设计,它能够以 Web 浏览器方式显示文档。在 Web 版式视图方式下,可以看到背景和文本,且图像位置和在 Web 浏览器中的位置一致。

3. 大纲视图

　　大纲视图主要用于显示文档结构。在这种视图模式下,可以看到文档标题的层次关系。在大纲视图中可以折叠文档、查看标题或者展开文档,这样可以更好地查看整个文档的结构和内容,便于进行移动、复制文字和重组文档等操作。

4. 阅读版式视图

　　阅读版式视图以图书的分栏样式显示文档,在该视图中没有页的概念,不会显示页眉和页脚。在阅读版式中,通过工具栏上的"视图选项"下拉菜单可以完成翻页、修订、调整页边距等操作。

5. 草稿视图

　　草稿视图只显示文本格式,简化了页面的布局,用户在草稿视图中可以便捷地进行文档的输入和编辑等操作。

6. 显示比例

　　单击【视图】选项卡"显示比例"组中的【显示比例】按钮,在打开的"显示比例"对话框中进行设置。也可以在页面窗口的右下角"视图和显示比例"面板进行设置。

3.2.5 文档的保护

Office 2010 为我们提供了若干种保护 Office 文档安全的方法。为避免文档被随意阅读、抄袭、篡改，可以根据具体情况选用 Office 提供的安全保护功能保护文档。

保护文档的操作步骤如下：

图 3-16 【常规选项】对话框

步骤 1　单击【文件】选项卡，选择【另存为】命令，打开"另存为"对话框。

步骤 2　单击该对话框下面的【工具】按钮，在下拉列表中选择【常规选项】命令，打开"常规选项"对话框。

步骤 3　在"此文档的文件加密选项"下设置"打开文件时的密码"，在"此文档的文件共享选项"下设置"修改文件时的密码"。设置完成后，单击【确定】按钮，如图 3-16 所示。

3.2.6 文档的属性设置

为了更好地管理文档，可以在文档中添加一些属性信息，例如文档的主题、文档的标记及文档的备注信息等。配置文档属性的方法如下：

（1）单击【文件】选项卡，选择【信息】命令，在右侧窗口的相应信息处直接编辑。

（2）单击【文件】选项卡，选择【信息】命令，单击窗口右侧的【属性】按钮，在列表项中选择【高级属性】命令，打开"属性"对话框，在该对话框中进行设置；或者选择【显示文档面板】命令，在打开的面板中进行设置。

3.3 Word 2010 文档编辑

3.3.1 文本的输入

1．光标的使用

插入点是新的文字、表格或图像等对象的插入位置。它在 Word 2010 文档编辑区中会显示一条闪烁的竖条"｜"，这条闪烁的竖条即字符光标。快速定位字符光标的方法有键盘和鼠标两种操作方式。

（1）键盘操作

①方向键："↑""↓""→""←"。

②"Home"键：将光标定位到该行的开头位置；"End"键：将光标定位到该行的末尾位置。

③"Page Up"键：文档向上翻一页；"Page Down"键：文档向下翻一页。

④"Ctrl＋Home"键：光标定位到文档的起始位置；"Ctrl＋End"键：光标定位到文档的结束位置。

⑤"Ctrl＋↑"键：光标定位到前一段的开头位置；"Ctrl＋↓"键：光标定位到后一段的开头位置。

（2）鼠标操作

将鼠标指针移到文档中的任一位置，然后单击鼠标，可以将光标定位到这个位置。

2．文本的输入

当前插入点标识着文本输入的位置。文本的输入包括文字和符号的输入，在文本的录入过程中，需要注意以下问题：

（1）输入一段文字后，按"Enter"则结束一个段落，并显示其标志。当输入的文字充满一行时不用按【Enter】键，Word 2010 会自动另起一行，直到需要开始一个新段落时才按【Enter】键。

（2）【Insert】键可实现插入状态和改写状态的切换。Word 2010 默认为插入状态，即在插入点录入内容，后面的字符依次后退。若切换为改写状态，则录入的内容将覆盖插入点的内容。

（3）如果要输入符号或公式，可以选择【插入】选项卡，在"符号"组中选择相应按钮即可插入公式、符号和编号。

技巧：中文输入法中都提供了软键盘功能，它包括俄文字母、希腊字母、日文的片假名、各种符号以及中文大写数字的输入，应用此功能可以加速文本的输入。

3.3.2　文本的选定

对内容的格式进行设置和其他操作之前要先选择文本。熟练掌握文本的选择方法，能够提高工作效率。

1. 鼠标方式

（1）拖拽选定：将光标移动到要选择部分的第一个文字的左侧，拖拽至欲选择部分的最后一个文字右侧，此时被选中的文字呈现反白显示。

（2）利用选定区：在文档窗口的左侧有一空白区域，称为选定区，当鼠标移动到此处时光标变成右上箭头↗，这时就可以利用鼠标对行和段落进行选定操作了，具体操作如下：

①单击鼠标左键：选中箭头所指向的一行。

②双击鼠标左键：选中箭头所指向的一段。

③三击鼠标左键：选定整个文档。

2. 键盘方式

将插入点定位到预选定的文本起始位置，在按住【Shift】键的同时，再按相应的光标移动键，便可将选定的范围扩展到相应的位置。

（1）"Shift＋↑"键：选定上一行。

（2）"Shift＋↓"键：选定下一行。

（3）"Shift＋PgUp"键：选定上一屏。

（4）"Shift＋PgDn"键：选定下一屏。

（5）"Ctrl＋A"键：选定整个文档。

3. 组合选定

（1）选定一句：将光标移动到指向该句的任何位置，按住【Ctrl】键单击。

（2）选定连续区域：将插入点定位到预选定的文本起始位置，在按住【Shift】键的同时，用鼠标单击结束位置，可选定连续区域。

（3）选定矩形区域：按住【Alt】键，利用鼠标拖拽出预选择矩形区域。

（4）选定不连续区域：按住【Ctrl】键，再选择不同的区域。

（5）选定整个文档：将光标移到文本选定区，按住【Ctrl】键单击。

提示：要取消对文本的选定，只需在文档内单击鼠标即可。

3.3.3　文本的移动、复制和删除

1. 移动文本

（1）使用剪贴板

先选中欲移动的文本，选择【开始】选项卡中【剪贴板】组中的【剪切】按钮，定位插入点到目标位置，再选择【开始】选项卡中【剪贴板】组中的【粘贴】按钮。

（2）使用鼠标

先选中欲要移动的文本，将选中的文本拖拽到插入位置。

2. 复制文本块

（1）使用剪贴板

先选中要复制的文本块，选择【开始】选项卡中【剪贴板】组中的【复制】按钮，将鼠标定位到要复制的目标位置，再选择【开始】选项卡中【剪贴板】组中的【粘贴】按钮。使用【粘贴】命令时，只要不修改剪贴板的内容，连续执行"粘贴"操作可以实现一段文本的多处复制。

（2）使用鼠标

先选中要复制的文本块，按住【Ctrl】键的同时拖拽鼠标到插入点位置，释放鼠标左键和【Ctrl】键。

3. 删除文本块

选中要删除的文本块,然后按下【Delete】键即可。

提示:【Delete】键删除的是插入点后面的字符,【BackSpace】键删除的是插入点前面的字符。

3.3.4 文本的查找与替换

使用 Word 的查找、替换功能可以查找文字、格式、段落标记、分页符和其他项目。用户还可以使用通配符和代码来扩展搜索。由此可见,Word 为用户提供的强大的查找和替换功能有助于用户从烦琐的修改工作中解脱出来,从而实现高效的工作效率。

1. 查找

单击【开始】选项卡【编辑】组中的【查找】按钮,打开下拉列表,显示"查找""高级查找""转到"命令,如图 3-17 所示。

(1)选择【查找】命令(或者按组合键【Ctrl+F】),在窗口左侧打开导航窗格,输入要查找的内容,会在正文中直接显示出来。

(2)选择【高级查找】命令,打开"查找和替换"对话框,如图 3-18 所示。若需要更详细地设置查找匹配条件,可以在"查找和替换"对话框中单击【更多】按钮,进行相应的设置,具体功能如下:

图 3-17 "查找"面板   图 3-18 【查找】选项卡

- 【搜索】下拉列表:可以选择搜索的方向,即从当前插入点向上或向下查找。
- 【区分大小写】复选框:查找大小写完全匹配的文本。
- 【全字匹配】复选框:仅查找一个单词,而不是单词的一部分。
- 【使用通配符】复选框:在查找内容中使用通配符。
- 【区分全/半角】复选框:查找全角/半角完全匹配的字符。
- 【格式】按钮:可以打开一个菜单,选择其中的命令可以设置查找对象的排版格式,如字体、段落、样式等。
- 【特殊字符】按钮:可以打开一个菜单,选择其中的命令可以设置查找一些特殊符号,如分栏符、分页符等。
- 【不限定格式】按钮:取消【查找内容】框下指定的所有格式。

(3)选择【转到】命令,会显示"查找和替换"对话框中的定位选项卡。它主要用来在文档中进行字符定位。

2. 替换

Word 的替换功能不仅可以将整个文档中查找到的整个文本替换掉,而且还可以有选择地替换。替换与查找的方法相似,操作步骤如下。

图 3-19 【替换】选项卡

步骤 1 单击【开始】选项卡的【编辑】组中的【替换】按钮,弹出"查找和替换"对话框;或按下【Ctrl+H】快捷键,打开【查找和替换】对话框,如图 3-19 所示。

步骤 2 在【替换】选项卡的【查找内容】文本框中输入需要被替换的内容,在【替换为】文本框中输入替换后的新内容,若单击【更多】按钮,可以设置更精确的搜索选项以及替换规则。

步骤 3 单击【查找下一处】按钮,如果查找不到,则会弹出提示信息对话框,单击【确定】按钮返回。如果查找到文本,Word 将定位到从当前光标位置起第一个满足查找条件的文本位置,并以特定颜色背景显示。然后单击【替换】按钮,就可以将查找到的内容更新为新的内容。

步骤 4 如果用户需要将文档中所有相同的内容都替换掉,可以在【查找内容】和【替换为】文本框中输入相应的内容,然后单击【全部替换】按钮。此时,Word 会自动将整个文档内所有查找到的内容替换为新的内容,并弹出相应的对话框显示完成替换的数量。

如果要求系统自动替换所有找到的内容,可单击【全部替换】按钮。

3.3.5 撤销和恢复操作

在实际文本输入过程中,经常出现误删除、光标定位失误、拼写错误等失误性操作,这就涉及撤销和恢复操作。

1. 撤销操作

撤销上一个操作的方法:

(1) 单击快速访问工具栏里的【撤销】按钮。

(2) 快捷键【Ctrl+Z】。

2. 恢复操作

恢复已撤销掉的操作方法有两种:

(1) 单击快速访问工具栏里的【恢复】按钮。

(2) 快捷键【Ctrl+Y】。

提示:应该熟练掌握【撤销】和【恢复】的快捷键,这在实际文本编辑中会起到事半功倍的作用。

3.3.6 检查文档中文字的拼写与语法

在 Word 文档中经常会看到某些单词或短语的下方标有红色或绿色的波浪线,这是由 Word 中提供的【拼写和语法】检查工具根据 Word 的内置字典标示出来的含有拼写或语法错误的单词或短语,其中红色波浪线表示单词或短语含有拼写错误,绿色下划线表示语法错误(当然,这些标示仅仅是一种修改建议)。开启此项检查功能的操作步骤如下。

步骤 1 在 Word 2010 应用程序中,单击【文件】选项卡,打开 Office 后台视图。

步骤 2 选择【选项】命令,打开【Word 选项】对话框。

步骤 3 选择【校对】选项卡。

步骤 4 选中【键入时检查拼写】和【键入时标记语法错误】复选框,单击【确定】按钮即可,如图 3-20 所示。

图 3-20 设置自动拼写和语法检查功能

3.3.7 文档的打印设置

1. 打印文档

步骤 1 在 Word 应用程序中,单击【文件】选项卡,在打开的 Office 后台视图中选择【打印】命令,如图 3-21 所示。

步骤 2 在后台视图的右侧可以即时预览文档的打印效果。同时,用户可以在打印设置区域中对打印机或打印页面进行相关调整,如调整页边距、纸张大小等。

步骤 3 设置完成后,单击【打印】按钮,即可将文档打印输出。

2. 设置打印机属性和打印设置

步骤 1 选择【文件】选项卡下的【选项】命令,弹出【Word 选项】对话框,选择【显示】选项。

图 3-21　打印文档

步骤 2　打开【打印选项】选项组,如图 3-22 所示,从中指定的选项有以下几种。

图 3-22　【打印选项】区

　　• 打印在 Word 中创建的图形:将打印文档中用绘图工具栏上的工具绘制的图形对象。不仅打印文字,还打印所有的图形。

　　• 打印背景色和图像:勾选该复选框后,如果文档设置了背景色和图像,则打印背景和图像。

　　• 打印文档属性:文档打印完毕后,将在另一页上打印文档属性。

　　• 打印隐藏文字:打印隐藏字符。即使当时隐藏字符未显示,它们也将被打印。

　　• 打印前更新域:若文档中插入了域,可让 Word 在打印文档前自动更新所有的域,从而使打印出来的文档总是包含域的最新结果。

　　• 打印前更新链接数据:如果文档中插入了链接的对象,可以让 Word 在打印前自动更新该对象,从而使打印出来的数据总是最新的。

3.4　文档排版

　　文档排版是指对文档外观的一种美化,用户可以对文档格式进行反复修改,直到对整个文档的外观满意为止。文档排版包括字符格式化、段落格式化和页面设置等。

3.4.1　字符格式化

　　字符格式化是指对字符的字体、字号、字形、颜色、字间距及动态效果等进行设置。设置字符格式可以在字符输入前或输入后进行,输入前可设置新的格式;输入后可修改其格式,直到满意为止。

　　1. 使用【开始】选项卡中【字体】组

　　使用工具栏中的按钮可以快速设置或更改字体、字号、字形、字符缩放及颜色等属性。【字体】组工具按钮如图 3-23 所示。

　　除常用工具按钮外,Word 还提供如下设置特殊文字格式的工具按钮。

　　•【突出显示】按钮:为选定的文字添加背景。

　　•【删除线】按钮:在选定的文字中间加删除线。

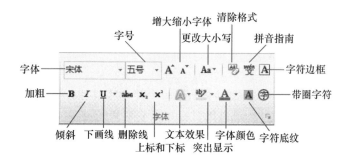

图 3-23　【字体】组工具按钮

- 【拼音指南】按钮：利用"拼音指南"功能，可以在中文字符上添加拼音。
- 【带圈字符】按钮：为所选的字符添加圈号，也可以取消字符的 ⑩ 号。

2. 使用"字体"对话框

打开"字体"对话框有下列方法：

- 单击【字体】组对话框启动器，在打开的"字体"对话框中进行设置。
- 右击选中文字，在弹出的快捷菜单中选择【字体】命令，在打开的"字体"对话框中进行设置。

（1）"字体"选项卡

选择"字体"选项卡可以进行字体相关设置，包括字体、字号、字形、字体颜色及其他效果。

（2）"高级"选项卡

利用"高级"选项卡，用户可以对文本字符间距、字符缩放以及字符位置等进行调整，如图 3-24 所示。

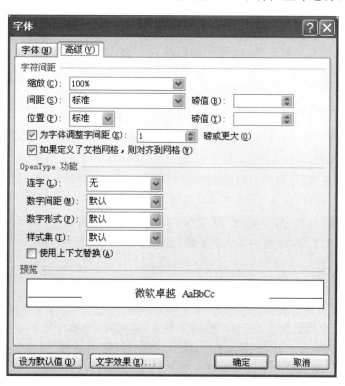

图 3-24　【高级】选项卡

- 【缩放】下拉列表框：可以在其中输入任意一个值来设置字符缩放的比例，但字符只能在水平方向进行缩小或放大。
- 【间距】下拉列表框：从中可以选择【标准】【加宽】【紧缩】选项。【标准】选项是 Word 中的默认选项，用户可以在其右边的【磅值】文本框中输入一个数值，其单位为【磅】。
- 【位置】下拉列表框：从中可以选择【标准】【提升】【降低】选项来设置字符的位置。当选择【提升】或

【降低】选项后,用户可在右边的【磅值】文本框中输入一个数值,其单位为【磅】。

• 【为字体调整字间距】复选框:如果要让 Word 在大于或等于某一尺寸的条件下自动调整字符间距,就选中该复选框,然后在【磅或更大】微调框中输入磅值。

3. 使用浮动工具栏

Word 2010 为了方便用户设置字符格式,新提供了一个浮动工具栏,当用户选择一段文字后,浮动工具栏会自动浮出,最初显示成半透明状态,当用户用鼠标接近它时就会正常显示,利用浮动工具栏,用户可以快速进行常用的字符格式和段落格式的设置,如图 3-25 所示。

图 3-25 浮动工具栏

4. 使用格式刷

选中设置好格式的文本,单击【开始】选项卡中【剪贴板】组中的格式刷 按钮,当指针变成"　"形状时,选中要设置格式的文本,完成格式设置。

当需要多次使用格式刷时,需双击格式刷按钮,完成操作后再单击格式刷按钮,将其关闭。

3.4.2 段落格式化

段落格式是整个段落的外观处理。段落可以由文字、图形和其他对象组成,段落以【Enter】键作为结束标识符。有时也会遇到这种情况,即录入没有达到文档的右侧边界就需要另一起行,而又不想开始一个新的段落,此时可按【Shift＋Enter】键,产生一个手动换行符(软回车),即可实现不产生一个新的段落又可换行的操作。

如果需要对一个段落进行设置,只需将光标定位于段落中即可,如果需要对多个段落进行设置,首先要选中这几个段落。

1. 段落间距、行间距

段落间距是指两个段落之间的距离,行间距是指段落中行与行之间的距离。Word 默认的行间距是单倍行距。设置段落间距、行间距的操作步骤如下。

步骤 1 选定需要改变间距的文档内容。

步骤 2 在【开始】选项卡中单击【段落】组右下角的对话框启动器 按钮,打开"段落"对话框,如图 3-26 所示。

步骤 3 选择【缩进和间距】选项卡,在"段前"和"段后"数值框中输入间距值,可调节段前和段后的间距;在"行距"下列列表中选择行间距,若选择了"固定值"或"最小值"选项,则需要在"设置值"数值框中输入所需的数值,若选择"多倍行距"选项,则需要在"设置值"数值框中输入所需行数。

步骤 4 设置完成后,单击【确定】按钮。

2. 段落对齐方式

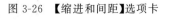

图 3-26 【缩进和间距】选项卡

在 Word 中,段落对齐方式包括文本左对齐、居中对齐、右对齐、两端对齐和分散对齐五种。在【开始】选项卡的【段落】组中设置了相应对齐按钮(图 3-27),也可以在"段落"对话框(图 3-26)中进行设置。

• 【文本左对齐】按钮:段落中的每行文本都向文档的左边界对齐。

• 【居中】按钮:选定的段落将放在页面的中间,在排版中使用效果会更好。

• 【文本右对齐】按钮:选定的段落将向文档的右边界对齐。

• 【两端对齐】按钮:段落中除最后一行文本外,其他行文本的左、右端分别向左、右边界靠齐。对于纯中文的文本来说,两端对齐方式与左对齐方式没有太大的差别。但文档中如果含有英文单词,左对齐方式可能会使文本的右边缘参差不齐。

图 3-27 段落对齐按钮

• 【分散对齐】按钮:段落中的所有行文本(包括最后一行)中的字符等距离分布在左、右边界之间。

3．段落缩进

段落缩进是指段落文字的边界相对于左、右页边距的距离。可使文档段落显示出条理更加清晰的段落层次，以方便用户阅读。段落缩进的格式如下：

- 左缩进：段落左侧边界与左页边距保持一定的距离。
- 右缩进：段落右侧边界与右页边距保持一定的距离。
- 首行缩进：段落首行第一个字符与左侧边界保持一定的距离。
- 悬挂缩进：段落中除首行以外的其他各行与左侧边界保持一定的距离。

在 Word 2010 中可以使用"段落"对话框和"标尺"来设置段落缩进。

4．设置边框和底纹

为起到强调或美化文档的作用，可以为指定的段落、图形或表格添加边框和底纹。

（1）添加边框

①利用【字符边框】按钮给文字加单线框

在【开始】选项卡中，单击【字体】组中的【字符边框】按钮，可以方便地为选中的一个文字或多个文字添加单线边框。

②利用【边框和底纹】对话框给段落或文字加边框

使用【段落】组中的相应按钮或【边框和底纹】对话框，还可以给选中的文字添加其他样式的边框，操作步骤如下。

步骤 1　选中要添加边框的文本，在【开始】选项卡中单击【段落】组中的【下框线】![]　右侧的下三角按钮　，在弹出的下拉列表中选择所需要的边框线样式。

步骤 2　选择完成后即可为选择的文本添加边框。

步骤 3　在【开始】选项卡中单击【段落】组中的【下框线】按钮右侧的下三角按钮，在弹出的下拉列表中选择【边框和底纹】选项，弹出"边框和底纹"对话框，如图 3-28 所示。

步骤 4　在【边框】选项卡中根据需要进行设置，设置完成后单击【确定】按钮。

在"边框和底纹"对话框中各种选项的作用如下。

图 3-28　"边框和底纹"对话框

- 无：不设边框。若选中的文本或段落原来有边框，则边框将被去掉。
- 方框：给选中的文本或段落加上边框。
- 阴影：给选中的文本或段落添加具有阴影效果的边框。
- 三维：给选中的文本或段落添加具有三维效果的边框。
- 自定义：只在给段落加边框时有效。利用该选项可以给段落的某一条或几条边加上边框线。
- 【样式】列表框：可从中选择需要的边框样式。
- 【颜色】和【宽度】列表：可以设置边框的颜色和宽度。
- 【应用于】列表框：可从中选择添加边框的应用对象。若选择【文字】选项，则在选中的一个或多个文字的四周加封闭的边框。如果选中的是多行文字，则给每行文字加上封闭边框。若选择【段落】选项，则给选中的所有段落加边框。

（2）添加底纹

①给文字或段落添加底纹

步骤 1　选中要添加底纹的文字或段落，在【开始】选项卡中单击【段落】组中【下框线】按钮右侧的下三角按钮，在弹出的下拉列表中选择【边框和底纹】选项。

步骤 2　弹出"边框和底纹"对话框，单击【底纹】选项卡，在【填充】下拉列表框中选择底纹的填充色，在【样式】下拉列表框中选择底纹的样式，在【颜色】下拉列表框中选择底纹内填充点的颜色，在【预览】区可预览设置的底纹效果，单击【确定】按钮，即可应用底纹效果。

②删除底纹

在【底纹】选项卡中将【填充】设为【无颜色】,将【样式】设为【清除】,然后单击【确定】按钮即可将底纹删除。

5．添加项目符号和编号

对一些需要分来阐述的内容,可以添加项目符号和编号,起到强调的作用。

(1)添加项目符号的操作步骤如下:

步骤 1 选定要添加项目符号的位置,在【开始】选项卡中单击【段落】组中的【项目符号】 右侧的下三角按钮,打开项目符号库。

步骤 2 单击所需要的项目符号,若对提供的符号不满意,可以选择【定义新项目符号】选项,在打开的"定义新项目符号"对话框中进行设置。

(2)添加项目编号的操作步骤如下:

步骤 1 选定要添加项目符号的位置,在【开始】选项卡中单击【段落】组中的【编号】 右侧的下三角按钮,打开编号库。

步骤 2 单击所需要的项目编号,若对提供的编号不满意,可以选择【定义新编号格式】选项,在打开的"定义新编号格式"对话框中进行设置。

说明:若对已设置好编号的列表进行插入或删除操作,Word 将自动调整编号,不必人工干预。

6．设置首字下沉

首字下沉,即将段落中的第一个字下沉到下面几行中,以突出显示。首字下沉格式只能在页面视图模式下显示。通过单击【插入】选项卡【文本】组中的【首字下沉】按钮,选择"首字下沉选项"命令,打开"首字下沉"对话框,在该对话框中可进行如下设置:

* 下沉的位置:可设置首字"下沉""悬挂""无"格式。
* 字体:设置首字的字体。
* 下沉行数:设置首字的高度。
* 距正文:设置首字与其他文字间的距离。

3.4.3 文档的页面设置

文档的页面设置包括文档主题设计、输出的页面设置、稿纸设置、页面背景及排列设置等,它决定了 Word 文档的尺寸、外观和感染力,这部分设计主要集中在【页面布局】选项卡中,如图 3-29 所示。

图 3-29 【页面布局】选项卡

1．页面设置

页面设置是指设置文档的总体版面布局以及选择纸张大小、页边距、页眉页脚与边界的距离等内容,可通过以下两种方法进行设置:

(1)通过【页面设置】组

单击【页面布局】选项卡,出现【页面设置】组,如图 3-29 所示。其中各项功能如下:

* 【文字方向】下拉列表:用户可以在下拉列表中选择文档或所选文字的方向。
* 【页边距】下拉列表:用于设置当前文档或当前节的页边距的大小,也可以选择【自定义边距】选项,弹出【页面设置】对话框,进行自定义设置边距大小。
* 【纸张方向】下拉列表:用以改变页面的横向或纵向布局。
* 【纸张大小】下拉列表:用于设置页面的纸张大小,系统提供了常用 A4、B5 等纸张型号,若是特殊纸

张,可以选择【其他页面大小】选项,用户进行自定义设置。

· 【分栏】下拉列表:分栏可以编排出类似于报纸的多栏板式效果。Word 2010 可以对整篇文档或部分文档进行分栏。若需要对分栏进行更精确设置,可以选择【更多分栏】选项,弹出"分栏"对话框,在其中可以设置栏数、栏宽等。

· 【分隔符】下拉列表:用以在文档中添加分页符、分节符或分栏符。

· 【行号】下拉列表:用以在文档每一行边的行距中添加行号。

(2) 通过【页面设置】对话框

单击【页面设置】组下方的对话框启动器,弹出"页面设置"对话框,如图 3-30 所示,在其中可进行如下选项卡设置。

①【页边距】选项卡

页边距是正文与页面边缘的距离,用于设置上、下、左、右的页边距,装订线位置以及页眉、页脚的位置。图 3-30 中给出的是系统默认值,用户可以利用微调按钮调整这些数字,也可以在相应的文本框内输入数值。设置完成后,可以先通过"预览"框浏览设置的效果,满意后再应用到 Word 文档中。

②【纸张】选项卡

图 3-30　"页面设置"对话框

用于设置打印所使用的纸张大小、页面方向等。在"纸张大小"中给出了常用的纸型列如 A4、B5 等,此时系统显示纸张的默认宽度或高度;若选择"自定义大小"类型,则可在"宽度"和"高度"数值框中设置纸张的宽度或高度。"纸张来源"用于设置打印机纸张的来源,通常保留系统默认值。

③【版式】选项卡

· 【页眉和页脚】选项:其中"奇偶页不同"表示要在文档的奇数页与偶数页上设置不同的页眉或页脚,这一选择将作用于整篇文档;"首页不同"表示可使节或文档首页的页眉或页脚的设置与其他页的页眉或页脚不同。

· 【垂直对齐方式】选项:用于设定文档内容在页面垂直方向上的对齐方式。

④【文档网络】选项卡

纸张大小和页边距设定后,系统对每行的字符数和每页的行数有一个默认值,此选项卡可用于改变这些默认值。

2. 页面背景

页面背景是指设置页面颜色、水印效果以及页面边框,通过页面背景的设置可以使文档作为电子邮件或传真时更丰富、有个性。

(1) 水印的设置

选择需要添加水印的文档,在【页面布局】选项卡下单击【页面背景】组中的水印按钮,在弹出的【水印】下拉列表中选择一种 Word 内置的水印效果,即可为文档添加水印效果,如图 3-31 所示。

如果默认水印不符合用户的要求,可以根据需要进行自定义水印的设置,具体的操作步骤如下。

步骤 1　选择【水印】下拉列表中【自定义水印】命令(如图 3-31 所示),弹出"水印"对话框,如图 3-32 所示。

步骤 2　选择【文字水印】单选按钮,然后输入水印文字,将【版式】设为【斜式】,若要以半透明显示文本水印,可勾选【半透明】复选框,如图 3-32 所示。

步骤 3　设置完成后,单击【应用】按钮,然后单击【确定】按钮即可。

步骤 4　在"水印"对话框中选择【图片水印】单选按钮,然后单击【选择图片】按钮,在弹出的对话框中选择需要的图片,即可将图片作为水印使用。

(2) 设置页面背景颜色

步骤 1　在【页面布局】选项卡的【页面背景】组中单击【页面颜色】按钮,如图 3-33 所示。

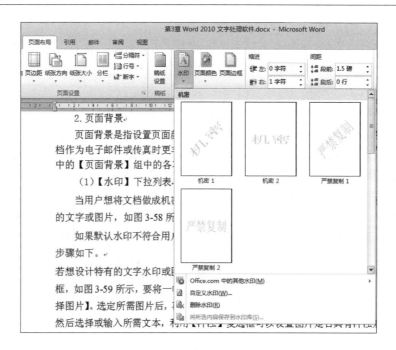

图 3-31 【水印】下拉列表框

步骤 2 在弹出的下拉列表中,用户可单击【标准色】或【主题颜色】色块图标来选择需要的颜色。若没有所需要的颜色,可选择【其他颜色】命令,在打开的"颜色"对话框中进行自主选择。

步骤 3 若想设置较为复杂的背景效果,可以选择【填充效果】命令,弹出"填充效果"对话框,有【渐变】【纹理】【图案】【图片】四个选项卡用于设置页面的特殊填充效果,如图 3-34 所示。

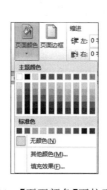

图 3-32 "水印"对话框   图 3-33 【页面颜色】下拉列表框   图 3-34 "填充效果"对话框

提示:①若要删除页面背景颜色,可选择【页面颜色】下拉列表框中的【无颜色】命令。②页面颜色设置时可以自动出现预览效果,但打印时不会出现页面颜色。

图 3-35 "边框和底纹"对话框

(3)设置页面边框

在【页面布局】选项卡的【页面背景】组中单击【页面边框】按钮,弹出"边框和底纹"对话框,如图 3-35 所示,用户可以选择边框样式和颜色,也可以设置艺术型边框。

3. 页眉和页脚

页眉和页脚是指在文档每一页的顶部和底部加入一些文字或图形等信息,信息的内容可以是文件名、标题名、日期、页码、单位名等。页眉和页脚的内容还可以用来生成各种文本的"域代码"(如页码、日期等)。域代码与普通文本不同的是,它随时可以被当前的新内容所代替。例如,生成日期的域代码是根据打印时系统时钟生成当前的日期。

（1）插入页眉和页脚

用户可以在文档中插入不同格式的页眉和页脚，例如可插入奇偶页不同的页眉和页脚。插入页眉和页脚的具体步骤如下。

步骤 1　在【插入】选项卡的【页眉和页脚】组中单击【页眉】按钮，如图 3-36 所示，在弹出的下拉列表框中选择常用的页眉样式。若想设置更多的页眉格式，可以选择【编辑页眉】选项，进入页眉编辑区，并打开【页眉和页脚工具设计】选项卡，如图 3-37 所示。

步骤 2　在页眉和页脚编辑区中输入内容，并编辑页眉和页脚的格式，也可以在【设计】选项卡中的【插入】组中选择【日期和时间】【图片】【剪贴画】等进行插入。

步骤 3　在【设计】选项卡中的【选项】组中进行【奇偶页不同】和【显示文档文字】的设置；【位置】组中进行页眉和页脚边距的设置；【导航】组中可以通过【转至页脚】【转至页眉】按钮进行页眉和页脚的转换。

步骤 4　设置完成后，选择【关闭页眉和页脚】选项，退出页眉和页脚的设置。

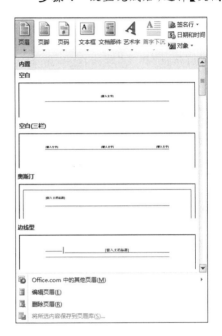 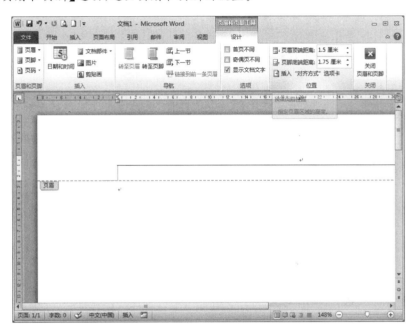

图 3-36　【页眉】下拉列表框　　　　图 3-37　【页眉和页脚工具设计】选项卡

技巧：设置页眉和页脚，也可以直接双击页眉或页脚编辑区，即打开【设计】选项卡，并进入【页眉和页脚工具】上下文选项卡，在页眉或页脚的其他地方双击，即可返回文档编辑窗口。

（2）插入页码

有些文章有许多页，这时就可为文档插入页码，以便于用户整理和阅读。在文档中插入页码的具体操作步骤如下。

步骤 1　在【插入】选项卡的【页眉和页脚】组中单击【页码】按钮，如图 3-38 所示，其中提供了常用的页码插入的格式和位置，如果还需要特殊格式，可以在下拉列表中选择【设置页码格式】命令，弹出"页码格式"对话框，如图 3-39 所示。

图 3-38　【页码】下拉列表框　　　图 3-39　"页码格式"对话框

步骤2 在该对话框中设置所要插入页码的格式,设置完成后,单击【确定】按钮,即完成在文档中的页码插入。

3.5 长文档编辑

制作专业的文档时,除了涉及常规的页面内容和美化操作外,还需要注重文档的结构及排版方式。Word 2010 提供了很多简便的功能,使长文档的编辑、排版、阅读和管理更加轻松自如。

3.5.1 定义并使用样式

样式是 Word 中一组已经命名的字符和段落格式。文档中规定了标题、正文及要点等各个文本元素的格式,用户可以使用【样式】任务窗格将样式应用于选中文本。

1. 使用"样式"导航窗格新建样式

具体操作步骤如下。

步骤1 在【开始】选项卡的【样式】组中单击右下角的对话框启动器按钮,弹出"样式"对话框,如图 3-40 所示。

步骤2 单击【新建样式】按钮 ,弹出"根据格式设置创建新样式"对话框,如图 3-41 所示。

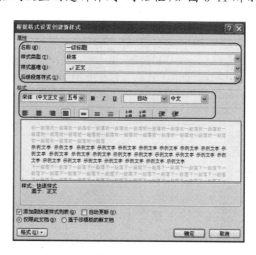

图 3-40 "样式"对话框   图 3-41 "根据格式设置创建新样式"对话框

步骤3 在【名称】文本框中输入新建样式名称,如输入"一级标题"。

步骤4 在【样式类型】【样式基准】【后续段落样式】等下拉列表框中选择需要的样式类型或样式基准。

步骤5 在"格式"区域的【字体】【字号】【颜色】【语言】等下拉列表框中选择所需要的字体、字号、颜色和语言。

步骤6 分别在【对齐方式】和【段落】按钮组中单击选择所需的对齐方式、行距、段落间距和缩进量,如图 3-41 所示。

步骤7 单击【确定】按钮,即可完成自定义样式。

2. 使用快速"更改样式"命令

如果希望能够快速更改整篇文档的样式,可以通过【开始】选项卡【样式】组中的【更改样式】按钮实现。在下拉列表中,单击【字体】或者【段落间距】按钮,通过实时预览可以浏览字符或段落间距格式修改后的效果。

此外,Word 2010 还提供了"样式集"功能,这是一个可以快速统一整篇文档的显示风格命令。单击【更改样式】按钮,在"样式集"下拉列表中选择需要应用的样式,即可应用到当前文档。

3. 使用样式的操作

步骤 1　在 Word 文档中选择要应用样式的标题和文本。

步骤 2　在【开始】选项卡的【样式】组中单击右下角的对话框启动器按钮。

步骤 3　打开"样式"对话框,在列表框中选择希望应用到选中文本的样式,即可将该样式应用到文档中。

说明:在"样式"对话框中选中下方的【显示预览】复选框后,方可看到样式的预览效果,否则所用样式只以文字描述的形式被列举出来。

3.5.2　插入分隔符

文档中为了分别设置不同部分的格式和版式,可以用分隔符将文档分为若干节,每个节可以有不同的页边距、页眉页脚、纸张大小等页面设置。分隔符分为分页符和分节符。

1. 分页符

(1) 插入分页符

插入分页符有下列方法:

①将插入点移动到要分页的位置,单击【页面布局】选项卡【页面设置】组中的【分隔符】按钮,在下拉列表中选择【分页符】命令。

②单击【插入】选项卡【页】组中的【分页】按钮。

③按【Ctrl＋Enter】快捷键开始新的一页。

(2) 插入分栏符

对文档或某些段落进行分栏后,Word 文档会在适当的位置自动分栏,若希望某一内容出现在下一栏的顶部,则可用插入分栏符的方法实现。具体操作步骤如下:

在页面视图中,将插入点定位在另起新栏,单击单击【页面布局】选项卡【页面设置】组中的【分隔符】按钮,在下拉列表中选择【分栏符】命令。

(3) 自动换行符

通常情况下,文本到达页面右边距时,Word 将会自动换行。如果需要在插入点位置强制断行,可单击【分隔符】按钮,在下拉列表中选择【自动换行符】命令。与直接按【Enter】不同的是,这种方法产生的新行仍将作为当前段的一部分。

2. 分节符

节是文档的一部分。插入分节符之前,Word 将整篇文档视为一节。在需要改变行号、分栏数或页眉页脚、页边距等特性时,需要创建新的节。

分节符的类型如下:

- 下一页:插入分节符并在下一页开始新节。
- 连续:插入分节符并在同一页上开始新节。
- 偶数页:插入分节符并在下一偶数页上开始新节。
- 奇数页:插入分节符并在下一奇数页上开始新节。

3.5.3　创建文档目录

目录是文档中不可缺少的一项内容,它列出了各级标题及其所在页码,便于用户在文档中快速查找所需内容。Word 2010 提供了一个内置的目录库,以方便用户使用。

1. 创建文档目录

创建文档目录的具体步骤如下。

步骤 1　把光标插入需要建立文档目录的位置,一般为文档的最前面。

步骤 2　单击【引用】选项卡中的【目录】按钮,弹出"目录"下拉列表框,如图 3-42 所示。

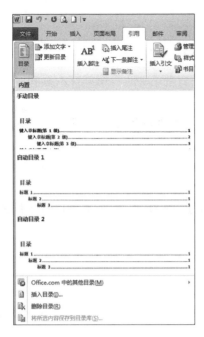

图 3-42 【目录】列表框

步骤 3 在弹出的【目录】列表框中选择需要的样式,如图 3-42 所示。

步骤 4 在这里选择【手动目录】样式,即可建立相应的文档目录。

在【引用】选项卡下【目录】组的【目录】下拉列表框中选择【插入目录】命令,弹出如图 3-43 所示的"目录"对话框。"目录"对话框中各选项的功能如下。

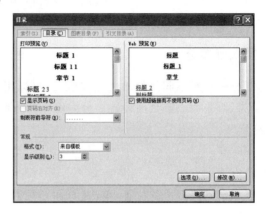

图 3-43 "目录"对话框

- 显示页码:选中该复选框,即可在目录中显示页码项,否则将不显示。
- 页码右对齐:选中该复选框,目录中的页码右对齐。
- 制表符前导符:制表符前导符是连接目录内容与页码的符号,可在该下拉列表框中选择相应的符号形式。
- 使用超链接而不使用页码:选中该复选框,建立目录与正文之间的超链接,按住【Ctrl】键并单击目录行时,将链接到正文中该目录所指的具体内容。
- 格式:是指目录的格式,Word 已经建立了几种内置目录格式,如【来自模板】【古典】【优雅】【流行】等。
- 显示级别:代表目录的级别。例如,如果该值为 2,则显示 2 级目录;如果该值为 3,则显示 3 级目录。
- 打印预览:用来预览打印出来的实际样式。
- Web 预览:用来预览在 Web 网页中所看到的样式。
- 选项:关于目录的其他选项。多数情况下,不用设置该选项,就已经满足创建目录的需要了。
- 修改:用来修改目录的内容。如果系统内置的目录与选项能满足要求,则可不进行修改。

2. 更新目录

如果作者对文档的内容做出修改,则需要更新目录内容。选中要更新的目录,单击【引用】选项卡中【更新目录】按钮,打开"更新目录"对话框,根据实际需要选择"更新整个目录"或者"只更新页码"命令,单击【确定】按钮,完成操作。

3. 删除目录

当作者需要删除目录时,只需选择【目录】下拉列表中的【删除目录】命令即可。

3.5.4 在文档中添加引用内容

在长文档的编辑过程中,文档内容的索引和脚注等非常重要,它们可以使文档的引用内容和关键内容得到有效的组织。这部分设计主要集中在【引用】选项卡中,如图 3-44 所示。

1. 添加脚注

脚注是对文章中的内容进行解释和说明的文字,它一般位于当前页面的底部或指定文字的下方。添加脚注的具体操作步骤如下:

步骤 1 在 Word 2010 中,将光标移到要插入脚注的位置。

步骤 2 在【引用】选项卡中单击【脚注】组中的【插入脚注】按钮,如图 3-44 所示。在要插入的位置输入脚注内容,即可完成脚注的添加。

图 3-44　【引用】选项卡

2. 添加尾注

尾注用于在文档中显示引用资料的出处或输入解释和补充性的信息。插入尾注只需单击【插入尾注】即可。

3. 添加题注

题注是一种可以为文档中的图标、表格、公式和其他对象添加编号的标签。插入题注的具体操作步骤如下：

步骤 1　在文档中选择要添加题注的位置。

步骤 2　在功能区中选择【引用】选项卡，单击【题注】组中的【插入题注】按钮。

步骤 3　如图 3-45 所示，在弹出的"题注"对话框中，可以根据添加题注的不同对象，在【选项】选项组的【标签】下拉列表框中选择不同的标签类型。

步骤 4　如果希望在文档中使用自定义的标签显示方式，则可以单击【新建标签】按钮，在弹出的"新建标签"对话框中设置相应的自定义标签。

3.5.5　修订及共享文档

1. 修订文档

在修订状态下修改文档时，Word 后台应用程序会自动跟踪全部内容的变化情况，并且会把用户在编辑时对文档所做的删除、修改、插入等每一项内容详细地记录下来。

单击【审阅】选项卡下【修订】组中的【修订】按钮，即可开启文档的修订状态。若用户文档处于修订状态下，则删除的内容会出现在文档右侧空白处，插入的文档将会用颜色以及下画线进行标记。

用户还可以根据需要对修订内容的样式进行自定义设置，只要单击【修订选项】命令，然后根据阅读习惯以及具体需求在弹出的"修订选项"对话框中对"标记""移动""格式"等选项进行相应的设置，如图 3-46 所示。

图 3-45　"题注"对话框

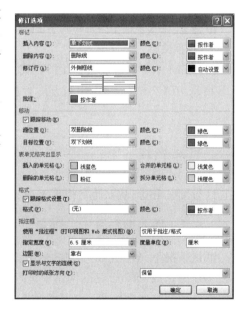

图 3-46　"修订选项"对话框

2. 添加删除批注

在 Word 中，用户若要对文档进行特殊说明，可添加批注对象（如文本、图片等）对文档进行审阅。批注与修订的不同之处是，它在文档页面的空白处添加相关的注释信息，并用带颜色的方框括起来。

（1）添加批注

其具体的操作步骤如下：

步骤1 将光标移至需要插入批注的位置。

步骤2 在【审阅】选项卡中单击【批注】组中的【新建批注】按钮后，相应的文字会出现红色底纹，并在页面空白处显示批注，在【批注】文本框中输入用户所需的文字，即可完成添加批注，如图 3-47 所示。

注意：批注的颜色会根据用户的不同而改变。

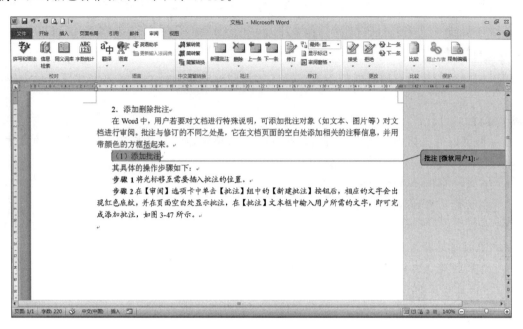

图 3-47　添加批注后的效果

（2）删除批注

若用户在操作文档过程中需要删除批注，可按以下步骤操作：

步骤1 将光标移至要删除批注的文本框中。

步骤2 在【审阅】选项卡中单击【批注】组中的【删除】按钮，即可删除所选的批注文本框。

3. 共享文档

在 Word 中可以通过电子化的方式进行文档的共享。可以使用电子邮件进行共享，还可将文档保存为 PDF 格式，在【文件】选项卡中打开后台视图，选择【保存并发送】项。

3.6　Word 图文混排

在 Word 中，除了可以编辑文本外，还可以向文档中插入图片，并将其以用户需要的形式与文本编排在一起进行图文混排，从而使文档更美观。

3.6.1　插入剪贴画

默认情况下，Word 2010 中的剪贴画不会全部显示出来，需要用户使用相关的关键字进行搜索。用户可以在本地磁盘或 Office.com 网站中进行搜索，其中 Office.com 中提供了大量剪贴画，用户可以在联网状态下搜索并使用这些剪贴画。具体操作步骤如下：

步骤1 在文档中定位欲插入剪贴画的位置。

步骤2 在【插入】选项卡中的【插图】组中选择【剪贴画】按钮，打开【剪贴画】任务窗格。

步骤3 在【剪贴画】任务窗格中单击【搜索】按钮，显示计算机中保存的剪贴画。

步骤4 单击欲插入的剪贴画，完成插入操作。

3.6.2　插入图片

在 Word 2010 文档中可以直接插入文件格式图形，有增强型图元文件（.emf）、图形交换格式（.gif）、联合图形专家小组规范(.jpg)、可移植网络图形(.png)及 Windows 位图(.bmp)等。

在文档中插入图片的方式如下：

- 插入：以嵌入式形式插入，图片保存在文档中。
- 链接到文件：将文档中的图片和图形文件建立链接关系，文档中只保存图片文件的路径和文件名。
- 插入和链接：将文档中的图片与图片文件建立链接关系，同时将图片保存在文档中。

1. 插入图片的方法

Word 文档中插入图片文件的操作步骤如下：

步骤 1　将插入点定位在欲插入图片的位置。

步骤 2　在【插入】选项卡的【插图】组中单击【图片】按钮，弹出【插入图片】对话框。

步骤 3　在【查找范围】下列表框中选择图片所在位置，选择欲插入的图片文件，单击【插入】按钮右侧的下三角按钮，在弹出的下拉菜单中可以选择【插入】【链接到文件】【插入和链接】命令，在这里直接执行【插入】命令。如图 3-48 所示。

步骤 4　插入图片完成后，在 Word 2010 功能区中显示【图片工具】下的【格式】选项卡，如图 3-49 所示，可完成对图片的格式设置。

图 3-48　"插入图片"对话框

图 3-49　【格式】选项卡

2. 设置图片格式

插入文档中的图片一般需要进行格式设置才能符合排版的要求。可以利用【图片工具】下的【格式】选项卡(图 3-49)来完成相应的设置。

(1) 调整图片尺寸

调整图片尺寸的方法如下：

①选中图片，将鼠标指针移至图片周围的控制点上，当鼠标指针变成双向箭头时，拖动鼠标左键，当达到合适大小时释放鼠标，即可快速调整图片大小。

②选中图片，选择【图片工具】下的【格式】选项卡，在【大小】组中的编辑栏中直接输入图片的高度、宽度。

③选中图片，单击【图片工具】下【格式】选项卡中【大小】组右下角的对话框启动器按钮，打开"布局"对话框，选中"大小"选项卡进行相应设置，单击【确定】按钮完成。

(2) 设置亮度和对比度

选中图片，单击【图片工具】下【格式】选项卡【调整】组中的【更正】按钮，在下拉列表中设置图片的亮度和对比度。

（3）压缩图片

由于图片的存储空间都很大，当插入到 Word 文档时使得文档的体积也相应变大。压缩图片可减小图片存储空间，也可提高文档的打开速度。

选择【压缩图片】按钮打开"压缩图片"对话框，并对其进行剪裁区域的删除及设置不同的分辨率来实现图片的压缩。

（4）重设图片

如果对当前段图片设置不满意，可以通过重设图片来恢复原始图片。选择【重设图片】按钮，直接设置即可。

（5）图片边框和颜色设置

为美化插入的图片，有时需要给插入的图片添加边框，单击【格式】选项卡【图片样式】组中的【图片边框】按钮，在下拉列表中可以设置图片边框的颜色、线型和粗细。

在 Word 2010 中增添了设置图片颜色的命令，将之前的灰度和冲蚀效果更加多样化，使用此命令可以使图片的色调更加柔和，如果不喜欢当前颜色，还可以将图片重新着色。具体操作步骤如下：

选择【图片工具】下的【格式】选项卡，在【调整】组中单击【颜色】按钮，在弹出的下拉列表框设置图片颜色。如图 3-50 所示。

（6）图片与文字环绕方式设置

设置图片版式也就是设置图文与文字之间的交互方式，其具体的操作步骤如下。

步骤1 选中要设置的一张图片。

步骤2 在【图片工具】下的【格式】选项卡中单击【排列组】中的【自动换行】按钮，在弹出的下拉列表框中选择要采用的文字环绕方式。

步骤3 还可选择【其他布局选项】命令，在弹出的"布局"对话框【文字环绕】选项卡中进行设置，如图 3-51 所示。

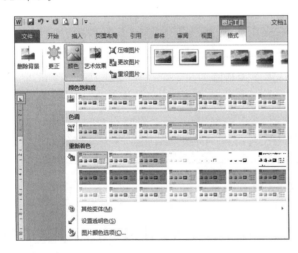
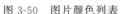

图 3-50　图片颜色列表　　　　　　图 3-51　"布局"对话框

（7）在页面中设置图片位置

Word 2010 提供了多种控制图片位置的工具，用户可以根据文档类型更快捷、更合理地布置图片。具体的操作步骤如下：

步骤1 选中要设置的一张图片。

步骤2 在【图片工具】下的【格式】选项卡中单击【排列组】中的【位置】按钮，在弹出的下拉列表框中选择所需的位置布局方式。

步骤3 还可选择【其他布局选项】命令，在弹出的"布局"对话框【位置】选项卡中进行设置。

（8）为图片设置透明色

当用户将插入的图片设置为浮于文字上方时，可通过设置图片中的某种颜色为透明色使下面的部分文字显现出来。透明色的设置方法有下列两种：

①选中图片，单击【图片工具】下【格式】选项卡【调整】组中的【颜色】按钮，在下拉列表框中选择【设置透明色】命令，用鼠标单击图片中需要透明处理的地方即可。

②选中图片，单击【图片工具】下【格式】选项卡【调整】组中的【更正】按钮，在下拉列表框中选择【图片更正选项】命令，打开设置"图片格式"对话框，选中【映像】选项卡，在右侧窗口的"透明度"区用滑块设置。

3. 截取屏幕图片

Word 提供了屏幕截图功能，屏幕画面可直接插入文档中，并可根据用户的需要截取图片内容。

在【插入】选项卡的【插图】组中单击【屏幕截图】按钮，在【可用视窗】下拉列表框中选择所需的屏幕图片，即可将屏幕画面插入到文档中。

3.6.3　插入对象

1. 插入文本框

文本框是将文字和图片精确定位的有效工具。文档中的任何内容放入文本框后，就可以随时被拖拽到文档的任意位置，还可以根据需要缩放。

（1）插入文本框

单击【插入】选项卡【文本】组中的【文本框】按钮，在弹出的下拉列表框中选择合适的文本框类型，此时所插入的文本框处于编辑状态，直接输入文本内容即可。

（2）链接多个文本框

在制作手抄报、宣传册等文档时，往往会通过使用多个文本框进行版式设计。通过在多个文本框之间创建链接，可以在当前文本框中输入满文字后自动转入所链接的文本框中继续输入文字。操作方法如下：

插入多个文本框，调整文本框的位置和尺寸，并单击选中第一个文本框。单击【绘图工具】下【格式】选项卡【文本】组中【创建链接】按钮，将鼠标指针移动到准备链接的下一个文本框内部时，单击鼠标左键即可创建链接。

需要注意的是，被链接的文本框必须是空白文本框，反之则无法创建连接。此外，如果需要创建链接的两个文本框应用了不同的文字方向设置，系统会提示后面的文本框将与前面的文本框保持一致的文字方向。

2. 艺术字

（1）插入艺术字

单击【插入】选项卡【文本】组中的【艺术字】按钮，在下拉列表中选择需要插入的艺术字形，即可完成插入。与之前版本不同的是，使用 Word 2010 插入艺术字后，不需要打开"编辑艺术字"对话框，只需要单击插入的艺术字即可进入编辑状态，轻松编辑。

（2）设置艺术字

在文本区中选择艺术字后，【绘图工具】的【格式】选项卡会在功能区中自动显示，如图 3-52 所示。用户可在【格式】选项卡中设置艺术字的样式、颜色、形状、大小等，或重新对其进行编辑。

图 3-52　【格式】选项卡

3. 绘制自选图形

在 Word 2010 中内置了很多形状，例如矩形、圆、箭头、流程图、星与旗帜、标注、其他自选图形等，插入绘制图形的操作方法如下：

在【插入】选项卡【插图】组中单击【形状】按钮，在弹出的【形状】下拉列表中选择需要绘制的图形，拖动鼠标左键即可完成。

绘制图形的编辑和插入图片的编辑相似，这里不再赘述。但是，当选中需要修改格式的图形时，在功能区出现的是【绘制工具】下的【格式】选项卡，如图 3-52 所示，对绘制图形的所有操作都需要在此选项卡完成。

3.6.4 创建 SmartArt 图形

为了使文字之间的关联更加清晰,人们常常使用配有文字的插图,对于 Word 较早的版本,人们使用形状和文本框的组合。但如果想制作出具有专业设计师水准的插图,则需要借助 SmartArt,Word 2010 提供了 SmartArt 图形创建和编辑功能,SmartArt 图形包括列表、流程、循环、层次结构、关系、矩阵、棱锥图和图片等。

1. 插入 SmartArt 图形

在文档中插入 SmartArt 图形的具体步骤如下:

步骤 1 将光标定位在需要插入 SmartArt 图形的位置。

步骤 2 在【插入】选项卡的【插图】组中单击【SmartArt】按钮,弹出"选择 SmartArt 图形"对话框。

步骤 3 在该对话框的左侧列表框中选择用户所需的类型,在中间列表框中选择所需的层次布局结构图,单击【确定】按钮,即可在文档中插入选择的层次布局结构图。

步骤 4 若用户要在插入的层次布局结构图中输入文本,可在结构图内直接单击【文本】字样,然后输入所需的文本,如图 3-53 所示。

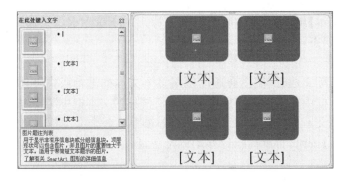

图 3-53 新的 SmartArt 图形

2. 将图片转换为 SmartArt 图

步骤 1 单击【插入】选项卡【插图】组中的【图片】按钮,插入 5 张图片。将图片全部选中,设置其环绕方式为"浮于文字上方",单击【排列】组中的【选择窗格】按钮,打开"选择和可见性"导航栏。

步骤 2 按【Ctrl】键在导航栏中选中 5 张图片,单击【图片工具】下的【格式】选项卡【图片样式】组中的【图片版式】按钮,在下拉列表中选择一种 SmartArt 样式,如图 3-54 所示,转换后的效果如图 3-55 所示。

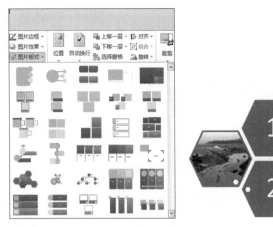

图 3-54 SmartArt 样式

图 3-55 转换后效果

3. 设计 SmartArt 图形样式

在文档中插入了 SmartArt 图形后,可以为插入的 SmartArt 图形设置不同的样式。具体操作步骤如下:

步骤 1 选择要设置样式的 SmartArt 图形。

步骤 2 选择【SmartArt 工具】下的【设计】选项卡,如图 3-56 所示。

图 3-56 【设计】选项卡

步骤 3 在【设计】选项卡【SmartArt 样式】组中单击其他 ▼ 按钮,在弹出的下拉列表框中选择一种样式。

步骤 4 在【设计】选项卡【SmartArt 样式】组中单击【更改颜色】按钮,在弹出的下拉列表框中选择一种颜色。

【练习】

张静是一名大学本科三年级学生,经多方面了解分析,她希望在下个暑期去一家公司实习。为获得难得的实习机会,她打算利用 Word 2010 精心制作一份简洁而醒目的个人简历,示例样式如图 3-57 所示,要求如下:

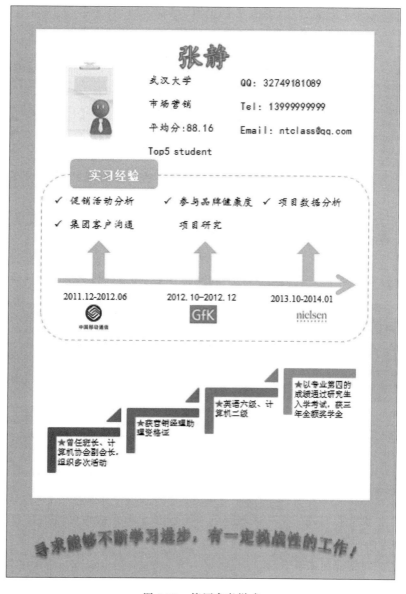

图 3-57 简历参考样式

（1）调整文档版面，要求纸张大小为 A4，页边距（上、下）为 2.5 厘米，页边距（左、右）为 3.2 厘米。

（2）根据页面布局需要，在适当的位置插入标准色为橙色与白色的两个矩形，其中橙色矩形占满 A4 幅面，文字环绕方式设为"浮于文字上方"，作为简历的背景。

（3）参照示例图片，插入标准色为橙色的圆角矩形，并添加文字"实习经验"，插入 1 个短画线的虚线圆角矩形框。

（4）参照示例图片，插入文本框和文字，并调整文字的字体、字号、位置和颜色。其中"张静"应为标准色橙色艺术字，"寻求能够……"文本效果应为跟随路径的"上弯弧"。

（5）根据页面布局需要，插入图片"1.png"，依据样例进行裁剪和调整，并删除图片的裁剪区域；然后根据需要插入图片"2.jpg""3.jpg""4.jpg"，并调整图片位置。

（6）参照示例图片，在适当的位置使用形状中的标准橙色箭头（提示：其中横向箭头使用线条类型箭头），插入"SmartArt"图形，并进行适当编辑。

（7）参照示例图片，在"促销活动分析"等 4 处使用项目符号"对勾"，在"曾任班长"等 4 处插入符号"五角星"，颜色为标准色红色。调整各部分的位置、大小、形状和颜色，以展现统一、良好的视觉效果。

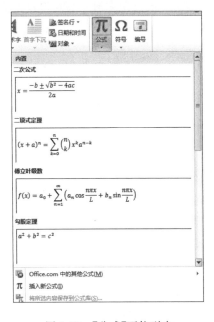

图 3-58 【公式】下拉列表

3.6.5 公式编辑器的使用

要在文档中插入专业的数学公式，仅仅利用上、下标按钮来设置是远远不够的。使用 Word 中的公式编辑器，不但可以输入符号，而且可以输入数字和变量。

若打开的文档中包含用 Word 早期版本写入的公式，则可按以下步骤将文档转换为 Word 2010 版本。

步骤 1 选择【文件】→【信息】→【转换】命令。

步骤 2 选择【文件】→【保存】命令。

在文档中插入公式的步骤如下：

步骤 1 把光标移到要插入公式的位置，然后单击【插入】选项卡中【符号】组中的 π 公式 按钮。

步骤 2 在弹出的下拉列表框中选择【插入新公式】命令，如图 3-58 所示。

步骤 3 文档中显示【在此处键入公式】编辑框，同时功能区上出现【公式工具】的【设计】选项卡，其中包含了大量的数学结构和数学符号。

步骤 4 用鼠标单击选择结构和数学符号进行输入。如果结构包含占位符，则在占位符内单击，然后输入所需的数字或符号。公式占位符是指公式中的小虚框。

3.7 表格制作和处理

表格以行和列的形式组织信息，结构严谨，效果直观，且信息量较大，Word 提供了强大的表格功能，可以方便用户建立和使用表格。

3.7.1 创建表格

表格由若干个行和列组成，行列的交叉区域称为"单元格"。单元格中可以填写数值、文字和插入图片等。创建表格的几种方法如下：

1. 使用"插入表格"对话框创建表格

使用"插入表格"对话框创建表格，不仅可以设置表格格式，而且可以不受表格行数、列数的限制。由于创建表格的适应性更强，所以使用"插入表格"对话框插入表格是最常用的创建表格的方法。其操作步骤如下：

步骤 1　将光标移至文档中需要创建表格的位置。

步骤 2　在【插入】选项卡中单击【表格】组中的【表格】按钮，在弹出的下拉列表中选择【插入表格】命令。

步骤 3　在弹出的"插入表格"对话框中，单击"列数"和"行数"微调框中的按钮，可以改变表格的列数及行数，也可以直接输入列数和行数，如图 3-59 所示。

步骤 4　在"'自动调整'操作"选项组中选择一种定义列宽的方式，设置完成后单击【确定】按钮即可插入表格。

- 【固定列宽】：给列宽指定一个确切的值，将按指定的列宽建立表格。若在【固定列宽】微调框中选择【自动】，或勾选【根据窗口调整表格】单选按钮，则表格的宽度将与正文区的宽度相同，列宽等于正文区的宽度除以列数。
- 【根据内容调整表格】：表格的列宽随每一列输入内容的多少而自动调整。
- 【为新表格记忆此尺寸】复选框：该对话框中的设置将成为以后新建表格的默认值。

2. 使用表格网格插入表格

使用表格网格插入表格是创建表格中最快捷的方法，适合创建那些行、列数较少，并具有规范的行高和列宽的简单表格，其操作步骤如下：

步骤 1　将光标移至文档中需要创建表格的位置。

步骤 2　在【插入】选项卡中单击【表格】组中的【表格】按钮，在弹出的下拉列表中拖拽鼠标选择网格。例如，要创建一个 4 行 5 列的表格，可以选择 4 行 5 列的网格，此时，所选网格会突出显示，同时文档中也将实时显示出要创建的表格，如图 3-60 所示。

步骤 3　选定所需的单元格数量后，单击鼠标左键，即可在插入符处插入一个空白表格。

图 3-59　"插入表格"对话框　　　　　图 3-60　选择表格网格

3. 手动绘制表格

用户不仅可以绘制单元格的行高、列宽，或带有斜线表头的复杂表格，还可以非常灵活、方便地绘制或修改非标准表格。手动绘制表格的操作步骤如下：

步骤 1　选择【插入】选项卡，在【表格】组中单击【表格】按钮，在弹出的下拉列表中选择【绘制表格】命令。

步骤 2　此时鼠标指针会变成铅笔形状，在需要绘制表格的位置处单击并拖动鼠标绘制一个矩形。

步骤 3　根据用户需要可绘制多条行线和列线。

步骤 4　若要将多余的线条擦除，可选择【表格工具】中的【设计】选项卡，单击【绘图边框】组中的【擦除】按钮。

步骤 5　此时鼠标指针会变成橡皮的形状，单击要擦除的线条，即可将线条擦除。

说明：在使用绘制工具时，在上下文选项卡中会自动选中【绘制边框】选项组中的【绘制表格】按钮。

4．使用快速表格

Word 2010 为用户提供了【快速表格】命令，通过选择【快速表格】命令，用户可直接选择之前设定好的表格格式，从而快速创建新的表格，这样可以节省大量时间，提高工作效率。方法是在【插入】选项卡中单击【表格】组中的【表格】按钮，在弹出的下拉列表中选择【快速表格】命令，然后根据需要进行选择。

5．将文本转换为表格

步骤 1 选中需要转换为表格的文本。

步骤 2 单击【插入】选项卡中的【表格】按钮，在弹出的下拉列表中选择【文本转换成表格】命令，打开"将文字转换成表格"对话框，在此可以根据实际需求对【表格尺寸】【'自动调整'操作】【文字分隔位置】进行设置，如图 3-61 所示。

步骤 3 设置完成后单击【确定】按钮，即可将文本转换为表格。

图 3-61 "将文字转换成表格"
对话框

（1）【列数】微调框中已自动显示出表格的列数，用户也可指定转换后表格的列数。当指定的列数大于所选内容的实际需要时，多余的单元格成为空单元格。

（2）【'自动调整'操作】选择组提供供用户设置列宽的选项。默认值为【固定列宽】，用户可在其后的微调框中指定表格的列宽或选择【自动】选项，由 Word 根据所选内容的情况自定义列宽。此外，用户还可以根据内容或窗口调整表格。

（3）用户可在【文字分隔位置】选择组中选择一种分隔符，用分隔符隔开的各部分内容将分别成为相邻各个单元格的内容。

• 段落标记：把选中的段落转换成表格，每个段落成为一个单元格的内容，行数等于所选段落数。

• 制表符：每个段落转换为一行单元格，用制表符隔开的各部分内容作为一行中各个单元格的内容。

• 逗号：每个段落转换为一行单元格，用逗号隔开的各部分内容成为同一行中各个单元格的内容。转换后表格的列数等于各段落中逗号的最大个数加 1。

• 其他字符：可在对应的文本框中输入其他的半角字符作为文本分隔符。每个段落转换为一行单元格，用输入的文本分隔符隔开的各部分内容作为同一行中各个单元格的内容。

• 空格：用空格隔开的各部分内容成为各个单元格的内容。

说明：将文本段落转换为表格时，【行数】微调框不可用。此时的行数由选定内容中分隔符数和选定的列数决定。

6．将表格转换为文本

在 Word 中也可将表格中的内容转换为普通的文本段落，并将转换后各单元格中的内容用段落标记、逗号、制表符或用户指定的特定字符隔开。方法是先选中要转换的表格，单击【表格工具】的【布局】选项卡下【数据】组中的【转换为文本】按钮，弹出"将表格转换成文本"对话框，选择【文字分隔符】后，单击【确定】按钮即可。

3.7.2 表格编辑

创建好表格后，通常需要对表格进行编辑处理操作，例如，行高和列宽的调整、行或列的插入和删除、单元格的合并和拆分等，来满足用户的特定要求，该功能主要通过【布局】选项卡中的各功能选项区来实现，如图 3-62 所示。

1．选定表格

（1）选定单元格：将光标移动到欲选定单元格的左侧边界，光标变成右上的箭头"↗"，单击即可选定该单元格。

（2）选定一行：将光标移动到欲选定行左侧选定区，当光标变成"↗"，单击即可选定。

（3）选定一列：将光标移动到该列顶部列选定区，当光标变成"↓"，单击即可选定。

图 3-62　【布局】选项卡

（4）选定连续单元格区域：拖拽鼠标选定连续单元格区域即可。这种方法也可以用于选定单个、一行或一列单元格。

（5）选定整个表格：光标指向表格左上角，单击出现的"表格的移动控制点"图标"⊕"，即可选定整个表格。

提示：表格、行、列、单元格的选定，也可以通过【表格工具】→【布局】→【选择】级联菜单的相应的命令完成。

2．调整表格行高和列宽

（1）使用鼠标

将光标定位在需要改变行高的表格边线上，此时，光标变为一个垂直的双向箭头，拖动表格边线到所需要的行高位置即可。

将光标定位在需要改变列宽的表格边线上，此时，光标变为一个水平的双向箭头，拖动表格边线到所需要的列宽位置即可。

（2）使用菜单

①选定表格中要改变列宽（或行高）的列（或行），单击【表格工具】下的【布局】选项卡，选择【单元格大小】组，在"宽度"和"高度"输入框中进行调整。

②右击表格，在弹出的快捷菜单中选择"表格属性"命令。单击"表格属性"对话框中的"行"选项卡，勾选"指定高度"复选框，并输入行高值，单击【上一行】或【下一行】按钮，继续设置相邻的行高。勾选"允许跨页断行"复选框，单击【确定】按钮。

单击"表格属性"对话框中的"列"选项卡，勾选"指定宽度"复选框，并输入列宽值，单击【前一列】或【后一列】按钮，继续设置相邻的列宽，单击【确定】按钮。

（3）自动调整表格

自动调整表格有根据内容调整表格、根据窗口调整表格、固定列宽方式。操作步骤如下：

将光标定位在表格的任意单元格中，单击【表格工具】下【布局】选项卡【单元格大小】组中的【自动调整】按钮，可在该下拉列表中选择相应的命令。

3．插入单元格、行或列

用户制作表格时，可根据需要在表格中插入单元格、行或列。

（1）插入单元格

步骤 1　将光标移至所需要插入单元格位置的单元格内。

步骤 2　单击鼠标右键，在弹出的快捷菜单中选择【插入】→【插入单元格】命令，或单击【表格工具】下【布局】选项卡【行和列】组中的对话框启动器，打开"插入单元格"对话框，如图 3-63 所示。

步骤 3　用户根据需要在该对话框的四个选项中进行相应设置。

图 3-63　"插入单元格"对话框

（2）插入行

将光标定位在需要插入行的位置，在【表格工具】下【布局】选项卡【行和列】组中，选择【在上方插入】或【在下方插入】图表按钮。

（3）插入列

将光标定位在需要插入行的位置，在【表格工具】下【布局】选项卡【行和列】组中，选择【在左侧插入】或【在右侧插入】图表按钮。

4. 删除单元格、行或列

在制作表格时，如果某些单元格、行或列是多余的，可将其删除。

（1）删除单元格

步骤1 将光标移至需要删除的单元格中。

步骤2 单击鼠标右键，在弹出的快捷菜单中选择【删除单元格】命令，或在【表格工具】下【布局】选项卡中，单击【行和列】组的【删除】按钮，在弹出的下拉列表中选择【删除单元格】命令，弹出"删除单元格"对话框，如图3-64所示。

图3-64　"删除单元格"对话框

步骤3 用户根据需要在该对话框的四个选项中进行相应设置。

（2）删除行或列

在【表格工具】下的【布局】选项卡中单击【行和列】组中的【删除】按钮，在弹出的下拉列表中可选择以下三种命令。

- 选择【删除列】命令：将单元格所在的整列选中后进行删除。
- 选择【删除行】命令：将单元格所在的整行选中后进行删除。
- 选择【删除表格】命令：将整个表格进行删除。

5. 合并与拆分单元格或表格

用户在对表格进行操作的过程中，可在一个单元格整体大小不变的情况下，将两个或多个单元格合并为一个单元格，或者在一个单元格内添加多条边线，将其拆分为多个单元格。

（1）合并单元格

将光标移至需要合并的单元格内，在【表格工具】的【布局】选项卡中单击【合并】组下的【合并单元格】按钮，即可对选择的单元格进行合并，如图3-65所示。

（2）拆分单元格

将光标移至需要合并的单元格内，在【表格工具】的【布局】选项卡中单击【合并】组下的【拆分单元格】按钮，在弹出的"拆分单元格"对话框中设置需要拆分的列数和行数，单击【确定】按钮，即可对选择的单元格进行拆分，如图3-66所示。

图3-65　"合并"组　　　图3-66　"拆分单元格"对话框

注意：在"拆分单元格"对话框中，如果勾选【拆分前合并单元格】复选框，Word会先将所有选中的单元格合并成一个单元格，然后根据指定的行数和列数进行拆分。

（3）拆分表格

拆分表格的操作步骤如下：

步骤1 将插入符置入要拆分的行的任意一个单元格中，如图3-67所示。

图3-67　选中表格

步骤2 选中【表格工具】下的【布局】选项卡，在【合并】组中单击【拆分表格】按钮，即可将表格拆分成两部分，拆分效果如图3-68所示。

6. 单元格对齐方式

一般在某个表格的单元格中进行文本输入的时候,该文本都将按照一定的方式,显示在表格的单元格中。Word 提供了 9 种单元格中文本的对齐方式:靠上左对齐、靠上居中、靠上右对齐、中部左对齐、中部居中、中部右对齐、靠下左对齐、靠下居中、靠下右对齐。进行单元格对齐方式设置时,首先选定单元格,右击选择快捷菜单中的【单元格对齐方式】级联菜单下的相应对齐方式。或者利用【布局】选项卡中【对齐方式】组中的相应按钮,如图 3-69 所示。

| 图 3-68　拆分表格后的效果 | 图 3-69　【对齐方式】组 |

7. 设置标题重复

若用户需要将标题在多页中进行跨页显示,可设置标题行重复显示,其操作步骤如下:

步骤 1　将光标移至表格标题行中。

步骤 2　在【表格工具】的【布局】选项卡中单击【数据】组中的【重复标题行】按钮,即可设置标题重复。

3.7.3　表格的格式化

创建好一个表格之后,可以对表格外观进行美化,设置表格的边框样式、文字的方向等,从而加强表格的表现力,主要通过表格的【设计】选项卡来实现,如图 3-70 所示。

图 3-70　【设计】选项卡

1. 套用内置的表格样式

Word 2010 为用户提供了一些预先设置好的表格样式,这些样式可供用户在制作表格时直接套用,能省去许多制作时间,而且制作出来的表格更加美观。操作步骤如下:

步骤 1　将光标定位在表格中的任意位置。

步骤 2　选择【表格工具】下的【设计】选项卡,在【表格样式】组中选择要使用的表格样式,单击列表框右侧的【其他】按钮 可展开该列表框,在选择的样式上单击鼠标左键即可将其套用到表格上,如图 3-71 所示。

步骤 3　再次单击【其他】按钮 ,在展开的列表框中选择【修改表格样式】命令,打开"修改样式"对话框,如图 3-72 所示。利用该对话框可以在选择表格样式的基础上进行一些用户自定义设置。

2. 表格边框和底纹

利用 Word 的插入表格功能生成的表格,边框线默认为 0.5 磅单线,当设定整个表格为"无边框"时,实际上还可以看到表格的"虚框"。设置表格的边框和底纹有两种方法:

（1）利用【边框】和【底纹】下拉列表

单击【设计】选项卡中【表格样式】组中的【边框】下拉列表,如图 3-73 所示,选择其中一种边框样式;单击【表格样式】组中的【底纹】下拉列表,如图 3-74 所示,选择底纹颜色。

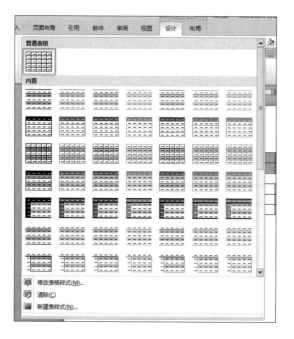

图 3-71　选择样式

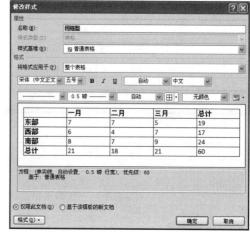

图 3-72　"修改样式"对话框

（2）利用【边框和底纹】对话框

打开【边框和底纹】对话框的方法：右击表格，选择快捷菜单中的【边框和底纹】命令；单击【绘图边框】组的对话框启动器按钮；在【边框】下拉列表中选择【边框和底纹】命令；在【表格属性】对话框中选择【边框和底纹】命令，均可打开"边框和底纹"对话框，如图 3-75 所示。在该对话框中可以设置单元格的边框和底纹，也可以设置整个页面边框的样式，包括艺术型样式。

图 3-73　【边框】下拉列表

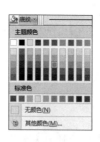

图 3-74　【底纹】下拉列表

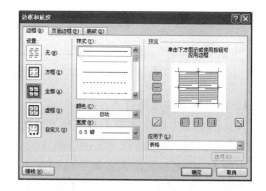

图 3-75　"边框和底纹"对话框

3. 设置文字的方向

表格中文本的格式化与文档中文本相同，同时也可以设置文字的方向。设置表格的文字方向的操作步骤如下：

步骤 1　选定欲设置文字方向的单元格。

步骤 2　单击【布局】选项卡中的【对齐方式】选项区中的【文字方向】命令，可直接实现文字的横向和竖向的转换；或单击鼠标右键，在弹出的快捷菜单中选择【文字方向】命令，显示"文字方向"对话框。

步骤 3　在【方向】区域中选择所需要的文字方向。

步骤 4　单击【确定】按钮。

3.7.4　表格中的数据处理和生成图表

Word 提供了可以在表格中进行计算的函数,但只能进行求和、求平均值等较为简单的操作,要解决较为复杂的表格数据计算和统计方面的问题,可以使用 Microsoft Excel 软件(见本书第 4 章)。

表中单元格列号依次用 A、B、C、D、E 等字母表示,行依次用 1、2、3、4 等数字表示,用列、行坐标表示单元格,如 A1、B2 等。

1. 表格中的数据计算

表格的计算操作步骤如下:

步骤 1　定位要放置计算结果的单元格。

步骤 2　单击【布局】选项卡中【数据】选项区中的【公式】命令,显示"公式"对话框,如图 3-76 所示。

步骤 3　用户可以在【粘贴函数】下拉列表框中选择所需的函数或在【公式】文本框中直接输入公式即可。

步骤 4　单击【确定】按钮。

2. 表格中的数据排序

表格可根据某几列内容进行升序和降序重新排列。操作步骤如下:

步骤 1　选择需要排序的列或单元格。

步骤 2　单击【布局】选项卡中【数据】选项区中的【排序】命令,打开"排序"对话框,如图 3-77 所示。

步骤 3　设置排序的关键字的优先次序、类型、排序方式等。

步骤 4　单击【确定】按钮。

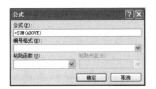

图 3-76　"公式"对话框　　　　　　　　　　　图 3-77　"排序"对话框

3. 生成图表

若要在 Word 文档中插入一个图表,可以选择【插入】选项卡【插图】组中的【图表】命令,然后在出现的【数据表】窗口对数据进行编辑修改,就可以得到需要的图表,如图 3-78 所示;若要利用已有的表格数据生成对应的图表,则应先选择一定的数据区域,在选择【插入】选项卡中的【文本】选项区中的【对象】命令,出现"对象"对话框,如图 3-79 所示,在【新建】选项卡中选择 Office 提供的【Microsoft Gragh 图表】,即可以生成与表格数据对应的图表。

图 3-78　"插入图表"对话框　　　　　　　　　　图 3-79　"对象"对话框

3.8 使用邮件合并技术批量处理文档

3.8.1 邮件合并的概念

如果用户希望批量创建一组文档,可以通过 Word 2010 提供的邮件合并功能来实现。邮件合并主要是指在主文档的固定内容中,合并与发送信息相关的一组通信资料,从而批量生成需要的邮件文档。这种功能可以大大提高工作效率。

1. 邮件合并所需文档

主文档是用于创建输出文档的蓝图,是一个经过特殊标记的 Word 文档。

数据源是用户希望合并到输出文档的一个数据列表。

2. 试用范围

适用于需要制作的数量比较大且内容可分为固定不变部分和变化部分的文档,变化的内容来自数据表中含有标题行的数据记录。

3. 利用邮件合并分步向导

Word 2010 提供了【邮件合并分步向导】功能,它可以帮助用户逐步了解整个邮件合并的具体使用过程,并能便捷、高效地完成邮件合并任务。

3.8.2 使用合并技术制作信封

Word 2010 中有两种制作信封的方法,即用信封向导制作信封或自行创建信封。下面通过信封制作向导功能来说明制作信封的操作步骤。

步骤 1 选择【邮件】选项卡,在【创建】组中单击【中文信封】按钮。

步骤 2 在弹出的"信封制作向导"对话框的左侧有一个树状的制作流程,并对当前步骤以绿色显示,如图 3-80 所示。

步骤 3 单击【下一步】按钮,打开"选择信封样式"对话框,在【信封样式】下拉列表框中选择所需的信封样式。通过选中或取消【打印右上角处贴邮票框】【打印'航空'标志】复选框,可以设置信封的多种格式,如图 3-81 所示。

图 3-80 "信封制作向导"对话框

图 3-81 选择信封样式

步骤 4 设置好后单击【下一步】按钮,选择【键入收信人信息,生成单个信封】单选按钮,如图 3-82 所示。

步骤 5 单击【下一步】按钮,打开"输入收信人信息"对话框,在【姓名】【称谓】【单位】【邮编】等文本框中输入收信人的信息,如图 3-83 所示。

图 3-82　选择生成信封的方式和数量

图 3-83　输入收信人信息

步骤 6　单击【下一步】按钮,打开"输入寄信人信息"对话框,在【姓名】【邮编】【单位】等文本框中输入寄信人的信息,如图 3-84 所示。

步骤 7　输入完成后单击【下一步】按钮,再次打开"信封制作向导"对话框,单击【完成】按钮即可完成信封的制作,如图 3-85 所示。

图 3-84　输入寄信人信息

图 3-85　完成信封制作向导

注意:用户在打印信封时,需要先确认打印机是否具有打印信封的功能。

3.8.3　使用合并技术制作邀请函

利用 Word 2010 中的邮件锁定功能可以创建一组内容相似的文档。用户如果想要向自己的合作伙伴或者客户等发送邀请函,而在所有函件中,除了编号、受邀者的姓名和称谓略有差异之外,其余内容完全相同,则可应用邮件合并功能来创建相应的文档,具体操作步骤如下:

步骤 1　单击【邮件】选项卡中的【开始邮件合并】按钮。

步骤 2　在弹出的下拉列表中选择【邮件合并分布向导】命令,如图 3-86 所示。

步骤 3　在弹出的【邮件合并】任务窗格中,选择【信函】单选按钮,然后单击【下一步:正在启动文档】超链接,如图 3-87 所示。

步骤 4　在弹出的新的任务窗格中选择【使用当前文档】单选按钮,然后单击【下一步:选取收件人】超链接,如图 3-88 所示。

步骤 5　在弹出的新任务窗格中选择【使用现有列表】单选按钮,然后单击【浏览】超链接,如图 3-89 所示。

步骤 6　打开【001】Excel 工作表素材文件,如图 3-90 所示。

图 3-86　选择【邮件合并分布向导】命令

:

图 3-87　选择【信函】　　　　图 3-88　选择【使用当前文档】　　　　图 3-89　选择【使用现有列表】

　　　　单选按钮　　　　　　　　　　单选按钮　　　　　　　　　　单选按钮

图 3-90　选取数据源

　　步骤 7　在打开的"选择表格"对话框中选择保存客户信息的工作表名称,如图 3-91 所示。

　　步骤 8　单击【确定】按钮,在随后打开的"邮件合并收件人"对话框中,对需要合并的收件人信息进行修改,更改完成后单击【确定】按钮即可完成现有工作表的链接,如图 3-92 所示。

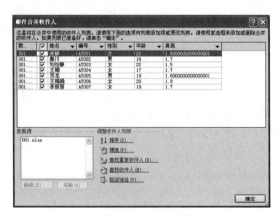

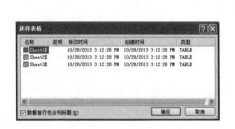

图 3-91　"选择表格"对话框　　　　　　　　图 3-92　更改收件人信息

步骤 9　单击【下一步：撰写信函】超链接，在弹出的新任务窗格中，用户可以根据需要选择相应的超链接选项，此处选择【其他项目】超链接，弹出"插入合并域"对话框，如图 3-93 所示。

步骤 10　选择"插入合并域"对话框中【域】列表框下的【编号】项，然后单击【插入】按钮，插入完成后单击【关闭】按钮，文档中的相应位置处就会出现已插入的域标记。

步骤 11　在【邮件】选项卡的【编写和插入域】组中，选择【规则】下拉列表中的【如果…那么…否则…】命令，在弹出的【插入 Word 域：IF】对话框中的【域名】下拉列表框中选择【性别】，在【比较条件】下拉列表框中选择【等于】，在【比较对象】文本框中输入【男】，在【则插入此文字】文本框中输入【(先生)】，在【否则插入此文字】文本框中输入【(女士)】。最后单击【确定】按钮，即可使被邀请人的称谓与性别建立关联，如图 3-94 所示。

图 3-93　"插入合并域"对话框

图 3-94　定义插入域规则

步骤 12　在【邮件合并】任务窗格中单击【下一步：预览信函】超链接，在【预览信函】选项组中单击【<<】或【>>】按钮，可以查看具有不同邀请人姓名和称谓的信函，如图 3-95 所示。

注意：如果用户想要更改收件人列表，可单击【做出更改】选项组中的【编辑收件人列表】超链接，在随后打开的【邮件合并收件人】对话框中进行更改。如果用户想要从最终的输出文档中删除当前显示的输出文档，可单击【排除此收件人】按钮。

步骤 13　预览并处理输出文档后，单击【下一步：完成合并】超链接，进入邮件合并工作的最后一步。在【合并】选项组中，用户可以根据实际需要选择【打印】或【编辑单个信函】超链接进行合并工作。

步骤 14　此处选择【编辑单个信函】超链接，在打开的【合并到新文件】对话框中选择【合并记录】选项组中的【全部】单选按钮，最后单击【确定】按钮即可。

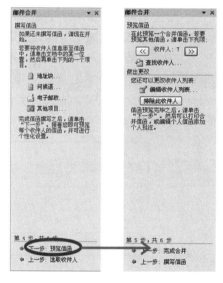

图 3-95　预览信函

习　　题

实训题目

对文档素材进行下列操作，完成操作后，请保存文档，并关闭 Word。

【文档素材】

3544 变形 virus 具有数亿种变形，其加密部分也可变为 9 个或 10 个段落，比率约为 1∶1000，分别变化着穿插在被感染的文件各处。长期以来，大多数杀毒软件误认为 3544 变形 virus 是 10 个加密段落，因而，对 9 个加密段落的 virus 产生漏查漏杀现象，致使该 virus 长久以来，在国际上屡杀不绝，反复流行，被列为世界十大流行 virus 之一，在国内也是感染概率较高的 virus。

3544 幽灵 virus 感染硬盘主引导区和.COM、.EXE 文件。潜伏在硬盘主引导区的 virus 具有极大的危害性，用硬盘引导一次，virus 就借机从硬盘最后两个柱面开始对硬盘上的信息加密，每引导一次硬盘，virus

就向前加密两个柱面,直至硬盘大部分被 virus 加密。

要读取被 virus 加密的硬盘信息,必需用自身染毒的硬盘引导后由 virus 自行解密,方可正常读取。如用软盘引导系统后,就无法读取被 virus 加密了的硬盘信息。

硬盘一旦染有此毒,立即杀除,危害不大。若长久不查杀,危害极大。如未解密硬盘,而草率地去杀死引导区 virus,那么,硬盘上被 virus 加密的信息大部分会丢失。

如果硬盘染有此毒已久,硬盘大部分信息已被 virus 加密,这时,若另外一覆盖式引导区 virus 将此引导区 virus 覆盖,那么,硬盘上被 virus 加密了的信息将大部分丢失,损失惨重。

硬盘染有此毒已久,硬盘大部分信息已被 virus 加密,这时,另外一搬家式引导区 virus 将此 3544virus 移位,自己先占据硬盘主引导区,那么,硬盘引导时,新 virus 先被激活,新 virus 再调用老 virus,老 virus 再解密硬盘信息,使硬盘信息还可使用。一旦用杀毒软件先将占据硬盘主引导区的 virus 杀死,那么,硬盘信息将大部分丢失。

(1)为本文加上"3544 变形病毒的特性"的标题,并将其字体格式设置为:华文行楷二号,加粗,红色,字符间距加宽 3 磅,缩放 150%;段落格式设置为:居中,段后间距为 1 行。

(2)将正文第一、二两个段落设置为:首行缩进 2 个字符,行距为 1.3 倍行距。

(3)将正文第三段文字设置为:首字下沉,行数为 2 行,字体为隶书,距正文 25 磅,并将本段所有"virus"替换为"病毒"。

(4)给正文第四段第一句加双删除线和着重号。

(5)给正文第五、六两个段落设置项目符号,编号格式为"1)2)…"。

(6)给正文第五段添加文字底纹,底纹图案样式为 15%。

(7)为正文第六段加上 1 磅蓝色带阴影的边框,底纹填充色为浅绿色。

(8)在正文最后插入一个 5 行 4 列的表格,设置列宽为第一列 1.5 厘米,第二列 2 厘米,第三列 6 厘米,第四列 3 厘米,行高为固定值 0.8 厘米,表头文字为隶书加粗,表内容为黑体,数值设置为"Times New Roman",字号均为小五号。表头文字要求水平及垂直居中。外框线为 3 磅,内框为 1 磅。表格内容和样式如图 3-96 所示。

编号	姓名	住址	电话
0001	张红海	北京市长安大街 128 号	010-87963244
0002	李玉明	四川省成都市人民南路 16 号	028-65338667
0003	王建华	江苏省南京市新街口 88 号	025-57758886
0004	刘国安	黑龙江省哈尔滨市和兴路 240 号	0451-53667788

图 3-96　表格内容和样式

第4章　Excel 2010 电子表格处理软件

【学习目标】

1. 理解工作簿、工作表、单元格、区域的基本概念；
2. 掌握 Excel 2010 的基本操作；
3. 掌握公式和函数的用法；
4. 掌握数据处理和图表处理的方法；
5. 掌握工作簿与工作表的保护方法；
6. 熟悉工作表的打印方法；
7. 了解 Excel 2010 的网络应用。

4.1　Excel 2010 基础知识

Excel 2010 新增功能主要有：面向结果的用户窗口、更多行和列以及其他新限制、更丰富的 Office 主题和 Excel 样式、更多的条件格式、轻松地编写公式、新的 OLAP 公式和多维数据集函数、Excel 表格的增强功能、共享的图表、易于使用的数据透视表、新的文件格式、更佳的打印效果和快速访问更多模板等功能。

4.1.1　Excel 2010 启动和退出

1. Excel 2010 的启动

（1）从"开始"菜单启动

单击【开始】菜单，选择【所有程序】→【Microsoft office】→"Microsoft Office Excel 2010"命令。

（2）从桌面的快捷方式启动

如果桌面上有 Excel 的快捷图标，双击快捷方式图标也可启动 Excel 程序。

（3）通过文档打开

双击已有的 Excel 文档，启动 Excel 2010 程序。

2. Excel 2010d 的退出

（1）单击 Excel 窗口左上角的控制按钮。

（2）按快捷键"Alt＋F4"。

（3）单击【文件】按钮，在后台视图导航栏中选择"退出"命令。

提示：若当前编辑的电子表格文档没有保存，系统会提示用户保存。

4.1.2　Excel 2010 的工作界面

与 Word 2010 等其他的 Office 程序相似，Excel 2010 应用程序窗口也有快速访问工具栏、功能菜单、工作区、状态栏，除此之外还包括编辑栏、工作簿窗口和工作表标签，如图 4-1 所示。

1. 快速访问工具栏

快速访问工具栏位于 Excel 2010 工作界面的左上角，由一些最常用的工具按钮组成，如【保存】按钮、【撤销】按钮和【恢复】按钮等。也可以将其他常用命令按钮添加到该工具栏，以方便快速操作。

2. 功能区

功能区位于快速访问工具栏的下方，在功能区中可以快速找到完成某项任务所需要的命令。功能区含

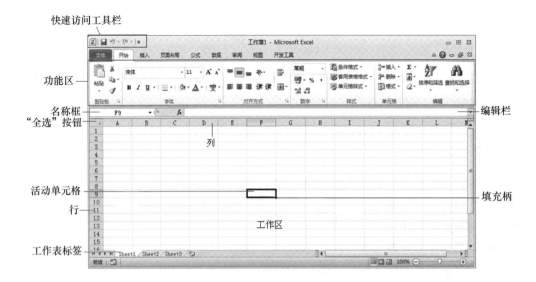

图 4-1　Excel 2010 工作窗口

多个选项卡,每个选项卡由多个组构成,每个组则包含多个命令或命令按钮。

3. 工作表标签

工作表标签位于窗口底部左侧,默认名称为 Sheet1、Sheet2 等,用于显示和切换不同的工作表,单击某个标签可以把该工作表变为当前使用的工作表。标签左侧的 4 个按钮可以起到滚动标签的作用,从而找到所需的工作表标签。

4. 名称框

名称框位于功能区的下方,可以显示活动单元格的地址,或快速定位单元格。

5. 编辑栏

位于工具栏和工作簿窗口之间,用来显示和编辑活动单元格中的数据和公式。由左面的名称框和右面的编辑框组成。名称框用来显示当前活动单元格的地址,如单元格 A3;若在此框中输入单元格地址,则将该单元格设置为当前活动单元格。编辑框可以输入或编辑单元格的数据。中间出现的"×""√""="三个按钮,分别表示"取消""确定""公式",其作用分别是恢复到单元格输入以前的状态、确定输入的内容和在单元格插入函数。

6. 工作区

工作区占整个窗口的大部分区域,由单元格组成,是制作表格或图表、输入、处理表格数据的区域。

7. 填充柄

填充柄位于选定区域右下角的小黑方块,是快速填充单元格内容的工具,用鼠标指向填充柄时,鼠标的指针修改为实心十字形,按住鼠标左键进行拖动,可实现填充。

4.1.3 基本概念

1. 工作簿

工作簿是一个 Excel 2010 所建立的文件,其扩展名为".xlsx"。在默认情况下,Excel 2010 为每个新建的工作簿创建 3 个工作表,其标签名称分别为 Sheet1、Sheet2 和 Sheet3。用户可根据需要自行增加或删除工作表,一个工作簿可以包含多个工作表(最多 255 个)。

2. 工作表

工作簿中的每一张表称为一个工作表,每张工作表都有一个工作表标签与之对应,工作表的名字在工作表标签上显示。每张工作表可由 1048576 行和 16384 列组成,行号由数字(1、2、3、…、1048576)标记,列号由字母(A、B、C、…、AA、…、ZZ、AAA、…、XFD)标记。

3. 单元格

工作表中行、列交叉构成的小方格称作单元格,是 Excel 工作簿的最小组成单位。每个单元格都有其固定地址,单元格的地址通过列号和行号表示,例如,A8 指的是 A 列第 8 行单元格;D4 指的是 D 列第 4 行单元格。

4. 活动单元格

单击某单元格时,单元格边框线变粗,此单元格即为活动单元格,可在活动单元格中进行输入、修改或删除等操作。活动单元格在当前工作表中有且仅有一个。

5. 区域

区域是指一组单元格,可以是连续的,也可以是非连续的。对区域可以进行多种操作,如移动、复制、删除、计算等。

(1) 连续区域

连续区域用区域的左上角单元格和右下角单元格的地址表示(引用),中间用冒号隔开。如图 4-2 所示的区域表示为"C5:E7"。

(2) 不连续区域

不连续区域用逗号","分隔,如图 4-3 所示的区域表示为"A2:B5,C7,D5:D6"。

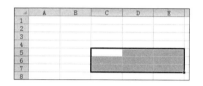　　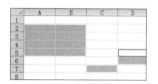

图 4-2　连续区域　　　　　　　　图 4-3　不连续区域

4.2　Excel 2010 基本操作

4.2.1　工作簿的创建、保存及打开

1. 创建工作簿

(1) 创建空白工作簿

步骤 1　选择【文件】选项卡中的【新建】命令,或按【Ctrl+N】组合键,在【可用模板】组中选择【空白工作簿】模板,如图 4-4 所示。

步骤 2　使用默认的设置,然后单击【创建】按钮,即可创建新的空白工作簿。

图 4-4　新建窗口

（2）基于现有工作簿创建新工作簿

步骤 1 选择【文件】选项卡中的【新建】命令，在【可用模板】组中选择【根据现有内容新建】模板，如图 4-4 所示。

步骤 2 弹出"根据现有工作簿新建"对话框，选择要打开的工作簿，然后单击【新建】按钮。

（3）基于另一个模板创建新工作簿

步骤 1 选择【文件】选项卡中的【新建】命令，在【可用模板】组中单击【我的模板】按钮，如图 4-4 所示。

步骤 2 弹出"新建"对话框，在该对话框中选择需要的模板，单击【确定】按钮即可创建一个新工作簿。

2. 保存工作簿和设置密码

（1）保存工作簿

第一次保存工作簿的操作步骤如下：

步骤 1 选择【文件】选项卡中【保存】命令，弹出【另存为】对话框。

步骤 2 在【文件名】文本框中输入工作簿名，在【保存位置】下拉列表框中选择要保存的位置，在【保存类型】下拉列表框中选择保存文件的格式，然后单击【保存】按钮，即可将工作簿保存。

对已保存过的文件，只需单击快速访问工具栏上的【保存】按钮，或者直接按【Ctrl＋S】组合键，或者选择【文件】选项卡中的【保存】命令，即可将修改或编辑过的文件按原来的路径和名称保存。

（2）设置工作簿的密码

在保存工作簿时可以对其设置密码，其操作步骤如下：

图 4-5 "常规选项"
对话框中

步骤 1 单击【保存】按钮，弹出"另存为"对话框，在该对话框中选择要保存的类型及位置。

步骤 2 单击【另存为】对话框右下方的【工具】按钮，在其下拉列表中选择【常规选项】命令。

步骤 3 弹出"常规选项"对话框，在其中设置密码，设置完成后单击【确定】按钮，如图 4-5 所示。

步骤 4 弹出"确认密码"对话框，输入相同的密码，单击【确定】按钮，返回"另存为"对话框，单击【保存】按钮，这样就可以保存带有密码的文件。

3. 打开工作簿

打开工作簿有以下三种方法：

（1）选择【文件】选项卡中的【打开】命令，在"打开"对话框中选择要打开的工作簿，单击【打开】按钮。

（2）启动 Excel 后，从【文件】选项卡中选择【最近所用文件】命令，在右侧的列表中将显示最近打开的 Excel 工作簿名称，单击需要打开的文件名即可将其打开。

（3）直接在资源管理器文件夹中选择需要打开的 Excel 文档，双击即可将其打开。

说明: 如果要快速打开一个工作簿，可以按【Ctrl＋O】组合键，然后在弹出的"打开"对话框中进行选择。

4.2.2 工作簿的基本操作

1. 选择单元格

（1）使用鼠标

使用鼠标选择是最常用、最快速的方法，只需要在单元格上单击即可，被选择的单元格成为当前活动单元格。

（2）使用名称框

在名称框中输入单元格名称，如输入"D4"，然后按【Enter】键，即可选择第 D 列第 4 行交汇处的单元格，如图 4-6 所示。

（3）使用方向键

使用键盘上的上、下、左、右四个方向键，也可以选择单元格。在运行 Excel 2010 时，默认的选择是 A1 单元格，按向下方向键可选择下一个单元格；按向右方向键可选择右面的单元格。

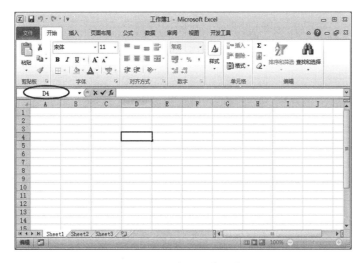

图 4-6　选择 D4 单元格

（4）使用定位命令

步骤 1　新建一个空白工作簿。在【开始】选项卡的【编辑】组中单击【查找和选择】按钮,在弹出的下拉列表中选择【转到】命令。

步骤 2　弹出"定位"对话框,在"引用位置"文本框中输入"H5",如图 4-7 所示。

步骤 3　单击【确定】按钮,这时 H5 单元格就成为当前活动单元格。

2. 选择单元格区域

（1）选择连续的单元格区域

步骤 1　新建一个工作簿,选择 A3 单元格。

步骤 2　按住鼠标左键并拖动鼠标到 G10 单元格的右下角。

步骤 3　释放鼠标左键,即可选择 A3:G10 单元格区域,选择的区域呈淡蓝色显示。

图 4-7　"定位"对话框

还可以使用快捷键进行选择,具体的操作步骤如下:

步骤 1　新建一个工作簿,选择 A3 单元格。

步骤 2　按住 Shift 键的同时单击 G10 单元格,这时就可以选择 A3:G10 单元格区域。

（2）选择不连续的单元格区域

步骤 1　新建一个工作簿,选择 C3 单元格,按住鼠标左键并拖动鼠标到 H6 单元格的右下角,然后释放鼠标。

步骤 2　按住【Ctrl】键不放,拖动鼠标选择 E8:G11 单元格区域。

在一个工作簿中,经常需要选择一些特殊的单元格区域。

- 整行:单击工作簿的行号。
- 整列:单击工作簿的列标。
- 整个工作簿:单击工作簿左上角行号 1 与列标 A 的交叉处,也可以单击【全选】按钮或按【Ctrl＋A】组合键。
- 相邻的行或列:单击工作簿的行号或列标,并按住鼠标左键向目标行或列拖动。
- 不相邻的行或列:单击第一个行号或列标,按住【Ctrl】键,再单击其他的行号或列标。

3. 移动和复制单元格

（1）移动单元格

步骤 1　打开"移动和复制单元格.xlsx"素材文件,如图 4-8 所示。

步骤 2　选择 A5:F8 单元格区域,将鼠标指针放置在 A5 单元格的右上角,当指针变为十字形状以后,按住鼠标左键向下拖拽至 A11 单元格处,然后释放鼠标左键,如图 4-9 所示。

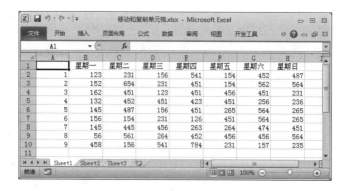

图 4-8 "移动和复制单元格.xlsx"文件

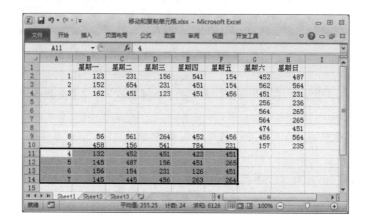

图 4-9 移动后的效果

（2）复制单元格

步骤 1 选择 A5:F8 单元格区域,将鼠标指针放置在 A5 单元格的右上角。

步骤 2 按住【Ctrl】键,同时按住鼠标左键拖拽到 F11 单元格处,然后释放鼠标左键即可,如图 4-10 所示。

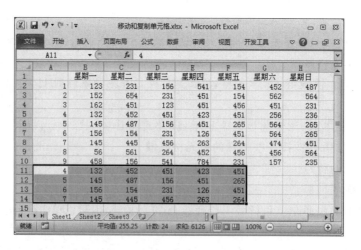

图 4-10 复制单元格后的效果

4. 插入与删除行、列、单元格或单元格区域

（1）插入行

步骤 1 打开"010.xlsx"素材文件,如图 4-11 所示。

步骤 2 选择第 6 行单元格,在【开始】选项卡中单击【单元格】组中的【插入】按钮,在弹出的下拉列表中选择【插入工作表行】命令。

步骤 3　Excel 将在当前位置插入空行,原有的行自动下移,如图 4-12 所示。

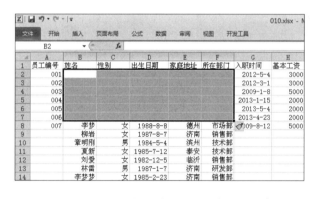

图 4-11　"010.xlsx"素材文件　　　　　　　图 4-12　插入整行

（2）插入列

步骤 1　打开"010.xlsx"素材文件。

步骤 2　选择 B 列单元格,在【开始】选项卡中单击【单元格】组中的【插入】按钮,在弹出的下拉列表中选择【插入工作表列】命令。

步骤 3　Excel 将在当前位置插入空列,原有的列自动右移。

说明：可以在选择的行或列区域上单击鼠标右键,在弹出的快捷菜单中选择【插入】命令插入整行或整列。

（3）插入单元格或单元格区域

步骤 1　打开"010.xlsx"素材文件。

步骤 2　选择 B2:F7 单元格区域,在选择的单元格区域单击鼠标右键,在弹出的快捷菜单中选择【插入】命令。

步骤 3　弹出"插入"对话框,选中【活动单元格下移】单选按钮,如图 4-13 所示,然后单击【确定】按钮,完成后的效果如图 4-14 所示。

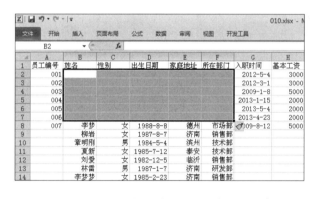

图 4-13　"插入"对话框　　　　　　　图 4-14　插入单元格后的效果

"插入"对话框中有以下四个选项可供用户选择。

- 活动单元格右移:选中该单选按钮,插入的单元格出现在所选择单元格的左边。
- 活动单元格下移:选中该单选按钮,插入的单元格出现在所选择单元格的上方。
- 整行:选中该单选按钮,在选定单元格上面插入一行。
- 整列:选中该单选按钮,在选定单元格左边插入一列。

（4）删除行和列

步骤 1　打开"010.xlsx"素材文件。

步骤 2　选择 D 列单元格区域,在【开始】选项卡中单击【单元格】组中的【删除】按钮,在弹出的下拉列表中选择【删除工作表列】命令。

步骤 3　单击【删除工作表列】命令后,与其相邻的列自动左移,效果如图 4-15 所示。

步骤 4　以同样的方法选择第 2 行,在【开始】选项卡中单击【单元格】组中的【删除】按钮,在弹出的下拉列表中选择【删除工作表行】命令,删除行后的效果如图 4-16 所示。

图 4-15　删除列后的效果　　　　　　　图 4-16　删除行后的效果

注意:这里的删除与按【Delete】键删除单元格或单元格区域的效果不同。按【Delete】键仅清除单元格内容,其空白单元格仍保留在工作簿中;而删除行、列、单元格或单元格区域,其内容连同位置将被删除,空出的位置由周围的单元格补充。

（5）删除单元格或单元格区域

步骤 1　打开"010.xlsx"素材文件。

步骤 2　选择 E4 单元格,在【开始】选项卡中单击【单元格】组中的【删除】按钮,在弹出的下拉列表中选择【删除单元格】命令。

步骤 3　弹出"删除"对话框,选中【下方单元格上移】单选按钮,如图 4-17 所示,然后单击【确定】按钮,完成后的效果如图 4-18 所示。

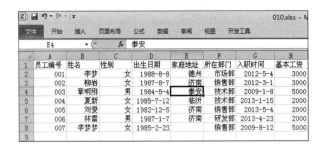

图 4-17　"删除"对话框　　　　　　　图 4-18　删除单元格后的效果

（6）清除单元格

清除单元格包括删除单元格中的内容(公式和数据)、格式(包括数字格式、条件格式和边框)以及任何附加的标注。

清除单元格的具体操作步骤如下:

步骤 1　打开"010.xlsx"素材文件。

步骤 2　选择要清除内容的单元格 E2:E8,在【开始】选项卡中单击【编辑】组中的【清除】按钮,在弹出的下拉列表中选择【清除格式】命令,清除后的效果如图 4-19 所示。

图 4-19　清除格式后的效果

【清除】下拉列表中有多个命令供用户选择,常用的几个命令如下:

- 全部清除:清除单元格的内容和批注,并将格式置回常规。
- 清除格式:仅清除单元格的格式设置,将格式置回常规。
- 清除内容:仅清除单元格的内容,不改变其格式和批注。
- 清除批注:仅清除单元格的批注,不改变单元格的内容和格式。

5. 调整列宽和行高

(1) 使用对话框调整列宽

步骤 1　打开"010.xlsx"素材文件。

步骤 2　选择 G 列,在【开始】选项卡的【单元格】组中单击【格式】按钮,在弹出的下拉列表中选择【列宽】命令。

步骤 3　在打开的"列宽"对话框中设置【列宽】的值 15,然后单击【确定】按钮,效果如图 4-20 所示。

注意:使用【列宽】命令对列宽进行调整时,只对选中的单元格起作用;如果使用【默认列宽】命令,则对整个工作表的单元格进行调整。

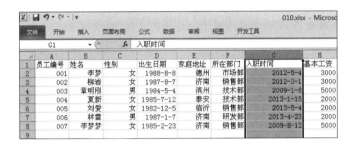

图 4-20　调整列宽后的效果

(2) 使用对话框调整行高

步骤 1　继续上面的操作,选择第 4 行,在【开始】选项卡的【单元格】组中单击【格式】按钮,在弹出的下拉列表中选择【行高】命令。

步骤 2　在打开的"行高"对话框中设置【行高】的值 20,然后单击【确定】按钮,效果如图 4-21 所示。

(3) 使用鼠标调整行高或列宽

步骤 1　要改变单行或单列的行高或列宽,可直接将鼠标指针置于行或列的边界处。

步骤 2　当鼠标指针变为左右箭头或上下箭头形状时,向上、向下或向左、向右拖动,就会发现行高或列宽被改变。

6. 显示或隐藏工作簿

(1) 隐藏工作簿

打开一个 Excel 文件,在【视图】选项卡的【窗口】组中单击【隐藏】按钮,当前工作簿窗口从屏幕上消失。

(2) 取消隐藏工作簿

单击【窗口】组中的【取消隐藏】按钮,弹出"取消隐藏"对话框,在【取消隐藏工作簿】列表框中选择想要恢复显示的工作簿,然后单击【确定】按钮,如图 4-22 所示。

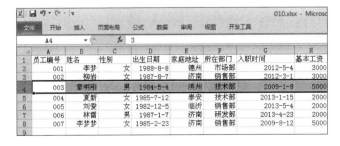

图 4-21　调整行高后的效果

图 4-22　"取消隐藏"对话框

4.2.3　工作表的基本操作

1. 选定工作表

（1）单个工作表的选定：直接单击相应的工作表标签即可。

（2）多个工作表的选定：若要选定多个相邻的工作表，先单击第一个工作表标签，然后按住【Shift】键，再单击最后一个工作表标签；若要选定多个间隔的工作表，先先单击第一个工作表标签，然后按住【Ctrl】键，再逐一单击每个欲选定的工作表标签。

2. 插入工作表

若工作簿中的工作表数量不够，用户不仅可以在工作簿中插入空白的工作表，还可以利用模板插入带有样式的新工作表。

（1）在现有工作表的末尾快速插入新工作表

步骤 1　打开 Excel 2010 文件。

步骤 2　单击工作表标签右侧的【插入工作表】按钮，如图 4-23 所示。

步骤 3　新的工作表将在现有工作表的末尾插入，如图 4-24 所示。

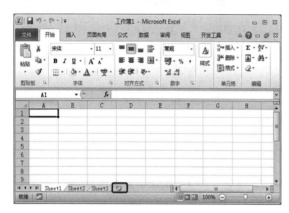

图 4-23　单击【插入工作表】按钮　　　　　　图 4-24　插入工作表后的效果

（2）在现有工作表之前插入新工作表

步骤 1　选择要在前面插入新工作表的工作表标签，在【开始】选项卡的【单元格】组中单击【插入】按钮，在弹出的下拉列表中选择【插入工作表】命令。

步骤 2　完成上述操作后，即可在选择的工作表前面插入一个新的工作表，如图 4-25 所示。

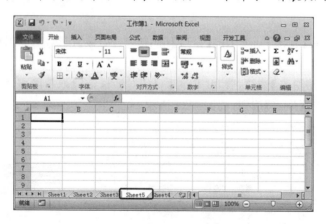

图 4-25　插入的新工作表

说明：用户也可以插入多个工作表，方法是按住【Shift】键，在打开的工作簿中选择与要插入的工作表数目相同的现有工作表标签。例如，要添加三个新工作表，则选择三个现有工作表的工作表标签，然后在【开始】选项卡的【单元格】组中单击【插入】按钮，在弹出的下拉列表中选择【插入工作表】命令即可。

3.删除工作表

为了方便 Excel 表格的管理,可将无用的工作表删除,以节省存储空间。操作步骤如下:

步骤 1　选择删除的工作表标签,单击【开始】选项卡中【单元格】组内【删除】按钮,在弹出的下拉列表中选择【删除工作表】命令。

步骤 2　鼠标右击要删除的工作表标签,在弹出的快捷菜单中选择【删除】命令即可。

注意:对于不需要的工作表可以将其删除,但执行时一定要慎重,因为删除的工作表将被永久删除,不能恢复。

4.重命名工作表名称

每个工作表都有自己的名称,默认情况下以 Sheet1、Sheet2、Sheet3…命名。这种命名方式不便于工作表的管理,用户可以对工作表进行重命名操作,以便更好地管理工作表。

(1)在工作表标签上直接重命名

步骤 1　双击要重命名的工作表标签【Sheet1】,此时该标签以高亮显示,进入可编辑状态。

步骤 2　输入新的表签名,按【Enter】键即可完成对该工作表的重命名操作。

(2)使用快捷菜单重命名

步骤 1　在重命名的工作表标签上单击鼠标右键,在弹出的快捷菜单中选择【重命名】命令,如图 4-26 所示。

步骤 2　此时工作表以高亮显示,在标签上输入新的标签名,按【Enter】键即可完成工作表的重命名。

说明:Excel 规定,工作表的名称最多可以使用 31 个中、英文字符。另外,还可以选择要重命名的工作表标签,单击【开始】选项卡中【单元格】组内【格式】按钮,在弹出的下拉列表中选择【重命名工作表】命令。

图 4-26　【插入工作表】
快捷菜单

5.移动或复制工作表

工作表可以在同一个 Excel 工作簿中或不同的 Excel 工作簿间进行移动或复制。

(1)同一工作簿移动和复制

选定要移动或复制的工作表,直接拖动到目标位置实现移动操作;按住“Ctrl”键同时拖动到目标位置实现复制操作,并自动为副本命名,例如 Sheet1 的副本的默认名为“Sheet1(2)”,如图 4-27 所示。

图 4-27　同一工作簿移动和复制后的效果

(2)不同工作簿移动和复制

选定要移动或复制的工作表,右击【工作表标签】→【移动和复制工作表】命令,弹出【移动或复制工作表】对话框,如图 4-28 所示,在此对话框中设置要移动和复制的目标位置。其中若选中【建立副本】复选框,则进行复制操作。

图 4-28　“移动或复制
工作表”对话框

“移动或复制工作表”对话框中有三个选项供用户选择:

• 【将选定的工作表移至工作簿】下拉列表框:用于选择目标工作簿。

• 【下列选定工作表之前】列表框:用于选择将工作表复制或移动到目标工作簿的位置。若选择框中某一工作表标签,则复制或移动的工作表将位于该工作表之前;如果选择【(移至最后)】选项,则复制或移动的工作表将位于框中所有工作表之后。

• 【建立副本】复选框:勾选该复选框,则执行复制工作表的命令;不勾选该复选框,则执行移动工作表的命令。

6.设置工作表标签颜色

在要改变颜色的工作表标签上单击鼠标右键,在弹出的快捷菜单中选择【工作表标签颜色】命令,或者在【开始】选项卡的【单元格】组中单击【格式】按钮,选择【组织工作表】下的【工作表标签颜色】命令,在随后显示的颜色下拉列表中单击选择一种颜色。

7. 显示或隐藏工作表

在 Excel 2010 中,可以将工作表隐藏起来,在需要时再把工作表显示出来。

(1) 隐藏工作表

在要隐藏的工作表标签上单击鼠标右键,在弹出的快捷菜单中选择【隐藏】命令,工作表即被隐藏。

(2) 取消隐藏工作表

在任意一个工作表标签上单击鼠标右键,在弹出的快捷菜单中选择【取消隐藏】命令,在弹出的"取消隐藏"对话框中选择要取消隐藏的选项,即可将工作表取消隐藏。

8. 窗口拆分和冻结

(1) 拆分窗口

把当前工作表拆分为多个窗口显示,目的是使同一工作表中相距较远的数据能同时显示在同一屏幕上。拆分有两种方法:

• 单击【视图】选项卡【窗口】组中的【拆分】按钮,可将一个窗口拆分成 4 个窗口。

• 拖动"水平分隔条"可将窗口分成上下两个窗口,拖动"垂直分隔条"可将屏幕分成左右两个窗口。水平、垂直同时分隔,最多可以拆分成 4 个窗口。

取消拆分可通过鼠标双击分隔条来完成,或再次单击【拆分】按钮。

(2) 冻结窗格

冻结窗格是使用户在选择滚动工作表时始终保持部分可见的数据,即在滚动时保持被冻结窗格内容不变。冻结窗格的操作步骤如下:

步骤 1 首先确定需要的冻结窗格,可执行下列操作之一。

• 冻结顶部水平窗格:选择冻结处的下一行。

• 冻结左侧垂直窗格:选择冻结的右边一列。

• 冻结左上窗格:单击冻结区域外右下方的单元格。

步骤 2 单击【视图】选项卡【窗口】组中的【冻结窗格】按钮,在下拉列表中选择所需的【冻结拆分窗格】【冻结首行】或【冻结首例】命令。

4.2.4 工作簿与工作表的保护

1. 工作簿的保护与取消

(1) 保护工作簿

在 Excel 2010 中可以对工作簿进行保护,其他人将无法修改工作簿。

步骤 1 打开需要受保护的工作簿文档。

步骤 2 在【审阅】选项卡的【更改】组中,单击【保护工作簿】按钮。

图 4-29 "保护结构和窗口"对话框

步骤 3 打开"保护结构和窗口"对话框,从中选择需要的复选框,如图 4-29 所示。

在"保护结构和窗口"对话框中,有两个复选框可供用户选择。

• 结构:将阻止其他人对工作表的结构进行修改,包括查看已经隐藏的工作表,移动、删除、隐藏工作表或更改工作表的名称,将工作簿移动或复制到另一工作表中等。

• 窗口:将阻止其他人修改工作表窗口的大小和位置,包括移动窗口、调整窗口大小或关闭窗口等。

步骤 4 在【密码(可选)】文本框中输入密码,单击【确定】按钮,在随后弹出的对话框中再次输入相同的密码进行确认。

说明:若不设置密码,则任何人都可以取消对工作簿的保护;若使用密码,一定要牢记所输入的密码,否则本人也无法再对工作簿的结构和窗口进行设置。

（2）取消保护工作簿

步骤 1　打开需要取消保护的工作簿文档。

步骤 2　在【审阅】选项卡的【更改】组中单击【保护工作簿】按钮。

步骤 3　在弹出的【撤销工作簿保护】对话框中输入设置的密码即可。

2. 工作表的保护与取消

（1）保护工作表

为了防止他人对工作表格式或内容进行修改，可以设定工作表保护。

步骤 1　单击【文件】选项卡，在弹出的后台视图中选择【打开】命令，在弹出的对话框中选择需要打开的文件，单击【打开】按钮。

步骤 2　在【审阅】选项卡中单击【更改】组中的【保护工作表】按钮，弹出【保护工作表】对话框，如图 4-30 所示。在【允许此工作表的所有用户进行】列表框中勾选相应的编辑对象复选框，此处我们选择【选定锁定单元格】和【选定未锁定的单元格】，在【取消工作表保护时使用的密码】文本框中输入密码。

步骤 3　单击【确定】按钮，弹出【确认密码】对话框，在其中输入与刚才相同的密码。

步骤 4　单击【确定】按钮，当前工作表便处于保护状态。

（2）取消工作表保护

步骤 1　在【审阅】选项卡中单击【更改】组中的【撤销工作表保护】按钮。

步骤 2　若设置了密码，则会弹出【撤销工作表保护】对话框，输入保护时设置的密码。

图 4-30　"保护工作表"
对话框

步骤 3　单击【确定】按钮，这样就撤销了工作表保护。

4.3　工作表的编辑与格式化

4.3.1　数据的输入

Excel 允许在单元格中输入中文、西文、数字等文本信息。每个单元格最多容纳 32767 个字符。Excel 可以输入文本、数值、日期和时间数据类型，也可以输入特殊符号。

1. 输入文本

在 Excel 中，文本包括字母、汉字、特殊符号、数字等。要在单元格中输入文本，首先选择单元格，输入文本后按【Enter】键确认。Excel 自动识别文本类型，并将文本对齐方式默认设置为"左对齐"，即文本沿单元格左边对齐。

图 4-31　输入数字文本

如果数字全部由数字组成，如编码、学号等，则输入时应在数据前输入英文状态下的单引号【'】，例如输入【'123456】，Excel 就会将其看作文本，将它沿单元格左边对齐，如图 4-31 所示。此时，该单元格的左侧会出现文本格式图标 ◇，当鼠标指针停在此图标上时，其右侧将出现一个下三角按钮，单击它就会弹出如图 4-32 所示的菜单，用户可根据需要进行选择。

当用户输入的文字过多，超过了单元格列宽时，会产生以下两种结果。

· 如果右边相邻的单元格中没有任何数据，则超出的文字会显示在右边相邻的单元格中。

· 如果右边相邻的单元格中已存在数据，那么超出单元格宽度的部分将不显示。

注意：如果在单元格中输入的是多行数据，在换行处按下【Alt＋Enter】组合键，可以实现换行。换行后在一个单元格中将显示多行文本，行的高度也会自动增大。更改列宽后的效果如图 4-33 所示。

图 4-32　文本格式菜单　　　　　　　　图 4-33　更改列宽后的效果

2. 输入数值

在 Excel 2010 中,数值型数据是使用最多、最为复杂的数据类型。数值型数据由数字 0～9、正号"＋"、负号"－"、小数点"."、分数号"/"、百分号"％"、货币符号"￥"或"＄"和千位分隔符","等组成。在 Exce 2010 中输入数值型数据时,Excel 自动将其沿单元格右边对齐。

输入负数时,必须在数字前加负号"－"或给数字加上圆括号。例如,输入"－10"和"(10)"都可在单元格中得到－10。如果要输入正数,则直接将数字输入单元格内。

如果输入百分比数据,可以直接在数值后输入百分号"％"。例如,要输入 45％,应先输入"45",然后输入"％"。

如果输入小数,一般直接在指定的位置输入小数点即可。当输入的数据量较大,且都具有形同的小数位数时,可以使用【自动插入小数点】功能,从而省略了输入小数点的麻烦。【自动插入小数点】的具体操作步骤如下:

步骤 1　单击【文件】选项卡,在弹出的后台视图中选择【选项】命令,即可弹出"Excel 选项"对话框。

步骤 2　在弹出的"Excel 选项"对话框中单击【高级】选项卡,勾选右侧【编辑选项】中的【自动插入小数点】复选框,然后在【位数】文本框中输入小数点位数,如图 4-34 所示。设置完成后,在单元格中输入数字即可自动添加设置的小数点位数。

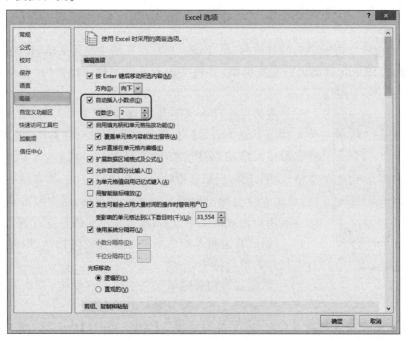

图 4-34　"高级"选项卡

如果要输入分数(如 1/4),应先输入 0 和一个空格,然后输入 1/4。如果不输入 0 空格,Excel 会把该数据当作日期格式处理,存储为 1 月 4 日。

说明:一旦设置了小数预留位置,这种格式将始终保留,直到取消勾选【自动插入小数点】复选框为止。另外,如果输入的数据量较大,且后面有相同数量的零,则可设置在数字后自动添零。选择"Excel 选项"对话框下的【高级】选项卡,然后在【编辑选项】区域的【位数】文本框中输入一个负数作为需要的零的个数。例如,输入"-3"即可在数字后面添加 3 个零。

3. 输入日期和时间

Excel 规定了严格的输入格式,如果 Excel 能够识别出所输入的是日期和时间,则单元格的格式将由【常规】数字格式变为内部的日期或时间格式。如果 Excel 不能识别出当前输入的日期或时间,则作为文本处理。

(1)输入日期

可以用"/"或"-"来分隔日期的年、月、日。例如,输入"15/4/11"并按下【Enter】键后,Excel 2010 将其转换为默认的日期格式,即 2015/4/11。

(2)输入时间

小时与分钟或秒之间用冒号分隔,Excel 一般把插入的时间默认为上午时间。若输入的是下午时间,则在时间后面加一空格,然后输入"PM",如输入"5:05:05 PM"。还可以采用 24 小时制表示时间,如输入"17:05:05"。

说明:输入系统当前日期的快捷键为【Ctrl+;】,输入系统当前时间的快捷键为【Ctrl+Shift+;】,日期和时间都可以进行加减运算。

4. 输入特殊符号

在 Excel 中可以输入☆、©(版权所有)、™(商标)等键盘上没有的特殊符号或字符。单击要输入符号的单元格,单击【插入】选项卡【符号】组中的【符号】按钮,打开"符号"对话框,如图 4-35 所示。选择"符号"或"特殊字符"选项卡,在列表框中选择要插入的符号(如"版权所有"),单击【插入】按钮,再单击【关闭】按钮即可完成操作。

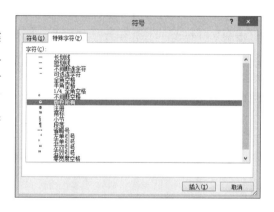

图 4-35 "符号"对话框

5. 自动填充数据

对有规律的数据录入,一般使用 Excel 自动填充功能,如等差序列、等比序列等。

(1)在相邻的单元格中填充相同的数据

在相邻的单元格中填充相同数据的具体操作步骤如下:

步骤 1 新建工作簿,并在单元格中输入文字,如图 4-36 所示。

步骤 2 选择 B3:F3 单元格,在【开始】选项卡的【编辑】组中单击【填充】按钮 填充▼,在弹出的下拉列表中选择【向右】命令,即可对选择的区域进行填充,填充后的效果如图 4-37 所示。

图 4-36 在新建工作簿单元格中输入文字

图 4-37 填充后的效果

使用单元格填充柄可填充相同的数据,具体的操作步骤如下:

步骤 1 继续上一个例子,选择 B3 单元格,如图 4-38 所示。

步骤 2 将鼠标指针移动到该单元格右下角的填充柄上,当指针变为实心十字形,按住鼠标左键拖拽单元格填充柄到要填充的单元格中,如图 4-39 所示。

图 4-38 选择 B3 单元格   图 4-39 拖拽至要填充的单元格

（2）自动填充可扩展序列数字和日期等

如果在起始单元格中包含 Excel 可扩展序列,那么在使用单元格填充柄进行填充操作时,在相邻单元格的数据将按序列递增或递减方式填充。自动填充可扩展日期的方法与其相同。Excel 可扩展序列是 Microoft Excel 提供的默认自动填充序列,包括数字、日期、时间以及文本数字混合序列等。

对日期进行可扩展序列填充的具体操作步骤如下:

步骤 1 新建一个空白工作簿。在 A1 单元格中输入"2015/4/12",然后在【开始】选项卡的【对齐方式】组中单击【居中】按钮,如图 4-40 所示。

步骤 2 选择 A1 单元格,向下拖拽该单元格右下角的填充柄,此时 Excel 就会自动填充序列的其他值,完成填充后的效果如图 4-41 所示。

（3）填充等差序列

在工作簿中输入等差序列的具体操作步骤如下:

步骤 1 新建一个工作簿,在 A1 单元格中输入"5",在 A2 单元格中输入"6.5",如图 4-42 所示。

图 4-40 输入日期   图 4-41 拖拽 A1 单元格   图 4-42 输入数据
                                  填充柄的效果

步骤 2 选择这两个单元格,向下拖拽填充柄到合适的位置并释放鼠标,即可对选定的单元格进行等差序列填充,如图 4-43 所示。

（4）填充等比序列

等比序列的填充方法与等差序列的填充方法类似,具体操作步骤如下:

步骤 1 新建一个工作簿,在单元格 A1 中输入"1",然后选择从该单元格开始的行方向单元格区域或列方向单元格区域,此处选择 A1:G1 单元格区域,如图 4-44 所示。

步骤 2　在【开始】选项卡的【编辑】组中单击【填充】按钮,在弹出的下拉列表中选择【系列】命令,即可弹出"序列"对话框。

步骤 3　在打开的"序列"对话框中选择【等比序列】单选按钮,在【步长值】文本框中输入 3,如图 4-45 所示。

图 4-43　拖拽填充柄后的效果

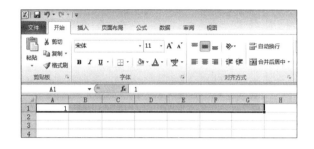

图 4-44　选择 A1:G1 单元格区域

步骤 4　设置完成后,单击【确定】按钮,即可完成填充,效果如图 4-46 所示。

图 4-45　"序列"对话框

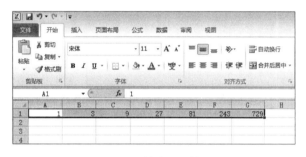

图 4-46　填充后的效果

(5) 自定义自动填充序列

在 Excel 中用户还可以自定义自动填充序列,该序列也可以像 Excel 可扩展序列那样自动填充。

如果用户使用基于现有项目列表中的自定义填充序列,则具体操作步骤如下:

步骤 1　新建一个工作簿,在 A1:A10 单元格区域输入【一分店】~【十分店】,并将其选中,如图 4-47 所示。

步骤 2　单击【文件】选项卡,在弹出的后台视图中选择【选项】命令。

步骤 3　弹出"Excel 选项"对话框,选择【高级】选项卡,在右侧的【常规】选项组中单击【编辑自定义列表】按钮,如图 4-48 所示。

图 4-47　输入并选中文本

步骤 4　在弹出的"自定义序列"对话框中单击【导入】按钮,在工作簿中选择 A1:G1 单元格,所选择的单元格区域中的数据将添加到【自定义序列】列表框中,如图 4-49 所示。

步骤 5　单击【确定】按钮返回"Excel 选项"对话框,单击【确定】按钮返回工作表。以后再需要输入【一分店】~【十分店】序列时,只需在第一个单元格中输入【一分店】,然后拖拽填充柄即可进行自动填充序列操作。

另外,用户还可以直接通过"自定义序列"对话框输入要定义的序列,具体操作步骤如下:

步骤 1　在弹出的"自定义序列"对话框的【输入序列】文本框中输入需要定义的序列项,每输入一个按

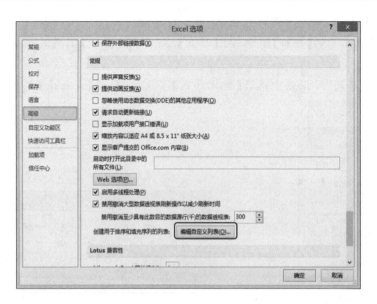

图 4-48　单击【编辑自定义列表】按钮

图 4-49　"自定义序列"对话框

一次【Enter】键。

步骤 2　单击【添加】按钮,输入的序列项将添加到左侧【自定义序列】列表框中,完成后单击【确定】按钮即可。

说明:在自定义序列中,序列中每一个数据的第一个字符均不能是数字。如果要删除自定义序列,选择【自定义序列】列表框中想要删除的序列,单击【删除】按钮即可,但不能删除 Excel 默认的序列。

6. 多个单元格相同数据的输入

当要在多个单元格输入相同数据时,除了使用复制与粘贴或通过填充柄进行自动填充之外,也可采用下面快捷的方法,操作步骤如下:

步骤 1　按住【Ctrl】键,单击要输入相同数据的多个单元格,即选择多个单元格。

步骤 2　选择完毕后,在最后选择的单元格中输入文字如"相同数据"。

步骤 3　按【Ctrl+Enter】快捷键,即可在所有选择的单元格中同时出现"相同数据"字样,如图 4-50 所示。

7. 数据有效性

在 Excel 中,可以限定单元格数据输入类型、范围以及设置数据输入提示信息和输入错误警告信息,即可以对单元格的数据进行有效性设置,操作步骤如下:

步骤 1　选定要定义数据有效性的单元格或区域。

步骤 2　单击【数据】选项卡【数据工具】组中的【数据有效性】按钮,在下拉列表中选择【数据有效性】命令,打开"数据有效性"对话框,如图 4-51 所示。

图 4-50　同时输入"相同数据"

图 4-51　"数据有效性"对话框

步骤 3　在"数据有效性"对话框中完成相应选项卡的操作设置。

- 单击"设置"选项卡,在"允许"下拉列表框中设置该单元格允许的数据类型,数据类型包括整数、小数、序列、日期、时间、文本长度以及自定义等。
- 单击"输入信息"选项卡,通过"标题"和"输入信息"中文本框内容的设置,使数据输入时将有提示信息出现,可以预防输入错误数据。
- 单击"出错警告"选项卡,通过"样式"设置,实现当输入无效数据时,可采取的处理措施。通过"标题"和"输入信息"中文本框内容的设置,可提示更为明确的错误信息。
- 打击"输入法模式"选项卡,通过模式的设置,可以实现在单元格中输入不同数据类型时,输入法的自动切换。

步骤 4　单击【确定】按钮,完成数据有效性设置。

4.3.2　数据的修改

要修改一个单元格的内容,可以双击该单元格,使鼠标指针变为"I"形状,此时系统默认为插入状态,用户可以在此状态下进行修改操作;也可在选中该单元格后,在编辑框单击鼠标在原有内容中进行修改。

4.3.3　工作表的格式化

设置文本和单元格格式时,通常使用【开始】选项卡以及"设置单元格格式"对话框来完成。

1. 设置文本对齐方式

选中要设置对齐方式的单元格,选择【开始】选项卡,在【对齐方式】组中单击【设置单元格格式:对齐方式】对话框启动器按钮 ,在弹出的"设置单元格格式"对话框中选择【对齐】选项卡,在该选项卡中即可设置文本的对齐方式,如图 4-52 所示。

说明:两端对齐只有当单元格的内容是多行时才起作用,其多行文本两端对齐;分散对齐是将单元格中的内容以两端撑满的方式与两边对齐;填充对齐通常用于修饰报表,当选择填充对齐时,即使在单元格中只输入一个"＊",Excel 也会自动用多个"＊"将单元格填满,而且"＊"的个数会根据列宽自行调整。

2. 设置字体与字号

选中要设置字体和字号的单元格,选择【开始】选项卡【字体】组中的【设置单元格格式:字体】对话框启动器按钮,在弹出的"设置单元格格式"对话框中选择【字体】选项卡,在该选项卡中即可设置字体与字号,如图 4-53 所示。

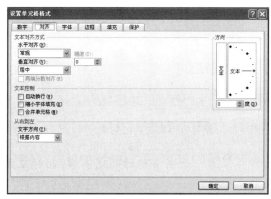

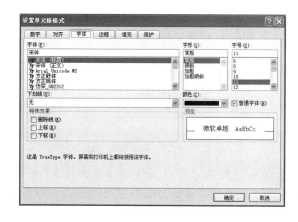

图 4-52　【对齐】选项卡　　　　　　　　　图 4-53　【字体】选项卡

说明:如果要设置单元格中的某个数据为特殊字体,例如,要设置上标或下标以及删除线,除了要选定相应单元格外,还应在编辑栏中选定相应的数据,用鼠标拖拽相应数据,使其成高亮显示,然后选择要设置的格式。

此外,还可以使用快捷菜单进行格式化工作。方法是先选定要设置的单元格或单元格区域(或文本),

然后单击鼠标右键,在弹出的快捷菜单中选择【设置单元格格式】命令,将打开如图 4-53 所示的"设置单元格格式"对话框。

3. 设置数字格式

默认情况下,数字格式是常规格式。当用户在工作表的单元格中输入数字时,数字以整数、小数或科学记数方式显示,且常规格式最多可以显示 11 位数字。此外,Excel 还提供了多种数字显示格式,如数值、货币、会计专用、日期格式和自定义等,用户在【开始】选项卡的【数字】组中可以看到这些格式。

(1) 使用按钮设置数字格式

如果格式化的工作比较简单,则可以通过【数字】组中的按钮来完成。用于数字格式化的按钮有五个,它们的功能如表 4-1 所示。

表 4-1 用于数字格式化的按钮、名称及功能

图标	名称	功 能
🪙	会计数字格式	为选定单元格选择替补货币格式
%	百分比样式	将单元格值显示为百分比
,	千位分隔样式	显示单元格值时使用千位分隔符
⁺⁰⁰	增加小数位数	每按一次,数据增加一个小数位数
⁺⁰⁰	减少小数位数	每按一次,数据减少一个小数位数

例如,要为如图 4-54 所示工作表中的价格数字添加货币样式,可按如下步骤操作:

步骤 1 选中单元格区域 C2:C10,如图 4-54 所示。

步骤 2 单击【会计数字格式】按钮,在展开的下拉列表中选择【¥中文(中国)】命令,即可在数字前面插入货币符号"¥",结果如图 4-55 所示。

图 4-54 选中单元格

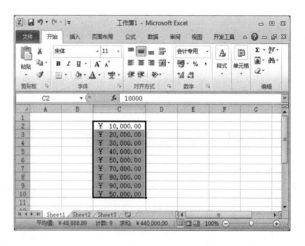

图 4-55 设置货币样式后的效果

说明:如果设置完成后,单元格中显示的是"＃＃＃＃＃＃＃",表明当前的列宽不够,此时应调整列宽到合适宽度即可正确显示。

(2) 使用【数字】选项卡

如果格式化的工作比较复杂,可以使用"设置单元格格式"对话框中的【数字】选项卡来完成操作,具体的操作步骤如下:

步骤 1 选定要设置格式的单元格、单元格区域或文本。

步骤 2 使用前面介绍的设置文本和单元格格式的方法中的任何一种,打开"设置单元格格式"对话框。

步骤 3 选择【数字】选项卡。从【分类】列表框中选择所需的类型,此时对话框右侧便显示本类型中可

用的格式及示例,用户可以根据需要选择所需格式。表 4-2 列出了数字格式的分类。

步骤 4　单击【确定】按钮完成设置。

表 4-2　数字格式的分类

分类	说　明
常规	不包含特定的数字格式
数值	可用于一般数字的表示,包括千位分隔符、小数位数,不可以指定负数的显示方式
货币	可用于一般货币值表示,包括货币符号、小数位数,不可以指定负数的显示方式
会计专用	与货币一样,只是小数或货币符号是对齐的
日期	把日期和时间序列数值显示为日期值
时间	把日期和时间序列数值显示为时间值
百分比	将单元格值乘以 100 并添加百分号,还可以设置小数点位置
分数	以分数显示数值中的小数,还可以设置分母的位数
科学记数	以科学记数法显示数字,还可以设置小数点位置
文本	在文本单元格格式中,数字作为文本处理
特殊	用来在列表或数据中显示邮政编码、电话号码、中文大写数字、中文小写数字
自定义	用于创建自定义的数字格式

例如,如果想把图 4-55 中的货币符号改成"＄",可按如下步骤操作:

步骤 1　选中单元格区域 C2:C10。

步骤 2　单击【数字】组中的【对话框启动器】按钮,打开"设置单元格格式"对话框,选择【数字】选项卡。

步骤 3　从【分类】列表框中选择【货币】选项,并在右侧的【货币符号】下拉列表框中选择货币符号"＄",如图 4-56 所示。

步骤 4　单击【确定】按钮,则数字前面的货币符号改为"＄",效果如图 4-57 所示。

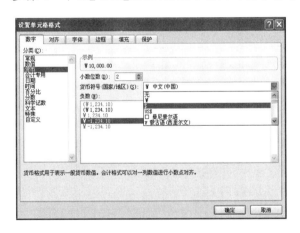

图 4-56　将数字货币样式设置为"＄"　　　　图 4-57　更改后的效果

(3) 自定义数字格式

一般来说,用户直接套用【分类】列表框中各类型(【自定义】选项除外)提供的数字格式便可满足设置要求。如果不能达到设置的要求,可以尝试使用【自定义】选项,创建自己需要的特殊格式。

4. 设置单元格边框

通常,用户在工作表中所看到的单元格都带有浅灰色的边框线,其实它是 Excel 内部设置的便于用户操作的网格线,打印时是不出现的。而在制作财务、统计等报表时,常常需要把报表设计成各种各样的表格形式,使数据及其说明文字的层次更加分明,这就需要通过设置单元格的边框线来实现。

(1) 直接添加边框样式

步骤 1　打开"010.xlsx"素材文件。

步骤 2　在工作表中选择要添加边框的单元格或单元格区域,如图 4-58 所示。

步骤 3　在【开始】选项卡的【字体】组中单击 按钮中的下三角按钮,在弹出的下拉列表中选择一种边框样式,添加边框后的单元格如图 4-59 所示。

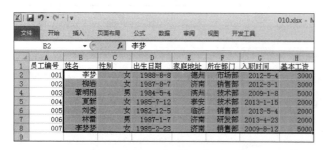

图 4-58　选中添加边框的单元格区域

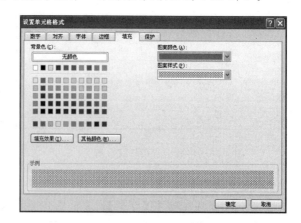

图 4-59　添加边框后的单元格效果

(2)通过"设置单元格格式"对话框添加边框

步骤 1　选中需要添加边框的单元格区域。

步骤 2　单击鼠标右键,在弹出的快捷菜单中选择【设置单元格格式】命令。

步骤 3　在弹出的"设置单元格格式"对话框中选择【边框】选项卡,然后选择边框样式,如图 4-60 所示。

5. 设置单元格的底纹和图案

可以使用纯色或特定的图案填充单元格,为单元格添加底纹。如果不再需要单元格底纹或图案,也可以将其删除。

(1)为单元格填充纯色

步骤 1　选择要填充底纹的单元格。

步骤 2　在【开始】选项卡的【字体】组中单击 按钮中的下三角按钮,在弹出的下拉列表中选择一种颜色块,即可为选中的单元格或区域填充纯色底纹。

(2)为单元格填充图案

步骤 1　选择要填充图案的单元格。

步骤 2　打开"设置单元格格式"对话框,选择【填充】选项卡,可以设置填充颜色和效果,在【图案颜色】下拉列表中选择一种图案背景颜色,在【图案样式】下拉列表中选择一种图案样式,如图 4-61 所示。

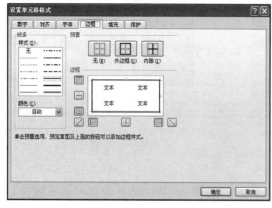

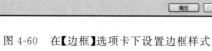

图 4-60　在【边框】选项卡下设置边框样式

图 4-61　在【填充】选项卡下设置底纹

6. 条件格式

条件格式可以自动更改单元格区域的外观,显示重点的单元格或单元格区域,强调异常值,使用数据条、颜色刻度和图标集直观地显示数据。

(1)利用预制条件实现快速格式化

步骤 1　选中工作表中的单元格或单元格区域,在【开始】选项卡的【样式】组中单击【条件格式】按钮,即可弹出【条件格式】下拉列表,如图 4-62 所示。

步骤 2　将鼠标指针指向任意一个条件规则,即可弹出复级列表,从中单击任意预制的条件格式即可完成条件格式设置。

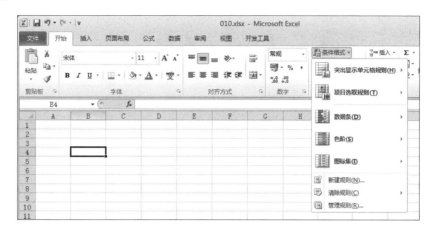

图 4-62　【条件格式】下拉列表

各项条件格式的功能如下。

• 突出显示单元格规则:使用大于、小于、等于、包含等比较运算符限定数据范围,对属于该数据范围内的单元格设置格式。

• 项目选取规则:将选中单元格区域中的前若干个最高值或后若干个最低值、高于或低于该区域平均值的单元格设置为特殊格式。

• 数据条:数据条可帮助查看某个单元格相对于其他单元格的值,数据条的长度代表单元格中的值。数据条越长,表示值越高;数据条越短,表示值越低。在观察大量数据中的较高值和较低值时,数据条的用处很大。

• 色阶:通过使用两种或三种颜色的渐变效果直观地比较单元格区域中的数据,用来显示数据分布和数据变化。一般情况下,颜色的深浅表示值的高低。

• 图标集:可以使用图标集对数据进行注释,每个图标代表一个值的范围。

(2) 自定义规则实现高级格式化

步骤 1　选中工作表中的单元格或单元格区域,在【开始】选项卡的【样式】组中单击【条件格式】按钮,从弹出的下拉列表中选择【管理规则】命令,即可打开"条件格式规则管理器"对话框,如图 4-63 所示。

步骤 2　在"条件格式规则管理器"对话框中单击【新建规则】按钮,弹出"新建格式规则"对话框,如图 4-64 所示。在【选择规则类型】选项组中选择一个规则类型,然后在【编辑规则说明】选项组中设置规则说明,最后单击【确定】按钮退出。单击【删除规则】按钮则可删除选定的规则。

步骤 3　设置规则完成后,单击【确定】按钮,退出对话框。

图 4-63　"条件格式规则管理器"对话框

图 4-64　"新建格式规则"对话框

7. 设置工作表的背景图案

单击【页面布局】选项卡下【页面设置】组中的 ![背景] 按钮，打开"工作表背景"对话框，在该对话框中选择所需的图片，单击【插入】按钮即可。

4.4 Excel 公式和函数

4.4.1 公式的使用

Excel 中的公式以"＝"开头，使用运算符号将各种数据、函数、区域、地址连接起来，用于对工作表中的数据进行计算或文本进行比较等。

1. 公式中的运算符

Excel 公式中可使用的运算符号有算数运算符、比较运算符、连接运算符、引用运算符等。

各种运算符及优先级如表 4-3 所示。

表 4-3　运算符优先级

运算符号(从高到低)	说明	运算符号(从高到低)	说明
:　,　空格	引用运算符	*　/	乘法、除法
—	负号	＋　—	加法、减法
%	百分号	&	连接字符串
^	指数	=　<>　<=　>=	比较运算符

如果在公式中同时包含了多个相同优先级的运算符，按照从左到右顺序进行计算，若要更改运算的次序，就要使用"()"把需要优先运算的部分括起来。

2. 公式的建立

建立公式时，可在编辑栏或单元格中进行。建立公式的操作步骤如下：

步骤 1　单击用于存放公式计算值的一个单元格。

步骤 2　在编辑栏或单元格中输入"＝"号，编辑栏上出现 ![×√fx] 符号。

步骤 3　建立公式，输入用于计算的数值参数及运算符。

步骤 4　完成公式编辑后，按【Enter】键或单击编辑栏上 ![√] 按钮显示结果。

3. 公式的复制

公式的复制方法与一般数据的复制方法相同。复制公式可以使不同的数据以相同的公式进行快速计算，从而提高工作效率。

4. 公式的编辑

对公式进行编辑其实就是对公式进行修改，输入错误的公式将导致计算结果出错。修改公式的方法与在单元格中修改数据一样，可直接在单元格和编辑栏中进行修改。

本例是在"人员统计表.xlsx"工作簿中创建销售额的计算公式，具体操作如下：

步骤 1　打开素材文件"001.xlsx"，如图 4-65 所示。

步骤 2　选择 B12 单元格，在编辑栏中输入总计的计算公式"＝B3＋B4＋B5＋B6＋B7＋B8＋B9＋B10＋B11"，按【Enter】键计算出员工的总数，如图 4-66 所示。

步骤 3　使用相同的方法计算出 C3:C11 的总计，也可以利用公式的复制快速计算出 C3:C11 的总计。

步骤 4　操作完成后即可计算出总计，如图 4-67 所示。

5. 公式的删除

选择需要同时删除公式和数据的单元格，按【Delete】键即可将公式和单元格的数据一起删除。在需要

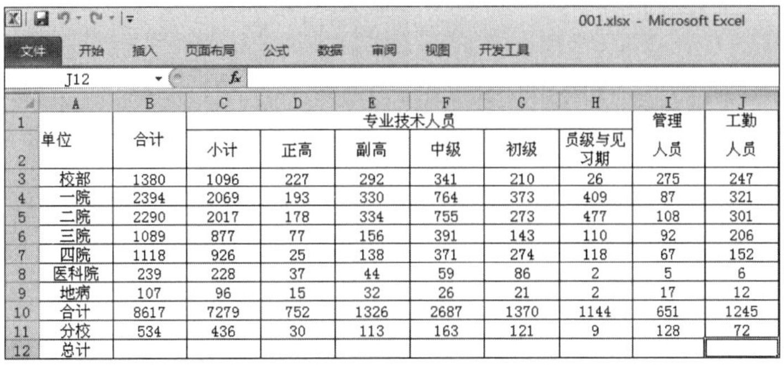

	A	B	C	D	E	F	G	H	I	J
1	单位	合计	专业技术人员						管理	工勤
2			小计	正高	副高	中级	初级	员级与见习期	人员	人员
3	校部	1380	1096	227	292	341	210	26	275	247
4	一院	2394	2069	193	330	764	373	409	87	321
5	二院	2290	2017	178	334	755	273	477	108	301
6	三院	1089	877	77	156	391	143	110	92	206
7	四院	1118	926	25	138	371	274	118	67	152
8	医科院	239	228	37	44	59	86	2	5	6
9	地病	107	96	15	32	26	21	2	17	12
10	合计	8617	7279	752	1326	2687	1370	1144	651	1245
11	分校	534	436	30	113	163	121	9	128	72
12	总计									

图 4-65　打开“001. xlsx”文件

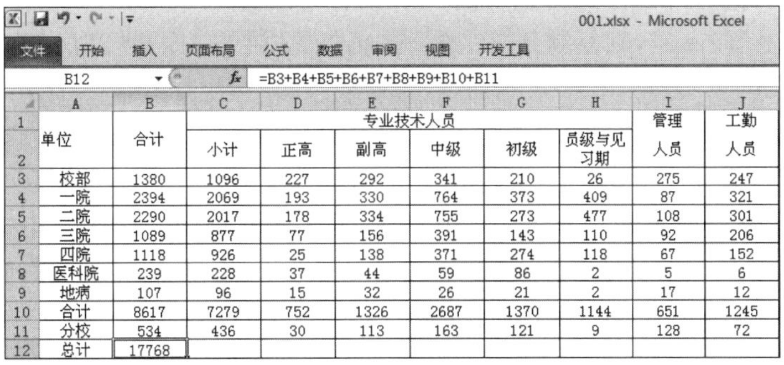

	A	B	C	D	E	F	G	H	I	J
1	单位	合计	专业技术人员						管理	工勤
2			小计	正高	副高	中级	初级	员级与见习期	人员	人员
3	校部	1380	1096	227	292	341	210	26	275	247
4	一院	2394	2069	193	330	764	373	409	87	321
5	二院	2290	2017	178	334	755	273	477	108	301
6	三院	1089	877	77	156	391	143	110	92	206
7	四院	1118	926	25	138	371	274	118	67	152
8	医科院	239	228	37	44	59	86	2	5	6
9	地病	107	96	15	32	26	21	2	17	12
10	合计	8617	7279	752	1326	2687	1370	1144	651	1245
11	分校	534	436	30	113	163	121	9	128	72
12	总计	17768								

图 4-66　计算出 B12 的总计

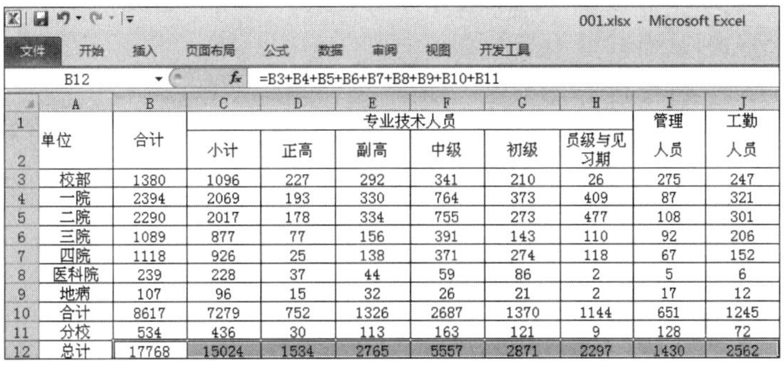

	A	B	C	D	E	F	G	H	I	J
1	单位	合计	专业技术人员						管理	工勤
2			小计	正高	副高	中级	初级	员级与见习期	人员	人员
3	校部	1380	1096	227	292	341	210	26	275	247
4	一院	2394	2069	193	330	764	373	409	87	321
5	二院	2290	2017	178	334	755	273	477	108	301
6	三院	1089	877	77	156	391	143	110	92	206
7	四院	1118	926	25	138	371	274	118	67	152
8	医科院	239	228	37	44	59	86	2	5	6
9	地病	107	96	15	32	26	21	2	17	12
10	合计	8617	7279	752	1326	2687	1370	1144	651	1245
11	分校	534	436	30	113	163	121	9	128	72
12	总计	17768	15024	1534	2765	5557	2871	2297	1430	2562

图 4-67　操作完成后的效果

删除公式的单元格上单击鼠标右键，在弹出的快捷菜单中选择【选择性粘贴】命令，在弹出的对话框的【粘贴】栏中选中【数值】单选按钮，可只删除公式而保留数据。

4.4.2　单元格的引用

引用的作用在于标识工作表上的单元格或单元格区域，并指明公式中所使用的数据的位置。通过引用，可以在公式中使用工作表不同部分的数据，或者在多个公式中使用同一个单元格的数值。还以可引用同一个工作簿中不同工作表上的单元格和其他工作簿中的数据。单元格的引用主要有相对引用、绝对引用和混合引用。引用不同工作簿中的单元格称为链接。

1. 相对引用

相对引用是指用单元格地址引用单元格数据的一种方式，即引用相对于公式位置的单元格。引用形式为 B3、C3、D3 等，例如“＝B3＋C3＋D3”。

在复制公式时，目标单元格公式中被引用的单元格和目标单元格始终保持这种相对位置。例如，如果将图 4-68 中单元格 A2 中的公式“＝A1 * 3”复制到单元格 B2 中，则被粘贴的公式会变为“＝B1 * 3”，如图 4-69 所示。

图 4-68　相对引用公式　　　　　　　　　图 4-69　复制相对引用公式

2. 绝对引用

绝对引用在公式中引用的单元格是固定不变的,而不考虑包含该公式的单元格位置。绝对引用形式为 $E$2、$G$3 等,即行号和列标前都有"$"符号,例如"=$B$2+$F$5"。

采用绝对引用的公式,该公式被复制到其他位置,都将与原公式引用相同的单元格。例如,上例中,如果 A2 中的公式为"=$A$1*3",则复制到 B2 的公式仍然是"=$A$1*3"。

3. 混合引用

混合引用具有绝对列和相对行,或是绝对行和相对列。绝对引用列采用 $D3、$B8 等形式。绝对引用行采用 D$3、B$8 等形式。如果公式所在单元格的位置改变,则相对引用部分改变,而绝对引用部分不变。如果多行或多列地复制公式,相对引用部分自动调整,而绝对引用部分不做调整。例如,在 A2 单元格的公式为"=$D3+B$8",如果将公式从 A2 复制到 C3 单元格,则 C3 单元格中的公式为"=$D4+D$8"。

4.4.3　函数的使用

函数是系统预先包含的用于对数据进行求值计算的公式。当用户遇到同一类计算问题时,只需引用函数,而不需要再编制计算公式,从而减少了工作量。

函数的结构形式为:函数名(参数 1,参数 2,……)

提示:如果函数以公式的形式出现,则在函数名称前面输入等号"=";函数的参数可以是数字、文本或单元格引用等。给定的参数必须与函数中要求的顺序和类型保持一致。参数也可以是常量、公式或其他函数。

1. 函数的输入

一般使用函数的操作步骤如下:

步骤 1　单击欲输入函数值的单元格。

步骤 2　单击【公式】选项卡【函数库】组中的【插入函数】按钮 f_x,在编辑栏中出现"=",并打开"插入函数"对话框,如图 4-70 所示。

步骤 3　从选择函数列表框中选择所需函数。在列表框下方将显示该函数的使用格式和功能说明。

步骤 4　单击【确定】按钮,打开"函数参数"对话框,如图 4-71 所示。输入函数的参数,单击【确定】按钮完成函数的输入。

图 4-70　"插入函数"对话框　　　　　　　图 4-71　设置"函数参数"对话框

2. Excel 2010 常用的函数

（1）求和函数 SUM

函数格式：SUM(number1,number2,…)。

其中，number1,number2,…是所要求和的参数。

功能：计算所有参数数值的和。

例如，"＝SUM(D2:D6)"，计算 D2 至 D6 区域中的数值和。

（2）求平均值函数 AVERAGE

函数格式：AVERAGE(number1,number2,…)。

功能：计算所有参数的算术平均值。

例如，"＝AVERAGE(B3:B6,F4:H8,7,8)"，计算 B2 至 B6 区域、F4 至 H8 区域中的数值和 7、8 的平均值。

（3）求最大值函数 MAX

函数格式：MAX(number1,number2,…)。

功能：返回一组数值中的最大值。

例如，"＝MAX(C5:F7,9,78,4)"，返回 C5 至 F7 区域和数值 9、78、4 中的最大值。

（4）求最小值函数 MIN

函数格式：MIN(number1,number2,…)。

功能：返回一组数值中的最小值。

例如，"＝MIN(C5:F7,9,78,4)"，返回 C5 至 F7 区域和数值 9、78、4 中的最小值。

（5）统计函数 COUNT

函数格式：COUNT(value1,value2,…)。

功能：求各参数中数值参数和包含数值的单元格个数，参数的类型不限。

例如，"＝COUNT(10,B4:B7,"OK")"，若 B4 至 B7 中均存放有数值，则函数的结果是 5；若 B4 至 B7 中只有一个单元格存放有数值，则结果为 2。

（6）四舍五入函数 ROUND

函数格式：ROUND(number,num_digits)。

功能：对数值项 number 进行四舍五入。若 num_digits＞0，保留 num_digits 位小数；若 num_digits＝0，保留整数；若 num_digits＜0，从个位向左对第｜num_digits｜位进行舍入。

例如，"＝ROUND(48.498,2)"，函数的结果是 48.50。

（7）取整函数 INT

函数格式：INT(number)。

功能：取不大于数值 number 的最大整数。

例如，"＝INT(17.58)"，函数的结果是 17；"＝INT(−13.45)"，函数的结果是−14。

（8）绝对值函数 ABS

函数格式：ABS(number)。

功能：取 number 的绝对值。

例如，"＝ABS(−15)"，函数的结果是 15。

（9）条件判断函数 IF

函数格式：IF(Logical_test,value_if_true,value_if_false)。

功能：判断 Logical_test 条件是否满足，如果满足返回一个值，即 value_if_true；如果不满足则返回另一个值，即 value_if_false。

例如，"＝IF(E4＞60,"及格","不及格")"。当 E4 单元格的值大于 60 时，函数返回值为"及格"，否则为"不及格"。

4.5 数 据 管 理

4.5.1 数据清单

一个 Excel 数据清单是一种特殊的表格，是包含列标题的一组连续数据行的工作表。数据清单由表结构和纯数据两部分构成。表结构是数据清单中的第一行，即为列标题。Excel 利用这些标题名进行数据的查找、排序和筛选，其他每一行为一条记录，一列为一个字段；纯数据是数据清单中的数据部分，是 Excel 实施管理功能的对象，不允许有非法数据出现。

在 Excel 中创建数据清单时应遵守如下规则：

- 在同一个数据清单中列标题必须是唯一的。
- 列标题与纯数据之间不能用空行分开，如果要将数据在外观上分开，可以使用单元格边框线。
- 同一列数据的类型应相同。
- 在一个工作表上避免建立多个数据清单。在数据清单的某些处理功能，每次只能在一个数据清单中使用。
- 在纯数据区不允许出现空行。
- 数据清单与无关的数据之间至少留出一个空白行和一个空白列。

4.5.2 数据排序

在实际应用中，建立数据列表时，一般按照得到数据的先后顺序进行输入。但是，直接从数据列表中查找所需的信息是很不方便的。为了提高查找效率，需要重新整理数据，最有效的方法就是对数据进行排序。

1. 简单排序

简单排序是指对单一字段按升序或降序排列。具体操作步骤如下：

步骤 1 单击【文件】选项卡，在弹出的后台视图中选择【打开】命令，在弹出的对话框中选择文件，然后单击【打开】按钮。

步骤 2 单击要排序列的任意数据单元格，或选中数据清单区域。

步骤 3 在【数据】选项卡中单击【排序和筛选】组中的【升序】💱或【降序】💱按钮，即可按递增或递减方式对工作表中的数据进行排序。

Excel 2010 在【数据】→【排序和筛选】组中提供了两个与排序相关的按钮，分别为【升序】按钮和【降序】按钮。

- 【升序】按钮：按字母表顺序、数据由小到大、日期由前到后排序。
- 【降序】按钮：按反向字母表顺序、数据由大到小、日期由后向前排序。

Excel 默认的排序方式是根据单元格中的数据进行排序。在按升序排序时，Excel 使用以下的排序方式。

- 数值从最小的负数到最大的正数排序。
- 文本按 A～Z 排序。
- 逻辑值按 False 在前，True 在后。
- 空格排在最后。

注意：除了在【排序和筛选】组中单击【升序】或【降序】按钮外，还可以在选择单元格上单击鼠标右键，在弹出的快捷菜单中选择【排序】命令下的【升序】或【降序】子命令。

2. 复杂排序

当排序的字段（主要关键字）有多个相同的值时，可根据另外一个字段（次要关键字）的内容再排序，依次类推，可使用多个字段进行复杂排序。

例如，按"产品种类"升序排序，"产品种类"相同按"单价"降序排序，具体操作步骤如下：

步骤 1　打开素材文件"011.xlsx"文件,如图 4-72 所示。

步骤 2　单击【数据】→【排序和筛选】组中的【排序】按钮,打开"排序"对话框。

步骤 3　在该对话框中设置排序的主要关键字字段名。在【列】区域下的【主要关键字】下拉列表框中选择【产品种类】选项,在【排序依据】下拉列表框中选择【数值】选项,在【次序】下拉列表框中选择【升序】选项,如图 4-73 所示。

步骤 4　单击【添加条件】按钮,在【列】区域下设置【次要关键字】,将【排序依据】设置为【数值】,将【次序】设置为【降序】,如图 4-74 所示。

步骤 5　设置完成后单击【确定】按钮,排序后效果如图 4-75 所示。

图 4-72　打开"011.xlsx"文件　　　　　　　图 4-73　"排序"对话框

图 4-74　设置次要关键字　　　　　　　图 4-75　排序后的效果

4.5.3　数据筛选

数据筛选只显示数据清单中满足条件的数据,不满足条件的数据暂时隐藏起来(但没有被删除)。当筛选条件被撤销时,隐藏的数据便又恢复显示。

筛选有两种方式:自动筛选和高级筛选。自动筛选对单个字段建立筛选,多字段之间的筛选是逻辑与关系,操作简便,能满足大部分要求;高级筛选是对复杂条件所建立的筛选,要建立条件区域。

1. 自动筛选

(1)单条件筛选

例如,在"某年级期末成绩"表中找出"性别"是男的记录。

步骤 1　打开素材文件"某年级期末成绩.xlsx",如图 4-76 所示。

步骤 2　在工作表中选择 A2:F20 单元格区域,在【数据】选项卡中单击【排序和筛选】组中的【筛选】按钮。此时,数据清单中每个字段名的右侧将出现一个下三角按钮,如图 4-77 所示。

步骤 3　单击 C2 单元格中的下三角按钮,在弹出的下拉列表中取消勾选【全选】复选框,勾选【男】复选框,如图 4-78 所示。

步骤 4　单击【确定】按钮,经过筛选后的数据清单如图 4-79 所示,这时可以看到其他成绩被隐藏。

(2)多条件筛选

多条件筛选就是将符合多个条件的数据筛选出来。

例如,筛选出语文成绩为"70"和"85"的学生记录,具体操作步骤如下:

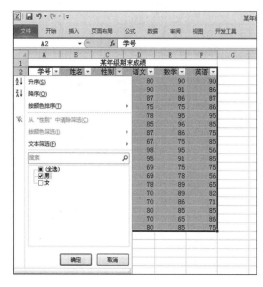

图 4-76　打开素材文件　　　　　　　　　　图 4-77　单击【筛选】按钮后

图 4-78　选择【男】　　　　　　　　　　　　图 4-79　单条件筛选后的效果

步骤 1　打开素材文件"某年级期末成绩.xlsx"。

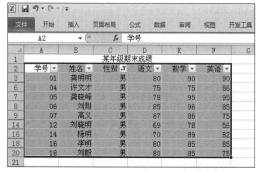

步骤 2　在工作表中选择 D2 单元格,在【数据】选项卡中单击【排序和筛选】组中的【筛选】按钮,进入自动筛选状态。单击【语文】单元格右侧的下三角按钮,在弹出的下拉列表中取消【全选】复选框的勾选,勾选"70"和"85"复选框。

步骤 3　单击【确定】按钮,经过筛选后的数据清单如图 4-80 所示。

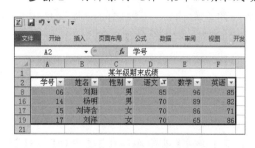

图 4-80　多条件筛选后的效果

2. 高级筛选

在实际应用中,常常涉及更复杂的筛选条件,利用自动筛选已无法完成,这时就需要使用高级筛选功能。

例如,在"火车车次信息表"中筛选出"票价"是 90 并且"目的地"为石家庄的车次,使用高级筛选的具体操作步骤如下:

步骤 1　打开素材文件"火车车次信息表.xlsx",选中数据清单外的任意单元格区域(至少与数据清单间隔一行或一列),输入条件列标签内容,建立条件区域,如图 4-81 所示。

说明：条件区域至少两行，且首行为与数据清单相应字段精确匹配的字段。同一行上的条件关系为逻辑与，不同行之间为逻辑或。

步骤 2　将光标放置在数据清单内，如选中 A2 单元格，单击【数据】→【排序和筛选】组中的【高级】按钮，弹出"高级筛选"对话框，如图 4-82 所示。

步骤 3　单击列表区域右侧的 <img> 按钮，选择 A2:F18 单元格区域；单击条件区域右侧的 <img> 按钮，在工作表中选择条件区域 B20:C21，返回"高级筛选"对话框，如图 4-82 所示。筛选结果可以在原数据清单位置显示，也可以在数据清单以外的位置显示。

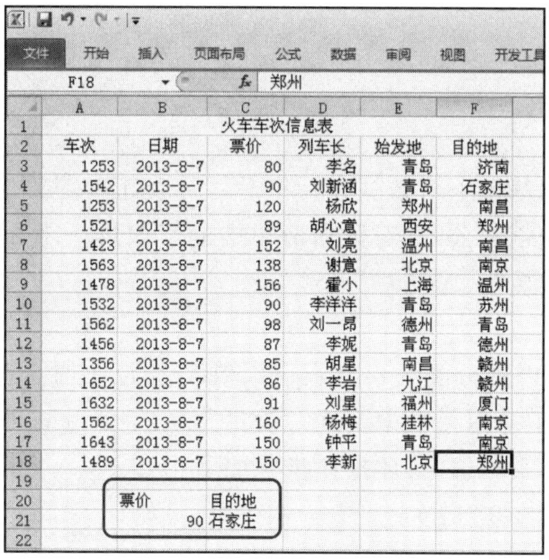

图 4-81　输入条件列标签内容 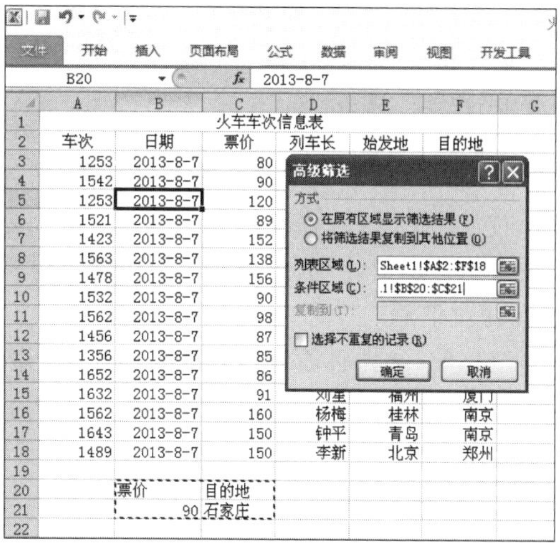　　　　　　　　图 4-82　"高级筛选"对话框

步骤 4　单击【确定】按钮，筛选结果如图 4-83 所示。

3. 自定义筛选

自动筛选数据时，如果自动筛选的条件不能满足用户需求，则需要进行自定义筛选。

例如，在"火车车次信息表"中筛选出"票价"大于 100 的所有车次。

步骤 1　打开素材文件"火车车次信息表.xlsx"，选择 A2:F2 单元格区域，在【数据】选项卡中单击【排序和筛选】组中的【筛选】按钮。

步骤 2　单击 C2 单元格后面的下三角按钮，在弹出的快捷菜单中选择【数字筛选】命令，在打开的子列表中选择【大于】命令，如图 4-84 所示。

图 4-83　高级筛选的效果

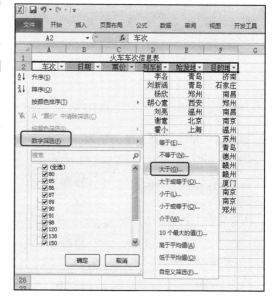

图 4-84　选择【数字筛选】命令

步骤 3　在弹出的"自定义自动筛选方式"对话框中的【大于】右侧文本框中输入"100"，如图 4-85 所示。

步骤 4　单击【确定】按钮，筛选出的效果如图 4-86 所示。

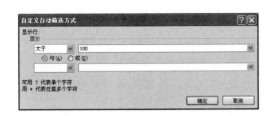

图 4-85 “自定义自动筛选方式”对话框

火车车次信息表

	车次	日期	票价	列车长	始发地	目的地
5	1253	2013-8-7	120	杨欣	郑州	南昌
7	1423	2013-8-7	152	刘亮	温州	南昌
8	1563	2013-8-7	138	谢意	北京	南京
9	1478	2013-8-7	156	霍小	上海	温州
16	1562	2013-8-7	160	杨梅	桂林	南京
17	1643	2013-8-7	150	钟平	青岛	南京
18	1489	2013-8-7	150	李新	北京	郑州

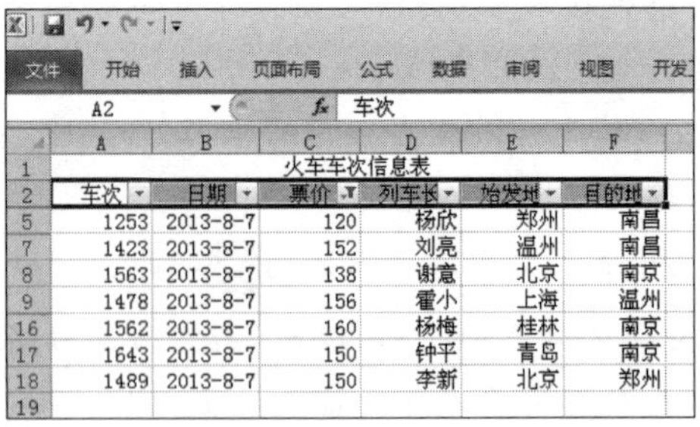

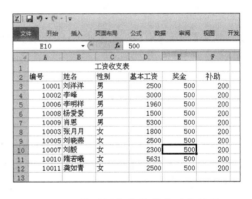

图 4-86 自定义筛选的效果

4.5.4 分类汇总

分类汇总是对数据清单中的数据进行分类，在分类的基础上对数据进行汇总。分类汇总是对数据进行分析和统计时常用的工具。使用分类汇总时，系统会自动创建公式，对数据清单中的字段进行求和、求平均值以及求最大值等函数计算，分类汇总的计算结果将分级显示。

1. 创建分类汇总

在分类汇总前，首先必须对要分类的字段进行排序，否则分类无意义；其次，在分类汇总时要区分清楚对哪个字段分类、对哪些字段汇总以及汇总方式，在分类汇总对话框中要逐一设置。

例如，在“工资收支表”中按“性别”统计“基本工资”的平均值，具体操作步骤如下：

步骤 1 打开素材文件“员工信息档案表.xlsx”，如图 4-87 所示。

步骤 2 按汇总字段“性别”进行排序，排序后的结果如图 4-88 所示。

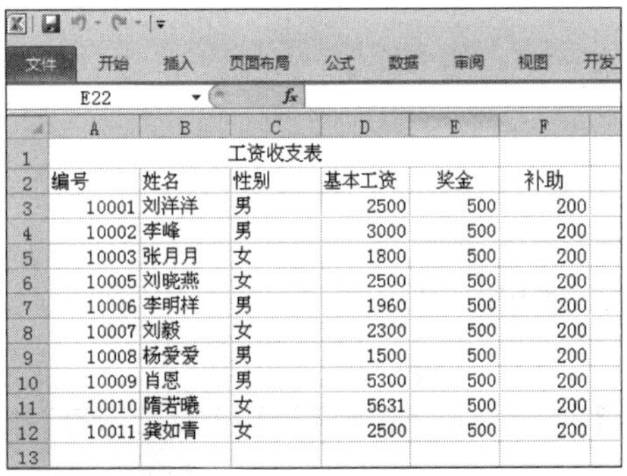

工资收支表

编号	姓名	性别	基本工资	奖金	补助
10001	刘洋洋	男	2500	500	200
10002	李峰	男	3000	500	200
10003	张月月	女	1800	500	200
10005	刘晓燕	女	2500	500	200
10006	李明祥	男	1960	500	200
10007	刘毅	女	2300	500	200
10008	杨爱爱	男	1500	500	200
10009	肖恩	男	5300	500	200
10010	隋若曦	女	5631	500	200
10011	龚如青	女	2500	500	200

图 4-87 “员工信息档案表.xlsx”

工资收支表

编号	姓名	性别	基本工资	奖金	补助
10001	刘洋洋	男	2500	500	200
10002	李峰	男	3000	500	200
10006	李明祥	男	1960	500	200
10008	杨爱爱	男	1500	500	200
10009	肖恩	男	5300	500	200
10003	张月月	女	1800	500	200
10005	刘晓燕	女	2500	500	200
10007	刘毅	女	2300	500	200
10010	隋若曦	女	5631	500	200
10011	龚如青	女	2500	500	200

图 4-88 按“性别”字段排序后的效果

步骤 3 单击数据清单中的任意单元格，在【数据】选项卡中单击【分级显示】组中的【分类汇总】按钮，打开“分类汇总”对话框。

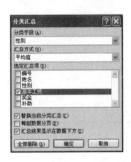

图 4-89 “分类汇总”对话框

步骤 4 在“分类汇总”对话框中设置【分类字段】为“性别”，【汇总方式】为“平均值”，在【选定汇总项】列表框中取消勾选其他选项，只勾选基本工资，如图 4-89 所示。

步骤 5 设置完成后单击【确定】按钮，即可得到分类汇总结果，如图 4-90 所示。

分类汇总对话框中除了常规的【分类字段】【汇总方式】【选定汇总项】选项外，还有如下一些选型。

- 替换当前分类汇总：选中该复选框，表示按本次分类要求进行汇总。
- 每组数据分页：选中该复选框，表示将每一类分页显示。
- 汇总结果显示在数据下方：选中该复选框，表示将分类汇总数放在本类的最后一行。

2．清除分类汇总

在不需要分类汇总时，可以将其删除。清除分类汇总的具体操作步骤如下：

步骤 1 选择分类汇总后的任意单元格，在【数据】选项卡的【分级显示】组中单击【分类汇总】按钮。

步骤 2 弹出"分类汇总"对话框，如图 4-89 所示，单击【全部删除】按钮，即可将分类汇总删除。

3．分级显示

分类汇总的结果可以形成分级显示，单击不同的分级显示符号，将显示不同的级别。

（1）显示或隐藏组的明细数据

- 单击 ＋ 按钮，将显示该组的明细数据。

- 单击 － 按钮，将隐藏该组的明细数据。

（2）展开或折叠特定级别的分级显示

在分级显示符号 1 2 3 中，单击某一级别编号，处于较低级别的明细数据将变为隐藏状态。

单击分级显示符号中的最低级别，将显示所有明细数据。

图 4-90 分类汇总结果

4.5.5 数据透视表和数据透视图

1．数据透视表

数据透视表是一种特殊形式的表，它能从一个数据清单的特定字段中概括出信息。建立数据透视表时，可以说明对哪些字段感兴趣，包括希望生成的表如何组织，以及工作表执行哪种形式的计算等。建立数据透视表后，也可以重新排列表，以便从另一角度查看数据，并且可以根据原始数据的改变随时更新数据透视表。

（1）创建数据透视表

例如，用数据透视表按"产品种类"和"单价"统计各种类产品的数量总和。

步骤 1 打开素材文件"011. xlsx"文件，如图 4-72 所示。

步骤 2 在要创建数据透视表的数据清单中选择任意一个单元格，然后在【插入】选项卡的【表格】组中单击【数据透视表】按钮，选择【数据透视表】，弹出"创建数据透视表"对话框，如图 4-91 所示。

步骤 3 在弹出的"创建数据透视表"对话框中，单击【选择一个表或区域】项中【表/区域】文本框右侧的 折叠按钮选择数据，如图 4-92 所示。

图 4-91 "创建数据透视表"对话框

图 4-92 选择数据

步骤 4 单击【确定】按钮，空的数据透视表会放置在新插入的工作表中，并在右侧显示【数据透视字段列表】任务窗格，该任务窗格的上半部分为字段列表，下半部分为布局部分，包含【报表筛选】选项组、【列标签】选项组、【行标签】选项组和【数值】选项组，如图 4-93 所示。

- 【报表筛选】：数据透视表中指定报表的筛选字段，它允许用户筛选整个数据透视表，以显示单项或者

图 4-93 空白的数据透视表

所有项的数据。

- 【行标签】：用来放置行字段。行字段是数据透视表中为指定行方向的数据清单的字段。
- 【列标签】：用来放置列字段。列字段是数据透视表中为指定列方向的数据清单的字段。
- 【数值】：用来放置进行汇总的字段

步骤 5 在【数据透视字段列表】任务窗格中右击【产品代号】右侧的下三角按钮，在弹出的快捷菜单中选择【添加到报表筛选】；拖动【产品种类】复选框到【行标签】区域；拖动【单价】复选框到【列标签】区域；右击【数量】右侧的下三角按钮，在弹出的快捷菜单中选择【添加到值】，即可完成数据透视表的创建，如图 4-94 所示。

注意：删除字段时，只需将字段拖到表外即可，或在字段列表中取消勾选该字段名复选框。

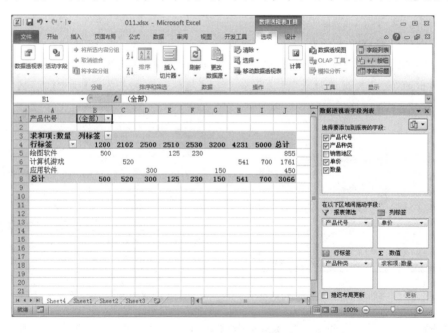

图 4-94 数据透视表创建完成

（2）设置数据透视表格式

"数据透视表样式选项"对话框中包含一些对格式的基本设置。用户可以像操作其他工作表一样选中

数据透视表,将其当作表格进行设置,如设置背景颜色等;也可以使用 Excel 提供的套用格式。具体的操作步骤如下:

步骤 1　单击数据透视表。

步骤 2　在【数据透视表工具】下【设计】选项卡【数据透视表样式选项】组中根据需要进行选择。若要用较亮或较浅的颜色格式替换每行,则勾选【镶边行】复选框;若要用较亮或较浅的颜色格式替换每列,则勾选【镶边列】复选框;若要在镶边样式中包括行标题,则勾选【行标题】复选框;若要在镶边样式中包括列标题,则勾选【列标题】复选框,如图 4-95 所示。

图 4-95　【数据透视表样式选项】组

如果想要对数字格式进行修改,可以执行以下操作步骤:

步骤 1　在数据透视表中,选择要更改数字格式的字段。

步骤 2　在【数据透视表工具】下【选项】选项卡【活动字段】组中单击【字段设置】按钮,如图 4-96 所示。

步骤 3　弹出"值字段设置"对话框,如图 4-97 所示。单击对话框底部的【数字格式】按钮,弹出"设置单元格格式"对话框,在【分类】列表框中选择所需的格式类别,如图 4-98 所示。

图 4-96　【数据透视表工具】下【选项】选项卡

图 4-97　"值字段设置"对话框　　　　图 4-98　在【分类】列表框中选择格式类别

（3）更新数据

创建了数据透视表后,如果在源数据中更改了某个数据,基于此数据清单的数据透视表并不会随之改变,需要更新数据源。

选中数据透视表,单击鼠标右键,在弹出的快捷菜单中选择【刷新】命令,即可将数据更新至数据透视表。也可在【选项】选项卡的【数据】组中单击【刷新】按钮更新数据。

和一般工作表相比,数据透视表有透视性和只读性两个特点。

• 透视性:用户可以根据需要,对数据透视表的字段进行设置,从多角度分析数据。此外,用户还可以改变汇总方式及显示方式,从而为分析数据提供了极大的方便。

• 只读性:数据透视表可以像一般工作表那样修饰或绘制图表,但有时候不能达到"即改即所见"的效果。也就是说,在源数据清单中更改了某个数据后,还必须通过【刷新】命令才能达到更新的目的。

(4) 删除数据透视表

步骤 1　在【数据透视表工具】下【选项】选项卡中,单击【操作】组中的【选择】按钮。

步骤 2　在弹出的下拉列表中选择【整个数据透视表】命令。

步骤 3　按【Delete】键,即可删除透视表。

2. 数据透视图

数据透视图是以图形形式呈现数据透视表中的汇总数据,其作用与普通图表一样,可以更为形象化地对数据进行比较。

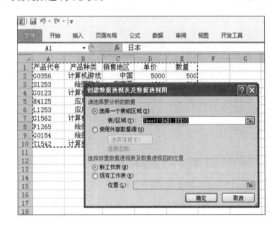

图 4-99　"创建数据透视表及数据透视图"对话框

(1) 创建数据透视图

例如,用数据透视图按"产品种类"和"单价"统计各种类产品的数量总和。

步骤 1　打开素材文件"011.xlsx"文件,如图 4-72 所示。

步骤 2　在要创建数据透视表的数据清单中选择任意一个单元格,然后在【插入】选项卡的【表格】组中单击【数据透视表】按钮,选择【数据透视图】,弹出"创建数据透视表及数据透视图"对话框,选择数据区域,如图 4-99 所示。

步骤 3　单击【确定】按钮,空的数据透视图会放置在新插入的工作表中,也会显示数据透视表,如图 4-100 所示。

步骤 4　与数据透视表建立方法相同,拖动【产品代号】复选框到【报表筛选】区域;拖动【产品种类】复选框到【轴字段】区域;拖动【单价】复选框到【图例字段】区域;拖动【数量】复选框到【数值】区域,即可完成数据透视图的创建,如图 4-101 所示。

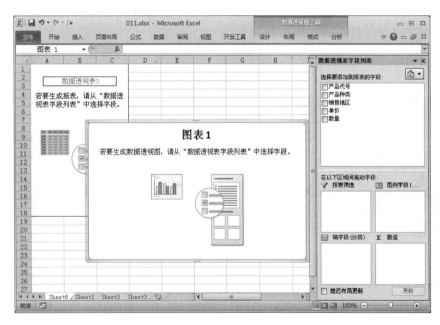

图 4-100　空白的数据透视表及数据透视图

说明:在数据透视图上单击,功能区将出现【数据透视图工具】中的【设计】【布局】【格式】【分析】四个选项卡,通过这四个选项卡,可以对数据透视图进行修饰和设置。

(2) 删除数据透视图

选中数据透视图,按【Delete】键,即可将其删除。

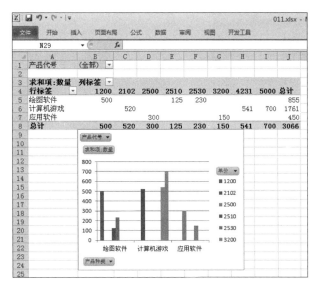

图 4-101　数据透视图创建完成后的效果

4.6　在 Excel 中创建图表

图表功能是 Excel 的重要组成部分。根据工作表中的数据，可以创建直观、形象的图表。Excel 提供了多种图表类型，可以选择恰当的方式表达数据信息，并且可以自定义图表，设置图表各部分的格式。

4.6.1　创建及编辑迷你图

Excel 2010 中添加了一个新增功能——迷你图。运用迷你图查看用户数据更加直观，用户可以对迷你图进行自定义设置，创建迷你图后还可以根据需要调整迷你图的颜色等。

1. 迷你图的特点及作用

- 迷你图是插入工作表单元格内的微型图表，可将迷你图作为背景在单元格内输入文本信息。
- 占用空间少，可以更加清晰、直观地表达数据的趋势。
- 可以根据数据的变化而变化，要创建多个迷你图，可选择多个单元格内相对应的基本数据。
- 可在迷你图的单元格内使用填充柄，方便以后为添加的数据行创建迷你图。
- 打印图表时，迷你图将不会同时被打印。

2. 创建迷你图

下面通过一个销售量统计表来讲述如何创建一个迷你图，具体操作步骤如下：

步骤 1　打开素材文件“销售量. xlsx”文件，如图 4-102 所示。

步骤 2　单击所需插入迷你图的单元格，在此为 E2 单元格。

	A	B	C	D	E
1		一月销售量	二月销售量	三月销售量	迷你图趋势
2	笔记本电脑	300	400	350	
3	台式电脑	200	500	200	
4	平板电脑	400	500	250	
5	学习电脑	150	150	200	
6	掌上电脑	150	150	200	

图 4-102　“销售量. xlsx”

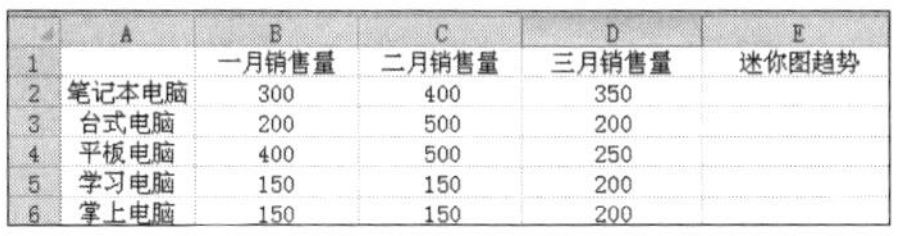

步骤 3　选择【插入】选项卡中的【迷你图】组，根据需要选择其中的【折线图】【柱形图】【盈亏】等类型，在此选择【折线图】类型。在弹出的“创建迷你图”对话框的【数据范围】文本框中设置含有迷你图数据的单元格区域，在此设置数据范围为 B2:D2，如图 4-103 所示。

步骤 4　在【选择放置迷你图的位置】下方的【位置范围】文本框中指定迷你图的放置位置，默认情况下显示已选定的单元格地址，这里不作改变。

步骤 5　单击【确定】按钮，即可插入迷你图。

步骤 6　还可以在迷你图中输入文本信息、进行文本的设置、为单元格填充背景颜色等。这里在 G2 单元格中输入文本“销售趋势”，居中显示，为单元格选择背景，如图 4-104 所示。

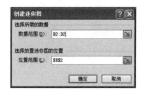

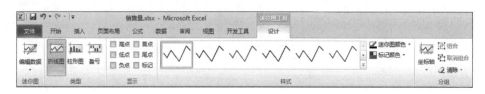

图 4-103 “创建迷你图”对话框

	A	B	C	D	E
1		一月销售量	二月销售量	三月销售量	迷你图趋势
2	笔记本电脑	300	400	350	销售趋势
3	台式电脑	200	500	200	
4	平板电脑	400	500	250	
5	学习电脑	150	150	200	
6	掌上电脑	150	150	200	

图 4-104 添加迷你图效果

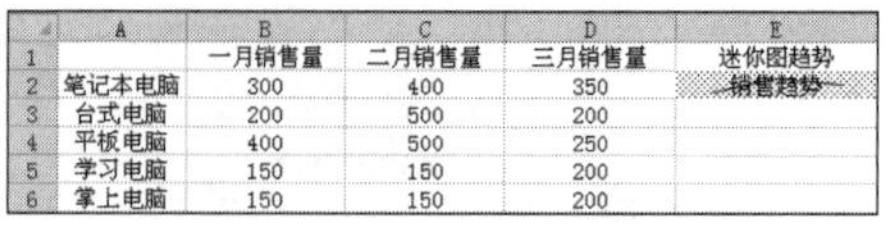

说明：用户还可以拖拽所在单元格内迷你图的填充柄填充其他数据的迷你图。

3. 改变迷你图的类型

选择创建后的迷你图，可通过【迷你图工具】的【设计】选项卡对其进行设置，如图 4-105 所示。

图 4-105 【迷你图工具】的【设计】选项卡

步骤 1 单击需要改变类型的迷你图。

步骤 2 选择【迷你图工具】下的【设计】选项卡【类型】组中的某一类型，如选择【柱形图】，即可将迷你图改变为柱形图。

4. 突出显示数据点

用户可设置突出显示迷你图中的某项数据，具体的操作步骤如下：

步骤 1 指定要突出显示数据点的迷你图。

步骤 2 在【迷你图工具】的【设计】选型卡的【显示】组中，可以进行下列设置。

- 显示最高值和最低值：分别勾选【高点】和【低点】复选框。
- 显示第一个值和最后一个值：分别勾选【首点】和【尾点】复选框。
- 显示所有数据标记：勾选【标记】复选框。
- 显示复杂：勾选【负点】复选框。

5. 迷你图样式和颜色设置

步骤 1 指定要设置格式的迷你图。

步骤 2 在【迷你图工具】的【设计】选型卡的【样式】组中，根据需要单击要应用的样式。

步骤 3 自定义迷你图的颜色。

注意：在【样式】组中单击【迷你图颜色】按钮，可以设置线条颜色以及线条粗细等；还可以在【样式】组中单击【标记颜色】按钮，更改标记值的颜色。

6. 清除迷你图

指定要清除的迷你图，在【迷你图工具】的【设计】选型卡的【分组】组中单击【清除】按钮即可。

4.6.2 创建图表

在创建图表之前，首先认识一下图表的分类。

- Excel 中的图表按照插入的位置，可以分为内嵌图表和工作表图表。内嵌图表一般与其数据源一起出现；工作表图表则是与数据源分离，图表占据整个工作表。
- 按照表示数据的图形来区分，图表分为柱形图、饼图和曲线图等多种类型。同一数据源可以使用不同的图表类型创建图表。

创建图表的方法有多种，下面介绍常用的两种方法。

1. 使用快捷键创建图表

使用快捷键创建图表的具体操作步骤如下：

步骤 1　选择数据区域中的任意一个单元格。

步骤 2　按【F11】快捷键,即可创建默认表格。

2. 使用功能区创建图表

使用功能区插入图表时可以选择图表类型,具体的操作步骤如下:

步骤 1　打开已经建立数据的表格。

步骤 2　选定要生成图表的数据区域。

步骤 3　在【插入】选项卡的【图表】组中,单击要设置的图表类型按钮,或单击【图表组对话框启动器】按钮,打开"插入图表"对话框,在【图表类型】列表框中,根据实际需要选择图表类型。

步骤 4　单击【确定】按钮,生成图表。

4.6.3　编辑图表

图表分为图标区、绘图区、图标标题、网格线、图例、坐标轴和坐标标题部分,如图 4-106 所示。

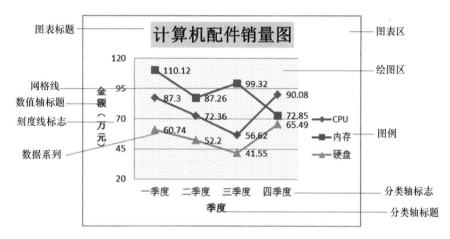

图 4-106　图表的组成

当图表被选中时,显示【图表工具】选项卡。编辑图表主要是通过【图表工具】中的【设计】选项卡实现。

1. 修改图表

在创建图表后,用户可以根据需要对图表进行适当的修改。例如,修改图表类型、移动或删除图表的组成元素等,以达到令人满意的效果。

对图表进行编辑的具体操作步骤如下:

步骤 1　选择要进行编辑的图表区域。

步骤 2　选择【图表工具】下的【布局】选项卡,在【当前所选内容】组中单击【图表元素】,在弹出的下拉列表框中选择需要的图表元素,以便对其进行格式的设置,如图 4-107 所示。

图 4-107　修改图表

注意：选择图表单元格区域后，图表的周围会出现一个类似透明的细线矩形框，将在各条边的中点和四角出现点状的控制柄，调整该控制柄可以调整图表的大小。

图 4-108　"更改图表类型"对话框

2．更改图表类型

步骤 1　选择要更改图表类型的区域。

步骤 2　选择【图表工具】下的【设计】选项卡，在【类型】组中单击【更改图表类型】按钮。

步骤 3　在弹出的"更改图表类型"对话框中，如图 4-108 所示，选择要更改的图表类型，单击【确定】按钮。

3．编辑图表标题和坐标轴标题

利用【布局】选项卡，可以为图表添加图表标题和坐标轴标题。选择需要改变的标题，输入新文本即可更改标题，具体的操作步骤如下：

步骤 1　将光标移至图表标题中，选择图表标题中的文本，如图 4-109 所示。

步骤 2　输入需要的文字即可更改图表的标题，如图 4-110 所示。

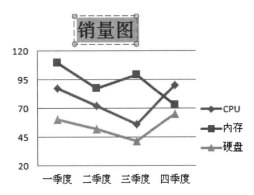

图 4-109　选择图表标题中的文本

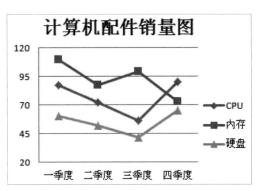

图 4-110　更改图表标题

步骤 3　在【布局】选项卡中单击【标签】组中的【坐标轴标题】按钮，在弹出的下拉列表中选择【主要纵坐标轴标题】下的【竖排标题】命令，此时会添加一个坐标轴标题文本框，显示在图表左侧，使用更改图标标题的方法即可更改坐标轴标题，如图 4-111 所示。

4．添加网格线和数据标签

（1）添加网格线

为了使图表中的数值更容易确定，可以使用网格线将坐标轴上的刻度进行延伸，具体的操作步骤如下：

步骤 1　选择所需的图表，在【布局】选项卡中单击【坐标轴】组中的【网格线】按钮，在弹出的下拉列表中选择【主要网格线】下的【次要网格线】命令。

步骤 2　添加网格线后的效果如图 4-112 所示。

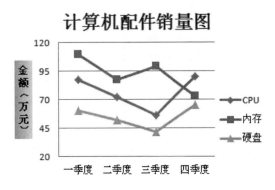

图 4-111　更改坐标轴标题

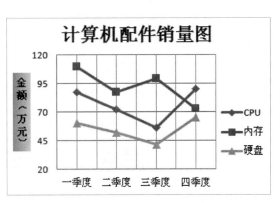

图 4-112　添加网格线后的效果

（2）添加数据标签

要快速标识图表中的数据系列,可以向图表的数据点添加数据标签。

步骤 1　在图表中右击要添加数据标签的数据系列,在弹出的快捷菜单中选择【添加数据标签】命令,可以向选中的数据系列的所有数据点添加数据标签。

步骤 2　或者在图表中选中要添加数据标签的数据系列,然后在【图表工具】→【布局】选项卡的【标签】组中单击【数据标签】按钮,在弹出的下拉列表中选择相应的显示命令,即可完成数据标签的添加,添加后的效果如图 4-113 所示。

5. 更改图表布局

对于已经创建的图表,用户还可以根据需要更改图表的布局,具体的操作步骤如下:

步骤 1　选择要更改布局的图表。

步骤 2　在【图表工具】的【设计】选项卡中单击【图表布局】组中的【其他】按钮,在弹出的下拉列表中选择所需的图表布局,如选择【布局 3】,如图 4-114 所示。

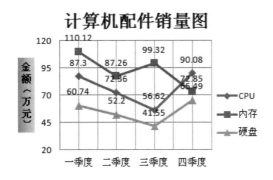

图 4-113　添加数据标签后的效果　　　　图 4-114　更改图表布局后的效果

6. 更改图表样式

用户还可以对图形样式进行更改,其具体的操作步骤如下:

步骤 1　选择要设置样式的图表。

步骤 2　在【图表工具】的【设计】选项卡中单击【图表样式】组中的【其他】按钮,在弹出的下拉列表中选择所需的图表样式,如选择【样式 15】,更改后的效果如图 4-115 所示。

说明:用户可以在更改完成的样式中的【图表标题】处添加新的标题。

7. 添加与删除数据

在对图表进行实际操作的过程中,用户可以随时对图表中的数据进行编辑,可为图表添加或者删除某组数据等。具体的操作步骤如下:

步骤 1　选择要设置的图表。

步骤 2　在【设计】选项卡的【数据】组中单击【选择数据】按钮,打开"选择数据源"对话框,如图 4-116 所示。

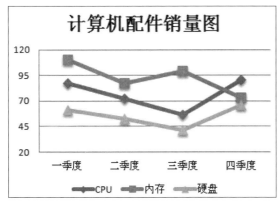

图 4-115　更改图表样式后的效果　　　　图 4-116　"选择数据源"对话框

步骤3 单击对话框中的【添加】按钮,弹出"编辑数据系列"对话框,选定【系列名称】为"主板",【系列值】为 B5:E5 区域,如图 4-117 所示。

图 4-117 选择新增【系列名称】和【系列值】

步骤4 完成以上操作后,即可在图表中显示新增的【主板】数据。

注意:在图表上单击需要删除的数据系列时,可按【Delete】键,或右击数据系列,在弹出的快捷菜单中选择【删除】命令,可删除图表中的数据。若用户要同时删除工作表和图表中的数据,可从工作表中删除数据,图表将自动更新。

8. 复制、删除、格式化图表

(1) 复制图表

如果要复制已经建立好的图表,或将其复制到另外的工作表中,可以按照任何复制操作的步骤进行。首先选择图表,然后使用【复制】命令或按【Ctrl+C】组合键,将图表复制到剪贴板中,之后选择要放置图表的位置,使用【粘贴】命令或按【Ctrl+V】组合键,即复制一张新的图表。

(2) 删除图表和图表元素

如果要把建立好的嵌入式图表删除,可先单击图表,再按【Delete】键;对于图表工作表,可右键单击工作表标签,在弹出的快捷菜单中选择【删除】命令。如果不想删除图表,可使用【Ctrl+Z】组合键,将刚才删除的图表恢复。

删除图表元素的方法也是首先选择图表元素,然后按【Delete】键。不过这样仅删除图表数据,而工作表中的数据将不被删除,如果按【Delete】键删除工作中的数据,刚图表中的数据将自动被删除。

(3) 格式化图表

对于图表中的各种元素,都可以进行格式化操作。格式化时主要使用以下两个工具。

• 【现在所选内容格式】对话框:当激活要设置格式的图表元素后,【图表工具】及其三个选项卡就显示出来。在【布局】选项卡的【当前所选内容】组中单击【现在所选内容格式】按钮,就会出现相应图表元素设置格式对话框,在该对话框中设置所选元素的格式。

• 【格式】选项卡:当图表元素被选定之后,会出现【图表工作】→【格式】选项卡。使用【格式】选项卡设置图表元素的格式与在 Word 中设置文档格式非常相似,这里不再详细介绍。

4.6.4 打印图表

1. 打印整页图表

在工作表中放置单独的图表,即可直接将其打印到一张纸中。当用户的数据与图表在同一工作表中时,可先选择用户需要打印的图表,在功能区中单击【文件】选项卡中的【打印】按钮,即可将选中的图表打印在一张纸上。

2. 打印工作表中的数据

若用户不需要打印工作表中的图表,可只将工作表中的数据区域设为打印区域,然后单击【文件】选项卡中的【打印】按钮,即可打印工作表中数据,而不打印图表。

也可选择【文件】选项卡中的【选项】命令,在弹出的"Excel 选项"对话框中选择【高级】选项卡,在【此工作簿的显示选项】中的【对于对象,显示】下,选择【无内容(隐藏对象)】单选按钮,将隐藏工作表中的所有图表。最后单击【文件】选项卡中的【打印】按钮,即可打印工作表中数据,而不打印图表。

3. 作为表格的一部分打印图表

若数据与图表在同一页中,可选择该页工作表,单击【文件】选项卡中的【打印】按钮。

4.7　工作表的打印输出

4.7.1　页面设置

页面设置是打印操作中的重要环节,单击【页面布局】选项卡【页面设置】组中的对话框启动器按钮,弹出"页面设置"对话框,如图 4-118 所示。在该对话框中有【页面】选项卡、【页边距】选项卡、【页眉/页脚】选项卡和【工作表】选项卡。

1.【页面】选项卡

在该选项卡中可对打印方向、缩放比例及纸张大小等进行设置。

2.【页边距】选项卡

在该选项卡中可设定页边距、页眉页脚与页边距的距离,以及表格内容的居中方式。

3.【页眉/页脚】选项卡

在该选项卡的【页眉】下拉列表和【页脚】下拉列表中可选择预先设计好的页眉和页脚。单击【自定义页眉】或【自定义页脚】按钮还可以进行自定义设置。

4.【工作表】选项卡

在该选项卡中可设置打印区域、打印标题、打印顺序和打印方式(图 4-119)。例如,工作表有多项,要求每页均打印表头(顶端标题或左侧标题),则在【顶端标题行】或【左端标题行】栏输入相应的单元格地址,也可以在工作表中选定表头区域。

图 4-118　"页面设置"对话框　　　　　　　　　图 4-119　【工作表】选项卡

4.7.2　打印预览及打印

单击【文件】按钮,选择【打印】命令,打开"打印"窗口,可以进行"打印"设置和"打印预览",如图 4-120 所示。打印预览状态不能进行文本编辑,若要编辑可单击【开始】选项卡进行修改。

按照需要进行打印设置,对"打印预览"效果感到满意后,就可以单击【打印】按钮正式打印。

打印方法与 Word 基本相同,这里不再叙述。

下面对"设置"区域的不同点加以说明。

(1) 选定区域:打印工作表中选定的单元格区域。

(2) 活动工作表:打印选定活动工作表的所有区域,按选定的页数打印。如果没有定义打印页数,则打印整个工作表。

(3) 整个工作簿:打印当前工作簿中所有的工作表。

图 4-120 "打印"窗口

4.8 Excel 2010 网络应用

4.8.1 超链接

1. 创建超链接

操作步骤如下：

步骤 1 在工作表上，单击要创建超链接的单元格，也可以选择要超链接的图片或图片元素。

步骤 2 单击【插入】选项卡【链接】组中的【超链接】按钮，或右击单元格，在弹出的快捷菜单中选择"超链接"命令，打开"插入超链接"对话框，如图 4-121 所示。

图 4-121 "插入超链接"对话框

步骤 3 设置链接目标的位置和名称，单击【确定】按钮。

2. 编辑超链接

在已创建超链接的对象上，单击【插入】选项卡【链接】组中的【超链接】按钮，或右击已创建超链接的对象，在弹出的快捷菜单中选择"编辑超链接"命令，即可在打开的对话框中，按照创建超链接的方法对已创建的超链接重新进行编辑。

3. 删除超链接

右击已创建超链接的对象，在弹出的快捷菜单中选择"删除超链接"命令，即可将已创建的超链接删除。要删除超链接以及表示超链接的文字，可右击包含超链接的单元格，选择"清除内容"命令。

4.8.2 电子邮件发送工作簿

使用电子邮件发送工作簿的操作步骤如下：

步骤 1　单击【文件】按钮,选择"保存并发送"命令,在右侧窗格中选择"使用电子邮件发送"选项,然后单击【作为附件发送】按钮,如图 4-122 所示。

步骤 2　弹出 Outlook 客户端,填写邮件信息项,单击发送即可。

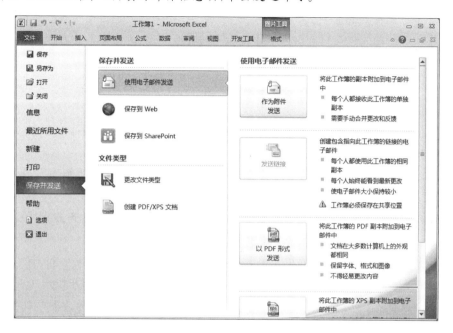

图 4-122　使用电子邮件发送工作簿

4.8.3　网页形式发布数据

操作步骤如下:

步骤 1　单击【文件】按钮,选择"另存为"命令,打开"另存为"对话框,如图 4-123 所示。

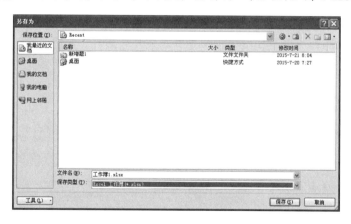

图 4-123　"另存为"对话框

步骤 2　在对话框的【保存类型】下拉列表中选择"单个文件网页",在【文件名】框中输入文件名称。

若单击【更改标题】按钮,则打开"输入文字"对话框,在【页标题】文本框中输入标题,单击【确定】按钮。

若单击【保存】按钮,则以网页格式保存该文件,并关闭该对话框。

若单击【发布】按钮,则打开"发布为网页"对话框,如图 4-124 所示。单击【更改】按钮,打开"设置标题"对话框,在【标题】文本框

图 4-124　"发布为网页"对话框

中输入标题，单击【确定】按钮。单击【浏览】按钮，打开“发布形式”对话框，设置文件保存的位置和名称，单击【确定】按钮。

步骤 3 最后单击【发布】按钮，发布完成后打开 IE 浏览器预览发布后的效果。

习　　题

实训题目

小赵是一名参加工作不久的大学生。他习惯使用 Excel 表格来记录每月的个人开支情况，在 2013 年年底，小赵将每个月各类支出的明细数据录入了文件名为“开支明细表. xlsx”(图 4-125)的 Excel 工作簿文档中。请根据下列要求帮助小赵对明细表进行整理和分析：

(1) 在工作表“小赵的美好生活”的第一行添加表标题“小赵 2013 年开支明细表”，并通过合并单元格，放于整个表的上端、居中。

(2) 将工作表应用一种主题，并增大字号，适当加大行高、列宽，设置居中对齐方式，除表标题“小赵 2013 年开支明细表”外为工作表分别增加恰当的边框和底纹以使工作表更加美观。

(3) 将每月各类支出及总支出对应的单元格数据类型都设为“货币”类型，无小数、有人民币货币符号。

(4) 通过函数计算每个月的总支出、各个类别月均支出、每月平均总支出，并按每个月总支出升序对工作表进行排序。

(5) 利用“条件格式”功能：将月单项开支金额中大于 1000 元的数据所在单元格以不同的字体颜色与填充颜色突出显示；将月总支出额中大于月均总支出 110% 的数据所在单元格以另一种颜色显示，所用颜色深浅以不遮挡数据为宜。

(6) 在“年月”与“服装服饰”列之间插入新列“季度”，数据根据月份由函数生成，例如，1 月至 3 月对应“1 季度”，4 月至 6 月对应“2 季度”……

(7) 复制工作表“小赵的美好生活”，将副本放置到原表右侧；改变该副本表标签的颜色，并重命名为“按季度汇总”；删除“月均开销”对应行。

(8) 通过分类汇总功能，按季度升序求出每个季度各类开支的月均支出金额。

(9) 在“按季度汇总”工作表后面新建名为“折线图”的工作表，在该工作表中以分类汇总结果为基础，创建一个带数据标记的折线图，水平轴标签为各类开支，对各类开支的季度平均支出进行比较，给每类开支的最高季度月均支出值添加数据标签。

说明：(1)～(6)题样张如图 4-126 所示，(7)～(8)题样张如图 4-127 所示，(9)题样张如图 4-128 所示。

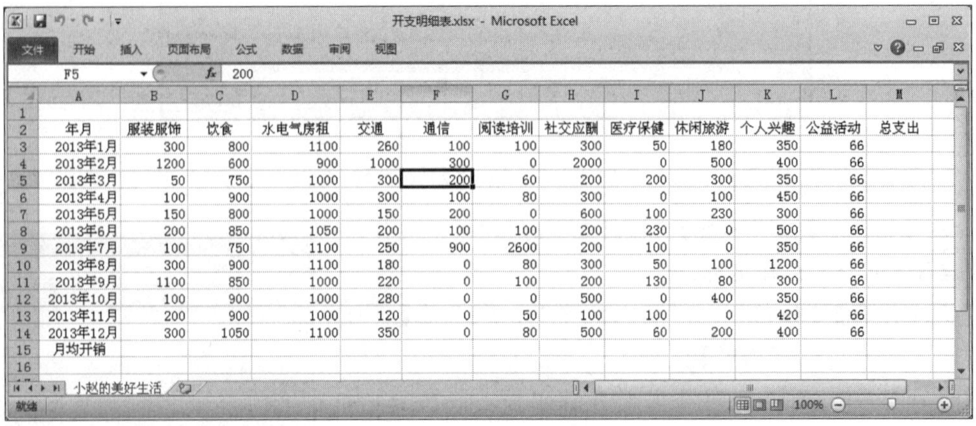

	A	B	C	D	E	F	G	H	I	J	K	L	M
1													
2	年月	服装服饰	饮食	水电气房租	交通	通信	阅读培训	社交应酬	医疗保健	休闲旅游	个人兴趣	公益活动	总支出
3	2013年1月	300	800	1100	260	100	100	300	50	180	350	66	
4	2013年2月	1200	600	900	1000	300	0	2000	0	500	400	66	
5	2013年3月	50	750	1000	300	200	60	200	200	300	350	66	
6	2013年4月	100	900	1000	300	100	80	300	0	100	450	66	
7	2013年5月	150	800	1000	150	200	0	600	100	230	300	66	
8	2013年6月	200	850	1050	200	100	100	200	230	0	500	66	
9	2013年7月	100	750	1100	250	900	2600	200	100	0	350	66	
10	2013年8月	300	900	1100	180	0	80	300	50	100	1200	66	
11	2013年9月	1100	850	1000	220	0	100	200	130	80	300	66	
12	2013年10月	100	900	1000	280	0	0	500	0	400	350	66	
13	2013年11月	200	900	1000	120	0	50	100	100	0	420	66	
14	2013年12月	300	1050	1100	350	0	80	500	60	200	400	66	
15	月均开销												
16													

图 4-125　开支明细表. xlsx

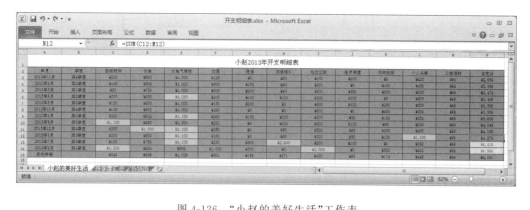

图 4-126　"小赵的美好生活"工作表

图 4-127　"按季度汇总"工作表

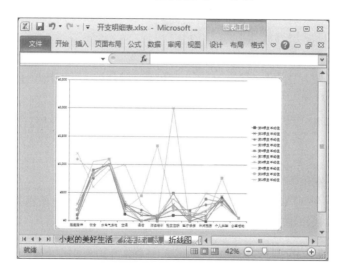

图 4-128　"折线图"工作表

第5章　PowerPoint 2010 演示文稿制作软件

【学习目标】

1. 熟练掌握 PowerPoint 2010 的基本操作；
2. 了解演示文稿的视图模式；
3. 熟练掌握演示文稿的编辑、外观设计和放映等方法；
4. 掌握演示文稿打包的方法；
5. 掌握打印演示文稿的方法；
6. 了解 PowerPoint 2010 的网络应用。

5.1　PowerPoint 2010 基础知识

一个 PowerPoint 文件成为一个演示文稿，该文件由若干个幻灯片组成，并且按序号从小到大排列。幻灯片中可以包含文字、表格、图片、声音和图像等。制作完成的演示文稿可以通过计算机屏幕、Internet、黑白或彩色投影仪等发布出来。使用 PowerPoint 2010 制作演示文稿的扩展名为 *.pptx。

5.1.1　PowerPoint 2010 的启动与退出

1. PowerPoint 2010 的启动

启动 PowerPoint 2010 的常用方法如下：

(1) 从"开始"菜单启动

单击【开始】菜单，选择【所有程序】→【Microsoft office】→"Microsoft Office PowerPoint 2010"命令。

(2) 从桌面的快捷方式启动

如果桌面上有 PowerPoint 的快捷图标，双击快捷方式图标也可启动 PowerPoint 程序。

(3) 通过文档打开

双击已有的 PowerPoint 文档，启动 PowerPoint 2010 程序。

2. PowerPoint 2010 的退出

选择【文件】→【退出】命令，或双击标题栏左侧"控制"图标，也可以单击标题栏右上角的【关闭】按钮，或使用快捷键【Alt＋F4】，即可退出 PowerPoint 2010。

5.1.2　PowerPoint 2010 的工作界面

启动 PowerPoint 2010 后即显示 PowerPoint 2010 的工作界面，如图 5-1 所示。

1. 快速访问工具栏

在用户处理演示文稿的过程中，可能会执行某些常见的或重复性的操作。对于这类情况，可以使用快速访问工具栏，该工具栏位于功能区的左上方，其中包含【保存】【撤销】【恢复】按钮。用户还可以根据需要添加自己经常会用到的功能按钮。

2. 选项卡

选项卡一般位于标题栏下面，常用的选项卡主要有【文件】【开始】【插入】【设计】【切换】【动画】等。选项卡下还包括若干个组，有时根据操作对象的不同，还会增加相应的选项卡，即上下文选项卡。

3. 功能区

在 PowerPoint 2010 中，用来代替菜单和工具栏的是功能区。为了便于浏览，功能区包含多个围绕特定

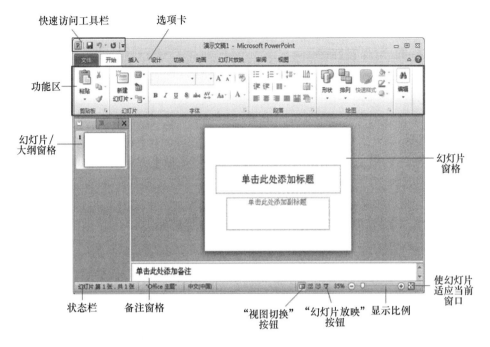

图 5-1　PowerPoint 2010 工作界面

方案或对象进行组织的选项卡。功能区与菜单和工具栏相比，能承载更多丰富的内容。

4．演示文稿编辑区

演示文稿编辑区位于功能区下方，主要包括【幻灯片/大纲】窗格、【幻灯片】窗格和【备注】窗格。

· 【幻灯片/大纲】窗格：含有【幻灯片】和【大纲】两个选项卡。单击【幻灯片】选项卡，可以显示各幻灯片的缩略图，单击某幻灯片缩略图，将立即在幻灯片窗格中显示该幻灯片。利用【幻灯片/大纲】窗格可以重新排序、添加或删除幻灯片。在【大纲】选项卡中，可以显示各幻灯片的标题与正文信息，在幻灯片中编辑标题或正文信息时，大纲窗口也同步变化。

· 【幻灯片】窗格：可查看每张幻灯片的整体布局效果，如版式、设计模板等，在此窗格下可以对当前幻灯片进行编辑，如插入图形、声音等多媒体对象，改变文字格式，并创建超级链接以及自定义动画效果。

· 【备注】窗格：用于标注对幻灯片的解释、说明等备注信息，供用户参考。

5．显示比例按钮

显示比例按钮位于视图按钮右侧，单击该按钮，可以在弹出的【显示比例】对话框中选择幻灯片的显示比例；拖动右侧的滑块，也可以调节显示比例。

6．状态栏

状态栏位于窗口左侧底部，在不同的视图模式下显示的内容会有所不同，主要显示当前幻灯片的序号、当前演示文稿幻灯片的总张数、幻灯片主题和输入法等信息。

5.2　演示文稿的基本操作

5.2.1　演示文稿的新建、保存及打开

1．新建演示文稿

新建演示文稿方法如下：

（1）启动 PowerPoint 2010 后，系统会新建一个空白的演示文稿。

（2）选择【文件】→【新建】命令，在右侧的【可用模板】选项组中选择要新建的演示文稿类型，然后单击【创建】按钮即可。

（3）按【Ctrl+N】组合键，新建一个空白演示文稿。

2．保存演示文稿

保存演示文稿的方法如下：

（1）击【文件】选项卡，选择【保存】命令。

（2）单击"快速访问工具栏上"的【保存】按钮。

（3）按【Ctrl＋S】组合键。

3．打开演示文稿

打开演示文稿的方法如下：

（1）单击【文件】选项卡下的【打开】命令，在打开的"打开"对话框中双击所需要的演示文稿即可。

（2）按【Ctrl＋O】快捷键打开"打开"对话框，在"文档库"列表区域选择所需文档，单击【打开】按钮。

（3）在"资源管理器"窗口中双击所需文档即可。

（4）单击【文件】选项卡中的【最近所用文件】命令，在"最近使用的演示文稿"窗口中，单击所需演示文稿即可。

5.2.2　文本的输入、编辑及格式化

1．文本的输入

（1）使用占位符

幻灯片中的虚线边框称为占位符，用户可以在占位符中输入标题、副标题或正文文本。单击"文本占位符"输入文字，输入的文字会自动替换"文本占位符"中的提示文字。如图 5-2 所示。如果文本的大小超过占位符的大小，PowerPoint 会在输入文本时以递减方式缩小字体的字号和行间距，使文本适应占位符的大小。

（2）使用【大纲】缩览窗口

在【大纲】选项卡中编辑文字时，要注意文字的条理性。由于幻灯片的篇幅不可能很大，因此，幻灯片中文字最重要的特点是简洁、清楚、富有感染力。

在【大纲】选项卡中输入标题的操作步骤如下。

步骤 1　选择【大纲】选项卡。

步骤 2　在【大纲】选项卡下输入标题，同时也会在幻灯片中显示出来，如图 5-3 所示。

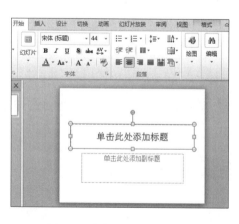

图 5-2　在占位符中添加标题

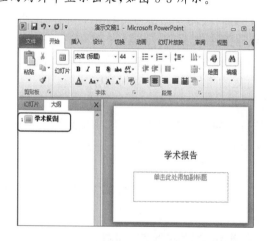

图 5-3　输入标题

在【大纲】选项卡中输入副标题的操作步骤如下。

步骤 1　将光标置入【大纲】选项卡中【学术报告】标题的后面，然后按【Enter】键，即可新建一张幻灯片，如图 5-4 所示。

步骤 2　选择【开始】选项卡，在【段落】组中单击【提高列表级别】按钮 ，即可将其转换为副标题，如图 5-5 所示。

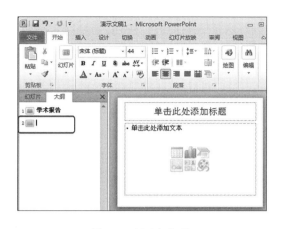

图 5-4　新建幻灯片　　　　　　　　　　图 5-5　转换为副标题

步骤 3　输入副标题，如图 5-6 所示。

（3）使用文本框

使用文本框可以将文本放置到幻灯片中的任意位置。例如，可以通过创建文本框并将其放置在图片旁边来为图片添加标题。用户还可以在文本框中为文本添加边框、填充、阴影或三维效果。向文本框中添加文本的操作步骤如下。

步骤 1　选择【插入】选项卡，在【文本】组中单击【文本框】按钮，在弹出的下拉列表中选择【横排文本框】或【垂直文本框】。

步骤 2　按住鼠标左键不放，在要插入文本框的位置拖拽绘制文本框，在绘制好的文本框中输入文本，然后调整文本框的位置，如图 5-7 所示。

图 5-6　输入副标题　　　　　　　　　图 5-7　使用文本框输入文本后的效果

2．文本编辑

在 PowerPoint 2010 中对文本进行删除、插入、复制、移动等操作，与 Word 2010 操作方法类似。

3．文本的格式化

在幻灯片输入文本后，可以对文本进行格式设置。文本的字体格式取决于当前模板所指定的格式。为了使幻灯片更加美观，易于阅读，可以使用【开始】选项卡的【字体】组中提供的命令按钮重新设置文字的格式，如字号、字体等。

4．段落格式化

选择【开始】选项卡下的【段落】组，可以设置段落的对齐方式、缩进、行间距、为文本添加项目符号和编号等。或者通过单击【段落】组右下方的对话框启动器，在打开的"段落"对话框中进行设置。

5.2.3 幻灯片的基本操作

在普通视图的幻灯片窗格和幻灯片浏览视图可以进行幻灯片的选择、查找、添加、删除、移动和复制等操作。

1. 选择幻灯片

（1）选择一张幻灯片

单击相应幻灯片（或幻灯片编号），可选中该幻灯片。

（2）选择多张幻灯片

①在按住【Ctrl】键的同时单击相应幻灯片（或幻灯片编号），可以选中多张不连续的幻灯片。

②单击要选中的第一张幻灯片，在按住【Shift】键的同时单击要选中的最后一张幻灯片，可以选中多张连续的幻灯片。

③按【Ctrl＋A】快捷键，可以选定全部幻灯片。

若要放弃被选中的幻灯片，可单击幻灯片以外的任何空白区域。

2. 查找幻灯片

通常使用以下几种方法查找幻灯片：

（1）单击垂直滚动条下方的【下一张幻灯片】或【上一张幻灯片】按钮，可将下一张或上一张幻灯片作为当前幻灯片。

（2）按【PgDn】键或【PgUp】键可选定上一张或下一张幻灯片（或幻灯片编号）。

（3）上、下拖动垂直滚动条中的滑块，可快速定位到其他幻灯片。

3. 插入幻灯片

插入幻灯片的方法有以下几种。

（1）插入新幻灯片最直接的方法是选择【开始】选项卡，在【幻灯片】组中直接单击【新建幻灯片】按钮，或打开新建幻灯片下拉列表框，从中选择一种类型的幻灯片。

（2）在【幻灯片】窗口中单击鼠标右键，在弹出的快捷菜单中选择【新建幻灯片】命令。

（3）在【幻灯片】窗口中选择幻灯片，按【Enter】键，可直接在该幻灯片下创建一张新的幻灯片。

（4）选择幻灯片，按【Ctrl＋D】组合键也可以创建幻灯片。

4. 删除幻灯片

可以用以下两种方法将幻灯片删除。

（1）在【幻灯片】窗口中选择幻灯片，单击鼠标右键，在弹出的快捷菜单中选择【删除幻灯片】命令，即可将选择的幻灯片删除。

（2）在【幻灯片】窗口中选择幻灯片，按【Delete】键即可将其删除。

5. 移动和复制幻灯片

在【普通视图】和【幻灯片浏览视图】中，可以轻松实现移动和复制操作。首先选中要移动的某张幻灯片（或多张幻灯片），然后按住鼠标左键拖拉至适当位置松手即可实现移动操作；在移动的过程中按住【Ctrl】键则实现复制操作。也可以选中要移动的某张幻灯片（或多张幻灯片），单击【开始】选项卡中的【剪切】或【复制】命令按钮，然后移动光标至适当位置，单击【开始】选项卡中的【粘贴】命令按钮，即完成幻灯片的移动或复制。

若演示文稿进行了插入和删除、移动和复制等操作，如果想撤销，均可单击【自定义快速访问】工具栏的【撤销】命令按钮。

5.3 演示文稿的视图模式

在 PowerPoint 2010 中，用于编辑、放映演示文稿的视图包括普通视图、幻灯片浏览视图、备注页视图、阅读视图和幻灯片放映视图。

在 PowerPoint 2010 窗口中用于设置和选择演示文稿视图的方法如下：
- 选择【视图】选项卡中的"演示文稿视图组"，在该组中可以选择或切换不同的视图。
- 演示文稿视图 4 个视图切换按钮，包括【普通视图】【幻灯片浏览】【备注页】【阅读视图】。

5.3.1　普通视图

在启动 PowerPoint 2010 之后，系统默认以普通视图方式显示。普通视图是幻灯片的主要编辑视图方式，可以用于编辑演示文稿。其主要包括【幻灯片/大纲】窗格、【幻灯片】窗格和【备注】窗格 3 个工作区域，如图 5-8 所示。

5.3.2　幻灯片浏览视图

在幻灯片浏览视图下可以从整体上浏览所有幻灯片效果，并可以方便地进行幻灯片的复制、移动和删除等操作，但不能直接在幻灯片浏览视图下对幻灯片的内容进行编辑和修改，如图 5-9 所示。

图 5-8　普通视图

图 5-9　幻灯片浏览视图

5.3.3　备注页视图

备注页视图与其他视图的不同之处在于，它的上方显示幻灯片，下方显示备注页。在此视图模式下，用户无法对上方显示的当前幻灯片的缩略图进行编辑，但可以输入或更改备注页中的内容。具体的操作步骤如下：

步骤 1　单击【演示文稿视图】组中的【备注页】按钮，切换到备注页视图。

步骤 2　若显示的不是要加备注的幻灯片，可利用窗口右边的滚动条找到所需的幻灯片。

步骤 3　在图 5-10 中，上半部是幻灯片显示，下半部是备注文本框，单击该文本框就可以在光标处输入备注内容。

在备注页视图中，要将幻灯片向上移动，可按键盘中的【PgUp】键；要向下移动幻灯片，可按【PgDn】键。拖动页面右侧的滚动条，即可选择所需的幻灯片。

5.3.4　阅读视图

阅读视图是一种特殊的查看模式，它使用户在屏幕上阅读扫描文档更为方便。激活后，阅读视图将显示当前文档并隐藏大多数不重要的屏幕元素，包括 Microsoft Windows 任务栏。阅读视图可通过大屏幕放映演示文稿，但又不会占用整个屏幕的放映方式，方便用户查看幻灯片内容和放映效果等，如图 5-11 所示。若要从阅读视图切换到其他视图模式，需要单击状态栏上的视图按钮，或直接按【Esc】键退出阅读视图模式。

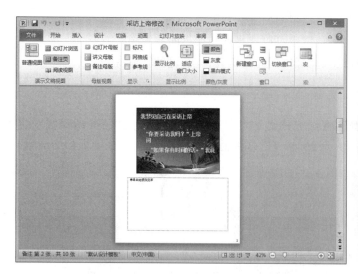

图 5-10　备注页视图

图 5-11　阅读视图

5.4　演示文稿的外观设计

5.4.1　主题的设置

PowerPoint 2010 中提供了大量的主题样式,这些主题样式设置了不同的颜色、字体样式和对象的颜色样式。用户可以根据不同的需求选择不同的主题,选择完成后该主题即可直接应用于演示文稿中;还可以对所创建的主题进行修改,以达到令人满意的效果。

1. 应用内置主题

步骤 1　打开素材文件【应用主题.pptx】文件。

步骤 2　选中第一张幻灯片,选择【设计】选项卡,在【主题】组中单击【其他】图标按钮,打开主题下拉列表进行选择,如图 5-12 所示。

步骤 3　主题选择后的效果如图 5-13 所示。

图 5-12　选择一种主题界面

图 5-13　主题选择后的效果

2. 使用外部主题

如果内置主题不能满足用户的需求，则可以选择外部主题。选择【设计】选项卡，在【主题】组中单击【其他】按钮，弹出"所有主题"下拉列表，选择【浏览主题】命令，即可使用外部主题。

注意：若只是设置部分幻灯片主题，可选择预设主题幻灯片，右击该主题，在出现的快捷菜单中选择【应用于选定幻灯片】命令，则所选幻灯片的主题效果更新，其他幻灯片则不变。若选择【应用于所有幻灯片】命令，则整个演示文稿幻灯片均设置为所选主题。

3. 自定义主题设置

虽然内置主题类型丰富，但不是所有的主题样式都能符合用户的需求，这时可以对内置主题进行自定义设置。

（1）自定义主题颜色

步骤 1　选择【设计】选项卡，在【主题】组中单击【颜色】按钮　颜色 ，在弹出的下拉列表中选择【新建主题颜色】命令，如图 5-14 所示。

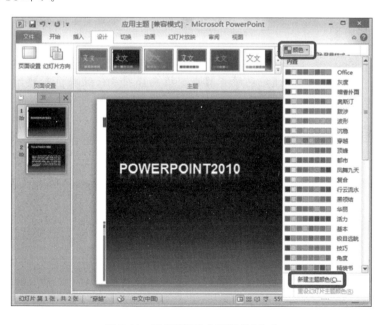

图 5-14　选择【新建主题颜色】命令

步骤2 弹出"新建主题颜色"对话框,单击颜色块右侧的下三角按钮,然后在弹出的下拉列表中选择需要的颜色,如图5-15所示。

步骤3 完成后,在【名称】文本框中输入自定义颜色的名称,然后单击【保存】按钮,如图5-15所示。

步骤4 返回演示文稿中,在主题颜色下拉列表中可以看到刚添加的主题颜色,在自定义主题颜色上单击鼠标右键,在弹出的快捷菜单中可以进行相应的设置,如图5-16所示。

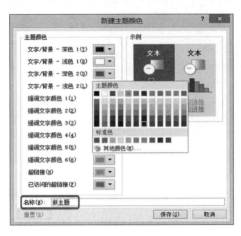

图5-15 设置颜色和名称

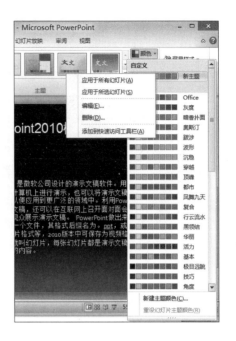

图5-16 在添加的主题颜色上进行相应设置

（2）自定义主题字体

选择【设计】选项卡【主题】组中【字体】按钮,在弹出的下拉列表中选择【新建主题字体】命令,步骤同自定义主题颜色。

5.4.2 背景的设置

背景样式是当前演示文稿中主题颜色和背景样式的组合,主要用于设置主题背景,也可以用于主题设置的幻灯片背景。

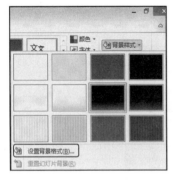

图5-17 【背景样式】下拉列表框

1. 自定义主题背景

步骤1 选择【设计】选项卡,在【背景】组中单击【背景样式】按钮 ◇背景样式▼,在弹出的下拉列表中选择【设置背景格式】命令,如图5-17所示。

步骤2 弹出"设置背景格式"对话框,如图5-18所示。在该对话框中可进行【纯色填充】【渐变填充】【图片或纹理填充】【图案填充】设置和隐藏背景图形等设置。

步骤3 设置完成后单击【关闭】按钮,则当前幻灯片应用该背景。如果单击【全部应用】按钮,则全部幻灯片应用该背景。

说明:如果对设置的背景格式不满意,可在【设置背景格式】对话框中单击【重置背景】按钮,然后单击【关闭】按钮,则所有设置回到初始状态。

2. 设置背景样式

PowerPoint 2010为每个主题提供了12种背景样式,如图5-17所示。
用户既可以选择其中一种样式快速改变演示文稿中所有幻灯片背景,也可以只改变某一幻灯片的背景。通常情况下,从列表中选择一种背景样式,则演示文稿的全部幻灯片均采用该背景样式。若只希望改变部分幻灯片背景,则应选中要改变背景的幻灯片,然后右击要选择的背景样式,在弹出的快捷菜单中选择【应用于所选幻灯片】命令,选定的幻灯片即可采用该背景样式,而其他幻灯片不变。背景样式设置可以改变设有主题的幻灯片主题背景,也可以为未设置主题的幻灯片添加背景。

5.4.3　幻灯片母版制作

幻灯片母版是演示文稿的重要组成部分,使用母版可以使整个幻灯片具有统一的风格和样式,用户无须再对幻灯片进行设置,只需在相应的位置输入需要的内容即可,从而减少了重复性工作,提高了工作效率。

在 PowerPoint 2010 中,母版分为三类,分别为幻灯片母版、讲义母版以及备注母版。

- 幻灯片母版:用来控制幻灯片上输入的标题和文本的格式和类型。
- 讲义母版:用来添加或修改幻灯片在讲义视图中的页眉/页脚信息。
- 备注母版:用来控制备注页的文字格式。

1. 创建幻灯片母版

在【视图】选项卡【母版视图】组中选择【幻灯片母版】按钮,此时系统会自动切换至【幻灯片母版】视图中,并且在功能区最前面显示【幻灯片母版】选项卡。

同样方法可创建【讲义母版】和【备注母版】。

2. 添加和删除幻灯片母版

幻灯片母版和普通幻灯片一样,也可以进行添加和删除的操作,具体的操作步骤如下。

步骤 1　新建一个幻灯片母版,在【幻灯片母版】选项卡的【编辑母版】组中单击【插入幻灯片母版】按钮,如图 5-19 所示。

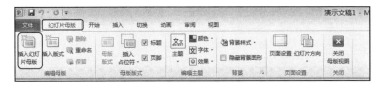

图 5-19　【幻灯片母版】选项卡

步骤 2　此时即可插入一张新的幻灯片母版,如图 5-20 所示。

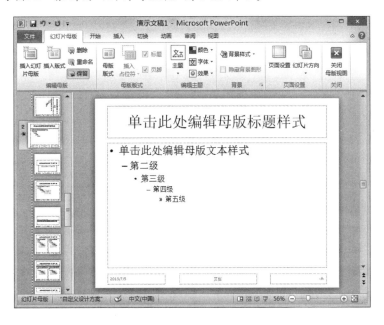

图 5-20　插入新的幻灯片母版

图 5-18　"设置背景格式"对话框

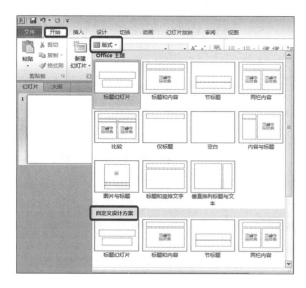

图 5-21　增加了【自定义设计方案】组

步骤3　单击【关闭】组中的【关闭母版视图】按钮，将母版视图关闭。选择【开始】选项卡，在【幻灯片】组中单击【版式】按钮，在弹出的下拉列表中可以看到增加了【自定义方案】组，如图 5-21 所示。

步骤4　如果需要删除幻灯片母版，首先选中需要删除的母版，然后在【编辑母版】组中单击【删除】按钮，此时即可将选择的幻灯片母版删除。

步骤5　再次打开版式下拉列表，可看到刚创建的【自定义设计方案】组已删除。

3. 重命名幻灯片母版

创建完幻灯片母版后，每张幻灯片版式都有属于自己的名称，可以对该幻灯片进行重命名。

步骤1　在【幻灯片母版】选项卡的【编辑母版】组中单击【重命名】按钮。

步骤2　在弹出的"重命名"版式文本框中输入新版式名称，然后单击【重命名】按钮。

4. 设置幻灯片母版的背景

幻灯片母版和普通幻灯片相同，因为可以为其设置背景。

（1）插入图片

步骤1　新建一个幻灯片母版，在【插入】选项卡的【图像】组中打击【图片】按钮，弹出"插入图片"对话框，选择素材图片，单击【插入】按钮。

步骤2　图片插入到幻灯片中后，同时会出现【图片工具】功能区，在该功能区的【格式】选项卡中可以对图片进行设置，如图 5-22 所示。

图 5-22　插入图片后的效果

步骤3　此时图片在最顶层，为保证作为背景的图片不会遮盖占位符中的内容，可以将该图片置于底层。选择背景图片，在【开始】选项卡的【绘图】组中单击【排列】按钮，在弹出的下拉列表中选择【置于底层】命令。

步骤4　设置完成后，图片将位于最底层，占位符出现在背景图片上方，如图 5-23 所示。

步骤5　单击【关闭】组中的【关闭母版视图】按钮，将母版视图关闭。选择【开始】选项卡，在【幻灯片】组中单击【版式】按钮，在弹出的下拉列表中可以看到所有幻灯片版式都添加了背景图片。

图 5-23　图片置于底层后的效果

（2）插入剪贴画

在【插入】选项卡的【图像】组中单击【剪贴画】按钮，弹出【剪贴画】任务窗格，【搜索】要插入的剪贴画插入即可。

5. 幻灯片母版的保存

创建完幻灯片母版后，可以对其进行保存，具体操作步骤如下：

步骤 1　在【文件】选项卡中选择【另存为】命令。

步骤 2　在弹出的"另存为"对话框中输入文件名，将【保存类型】设置为【PowerPoint 模板】，设置完成后单击【保存】按钮，如图 5-24 所示。

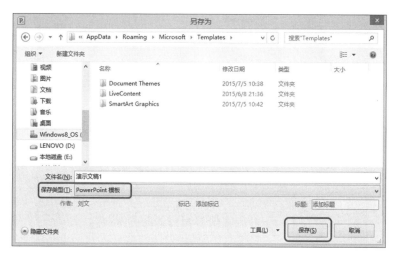

图 5-24　保存幻灯片母版

6. 插入占位符

占位符是幻灯片的重要组成部分。如果常用一种占位符，可以将其插入母版中以方便操作，具体的操作步骤如下。

步骤 1　插入母版后，在幻灯片栏中选择【仅标题】版式，如图 5-25 所示。

步骤 2　在【母版视图】组中单击【插入占位符】按钮，在弹出的下拉列表中选择【图表】命令，如图 5-26 所示。

步骤 3　选择完成后，鼠标指针变为十字形状，拖拽鼠标绘制占位符，绘制完成后的效果如图 5-27 所示。

图 5-25　选择幻灯片版式

图 5-26　选择【图表】命令

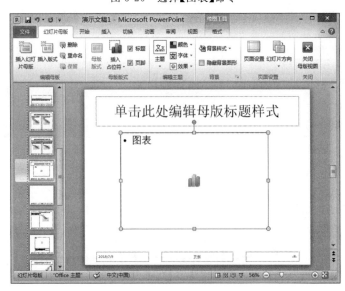

图 5-27　插入占位符后的效果

步骤 4　设置完成后,在【幻灯片母版】选项卡的【编辑母版】组中单击【重命名】按钮,弹出"重命名版式"对话框,在【版式名称】文本框中输入新版式名称,然后单击【重命名】按钮,如图 5-28 所示。

步骤 5　设置完成后单击【关闭】组中的【关闭母版视图】按钮。

步骤 6　选择【开始】选项卡,在【幻灯片】组中单击【版式】按钮,在弹出的下拉列表中可以看到刚设置的幻灯片母版发生了改变,如图 5-29 所示。

步骤 7　单击修改完成后的图表幻灯片,即可创建该版式的幻灯片,单击图标图表即可插入图表文件,如图 5-30 所示。

图 5-28　重命名版式名称为【图表】

7. 删除占位符

步骤 1　插入母版后,在幻灯片栏中选择【图片与标题】版式,如图 5-31 所示。

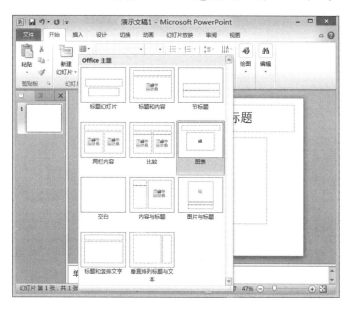

图 5-29　幻灯片母版发生改变后的效果

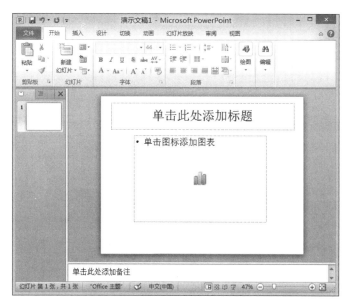

图 5-30　单击图表插入图表文件

步骤 2　选择【单击图标添加图片】占位符,按【Delete】键将其删除,如图 5-32 所示。

步骤 3　在【幻灯片母版】选项卡的【编辑母版】组中单击【重命名】按钮,在"重命名版式"对话框的【版式名称】文本框中输入新版式名称,然后单击【重命名】按钮。

步骤 4　选择【开始】选项卡,在【幻灯片】组中单击【版式】按钮,在弹出的下拉列表中可以看到刚设置的幻灯片母版发生了改变。

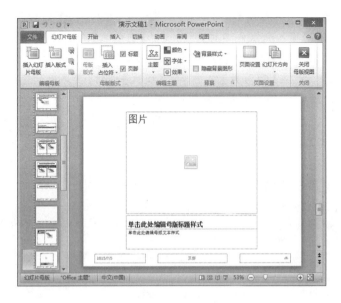

图 5-31 选择【图片与标题】版式

图 5-32 删除占位符

8. 页眉和页脚的设置

在幻灯片母版中包括页眉和页脚,当需要在每张幻灯片的页脚中插入固定内容时,可以在母版中进行设置,从而省去单独添加内容的操作。同样,在不需要显示页眉或页脚时,也可以将其隐藏。

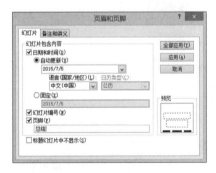

图 5-33 "页眉和页脚"对话框

步骤 1 在【插入】选项卡的【文本】组中单击【页眉和页脚】按钮,弹出"页眉和页脚"对话框,如图 5-33 所示。

步骤 2 在"页眉和页脚"对话框中,勾选【日期和时间】【幻灯片编号】【页脚】复选框,并在【页脚】文本框中输入文本,单击【全部应用】按钮,如图 5-33 所示。

步骤 3 此时对页眉和页脚的设置将应用到幻灯片母版中,创建幻灯片时,页脚处就会显示之前设置的内容,如图 5-34 所示。

步骤 4 如果在某个版式中不需要显示页脚(页眉),可选中页脚(页眉),如图 5-34 所示。

步骤 5 在【幻灯片母版】选项卡的【母版版式】组中取消勾选【页脚】(【页眉】)复选框,即可将页脚(页眉)隐藏,如图 5-35 所示。

图 5-34　添加页眉和页脚

图 5-35　隐藏页脚

9. 设置母版主题颜色

在【幻灯片母版】选项卡的【编辑主题】组单击【颜色】按钮,在弹出的下拉列表中可以使用预制颜色,也可以自定义颜色,还可以选择【新建主题颜色】命令来新建主题颜色。

10. 设置母版主题字体

在【幻灯片母版】选项卡的【编辑主题】组单击【字体】按钮,在弹出的下拉列表中可以使用预制字体样式,也可以自定义字体样式。

5.5　编辑幻灯片中的对象

在 PowerPoint 演示文稿中,通过充分、合理地编辑和使用形状、图片、图表与表格、声音与视频及艺术字等媒体对象,能够使演示文稿达到理想的效果。

5.5.1　形状的使用

制作幻灯片时,需要将一些照片或图片插入到各种圆形、方形或其他形状中。具体操作步骤如下。

步骤1 在功能区的【插入】选项卡中单击【形状】按钮,然后在所显示形状中单击需要的形状。

步骤2 在弹出的【形状】下拉列表中选择【矩形】中的【圆角矩形】命令,即可在文档中绘制一个圆角矩形,如图 5-36 所示。

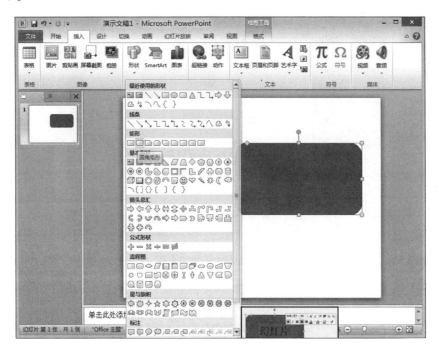

图 5-36 绘制的矩形图

步骤3 用鼠标右键单击形状,在弹出的快捷菜单中选择【编辑文字】命令,在矩形框中输入【幻灯片】三个字,输完之后选中文字,出现设置文字大小的浮动工具栏,利用该工具栏用户可以设置字体大小、样式等,如图 5-37 所示。

图 5-37 对输入的文字
进行设置

5.5.2 图片的使用

步骤1 运行 PowerPoint 2010,选择【插入】选项卡,切换到【图像】组,单击"图片"按钮。

步骤2 在弹出的"插入图片"对话框中选择要插入的图片文件,单击【插入】按钮插入图片。

步骤3 如果插入图片的亮度、对比度、清晰度没有达到要求,可以在【图片工具】的【格式】选项卡中单击【调整】组的【更正】按钮,在弹出的"更正"下拉列表中选择需要的图片,即可更改图片的亮度、对比度和清晰度。

步骤4 如果图片的色彩饱和度、色调不符合要求,可以单击【调整】组的【颜色】按钮,在打开的"颜色"下拉列表中选择需要的颜色,即可完成颜色的设置。

步骤5 如果为图片添加特殊效果,可以单击【调整】组的【艺术效果】按钮,为图片加上特效。

5.5.3 图表的使用

PowerPoint 2010 中提供的图表功能可以将数据和统计结果以各种图表的形式显示出来,使得数据更加直观、形象。这样便于用户理解数据,也能够清晰地反映数据的变化规律和发展趋势。

创建图表后,图表与创建图表的数据源之间建立了联系,如果工作表中的数据源发生了变化,图表也会随之变化。具体操作步骤如下:

步骤1 打开 PowerPoint 2010,切换到【插入】选项卡,在【插图】组中单击【图表】按钮,打开"插入图表"对话框。

步骤2 在左侧的图表模板类型列表框中选择需要创建的图表类型模板,在右侧的图表类型列表框中选择合适的图表,然后单击【确定】按钮,如图 5-38 所示。

步骤 3　选中需要设置图表的表格,单击【确定】按钮即可。

插入图标后,用户便可对图表进行编辑、修改、美化等,其操作方法与第 4 章 Excel 电子表格中的叙述相似,此处不再赘述。

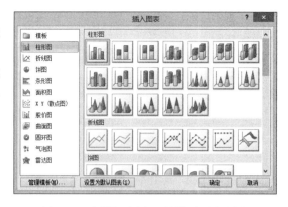

5.5.4　表格的使用

1. 插入表格

插入表格的方法有以下两种。

(1) 选择要插入表格的幻灯片,在【插入】选项卡【表

图 5-38　在"插入图表"对话框中选择图表

格】组单击【表格】按钮,在弹出的下拉列表中选择【插入表格】命令,出现【插入表格】对话框,如图 5-39 所示。输入相应的行数和列数,单击【确定】按钮后即出现一个指定行数和列数的表格。拖拽表格的控点可以改变表格的大小;拖拽表格边框,可以定位表格。

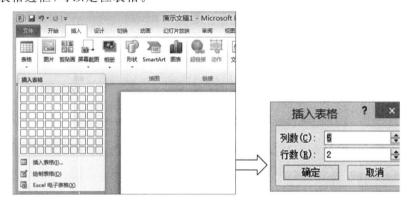

图 5-39　【表格】下拉列表

(2) 在 PowerPoint 中插入新幻灯片并选择【标题和内容】版式,单击内容区的【插入表格】图标,弹出【插入表格】对话框,输入相应的行数和列数即可创建表格。

2. 编辑表格

插入表格后,可以编辑和修改表格,如设置文本对齐方式,表格的大小和行高、列宽及删除行(列)等。选择要编辑的表格区域,利用【表格工具】→【设计】和【表格工具】→【布局】选项卡下的各命令组可以完成相应的操作。

5.5.5　SmartArt 图形的使用

用户可以从多种不同布局中选择 SmartArt 图形。SmartArt 图形能够清楚地表现层级关系、附属关系、循环关系等,从而方便、快捷地完成一个文件,并达到更佳效果。

1. 插入 SmartArt 图形

步骤 1　选择要插入表格的幻灯片,单击【插入】选项卡,在【插图】组中单击【SmartArt】按钮。

步骤 2　在弹出的对话框中即可根据需要进行选择,选择完成后单击【确定】按钮即可。

2. 改变 SmartArt 图形的颜色

用户还可对 SmartArt 图形的颜色进行更改,具体的操作步骤如下:

步骤 1　首先选中插入的 SmartArt 图形,单击【SmartArt 工具】下的【设计】选项卡,在【SmartArt 样式】组中单击【更改颜色】按钮,在弹出的下拉列表中选择所需的颜色,如图 5-40 所示。

步骤 2　操作完成后,SmartArt 图形的颜色即可更改。

3. 更改 SmartArt 某图形中的背景颜色

步骤 1　选择需要改变背景颜色的图形,单击【SmartArt 工具】下的【格式】选项卡,在【形状样式】组中单击【形状填充】按钮,在弹出的下拉列表中选择所需的颜色,如图 5-41 所示。

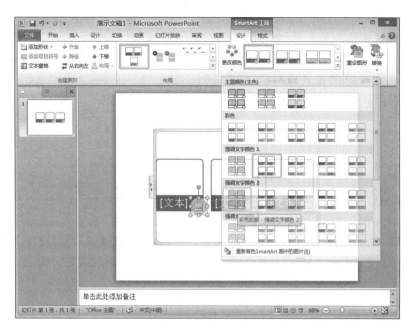

图 5-40　单击【更改颜色】按钮

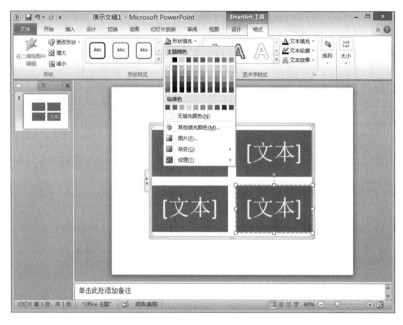

图 5-41　选择背景颜色

步骤 2　操作完成后,所选中图形的背景颜色即可改变。

4. 添加形状

步骤 1　选择某一 SmartArt 图形,单击【SmartArt 工具】下的【设计】选项卡,在【创建图形】组中单击【添加形状】按钮,如图 5-42 所示。

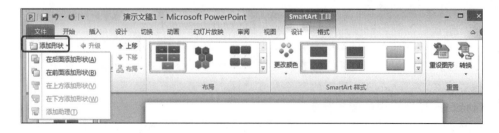

图 5-42　单击【添加形状】按钮

步骤 2　操作完成后,即可添加一个相同的 SmartArt 形状。

5.文本和图片的编辑

在幻灯片中添加 SmartArt 图形后,单击图形左侧显示的小三角按钮,即可弹出文本窗口,从中可以为文本添加文字,如图 5-43 所示。

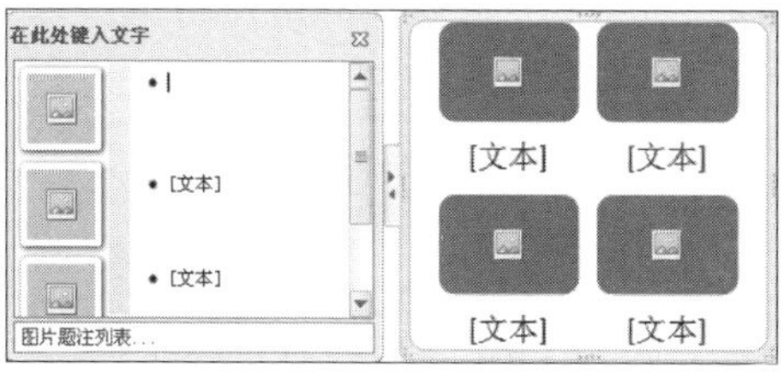

图 5-43　为文本添加文字

5.5.6　音频及视频的使用

用户在 PowerPoint 2010 中不仅可以插入图形、图片,还可以添加影片、声音以及设置影片和声音播放方式等,从而使幻灯片的效果更加生动、有趣。

1.插入文件中的音频

步骤 1　选择要插入声音的幻灯片后,单击【插入】选项卡,在【媒体】组中单击【音频】按钮,在弹出的下拉列表中选择【文件中的音频】命令,如图 5-44 所示。

图 5-44　选择【文件中的音频】命令

步骤 2　在弹出的对话框中选择需要插入的文件后单击【插入】按钮即可。

说明:当某种特殊的媒体类型或特性在 PowerPoint 2010 中不被支持,并且不能播放某个声音文件时,可尝试用 Windows Media Player 播放。当把声音作为对象插入时,Windows Media Player 能播放 PowerPoint 2010 中的多媒体文件。

2.插入剪贴画音频

步骤 1　选择要插入声音的幻灯片后,单击【插入】选项卡,在【媒体】组中单击【音频】按钮,在弹出的下拉列表中选择【剪贴画音频】命令,将弹出任务窗格。

步骤 2　在弹出的任务窗格进行搜索或选择了所需的剪贴画后,剪贴画即可被添加到幻灯片中。

步骤 3　在【放映】模式中查看幻灯片的播放效果。

3.录制音频

步骤 1　选择要插入音频的幻灯片,在【媒体】组中单击【音频】按钮,在弹出的下拉列表中选择【录制音频】命令。

步骤 2　在弹出的“录音”对话框中单击 ● 按钮进行录音,单击 ■ 按钮停止录音,单击 ▶ 按钮播放声音,如图 5-45 所示。

图 5-45　“录音”对话框

步骤 3　单击【确定】按钮,即可将录音插入到幻灯片中。

4.插入文件中的视频

步骤 1　选择要插入视频的幻灯片。

步骤 2　在【插入】选项卡【媒体】组中单击【视频】按钮,在弹出的下拉列表中选择【文件中的视频】命令,在弹出的对话框中选择视频,单击【插入】按钮即可。

5.插入剪贴画视频

步骤 1　选择要插入视频的幻灯片后,单击【插入】→【媒体】→【视频】按钮,在弹出的下拉列表中选择【剪贴画视频】命令,将弹出任务窗格。

步骤 2　在弹出的任务窗格进行搜索或选择了所需的剪贴画后,剪贴画即可被添加到幻灯片中。

大学计算机基础教程

步骤3 将幻灯片切换到【放映】模式，幻灯片会自动播放该剪贴画动画。

说明：添加剪贴画视频之前，用户可先在任务窗格中单击剪贴画缩略图右侧的下三角按钮，选择【预览/属性】命令进行预览。

5.5.7 创建艺术字

1. 插入艺术字

用户可用 PowerPoint 自带的默认艺术字样式来插入艺术字。在 PowerPoint 中插入艺术字的具体操作步骤如下：

步骤1 选择要插入艺术字的幻灯片。

步骤2 在【插入】选项卡的【文本】组中单击【艺术字】按钮，在弹出的下拉列表中选择需要的样式。

步骤3 在【开始】选项卡中的【字体】组中，可为艺术字设置所需的字体和字号等。

2. 添加艺术字效果

用户还可为普通的文字添加艺术字效果。

步骤1 选择幻灯片中需要添加艺术字效果的普通文字。

步骤2 选择【绘图工具】下的【格式】选项卡，单击【艺术字样式】组中的【其他】按钮，在弹出的下拉列表中选择所需的艺术字样式后，即可为普通文字添加艺术字效果，如图5-46所示。

注意：添加艺术字效果后，艺术字将无法使用拼写检查以及在【大纲】窗口进行编辑。

3. 自定义文本样式

若用户不需要 PowerPoint 默认的文本样式，还可以选择自定义文本样式。具体的操作步骤如下：

步骤1 选择幻灯片中需要自定义的文本。

步骤2 选择【绘图工具】下的【格式】选项卡，在【艺术字样式】组中单击【设置文本效果格式：文本框】对话框启动器，弹出"设置文本效果格式"对话框，如图5-47所示。

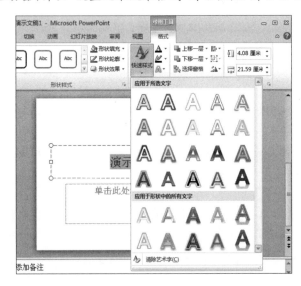

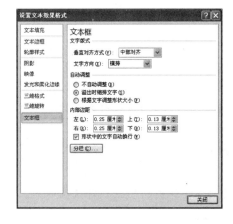

图5-46 选择艺术字样式　　　　图5-47 "设置文本效果格式"对话框

步骤3 选择【文本填充】选项卡，选择【图片或纹理填充】单选按钮，再选择插入的文件后，单击【插入】按钮，勾选【将图片平铺为纹理】复选框，对齐方式设置为【左下对齐】，如图5-48所示。

步骤4 单击【关闭】按钮，即可完成设置。

4. 文字变形效果

用户还可以对文字的形状进行变形，具体的操作步骤如下：

步骤1 选择幻灯片中需要改变形状的文字。

步骤2 选择【绘图工具】下的【格式】选项卡，在【艺术字样式】组中单击【文本效果】按钮，在弹出的下拉列表中选择【转换】命令，然后选择所需的转换样式，如图5-49所示。

步骤3 操作完成后，即可为选中的文字变形。

图 5-48 设置文本填充   图 5-49 设置转换样式

5.6 幻灯片交互效果设置

5.6.1 对象动画设置

PowerPoint 提供了幻灯片与用户之间的交互功能,用户可以为幻灯片的各种对象,包括组合图形等设置放映时的动画效果,可以为每张幻灯片设置放映时的切换效果,甚至可以规划动画的路径。设置了幻灯片交互性效果的演示文稿在放映时更具有感染力和生动性。

动画效果是指给幻灯片中的对象添加预设视觉效果,方案通常包含幻灯片标题效果和应用于幻灯片的项目符号或段落的效果。例如,幻灯片上的文本、图形、图表和其他对象具有动画效果,这样可以突出重点、控制信息流,并增加演示文稿的趣味性。

PowerPoint 提供了以下四种动画效果。

- 进入:使文本或对象通过某种效果进入幻灯片放映演示文稿。
- 强调:向幻灯片中的文本或对象添加效果。
- 退出:向文本或对象添加效果,使其在某一时刻离开幻灯片。
- 动作路径:设置动作所走向的路径。

说明:如果一个幻灯片中为多个元素设置了动画效果或为一个元素设置了多种动画方案,则在自定义动画列表中都会做出相应的说明。当有多种动画效果时,单击【重新排序】按钮两边的上下箭头按钮,可以改变动画的顺序。

1. 对象进入动画效果

PowerPoint 中提供了多种预设的进入动画效果,用户可以在【动画】选项卡的【动画】组中选择需要进入的动画效果。具体操作步骤如下。

步骤 1 新建演示文稿并插入图片,在图片中的任意位置处单击鼠标左键,使其显示文本框,如图 5-50 所示。

步骤 2 在【动画】选项卡中单击【动画】组中的【其他】按钮,在弹出的下拉列表中选择【进入】下的【形状】效果,如图 5-51 所示。

步骤 3 单击【动画】组中的【效果选项】按钮,在弹出的下拉列表中选择【缩小】选项,如图 5-52 所示。

图 5-50 显示文本框

图 5-51　选择【形状】效果

图 5-52　选择【效果选项】

图 5-53　预览效果

步骤 4　为对象设置完成进入动画效果后，可以单击如图 5-53 所示的【预览】组中的【预览】按钮观看其效果。

2. 对象退出动画效果

本例将通过【更改退出效果】对话框来设置对象的退出动画效果，具体的操作步骤如下：

步骤 1　在幻灯片中选择标题文本，在【动画】组中单击【其他】按钮，在弹出的下拉列表中选择下方的【更多退出效果】命令，如图 5-54 所示。

步骤 2　在弹出的"更多退出效果"对话框中选择【基本型】下的【劈裂】效果，如图 5-55 所示，单击【确定】按钮，最后单击【预览】按钮观看效果。

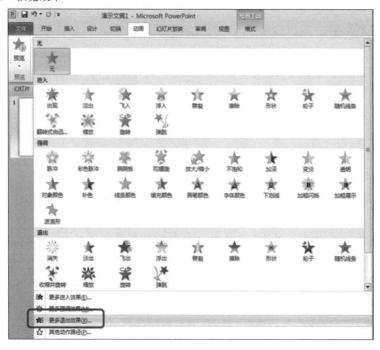

图 5-54　选择【更多退出效果】命令

3．预设路径动画

PowerPoint 中提供了大量的预设路径动画,路径动画是为对象设置一个路径使其沿着该指定路径运动。使用预设路径动画的具体操作步骤如下:

步骤 1　在幻灯片的任意位置处单击鼠标,在【动画】选项卡下的【动画】组中单击【其他】按钮,在弹出的下拉列表中选择【其他动作路径】命令。

步骤 2　在弹出的"更改动作路径"对话框中选择【直线和曲线】下的【向右弯曲】效果,如图 5-56 所示。

步骤 3　单击【确定】按钮后,幻灯片中所选择的对象上便出现了添加的动作路径,如图 5-57 所示。

4．自定义路径动画

如果对预设的动作路径不满意,用户还可以根据需要自定义动作路径。具体的操作步骤如下。

图 5-55　选择【劈裂】效果　　　图 5-56　选择【向右弯曲】效果　　　图 5-57　显示动作路径

步骤 1　新建演示文稿并插入图片,选中图片,在【动画】选项卡下的【动画】组中单击【其他】按钮,在弹出的下拉列表中选择【动作路径】中的【自定义路径】命令。

步骤 2　在幻灯片中按住鼠标左键并拖拽指针进行路径的绘制,绘制完成后双击鼠标即可,对象在沿自定义的路径预演一遍后将显示出绘制的路径,效果如图 5-58 所示。

5．使用动画窗格

当设置多个动画后,可以按照时间的顺序播放,也可以调整动画的播放顺序。使用【动画窗格】或【动画】选项卡中的【计时】组,可以查看和改变动画的播放顺序,也可以调整动画播放的时长。当为幻灯片中的对象设置了动画后,在【动画窗格】中将出现一个日程表,日程表的主要作用是表示动画效果的持续时间,用户可以通过拖动日程表中的标记来调整持续时间。

步骤 1　继续上一个例子,在【动画】选项卡下的【高级动画】组中单击【动画窗格】按钮,调整弹出的【动画窗格】大小,如图 5-59 所示。此时,可以看见在【动画窗格】中动画效果的右侧有一条淡黄色的时间条。

步骤 2　单击下方的【秒】按钮,在弹出的下拉列表中可以选择放大或缩小时间条。如图 5-60 所示为选择【放大】选项后的效果。

图 5-58　显示自定义路径　　　图 5-59　【动画窗格】　　　图 5-60　选择【放大】选项后的效果

步骤3 将鼠标移至动画效果右侧的时间条上,当指针变为左右双向箭头时,按住鼠标左键进行拖动可以调整该动画的持续时间,如图5-61所示。

步骤4 调整完成后,单击任意一个动画效果右侧的下三角按钮,在弹出的下拉列表中选择【隐藏高级日程表】命令即可将其隐藏,如图5-62所示。

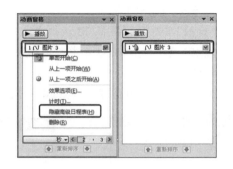

图5-61 使用鼠标直接调整持续时间　　　　图5-62 选择【隐藏高级日程表】命令

6. 复制动画设置

要将某对象设置成与已设置动画效果的某对象相同的动画,可以使用【动画】选项卡中【高级动画】组的【动画刷】按钮完成。单击【动画刷】按钮,可以复制该对象的动画;单击另一个对象,其动画设置即复制到了该对象上;双击【动画刷】按钮,可以将同一动画设置复制到多个对象上。

5.6.2 幻灯片切换效果

在PowerPoint中,幻灯片的切换效果是指在两个连续幻灯片之间衔接的特殊效果。也就是一张幻灯片在放映完后,下一张幻灯片是以哪种方式出现在屏幕中的动画效果。

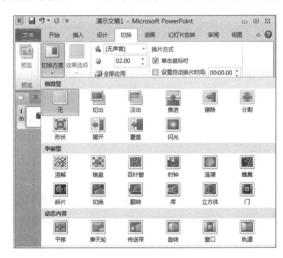

图5-63 设置切换方案

1. 设置幻灯片切换样式

打开演示文稿,选择要设置幻灯片切换效果的一张或多张幻灯片,单击【切换】→【切换到此幻灯片】组中的【切换方案】按钮,显示【细微型】【华丽型】【动态内容】切换效果。在切换效果列表中可选择一种切换样式,设置的切换效果将应用于所选的幻灯片。此外,单击【计时】组中的【全部应用】按钮可使全部幻灯片均采用该切换效果,如图5-63所示。

2. 设置幻灯片切换属性

设置幻灯片切换效果时,如果不另行设置的话,则切换效果会采用默认设置。效果一般为【垂直】,换片的方式为【单击鼠标时】,持续时间为【1秒】,声音的效果为【无声音】。假如对默认的属性不满意,用户还可以自行设置。切换属性的操作步骤如下。

步骤1 在【切换】选项卡的【切换到此幻灯片】组中单击【效果选项】按钮,在弹出的下拉列表中选择当前幻灯片对应的其中一种效果。

步骤2 在【计时】组中设置切换声音,单击【声音】下拉列表框的下拉按钮,在弹出的下拉列表中选择一种切换声音。

步骤3 在【持续时间】微调框中输入切换的时间,如图5-64所示。

图5-64 【切换】选项卡【计时】组

3. 设置幻灯片切换效果

为演示文稿添加切换效果有如下几种情况:

- 向演示文稿中的所有幻灯片添加相同的幻灯片切换效果。
- 向演示文稿中的幻灯片添加不同的幻灯片切换效果。
- 向幻灯片中添加切换声音。

用户通过【切换】选项卡中【切换到此幻灯片】组的命令,为幻灯片添加切换效果的操作步骤如下:

步骤 1　新建演示文稿并插入图片,在【切换】选项卡下的【切换到此幻灯片】组中单击【其他】按钮,在弹出的下拉列表中选择【华丽型】下的【涡流】效果,如图 5-65 所示。

步骤 2　当为第一张幻灯片添加切换效果后,在左侧的幻灯片导航列表中,该幻灯片会多出一个如图 5-66 所示的动画标志。

图 5-65　【切换】选项卡

步骤 3　在【切换】选项卡下的【切换至此幻灯片】组中单击【效果选项】按钮,在弹出的下拉列表中选择【自底部】效果。

5.6.3　幻灯片链接操作

在 PowerPoint 中,超链接可以是从一张幻灯片到同一演示文稿中另一张幻灯片的链接,也可以是从一张幻灯片到不同演示文稿中另一张幻灯片、电子邮件地址、网页或文件的链接。放映幻灯片时,用户可以通过使用超链接来增加演示文稿的交互效果,也可以从文本或对象(如图片、图形、形状或艺术字)中创建超链接,从而起到演示文稿放映过程的导航作用。

图 5-66　在导航列表中显示动画标志

1. 设置超链接

步骤 1　在幻灯片窗口中选择第一张幻灯片上的文本"计算机的性能"作为超链接的对象。

步骤 2　选择【插入】选项卡,在【链接】组中单击【超链接】按钮,弹出"插入超链接"对话框,如图 5-67 所示。

步骤 3　在【链接到】列表框中选择【本文档中的位置】选项,在【请选择文档中的位置】列表框中选择【幻灯片标题】组下的【幻灯片 2】选项。选择完成后单击【确定】按钮,如图 5-67 所示。

步骤 4　设置完成后,按【F5】键放映幻灯片,此时会发现设置链接的文本下方会出现下画线,如图 5-68 所示,说明链接成功。此时移动鼠标指针到文本上,指针变为小手形状,单击鼠标会自动链接到【幻灯片 2】。

图 5-67　"插入超链接"对话框

图 5-68　链接完成后的效果

2. 链接不同演示文稿中的幻灯片

步骤 1　创建两个不同的演示文稿,打开其中一个演示文稿,选择文本"计算机的性能"作为超链接对象。

步骤 2　选择【插入】选项卡,在【链接】组中单击【超链接】按钮。

步骤 3 弹出"插入超链接"对话框,在【链接到】列表框中选择【现有文件或网页】选项,在【查找范围】下列表框中选择放置另外一个演示文稿的文件夹,然后选择另外一个演示文稿文件,选择完成后单击【确定】按钮,如图 5-69 所示。

步骤 4 设置完成后,按【F5】键放映幻灯片,此时会发现设置链接的文本下方会出现下画线,说明链接成功。此时移动鼠标指针到文本上,指针变为小手形状,单击鼠标会自动链接到"计算机性能 1"幻灯片。

图 5-69 选择【现有文件或网页】插入超链接

说明: 如果在主演示文稿中添加指向演示文稿的链接,则在将主演示文稿复制到便携计算机中时,应确保将链接的演示文稿复制到主演示文稿所在的文件夹中。如果不复制链接的演示文稿,或者重命名、移动或删除它,则当从主演示文稿中单击指向演示文稿的超链接时,链接的演示文稿将不可用。

3. 链接 Web 上的页面

步骤 1 打开演示文稿,选择文本(或幻灯片上其他对象)作为超链接对象。

步骤 2 选择【插入】选项卡,在【链接】组中单击【超链接】按钮。

步骤 3 弹出"插入超链接"对话框,在【链接到】列表框中选择【现有文件或网页】选项,在右侧的列表框中选择【浏览过的网页】选项,则列表框中就会显示之前浏览过的网页,选择某一网页或在【地址】栏输入网址后单击【确定】按钮,如图 5-70 所示。

步骤 4 设置完成后,按【F5】键放映幻灯片,此时会发现设置链接的文本下方会出现下画线,说明链接成功。此时移动鼠标指针到文本上,指针变为小手形状,并且显示出了链接的网址,单击鼠标左键会自动链接到网站的首页。

图 5-70 选择【浏览过的网页】选项

4. 从文本对象中删除超链接

超链接使用完成后或者设置错误时,可以将其删除。具体的操作步骤如下。

步骤 1 选择要删除超链接的文本或对象。

步骤 2 选择【插入】选项卡,在【链接】组中单击【超链接】按钮,弹出"编辑超链接"对话框,单击【删除链接】按钮。

步骤 3 或右击要删除的超链接对象,在弹出的快捷菜单中选择【取消超链接】命令。

5. 设置动作

步骤 1 选择要建立动作的幻灯片,在幻灯片中选择或插入作为动作的图片,在【插入】选项卡的【链接】组中单击【动作】按钮,打开"动作设置"对话框,如图 5-71 所示。

步骤 2　在对话框中选择【单击鼠标】选项卡,或【鼠标移过】选项卡,如图 5-72 所示。选择【单击鼠标】选项卡中的【超链接到】单选按钮,在下面的下拉列表框中选择所需的选项。选择【鼠标移过】选项卡,在【超链接到】下拉列表框中进行相关设置,最后单击【确定】按钮,动作幻灯片即制作完成。

图 5-71　【单击鼠标】选项卡　　　　　图 5-72　【鼠标移过】选项卡

说明: 也可以在【运行程序】文本框中设置要打开的程序,放映时可打开所链接的文件。

6. 链接新建文档

步骤 1　打开素材文件,选择第二张幻灯片。

步骤 2　选择【插入】选项卡,在【链接】组中单击【超链接】按钮,打开"插入超链接"对话框。

步骤 3　在【链接到】列表框中选择【新建文档】选项,在【新建文档】文本框中输入名称,在【何时编辑】选项组中选择【开始编辑新文档】单选按钮,如图 5-73 所示。

步骤 4　单击【确定】按钮,即可创建一个新的文档,用户可以在新建的文档中进行设置,如图 5-74 所示。

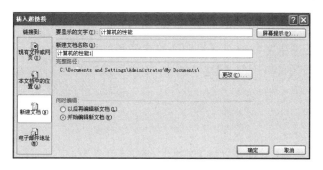

图 5-73　对【新建文档】中的选项进行设置

图 5-74　创建后的新文档

5.7 幻灯片的放映和输出

5.7.1 幻灯片放映设置

1. 设置放映方式

打开要放映的演示文稿,在【幻灯片放映】选项卡的【设置】组中单击【设置幻灯片放映】按钮,弹出"设置放映方式"对话框,如图 5-75 所示。

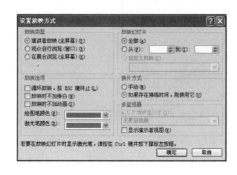

图 5-75 "设置放映方式"对话框

演示文稿有以下三种放映方式

• 演讲者放映(全屏幕):演讲者放映时全屏幕的演讲,这种方式适合会议或教学的场合,放映的过程全部由放映者控制,通常选用的便是【演讲者放映】方式。

• 观众自行浏览(窗口):展会上若允许观众互相交换控制放映过程,则比较适合采用这种方式。它允许观众利用窗口命令控制放映过程,观众可以利用窗口右下方的左、右箭头,分别切换到前一张幻灯片和后一张幻灯片(或按快捷键【PageUp】和【Page-Down】),利用两箭头之间的【菜单】命令,弹出放映控制菜单,利用菜单中的【定位至幻灯片】命令,可以方便快捷地切换到指定的幻灯片,按【Esc】键可以终止放映。

• 在展台浏览(全屏幕):这种放映方式采用的是全屏幕放映,适合在展示产品的橱柜和展览会上自动播放产品的信息,可以手动播放,也可以采用事先安排好的播放方式放映,只不过观众可以观看,不可以控制。

在"设置放映方式"对话框的【放映幻灯片】选项组中,可以选择幻灯片的范围,即全体或部分幻灯片。在放映部分幻灯片的时候,可以指定放映幻灯片的开始序号和终止序号。

在"设置放映方式"对话框的【换片方式】选项组中,用户可以选择控制放映速度的换片方式。前两种放映方式一般采用【手动】方式,第三种放映方式如进行了事先排练,可选择【如果存在排练时间,则使用它】换片方式,自行播放。

2. 采用排练计时

步骤 1 在演示文稿,切换到【幻灯片放映】选项卡,并在【设置】组中单击【排练计时】按钮。

步骤 2 此时,PowerPoint 立刻进入全屏放映模式,屏幕左上角显示一个【录制】工具栏,借助它可以准确记录演示当前幻灯片时所使用的时间(工具栏左侧显示的时间),以及从开始放映到目前为止总共使用的时间(工具栏右侧显示的时间),如图 5-76 所示。

步骤 3 切换幻灯片,新的幻灯片开始放映时,幻灯片的放映时间会重新开始计时,总的放映时间开始累加。在放映期间可以随时暂停,当幻灯片停止播放时,会弹出是否保存排练时间的提示对话框。退出放映时会弹出是否保留幻灯片放映时间的提示对话框,如果单击【是】按钮,则新的排练时间将自动变为幻灯片切换时间,如图 5-77 所示。

图 5-76 使用【录制】工具栏记录起止时间   图 5-77 提示是否保留排练时间·

3. 其他设置

（1）单击【幻灯片放映】选项卡下【设置】组中的【录制幻灯片演示】按钮，可以在放映排练时为幻灯片录制声音并保存。如图 5-78 所示。

图 5-78　【幻灯片放映】选项卡

（2）选择某张幻灯片，单击【隐藏幻灯片】按钮，可以在放映幻灯片时不出现该幻灯片。

（3）单击【幻灯片放映】选项卡下【开始放映幻灯片】组中的【自定义幻灯片放映】按钮，可以在演示文稿的幻灯片中建立很多种放映方式，在不同的方案下选择不同的幻灯片放映模式。

（4）放映幻灯片时，单击鼠标右键，在弹出的快捷菜单中选择【指针选项】命令，在其中选择【笔】【荧光笔】【墨迹颜色】等，则可利用鼠标指针在幻灯片上勾画重要的内容；再次选择【指针选项】命令，则可抹去勾画的笔迹。

5.7.2　演示文稿的打包和输出

1. 演示文稿打包

如果要想在未安装 PowerPoint 2010 的计算机上运行演示文稿，可以将演示文稿打包成 CD 文件，【PowerPoint 2010 播放器】程序可以在没有安装 PowerPoint 2010 的计算机上放映幻灯片。具体操作步骤如下：

步骤 1　打开要打包的演示文稿，单击【文件】选项卡，在弹出的后台视图中选择【保存并发送】命令。

步骤 2　在展开的面板中选择【文件类型】组中的【将演示文稿打包成 CD】选项，然后单击右侧的【打包成 CD】按钮。

步骤 3　弹出"打包成 CD"对话框，如图 5-79 所示，在该对话框中单击【添加】按钮，弹出【添加文件】对话框，使用该对话框可以添加多个要打包的演示文稿。

步骤 4　在"打包成 CD"对话框中单击【选项】按钮，弹出"选项"对话框，在该对话框中可以对需打包的演示文稿进行设置，在这里使用默认设置，然后单击【确定】按钮，如图 5-80 所示。

步骤 5　在"打包成 CD"对话框中单击【复制到文件夹】按钮，弹出"复制到文件夹"对话框，将【文件夹名称】设置为【将演示文稿打包成 CD】，单击【浏览】按钮，在弹出的"选择位置"对话框中选择文件夹的存储位置，然后单击【确定】按钮，如图 5-81 所示。

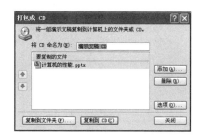

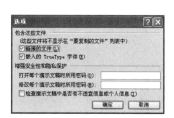

图 5-79　"打包成 CD"对话框　　　图 5-80　"选项"对话框　　　图 5-81　"复制到文件夹"对话框

步骤 6　弹出如图 5-82 所示的信息提示对话框，单击【是】按钮。

图 5-82　信息提示的预估计

图 5-83 打包成 CD 文件夹

步骤 7 此时系统开始复制文件,并弹出"正在将文件复制到文件夹"提示对话框。

步骤 8 复制完成后自动弹出【将演示文稿打包成 CD】文件夹,在该文件夹中可以看到系统保存了所有与演示文稿相关的内容,如图 5-83 所示。

2. 运行打包的演示文稿

演示文稿打包后,可以在没有 PowerPoint 程序的情况下观看文稿。方法为:打开打包文件的文件夹,在联网的情况下,双击文件中的网页文件,在打开的网页上单击【DownloadViewer】按钮,下载安装 PowerPoint 播放器 PowerPointViewer.exe;启动 PowerPoint 播放器,出现

【Microsoft PowerPoint Viewer】对话框,定位到打包文件夹,选择一个演示文稿文件,并且单击【打开】按钮,就可以放映该演示文稿。打包到 CD 演示文稿可在读光盘后自动播放。

3. 将演示文稿转换为直接放映格式

将演示文稿转换为直接放映格式后,可以在没有安装 PowerPoint 的情况下直接放映。

打开演示文稿,选择【文件】选项卡中的【保存并发送】命令;双击【更改文件类型】中的【PowerPoint 放映】命令,弹出【另存为】对话框,自动选择保存类型为【PowerPoint 放映(∗.ppsx)】,选择保存路径和文件名后单击【保存】按钮。之后双击放映格式(∗.ppsx)文件即可放映该演示文稿。

5.7.3 演示文稿的打印

幻灯片均设计为彩色模式显示,而一般的打印机并不是彩色打印机,或不需要彩色打印,只以黑白或灰度模式打印。以灰度模式打印时,彩色图像将以介于黑色和白色之间的各种灰色调打印出来。打印幻灯片时 PowerPoint 将设置演示文稿的颜色,使其与所先打印机的功能相符。在 PowerPoint 中还可以打印演示文稿的其他部分,如讲义、备注页和大纲视图的演示文稿等。

1. 打印设置

在打印幻灯片前一般需要进行打印设置,如设置打印范围、色彩模式和打印份数等,具体的操作步骤如下:

步骤 1 单击【文件】选项卡,在弹出的后台视图中选择【打印】命令,即可打开打印预览面板。在【设置】组中将打印设置为【打印当前幻灯片】,如图 5-84 所示。

步骤 2 在【设置】组中将色彩模式设置为【灰度】,最后将【打印】组中的【份数】设置为 2,设置完成后单击【打印】按钮,即可开始打印,如图 5-85 所示。

图 5-84 选择【打印当前幻灯片】命令

图 5-85 打印设置

2. 设置幻灯片大小及打印方向

在使用 PowerPoint 打印演示文稿前,可以根据需要对幻灯片的大小和方向等进行设置,具体的操作步骤如下:

步骤 1　选择【设计】选项卡,在【页面设置】组中单击【页面设置】按钮。

步骤 2　弹出【页面设置】对话框,在【幻灯片大小】下拉列表框中将幻灯片的大小设置为【信纸(8.5×11 英寸)】,在【方向】选项组中勾选【幻灯片】组中的【纵向】单选按钮,如图 5-86 所示。

步骤 3　设置完单击【确定】,即可为幻灯片设置大小和方向。

图 5-86　"页面设置"对话框

5.8　网络应用

5.8.1　使用电子邮件发送

使用电子邮件发送演示文稿的操作步骤如下:

步骤 1　单击【文件】按钮,在导航栏中选择【保存并发送】命令,在打开的"保存并发送"窗口中选择【使用电子邮件发送】命令,单击【作为附件发送】按钮。

步骤 2　打开 Outlook 客户端,写好收件人,发送。

当第一次使用 Outlook 发邮件时,需要进行基本配置操作,否则不能执行。

5.8.2　保存到 Web

将演示文稿保存到 Web 上的操作步骤如下:

步骤 1　单击【文件】按钮,选择【保存并发送】命令,在打开的"保存并发送"窗口中选择【保存到 Web】命令,单击【登录】按钮,如图 5-87 所示。

图 5-87　演示文稿保存到 Web

步骤 2　打开"连接到 docs. live. net"对话框,输入电子邮件地址和密码,然后单击【确定】按钮,如图 5-88 所示。

步骤 3　选择"公开"文件夹,单击【另存为】按钮,PowerPoint 演示文稿保存到 Web 网上。

步骤 4　在"Microsoft OneDrive"空间中可以查看到上传的 PowerPoint 演示文稿。

图 5-88 "连接到 docs. live. net"对话框

5.8.3 广播幻灯片

广播幻灯片的操作步骤如下:

步骤 1 单击【文件】按钮,选择【保存并发送】命令,在打开的"保存并发送"窗口中选择【广播幻灯片】命令,单击【广播幻灯片】按钮,如图 5-89 所示。

步骤 2 打开"广播幻灯片"对话框,单击【启动广播】按钮,如图 5-90 所示。打开正在准备广播进度条。

步骤 3 显示幻灯片广播的地址,可以将广播地址复制发给朋友来观看演示文稿,如图 5-91 所示。

步骤 4 此时演示文稿广播成功。

用户在广播幻灯片之前必须要在 docs. live. net 中注册一个 outlook. com 的邮箱。

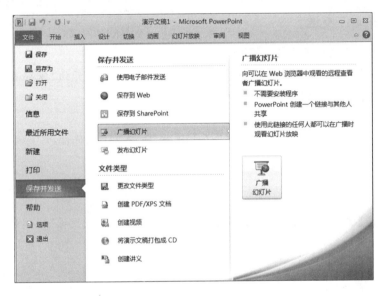

图 5-89 广播幻灯片

图 5-90 "广播幻灯片"对话框

图 5-91 广播幻灯片链接地址

习　　题

实训题目

请根据提供的"ppt 素材及设计要求. docx"设计制作演示文稿,并以文件名"ppt. pptx"存盘,具体要求如下：

（1）演示文稿中需包含 6 页幻灯片，每页幻灯片的内容与"ppt 素材及设计要求. docx"文件中的序号内容相对应，并为演示文稿选择一种内置主题。

（2）设置第一页幻灯片为标题幻灯片，标题为"学习型社会的学习理念"，副标题包含制作单位"计算机教研室"和制作日期（格式：××××年××月××日）内容。

（3）设置第 3、4、5 页幻灯片为不同版式，并根据文件"ppt 素材及设计要求. docx"内容将其所有文字布局到各对应幻灯片中，第 4 页幻灯片需包含所指定的图片。

（4）根据"ppt 素材及设计要求. docx"文件中的动画类别提示设计演示文稿中的动画效果，并保证各幻灯片中的动画效果先后顺序合理。

（5）在幻灯片中突出显示"ppt 素材及设计要求. docx"文件中重点内容（素材中加粗部分），包括字体、字号、颜色等。

（6）第 2 页幻灯片作为目录页，采用垂直框列表 SmartArt 图形表示"ppt 素材及设计要求. docx"文件中要介绍的三项内容，并为每项内容设置超级链接，单击各链接时跳转到相应幻灯片。

（7）设置第 6 页幻灯片为空白版式，并修改该页幻灯片背景为纯色填充。

（8）在第 6 页幻灯片中插入包含文字为"结束"的艺术字，并设置其动画动作路径为圆形形状。样张如图 5-92 所示。

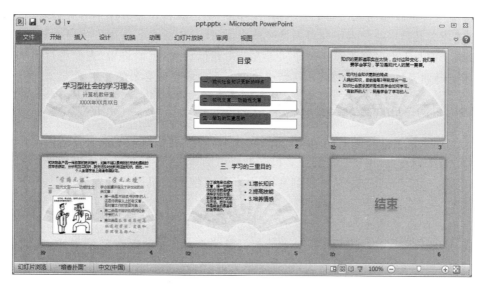

图 5-92　"ppt. pptx"演示文稿

第6章 计算机网络与应用

【学习目标】

1. 掌握计算机网络的基本概念；
2. 了解计算机网络的功能、体系结构及分类；
3. 掌握网络的拓扑结构；
4. 掌握局域网基本技术；
5. 掌握 Internet 基础知识及常用服务。

6.1 计算机网络概述

计算机网络是计算机技术与现代通信技术相结合的产物。随着计算机技术的高速发展，计算机应用日益普及，计算机技术尤其是网络技术正在对人类经济生活、社会生活等各方面产生巨大的影响。电子商务、网上银行、远程教育等与人们的联系越来越紧密。有理由相信，在不远的将来，人们将过上真正意义上的数字化生活。掌握计算机及网络的基础知识，已经成为人们通向成功所必备的基本素质。

6.1.1 计算机网络的历史及其发展

世界上第一台电子数字计算机 ENIAC 在美国诞生时，计算机和通信并没有什么关系。当时的计算机数量极少，而且价格十分昂贵，用户只能到计算机房去使用计算机，这显然是很不方便的。计算机网络的产生和演变过程经历了从简单到复杂、从低级到高级、从单机系统到多机系统的发展过程，其演变过程可概括为四个阶段：

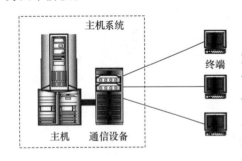

图 6-1 面向终端的计算机网络

1. 计算机—终端联机网络

第一台计算机产生后，随着时间的推移，其应用规模不断增大，出现了单机难以完成的任务。20 世纪 50 年代，出现了以一台计算机（称为主机）为中心，通过通信线路，将许多分散在不同地理位置的"终端"（Terminal）连接到该主机上，所有终端用户的事务在主机中进行处理，终端仅是计算机的外部设备，只包括显示器和键盘，没有 CPU，也没有内存，所以这种单机联机系统又称为面向终端的计算机网络。图 6-1 就是这种系统的一个简图。

面向终端的计算机通信网络是一种主从式结构，这种网络与现在的计算机网络的概念不同，只是现代计算机网络的雏形。

2. 计算机—计算机互联网络

1957 年，前苏联发射了第一颗人造卫星，引起了美国对争夺太空的重视，艾森豪威尔总统为此设立了 ARPA 机构（即美国国防部高级研究计划署），旨在发展太空技术。ARPA 在 1969 年建成了 ARPANET 网络（Advanced Research Projects Agency Network），该网络首先只连接了四台主机，分布在四所高校。在 ARPANET 网络中，首次采用了分组交换技术进行数据传递，为现代计算机网络的发展奠定了基础。

在计算机—计算机网络（图 6-2）中，为了减轻主机的负担，开发了一种称为通信控制处理机（Communication Control Processor，CCP）的硬件设备，它承担所有的通信任务，以减少主机的负荷和提高主机处理数据的效率。

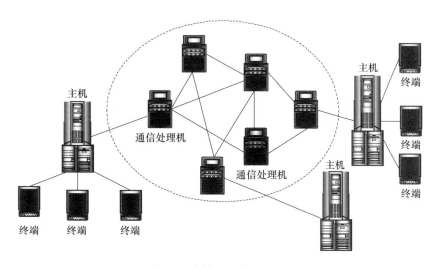

图 6-2　计算机-计算机网络

在 20 世纪 70 年代,基于计算机-计算机的局域网络的发展也很迅速,许多中小型的公司、企事业单位都建立了自己的局域网。

3. 网络体系结构标准化阶段

ARPANET 兴起后,计算机网络发展迅猛,各大计算机公司相继推出自己的网络体系结构及实现这些结构的软硬件产品,但各个公司的网络彼此并不相同,所采用的通信协议也不一样,很难实行网络的互联、互通。

为了实行网络互联,国际标准化组织(ISO)于 1984 年正式颁布了"开放系统互联参考模型",即 OSI/RM(Open System Interconnection Reference Model),简称 ISO/OSI 模型。ISO/OSI 模型在网络结构的标准化方面起到了很重要的作用,如果全世界所有的网络都遵守该协议,这些网络就可以很容易地实行网络互联。因此,把网络体系机构标准化的计算机网络称为第三代计算机网络(图 6-3)。

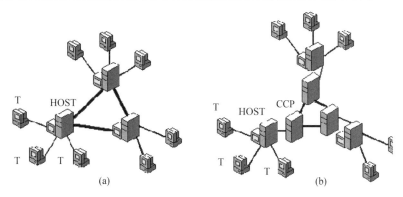

图 6-3　网络体系结构标准化阶段

4. Internet 时代

1985 年,美国国家科学基金会(National Science Foundation,NSF)利用 ARPANET 协议建立了用于科学研究和教育的骨干网络 NSFNET。1990 年,NSFNET 代替 ARPANET 成为国家骨干网,并且走出了大学和研究机构进入社会。1992 年,Internet 学会成立,该学会把 Internet 定义为"组织松散的、独立的国际合作互联网络","通过自主遵守计算协议和过程支持主机对主机的通信"。目前,国际互联网 Internet 已经联系着 240 多个国家和地区,连接了 80 多万个网络,1 亿多台主机,上网用户达到 2.6 亿之多,已经成为当今世界上信息资源最丰富的互联网络。

随着 Internet 的快速发展以及应用的不断扩展,计算机网络的高速信息交换已成为人们首要追求的目标,互联网的进一步发展面临着带宽(即网络传输速率和流量)的限制。在这种形势下,美国总统克林顿于 1993 年宣布正式实施国家信息基础设施(National Information Infrastructure,NII)计划,预期目标是以高于

3 Gbit/s 的传输速率将大量的公共及专用的局域网和广域网通过"信息高速公路"连接成一个信息网络。这阶段计算机网络发展的特点是:高效、互联、高速和智能化应用。

可以预计,未来的计算机网络将是以光纤为传输媒体,传输速率极高,集电话、数据、电报、有线电视、计算机网络等所有网络为一体的信息高速公路网。

6.1.2　计算机网络的定义

计算机网络是指把分布在不同地理位置上的具有独立功能的多台计算机,通过通信线路和通信设备相互连接起来,在网络通信协议的控制下,进行信息交换和资源共享或协同工作的计算机系统。

6.1.3　网络的组成

从物理连接上讲,计算机网络由计算机系统、通信链路和网络结点组成。计算机系统进行各种数据处理,通信链路和网络结点提供通信功能。

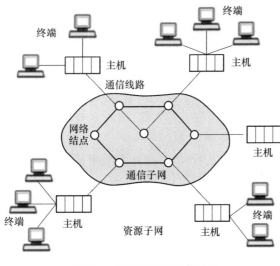

图 6-4　资源子网和通信子网

从逻辑功能上看,可以把计算机网络分成资源子网和通信子网两个子网。如图 6-4 所示。

1. 资源子网

资源子网是通过通信子网连接在一起的计算机,向网络用户提供可共享的硬件、软件和信息资源。

资源子网提供访问的能力,它由主计算机、终端控制器、终端和计算机所能提供共享的软件资源和数据源(如数据库和应用程序)构成。主计算机通过一条高速多路复用线路或一条通信链路连接到通信子网的结点上。

2. 通信子网

通信子网负责计算机间的数据通信,也就是数据传输。通信子网是由用作信息交换的结点计算机 NC 和通信线路组成的独立的数据通信系统,它承担全网的数据传输、转接、加工和变换等通信处理工作。

6.1.4　计算机网络的功能

1. 数据通信

数据通信即数据传送,是计算机网络的最基本功能之一。从通信角度看,计算机网络其实是一种计算机通信系统。作为计算机通信系统,能实现下列重要功能:

(1) 传输文件

网络能快速地、不需要交换软盘就可在计算机与计算机之间进行文件复制。

(2) 使用电子邮件(E-mail)

用户可以将计算机网络作为邮局,向网络上的其他计算机用户发送备忘录、报告和报表等。虽然在办公室使用电话是非常方便的,但网络的 E-mail 可以向不在办公室的人传送消息,而且还提供了一种无纸办公的环境。

2. 资源共享

资源共享包括硬件、软件和数据资源的共享,它是计算机网络最有吸引力的功能。资源共享指的是网上用户能够部分或全部地使用计算机网络资源,使计算机网络中的资源互通有无、分工协作,从而大大地提高各种硬件、软件和数据资源的利用率。

(1) 共享硬件资源。

(2) 共享软件资源。

(3) 共享数据。

3. 计算机系统可靠性和可用性的提高

计算机系统可靠性的提高主要表现在计算机网络中每台计算机都可以依赖计算机网络相互为后备机。

计算机可用性的提高是指当计算机网络中某一台计算机负载过重时,计算机网络能够进行智能的判断,并将新的任务转交给计算机网络中较空闲的计算机去完成,这样就能均衡每一台计算机的负载,提高了每一台计算机的可用性。

4. 易于进行分布处理

在计算机网络中,每个用户可根据情况合理选择计算机网内的资源,以就近的原则快速地处理。对于较大型的综合问题,通过一定的算法将任务分别交给不同的计算机,从而达到均衡网络资源,实现分布处理的目的。此外,利用网络技术,能将多台计算机连成具有高性能的计算机系统,以并行的方式共同来处理一个复杂的问题,这就是当今称之为协同式计算机的一种网络计算模式。

6.1.5 计算机网络的分类

1. 根据网络的覆盖范围划分

分为局域网、城域网、广域网、互联网。

(1) 局域网(Local Area Network,LAN)

通常我们常见的"LAN"就是指局域网,这是我们最常见、应用最广的一种网络。现在局域网随着整个计算机网络技术的发展和提高得到充分的应用和普及,几乎每个单位都有自己的局域网,有的甚至家庭中都有自己的小型局域网。很明显,所谓局域网,就是在局部地区范围内的网络,它所覆盖的地区范围较小。局域网在计算机数量配置上没有太多的限制,少的可以只有两台,多的可达几百台。一般来说,在企业局域网中,工作站的数量在几十台次到两百台次。在网络所涉及的地理距离上一般来说可以是几米至 10 千米以内。局域网一般位于一个建筑物或一个单位内,不存在寻径问题,不包括网络层的应用。

这种网络的特点就是:连接范围窄、用户数少、配置容易、连接速率高。目前局域网最快的速率要算现今的 10G 以太网了。IEEE 802 标准委员会定义了多种主要的 LAN 网:以太网(Ethernet)、令牌环网(Token Ring)、光纤分布式接口网络(FDDI)、异步传输模式网(ATM)以及最新的无线局域网(WLAN)。这些都将在后面详细介绍。

(2) 城域网(Metropolitan Area Network,MAN)

这种网络一般来说是在一个城市,但不在同一地理小区范围内的计算机互联。这种网络的连接距离可以在 10~100 千米,它采用的是 IEEE 802.6 标准。MAN 与 LAN 相比扩展的距离更长,连接的计算机数量更多,在地理范围上可以说是 LAN 网络的延伸。在一个大型城市或都市地区,一个 MAN 网络通常连接着多个 LAN 网。如连接政府机构的 LAN、医院的 LAN、电信的 LAN、公司企业的 LAN 等。由于光纤连接的引入,使 MAN 中高速的 LAN 互联成为可能。

城域网多采用 ATM 技术做骨干网。ATM 是一个用于数据、语音、视频以及多媒体应用程序的高速网络传输方法。ATM 包括一个接口和一个协议,该协议能够在一个常规的传输信道上,在比特率不变及变化的通信量之间进行切换。ATM 也包括硬件、软件以及与 ATM 协议标准一致的介质。ATM 提供一个可伸缩的主干基础设施,以便能够适应不同规模、速度以及寻址技术的网络。ATM 的最大缺点就是成本太高,所以一般在政府城域网中应用,如邮政、银行、医院等。

(3) 广域网(Wide Area Network,WAN)

这种网络也称为远程网,所覆盖的范围比城域网(MAN)更广,它一般是在不同城市之间的 LAN 或者 MAN 网络互联,地理范围可从几百千米到几千千米。因为距离较远,信息衰减比较严重,所以这种网络一般是要租用专线,通过 IMP(接口信息处理)协议和线路连接起来,构成网状结构,解决寻径问题。这种城域网因为所连接的用户多,总出口带宽有限,所以用户的终端连接速率一般较低,通常为 9.6 Kbit/s~45 Mbit/s 如邮电部的 CHINANET、CHINAPAC 和 CHINADDN 网。

(4) 互联网(Internet)

互联网又因其英文单词"Internet"的谐音,又称为"因特网"。在互联网应用如此发展的今天,它已是我们每天都要打交道的一种网络,无论从地理范围,还是从网络规模来讲它都是最大的一种网络,就是我们常说的"Web"、"WWW"和"万维网"等多种叫法。从地理范围来说,它可以是全球计算机的互联,这种网络的最大的特点就是不定性,整个网络的计算机每时每刻随着人们网络的接入在不变的变化。当用户连在互联网上的时候,用户的计算机可以算是互联网的一部分,但一旦当用户断开互联网的连接时,用户的计算机就不属于互联网了。但它的优点也是非常明显的,就是信息量大,传播广,无论人们身处何地,只要联上互联网就可以对任何可以联网用户发出信函和广告。因为这种网络的复杂性,所以这种网络实现的技术也是非常复杂的,这一点我们可以通过后面要讲的几种互联网接入设备详细地了解到。

2. 按网络的拓扑结构划分

分为总线型网络、星形网络、环形网络、树状网络和混合型网络等。

3. 按传输介质划分

分为有线网和无线网。

有线网采用双绞线、同轴电缆、光纤或电话线作传输介质。采用双绞线和同轴电缆连成的网络经济且安装简便,但传输距离相对较短。以光纤为介质的网络传输距离远,传输率高,抗干扰能力强,安全好用,但成本稍高。

无线网主要以无线电波或红外线为传输介质,联网方式灵活方便,但联网费用稍高,可靠性和安全性还有待改进。另外,还有卫星数据通信网,它是通过卫星进行数据通信的。

4. 按网络的使用性质划分

分为公用网和专用网。

公用网(Public Network),是一种付费网络,属于经营性网络,由商家建造并维护,消费者付费使用。

专用网(Private Network),是某个部门根据本系统的特殊业务需要而建造的网络,这种网络一般不对外提供服务。例如军队、银行、电力等系统的网络就属于专用网。

上面讲了网络的几种分类,其实在现实生活中我们真正用得最多的还要算局域网,因为它可大可小,无论在单位还是在家庭实现起来都比较容易,应用也是最广泛的一种网络,所以下面我们有必要对局域网及局域网中的接入设备作一个进一步的认识。

6.2 计算机网络体系结构和协议

数据交换、资源共享是计算机网络的最终目的。要保证有条不紊地进行数据交换,合理地共享资源,各个独立的计算机系统之间必须达成某种默契,严格遵守事先约定好的一整套通信规程,包括严格规定要交换的数据格式、控制信息的格式和控制功能以及通信过程中事件执行的顺序等。这些通信规程我们称之为网络协议(Protocol)。

网络协议指计算机间通信时对传输信息内容的理解、信息表示形式以及各种情况下的应答信号都必须遵守的一个共同的约定。

网络协议主要由以下三个要素组成:

(1)语法,即用户数据与控制信息的结构或格式。

(2)语义,即需要发出何种控制信息,以及完成的动作与做出的响应。

(3)时序,是对事件实现顺序的详细说明。

6.2.1 计算机网络体系结构的形成

计算机网络是由多种计算机和各类终端通过通信线路连接起来的复合系统。在这个系统中,由于计算机型号不一,终端类型各异,加之线路类型、连接方式、同步方式、通信方式的不同,给网络中各结点的通信带来许多不便。由于在不同计算机系统之间,真正以协同方式进行通信的任务是十分复杂的。为了设计这样复杂的计算机网络,早在最初的 ARPANET 设计时即提出了分层的方法。"分层"可将庞大而复杂的问题,转化为若干较小的局部问题,而这些较小的局部总是比较易于研究和处理。

1974 年,美国的 IBM 公司宣布了它研制的系统网络体系结构(System Network Architecture,SNA)。

为了使不同体系结构的计算机网络都能互连,国际标准化组织(ISO)于 1977 年成立了一个专门的机构来研究该问题。不久,他们就提出一个试图使各种计算机在世界范围内互连成网的标准框架,即著名的开放系统互连基本参考模型 OSI/RM(Open Systems Interconnection Reference Model),简称为 OSI。

OSI 开放系统互连参考模型将整个网络的通信功能划分成七个层次,每个层次完成不同的功能。这七层由低层至高层分别是物理层、数据链路层、网络层、传输层、会话层、表示层和应用层。

OSI 采用这种层次结构可以带来很多好处:

(1) 各层之间是独立的。某一层并不需要知道它的下一层是如何实现的,而仅仅需要知道该层间的接口(即界面)所提供的服务。由于每一层只实现一种相对独立的功能,因而可将一个难以处理的复杂问题分解为若干个较容易处理的更小一些的问题。这样,整个问题的复杂程度就下降了。

(2) 灵活性好。当任何一层发生变化时(例如技术的变化),只要层间接口关系保持不变,则在这层以上或以下各层均不受影响。

(3) 结构上可分割开。各层都可以采用最合适的技术来实现。

(4) 易于实现和维护。这种结构使得实现和调试一个庞大而又复杂的系统变得易于处理,因为整个系统已被分解为若干个相对独立的子系统。

(5) 能促进标准化工作,因为每一层的功能及其所提供的服务都已有了精确的说明。

6.2.2　OSI 的参考模型

1. 物理层(Physical Layer)

主要对通信网物理设备的特性进行定义,使之能够传输二进制的数据流(即位流)。如定义网卡、路由器的外形、接口形状、接口线的根数、电压等。

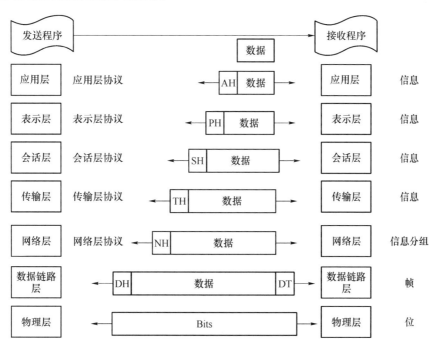

图 6-5　OSI 七层模型和数据在各层的表示

2. 数据链路层(Data Link Layer)

所谓链路,可理解为 A、B 两地之间的连接通路,数据链路就是从通信的出发点到目的地之间的"数据通路"。物理层把数据从主机 A 源源不断地流向主机 B,而且都是"0""1"的组合,谁能知道这串二进制数据是什么意思呢?

事实上,数据在通信线路上是以帧的形式来传送的。即将发送方 A 要传送的数据分成大小固定(具有相同的字节数)的二进制组,将每组包装起来(如为组添加一个序号等),然后再通过通信线路将每个分组送到接收方 B。这里的每个分组就称为一帧。数据链路层的主要功能是保证通信线路中传送的二进制数据流是有意义的数据。

3. 网络层（Network Layer）

在一个计算机通信网中，从发送方到接收方可能存在多条通信线路，就跟邮递员送邮件一样，都有很多路可以选择，那么数据到底走哪一条路呢？哪条路最近呢？哪条路又比较拥挤（塞车）哪？是不是将数据同时走几条路呢？这是由网络层来完成的。简而言之，网络层为建立网络连接和其上层（传输层、会话层）提供服务，具体包括：为数据传输选择路由和中继；激活、中止网络连接；差错检测和恢复；网络流量控制；网络管理等。

4. 传输层（Transport Layer）

传输层主要功能是建立端到端的通信，即建立起从发送方到接收方的网络传输通路。在一般情况下，当会话层请求建立一个传输连接，传输层就为其创建一个独立的网络连接。如果传输连接需要较大的吞吐量（一次传送大量的数据），传输层也可以为其创建多个网络连接，让数据在这些网络连接上分流，以提高吞吐量。

5. 会话层（Session Layer）

试想，若有一个大文件，需要 5 个小时才能传送完毕，如果传送 3 个小时就出现了网络故障，不得不重新传送，而且在传递的过程中还可能出现问题，这样麻烦就大了。

会话层为这样的问题提出了解决方案，允许通信双方建立和维持会话关系（所谓会话关系，即是一方提出请求，另一方应答的关系），并使双方会话获得同步。会话层在数据中插入检验点，当出现网络故障时，只需传送一个检验点之后的数据就行了（即已经收到的数据就不传送了），也就是断点续传。

6. 表示层（Presentation Layer）

在网络中，主机有着不同类型的操作系统，如 UNIX、Windows、Linux 等；传递的数据类型千差万别，有文本、图像、声音等；有的主机或网络使用 ASCII 码表示数据，有的用 BCD 码表示数据。那么，怎样在这些主机之间传送数据呢？

表示层为异构的计算机之间的通信制定了一些数据编码规则，为通信双方提供一种公共语言，以便对数据进行格式转换，使双方有一致的数据形式，以便能进行互操作。

7. 应用层（Application Layer）

人们需要网络提供不同的服务，如传输文件、收发电子邮件、远程提交作业、网络会议等，这些功能都是由应用层来实现。应用层包含大量的应用协议，如 HTTP 协议、FTP 协议等，向应用程序提供服务。

6.2.3 TCP/IP 参考模型

TCP/IP 体系共分成四个层次。它们分别是：网络接口层、网络层、传输层和应用层，如图 6-6 所示。

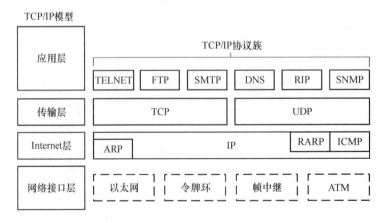

图 6-6　TCP/IP 参考模型

1. 网络接口层

网络接口层与 OSI 参考模型的数据链路层和物理层相对应,它不是 TCP/IP 协议的一部分,但它是 TCP/IP 赖以存在的与各种通信网之间的接口,所以,TCP/IP 对网络接口层并没有给出具体的规定。

2. 网络层

网络层有四个主要的协议:网际协议 IP、Internet 控制报文协议 ICMP、地址解析协议 APR 和逆地址解析协议 RARP。网络层的主要功能是使主机可以把分组发往任何网络并使分组独立地传向目标(可能经由不同的网络)。这些分组到达的顺序和发送的顺序可能不同,因此如果需要按顺序发送及接收时,高层必须对分组排序。这就像一个人邮寄一封信,不管他准备邮寄到哪个国家,他仅需要把信投入邮箱,这封信最终会到达目的地。这封信可能会经过很多的国家,每个国家可能有不同的邮件投递规则,但这对用户是透明的,用户不必知道这些投递规则。另外,网络层的网际协议 IP 的基本功能是:无连接的数据报传送和数据报的路由选择,即 IP 协议提供主机间不可靠的、无连接数据报传送。互联网控制报文协议 ICMP 提供的服务有:测试目的地的可达性和状态、报文不可达的目的地、数据报的流量控制、路由器路由改变请求等。地址转换协议 ARP 的任务是查找与给定 IP 地址相对应主机的网络物理地址。反向地址转换协议 RARP 主要解决物理网络地址到 IP 地址的转换。

3. 传输层

TCP/IP 的运输层提供了两个主要的协议,即传输控制协议 TCP 和用户数据报协议 UDP,它的功能是使源主机和目的主机的对等实体之间可以进行会话。其中 TCP 是面向连接的协议。所谓连接,就是两个对等实体为进行数据通信而进行的一种结合。面向连接服务是在数据交换之前,必须先建立连接。当数据交换结束后,则应终止这个连接。面向连接服务具有连接建立、数据传输和连接释放这三个阶段。在传送数据时是按序传送的。用户数据协议是无连接的服务。在无连接服务的情况下,两个实体之间的通信不需要先建立好一个连接,因此其下层的有关资源不需要事先进行预定保留。这些资源将在数据传输时动态地进行分配。无连接服务的另一特征就是它不需要通信的两个实体同时是活跃的(即处于激活态)。当发送端的实体正在进行发送时,它才必须是活跃的。无连接服务的优点是灵活方便和比较迅速。但无连接服务不能防止报文的丢失、重复或失序。无连接服务特别适合于传送少量零星的报文。

4. 应用层

在 TCP/IP 体系结构中并没有 OSI 的会话层和表示层,TCP/IP 把它都归结到应用层。所以,应用层包含所有的高层协议,如虚拟终端协议(TELNET)、文件传输协议(FTP)、简单邮件传送协议(SMTP)和域名服务(DNS)等。

6.3 网络的拓扑结构

拓扑学(Topology)是一种研究与大小、距离无关的几何图形特性的方法。在计算机网络中常采用拓扑学的方法,分析网络单元彼此互连的形状与其性能的关系。网络拓扑结构是抛开网络电缆的物理连接方式,不考虑实际网络的地理位置,把网络中的计算机看成一个结点,把连接计算机的电缆看成连线,从而看到(形成)的几何图形。

网络拓扑结构能够把网络中的服务器、工作站和其他网络设备的关系清晰地表示出来。网络拓扑结构有总线形、星形、环形、树形、网状形和混合型等,其中总线型、星形、环形是基本的拓扑结构。

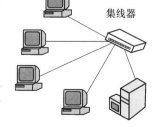

图 6-7 星形拓扑结构

6.3.1 星形拓扑结构

星形拓扑结构是由中心结点和通过点对点链路连接到中心结点的各站点组成(图 6-7)。星形拓扑结构的中心结点是主结点,它接收各分散站点的信息再转发给相应的站点。目前这种星形拓扑结构几乎是 Ethernet 双绞线网络专用的。这种星形拓扑结构的中心结点是由集线器或者是交换机来承担的。星形拓扑结构有以下优点：

①由于每个设备都用一根线路和中心结点相连,如果这根线路损坏,或与之相连的工作站出现故障时,在星形拓扑结构中,不会对整个网络造成大的影响,而仅会影响该工作站。

②网络的扩展容易;控制和诊断方便;访问协议简单。

星型拓扑结构也存在着一定的缺点:过分依赖中心结点;成本高。

6.3.2 总线型拓扑结构

总线型拓扑结构将所有的结点都连接到一条电缆上,这条电缆称为总线,通信时信息沿总线广播式传送(图 6-8)。总线型连接形式简单、易于安装、成本低,增加和撤销网络设备都比较灵活,没有关键的结点。缺点是同一时刻只能有两个网络结点相互通信,网络延伸距离有限,网络容纳结点数有限。最有代表性的总线型是以太网。

6.3.3 环形拓扑结构

环形拓扑结构是各个结点在网络中形成一个闭合的环,如图 6-9 所示,信息沿着环作单向广播传送。每一台设备只能和相邻结点直接通信,与其他结点通信时,信息必须经过两者间的每一个结点。

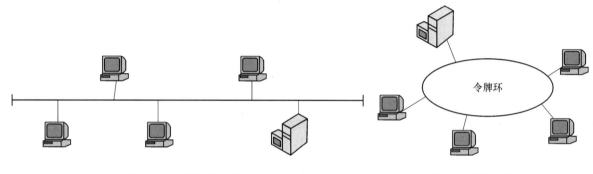

图 6-8　总线型拓扑结构　　　　　　　　图 6-9　环形拓扑结构

环形结构传输路径固定,无路径选择问题,故实现比较简单,但任何结点的故障都会导致全网瘫痪,可靠性较差。网络的管理也比较复杂,投资费用比较高。环形网一般采用令牌来控制数据的传输,只有获得令牌的计算机才能发送数据,因此,避免了冲突现象。环形网有单环和双环两种结构。双环结构常用于以光导纤维作为传输介质的环形网中,目的是设置一条备用环路,当光纤发生故障时,可迅速启用备用环,提高环形网的可靠性。最常用的环形网有令牌环网和 FDDI(光纤分布式数据接口)。

环形拓扑结构有以下优点：

①路由选择控制简单。因为信息流是沿着固定的一个方向流动的,两个站点仅有一条通路。

②电缆长度短。环形拓扑所需电缆长度和总线拓扑结构相似,但比星形拓扑要短。

③适用于光纤。光纤传输速度高,而环形拓扑是单方向传输,十分适用于光纤这种传输介质。

环形网络的缺点：

①结点故障引起整个网络瘫痪。在环路上数据传输是通过环上的每一个站点进行转发的,如果环路上的一个站点出现故障,则该站点的中继器不能进行转发,相当于环在故障结点处断掉,造成整个网络都不能进行工作。

②诊断故障困难。因为某一结点故障会使整个网络都不能工作,但具体确定是哪一个结点出现故障非常困难,需要对每个结点进行检测。

6.3.4 树形拓扑结构

树形拓扑是从总线拓扑演变过来的,形状像一棵倒置的树,顶端有一个带有分支的根,每个分支还可延伸出子分支。

树形拓扑是一种分层的结构,适用于分级管理和控制系统。这种拓扑与其他拓扑的主要区别在于其根的存在。当下面的分支结点发送数据时,根接收该信号,然后再重新广播发送到全网。这种结构不需要中继器。与星形拓扑相比,由于通信线路总长度较短,故它的成本低,易推广,但结构较星形复杂。

树形拓扑结构有以下的优点:

①易于扩展。从本质上看这种结构可以延伸出很多分支和子分支,因此新的结点和新的分支易于加入网内。

②故障隔离容易。如果某一分支的结点或线路发生故障,很容易将这分支和整个系统隔离开来。

树形拓扑的缺点是对根的依赖性太大,如果根发生故障,则全网不能正常工作,因此这种结构的可靠性与星形结构相似。

6.3.5 全互联型拓扑结构

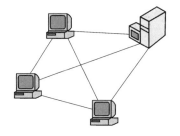

网络中任意两站点间都有直接通路相连,所以任意两站点间的通信无须路由,而且有专线相连没有等待延迟故通信速度快,可靠性高。但是组建这样网络投资是非常巨大的,例如在有 4 个站点的全互联拓扑网络上增加一个站点,那么就得在这个网络上增加 4 根线,使这 4 个站点的每一个站点都与新站点有一根线进行连接(图 6-10)。由此也可看出这种全部互联型拓扑的灵活性差。但这种全部互联型拓扑结构适用于对可靠性有特殊要求的场合。

图 6-10 全互联型拓扑结构

6.3.6 混合型拓扑结构

混合方式比较常见的有星形/总线型拓扑结构和星形/环形拓扑结构,如图 6-11 所示。

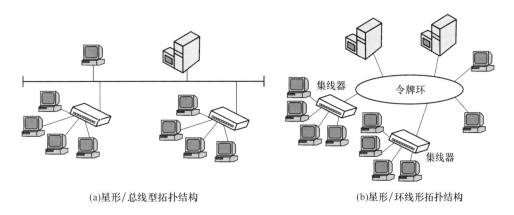

(a)星形/总线型拓扑结构 (b)星形/环线形拓扑结构

图 6-11 混合型拓扑结构

星形/总线拓扑可以综合星形拓扑和总线拓扑的优点,它用一条或多条总线把多组设备连接起来,而这相连的每组设备本身又呈星形分布。对于星形/总线拓扑,用户很容易配置和重新配置网络设备。

星形环拓扑试图取这两种拓扑的优点于一体。这种星形环拓扑主要用于 IEEE 802.5 的令牌网。从电路上看,星形环结构完全和一般的环形结构相同,只是物理走线安排成星形连接,星形环拓扑的优点:故障诊断方便而且隔离容易;网络扩展简便;电缆安装方便。

6.4 网络互联设备

计算机网络是将地理上分散布置的计算机相互连接起来,但对于大型的计算机网络而言,仅仅依靠线路是不够的,网络中的传输介质和各种协议所支持的结点数是有限的,因此要扩大网络的规模,需要增加一些网络连接设备。

计算机网络主要是用网络适配器、中继器、集线器和路由器等网络连接设备将服务器、工作站和其他可共享设备连接在一起。

6.4.1 中继器(Repeater)

中继器(图 6-12)是连接网络线路的一种装置,常用于两个网络结点之间物理信号的双向转发工作。中继器是最简单的网络互联设备,主要完成物理层的功能,负责在两个结点的物理层上按位传递信息,完成信号的复制、调整和放大功能,以此来延长网络的长度。由于存在损耗,在线路上传输的信号功率会逐渐衰减,衰减到一定程度时将造成信号失真,因此会导致接收错误。中继器就是为解决这一问题而设计的。它完成物理线路的连接,对衰减的信号进行放大,保持与原数据相同。

6.4.2 网桥(Bridge)

网桥是一个局域网与另一个局域网之间建立连接的桥梁。网桥的作用是扩展网络和通信手段,在各种传输介质中转发数据信号,扩展网络的距离,同时又有选择地将有地址的信号从一个传输介质发送到另一个传输介质,并能有效地限制两个介质系统中无关紧要的通信。例如把分布在两层楼上的网络分成每层一个网络段,用网桥连接。网桥同时起隔离作用,一个网络段上的故障不会影响另一个网络段,从而提高了网络的可靠性。实用当中多采用多口网桥,如图 6-13 所示。

图 6-12 中继器   图 6-13 多口网桥

1. 类型

(1) 透明网桥;

(2) 源站选路网桥。

2. 特点

(1) 过滤和转发;

(2) 选择性转发;

(3) 对多端口的支持;

(4) 帧翻译;

(5) 帧封装。

6.4.3 路由器(Router)

路由器是工作在 ISO/OSI 参考模型的网络层的设备。路由器是用于连接多个逻辑上分开的网络,而逻辑网络是指一个单独的网络或一个子网。当数据从一个子网传输到另一个子网时,路由器检查网络地址并决定数据是应在本网络中传输还是应传输至其他的网络,并能选择从源网络到目的网络之间的一系列数据链路中的最佳路由。它还能在多网络互联环境下建立灵活的连接,可用完全不同的数据分组和介质访问方法连接各种子网。一般来说,异种网络互联或多个网络互联都应采用路由器。

路由器的功能如下:

(1) 网络地址的使用;

(2) 多路径传输和路由控制;

(3) 流量控制;

(4) 帧的分段。

6.4.4　网关(Gateway)

在一个计算机网络中,当连接不同类型而协议差别又比较大的网络的时候,则要选用网关设备。网关,又称协议转换器,可以支持不同协议之间的转换,实现不同协议网络之间的互联。网关的功能体现在 OSI 模型的高层,它将协议进行转换,将数据重新分组,以便在两个不同类型的网络系统之间通信。由于协议转换比较复杂,一般地,网关只进行一对一转换,或少数几种特定应用协议的转换,很难实现通用的协议转换。

主要有三类网关:

(1) 协议网关;

(2) 应用网关;

(3) 安全网关。

6.4.5　交换机

局域网中使用的小型交换机外观与集线器类似,它与一般集线器的不同之处是:集线器将数据转发到所有的集线器端口,而交换机可将用户收到的数据包根据目的地址转发到特定的端口,这样可以帮助降低整个网络的数据传输量,提高效率。采用交换机作为中央连接设备的以太网通常称为交换式以太网或称为采用交换技术的因特网。

6.4.6　网卡

网卡也称为网络适配器(Network Interface Card,NIC),是插在服务器或工作站扩展槽内的扩展卡。网卡给计算机提供与通信线路相连的接口,计算机要连接到网络,就需要安装一块网卡。如果有必要,一台计算机也可以安装两块或多块网卡。

网卡的类型较多,按网卡的总线接口来分,一般可分为 ISA 网卡、PCI 网卡、USB 接口网卡以及笔记本计算机使用的 PCMCIA 网卡等,ISA 网卡已基本淘汰;按网卡的带宽来分,主要有 10 Mbit/s 网卡、10 Mbit/s/100 Mbit/s 自适应网卡、1000 Mbit/s 以太网卡三种,10M 网卡也已基本不用;按网卡提供的网络接口来分,主要有 RJ-45 接口(双绞线)、BNC 接口(同轴电缆)和 AUI 接口等。此外还有无线接口的网卡等。

每块网卡都有全球唯一固定编号,称为网卡的 MAC(Media Access Control)地址或物理地址,它由网卡生产厂家写入网卡的 EPROM 中,在网卡的“一生”中,物理地址都不会改变。网络中的计算机或其他设备借助 MAC 地址完成通信和信息交换。

在 Windows 系统中可以通过输入“ipconfig/all”命令查看本机的 MAC 地址信息,如图 6-14 所示“Physical Address”行后面的编号就是本机的 MAC 地址。

图 6-14　ipconfig 执行结果

6.5 局　域　网

6.5.1 常见的局域网拓扑结构

目前常见的网络拓扑结构主要有以下四大类：

（1）星形结构；

（2）环形结构；

（3）总线型结构；

（4）星形和总线型结合的复合型结构。

6.5.2 常见局域网操作系统

网络中一个重要组成部分就是"网络操作系统"。它是整个网络的核心，也是整个网络服务和管理的基础。目前局域网中主要存在以下几类网络操作系统：

1. Windows 类

这是全球最大的软件开发商——Microsoft（微软）公司开发的。Microsoft 公司的 Windows 系统不仅在个人操作系统中占有绝对优势，它在网络操作系统中也是具有非常强劲的力量。这类操作系统配置在整个局域网配置中是最常见的，但由于它对服务器的硬件要求较高，且稳定性能不是很高，所以微软的网络操作系统一般只是用在中低档服务器中，高端服务器通常采用 UNIX、Linux 等非 Windows 操作系统。在局域网中，微软的网络操作系统主要有：Windows NT 4.0 Serve、Windows 2000 Server/Advance Server，以及最新的 Windows 2003 Server/Advance Server 等，工作站系统可以采用任意 Windows 或非 Windows 操作系统，包括个人操作系统，如 Windows 9x/ME/XP 等。

在整个 Windows 网络操作系统中最为成功的还是要算 Windows NT4.0 这一套系统，它几乎成为中、小型企业局域网的标准操作系统，一则是它继承了 Windows 家族统一的界面，使用户学习、使用起来更加容易。再则它的功能也的确比较强大，基本上能满足所有中、小型企业的各项网络需求。虽然相比 Windows 2000/2003 Server 系统来说在功能上要逊色许多，但它对服务器的硬件配置要求要低许多，可以更大程度上满足许多中、小企业的 PC 服务器配置需求。

2. NetWare 类

NetWare 操作系统虽然远不如早几年那么风光，在局域网中早已失去了当年雄霸一方的气势，但是 NetWare 操作系统仍以对网络硬件的要求较低（工作站只要是 286 机就可以了）而受到一些设备比较落后的中、小型企业，特别是学校的青睐。人们一时还忘不了它在无盘工作站组建方面的优势，还忘不了它那毫无过分需求的大度。且因为它兼容 DOS 命令，其应用环境与 DOS 相似，经过长时间的发展，具有相当丰富的应用软件支持，技术完善、可靠。目前常用的版本有 3.11、3.12 和 4.10 、V4.11、V5.0 等中英文版本，NetWare 服务器对无盘站和游戏的支持较好，常用于教学网和游戏厅。目前这种操作系统有市场占有率呈下降趋势，这部分的市场主要被 Windows NT/2000 和 Linux 系统瓜分了。

3. UNIX 系统

目前常用的 UNIX 系统版本主要有：UNIX SUR4.0、HP-UX 11.0、SUN 的 Solaris8.0 等。支持网络文件系统服务，提供数据等应用，功能强大，由 AT&T 和 SCO 公司推出。这种网络操作系统稳定和安全性能非常好，但由于它多数是以命令方式来进行操作的，不容易掌握，特别是初级用户。正因如此，小型局域网基本不使用 UNIX 作为网络操作系统，UNIX 一般用于大型的网站或大型的企事业局域网中。

4. Linux

这是一种新型的网络操作系统，它的最大的特点就是源代码开放，可以免费得到许多应用程序。目前也有中文版本的 Linux，在国内得到了用户充分的肯定，主要体现在它的安全性和稳定性方面，它与 UNIX 有许多类似之处。但目前这类操作系统目前使仍主要应用于中、高档服务器中。

以上介绍几种网络操作系统,其实这几种操作系统是完全可以实现互联的,也就是说在一个局域网中完全可以同时存在以上几种类型的网络操作系统。

6.5.3　局域网的几种工作模式

局域网的工作模式是根据局域网中各计算机的位置来决定的,目前局域网主要存在着两种工作模式,它们涉及用户存取和共享信息的方式,它们分别是:客户/服务器(C/S)模式和点对点(Peer-to-Peer)通信模式。

1. 客户/服务器模式(C/S)

这是一种基于服务器的网络,在这种模式中,其中一台或几台较大的计算机集中进行共享数据库的管理和存取,称为服务器;而将其他的应用处理工作分散到网络中其他微机上去做,构成分布式的处理系统,服务器控制管理数据的能力已由文件管理方式上升为数据库管理方式,因此,C/S 网络模式的服务器也称为数据库服务器。这类网络模式主要注重于数据定义、存取安全、备份及还原,并发控制及事务管理,执行诸如选择检索和索引排序等数据库管理功能。它有足够的能力做到把通过其处理后用户所需的那一部分数据而不是整个文件通过网络传送到客户机去,减轻了网络的传输负荷。

2. 对等式网络(Peer-to-Peer)

在拓扑结构上与专用服务器的 C/S 不同,在对等式网络结构中,没有专用服务器。在这种网络模式中,每一个工作站既可以起客户机作用也可以起服务器作用。有许多网络操作系统可应用于点对点网络,如微软的 Windows for Workgroups、Windows NT WorkStation、Windows 9x 和 Novell Lite 等。

点对点对等式网络有许多优点,如它比上面所介绍的 C/S 网络模式造价低,它们允许数据库和处理机能分布在一个很大的范围里,还允许动态地安排计算机需求。当然它的缺点也是非常明显的,那就是提供较少的服务功能,并且难以确定文件的位置,使得整个网络难以管理。

6.5.4　局域网的分类

虽然目前我们所能看到的局域网主要是以双绞线为代表传输介质的以太网,那只不过是我们所看到都基本上是企事业单位的局域网,在网络发展的早期或在其他各行各业中,因其行业特点所采用的局域网也不一定都是以太网,目前在局域网中常见的有:以太网(Ethernet)、令牌网(Token Ring)、FDDI 网、异步传输模式网(ATM)等几类,下面分别作一些简要介绍。

1. 以太网(EtherNet)

以太网最早是由 Xerox(施乐)公司创建的,在 1980 年由 DEC、Intel 和 Xerox 三家公司联合开发为一个标准。以太网是应用最为广泛的局域网,包括标准以太网(10 Mbit/s)、快速以太网(100 Mbit/s)、千兆以太网(1000 Mbit/s)和 10 G 以太网,它们都符合 IEEE 802.3 系列标准规范。

(1) 标准以太网

最开始以太网只有 10 Mbit/s 的吞吐量,它所使用的是 CSMA/CD(带有冲突检测的载波侦听多路访问)的访问控制方法,通常把这种最早期的 10 Mbit/s 以太网称之为标准以太网。以太网主要有两种传输介质,那就是双绞线和同轴电缆。

(2) 快速以太网(Fast Ethernet)

随着网络的发展,传统标准的以太网技术已难以满足日益增长的网络数据流量速度需求。在 1993 年10 月以前,对于要求 10 Mbit/s 以上数据流量的 LAN 应用,只有光纤分布式数据接口(FDDI)可供选择,但它是一种价格非常昂贵的、基于 100 Mbit/s 光缆的 LAN。1993 年 10 月,Grand Junction 公司推出了世界上第一台快速以太网集线器 FastSwitch10/100 和网络接口卡 FastNIC100,快速以太网技术正式得以应用。随后 Intel、SynOptics、3COM、BayNetworks 等公司也相继推出自己的快速以太网装置。与此同时,IEEE802 工程组也对 100 Mbit/s 以太网的各种标准,如 100BASE-TX、100BASE-T4、MII、中继器、全双工等标准进行了研究。1995 年 3 月 IEEE 宣布了 IEEE 802.3u 100BASE-T 快速以太网标准(Fast Ethernet),就这样开始了快速以太网的时代。

快速以太网与原来在 100 Mbit/s 带宽下工作的 FDDI 相比具有许多的优点,最主要体现在快速以太网技术可以有效地保障用户在布线基础实施上的投资,它支持 3 类、4 类、5 类双绞线以及光纤的连接,能有效地利用现有的设施。

快速以太网的不足其实也是以太网技术的不足,那就是快速以太网仍是基于载波侦听多路访问和冲突检测(CSMA/CD)技术,当网络负载较重时,会造成效率的降低,当然这可以使用交换技术来弥补。

100 Mbit/s 快速以太网标准又分为 100BASE-TX、100BASE-FX、100BASE-T4 三个子类。

(3) 千兆以太网(GB Ethernet)

随着以太网技术的深入应用和发展,企业用户对网络连接速度的要求越来越高,1995 年 11 月,IEEE 802.3 工作组委任了一个高速研究组(Higher Speed Study Group),研究将快速以太网速度增至更高。该研究组研究了将快速以太网速度增至 1000 Mbit/s 的可行性和方法。1996 年 6 月,IEEE 标准委员会批准了千兆位以太网方案授权申请(Gigabit Ethernet Project Authorization Request)。随后 IEEE 802.3 工作组成立了 802.3z 工作委员会。IEEE 802.3z 委员会的目的是建立千兆位以太网标准:包括在 1000 Mbit/s 通信速率的情况下的全双工和半双工操作、802.3 以太网帧格式、载波侦听多路访问和冲突检测(CSMA/CD)技术、在一个冲突域中支持一个中继器(Repeater)、10BASE-T 和 100BASE-T 向下兼容技术,千兆位以太网具有以太网的易移植、易管理特性。千兆以太网在处理新应用和新数据类型方面具有灵活性,它是在赢得了巨大成功的 10 Mbit/s 和 100 Mbit/s IEEE 802.3 以太网标准的基础上的延伸,提供了 1000 Mbit/s 的数据带宽。这使得千兆位以太网成为高速、宽带网络应用的战略性选择。

1000 Mbit/s 千兆以太网目前主要有以下三种技术版本:1000BASE-SX、1000BASE-LX 和 1000BASE-CX 版本。1000BASE-SX 系列采用低成本短波的 CD(Compact Disc,光盘激光器)或者 VCSEL(Vertical Cavity Surface Emitting Laser,垂直腔体表面发光激光器)发送器;而 1000BASE-LX 系列则使用相对昂贵的长波激光器;1000BASE-CX 系列则打算在配线间使用短跳线电缆把高性能服务器和高速外围设备连接起来。

(4) 10 G 以太网

现在 10 Gbit/s 的以太网标准已经由 IEEE 802.3 工作组于 2000 年正式制定,10 G 以太网仍使用与以往 10 Mbit/s 和 100 Mbit/s 以太网相同的形式,它允许直接升级到高速网络。同样使用 IEEE 802.3 标准的帧格式、全双工业务和流量控制方式。在半双工方式下,10 G 以太网使用基本的 CSMA/CD 访问方式来解决共享介质的冲突问题。此外,10 G 以太网使用由 IEEE 802.3 小组定义了和以太网相同的管理对象。总之,10 G 以太网仍然是以太网,只不过更快。但由于 10 G 以太网技术的复杂性及原来传输介质的兼容性问题(目前只能在光纤上传输,与原来企业常用的双绞线不兼容了),还有这类设备造价太高(一般为 2 万～9 万美元),所以这类以太网技术目前还处于研发的初级阶段,还没有得到实质应用。

2. 令牌环网

令牌环网是 IBM 公司于 20 世纪 70 年代发展的,现在这种网络比较少见。在老式的令牌环网中,数据传输速度为 4 Mbit/s 或 16 Mbit/s,新型的快速令牌环网速度可达 100 Mbit/s。令牌环网的传输方法在物理上采用了星形拓扑结构,但逻辑上仍是环形拓扑结构。结点间采用多站访问部件(Multistation Access Unit,MAU)连接在一起。MAU 是一种专业化集线器,它是用来围绕工作站计算机的环路进行传输。由于数据包看起来像在环中传输,所以在工作站和 MAU 中没有终结器。

3. FDDI 网(Fiber Distributed Data Interface)

FDDI 的英文全称为"Fiber Distributed Data Interface",中文名为"光纤分布式数据接口",它是于 20 世纪 80 年代中期发展起来一项局域网技术,它提供的高速数据通信能力要高于当时的以太网(10 Mbit/s)和令牌网(4 Mbit/s 或 16 Mbit/s)的能力。FDDI 网络的主要缺点是价格同前面所介绍的"快速以太网"相比贵许多,且因为它只支持光缆和 5 类电缆,所以使用环境受到限制,从以太网升级更是面临大量移植问题。

4. ATM 网

ATM 的英文全称为"Asynchronous Transfer Mode",中文名为"异步传输模式",它的开发始于 20 世纪 70 年代后期。ATM 是一种较新型的单元交换技术,同以太网、令牌环网、FDDI 网络等使用可变长度包技术不同,ATM 使用 53 字节固定长度的单元进行交换。它是一种交换技术,没有共享介质或包传递带来的延时,非常适合音频和视频数据的传输。ATM 主要具有以下优点:ATM 使用相同的数据单元,可实现广域网和局域网的无缝连接;ATM 支持 VLAN(虚拟局域网)功能,可以对网络进行灵活的管理和配置;ATM 具有不同的速率,分别为 25 Mbit/s、51 Mbit/s、155 Mbit/s、622 Mbit/s,从而为不同的应用提供不同的速率。

5. 无线局域网(Wireless Local Area Network,WLAN)

无线局域网是目前最新也是最为热门的一种局域网,无线局域网与传统的局域网主要不同之处就是传输介质不同,传统局域网都是通过有形的传输介质进行连接的,如同轴电缆、双绞线和光纤等,而无线局域网则是采用空气作为传输介质的。正因为它摆脱了有形传输介质的束缚,所以这种局域网的最大特点就是自由,只要在网络的覆盖范围内,可以在任何一个地方与服务器及其他工作站连接,而不需要重新铺设电缆。这一特点非常适合那些移动办公一簇,有时在机场、宾馆、酒店等(通常把这些地方称为"热点"),只要无线网络能够覆盖到,它都可以随时随地连接上无线网络,甚至 Internet。

无线局域网所采用的是 802.11 系列标准,它也是由 IEEE 802 标准委员会制定的。目前这一系列主要有 4 个标准,分别为:802.11b(ISM 2.4 GHz)、802.11a (5 GHz)、802.11g(ISM 2.4 GHz)和 802.11z,前三个标准都是针对传输速度进行的改进,最开始推出的是 802.11b,它的传输速度为 11 Mbit/s,因为它的连接速度比较低,随后推出了 802.11a 标准,它的连接速度可达 54 Mbit/s。但由于两者不互相兼容,致使一些早已购买 802.11b 标准的无线网络设备在新的 802.11a 网络中不能用,所以在 2015 年正式推出了兼容 802.11b 与 802.11a 两种标准的 802.11g,这样原有的 802.11b 和 802.11a 两种标准的设备都可以在同一网络中使用。802.11z 是一种专门为了加强无线局域网安全的标准。因为无线局域网的"无线"特点,致使任何进入此网络覆盖区的用户都可以轻松以临时用户身份进入网络,给网络带来了极大的不安全因素(常见的安全漏洞有:SSID 广播、数据以明文传输及未采取任何认证或加密措施等)。为此 802.11z 标准专门就无线网络的安全性方面作了明确规定,加强了用户身份认证制度,并对传输的数据进行加密。所使用的方法/算法有:WEP(RC4-128 预共享密钥)、WPA/WPA2(802.11 RADIUS 集中式身份认证,使用 TKIP 与/或 AES 加密算法)与 WPA(预共享密钥)。

6.6 因特网资源

6.6.1 Internet 简介

Internet 是一组全球信息资源的名称,这些资源的量非常大,大得不可思议。不仅没有人通晓 Internet 的全部内容,甚至也没有人能说清楚 Internet 的大部分内容。

互联网始于 1969 年的美国国防部高级研究计划局建立的一个名为 ARPANET 的计算机网络。ARPANET 使用网际协议(IP)和传输控制协议(TCP)协议。现在由其后代 Internet 所取代。

从 1983 年开始逐步进入到 Internet 的实用阶段。在美国和一部分发达国家的大学与研究部门中得到广泛应用,用于教学、科研和通信的学术网络。

1986 年,美国国家科学基金会(National Science Foundation,NSF)利用 TCP/IP 协议,在 5 个科研教育服务超级计算机中心的基础上建立了 NSFNET 和 WAN,在全美国实现资源共享。这之后,很多大学、研究机构等纷纷把自己的 LAN 并入到 NSFNET。如今,NSFNET 已成为 Internet 的重要骨干网之一。

1989 年,由 CERN 开发成功了万维网(World Wide Web,WWW)为 Internet 实现 WAN 超媒体信息获取/检索奠定了基础。从此,Internet 进入到迅速发展时期。

然而把 Internet 看作一个计算机网络,甚至是一群相互联结的计算机网络都是不全面的。根据我们的观点,计算机网络只是简单的传载信息的媒体,而 Internet 的优越性和实用性则在于信息本身。

1. TCP/IP 协议

(1)传输控制协议 TCP

对应于 OSI/RM 七层中的传输层协议,它是面向"连接"的。主要功能是对网络中的计算机和通信设备进行管理,规定了信息包应该怎样分层、分组,怎样在收到信息包后重组数据,及以何种方式在传输介质上传输。TCP 协议保证传输的信息是正确的。

(2) 网际协议 IP

对应于 OSI/RM 七层中的网络层协议,制定了所有在网上流通的数据包标准,提供跨越多个网络的单一数据包传送服务。IP 协议负责按地址在计算机之间传输信息。主要功能是无连接数据报传送、数据报路由选择及差错处理等。

互联网的核心协议是 IP 协议,把数据从源结点传送到目的结点。互联网上的每一个网络设备都有一个唯一的标识,即是 IP 地址。

2. TCP/IP 协议的结构

TCP/IP 协议分为四层,数据在实际传输时,每通过一层要在数据上加上一个报头,其中的数据供接收端的同一层协议使用。到达接收端时,每经过一层要把用过的一个报头去掉。这种方式可以保证接收的数据和传输的数据完全一致,以及发送端和接收端相同层上的数据都有相同的格式。

TCP/IP 协议所采用的通信方式是分组交换方式。数据在传输时分成若干段,每个数据段称为一个分组。TCP/IP 协议的基本传输单位是数据报,可以把数据看成是一封长信,分装在几个信封中邮寄出去。

3. TCP/IP 协议的功能

TCP/IP 协议在数据传输过程中主要完成以下功能:

(1) TCP 协议先把数据分成若干数据报,并给每个数据报加上一个 TCP 信封(即报头),上面写上数据报的编号,以便在接收端把数据还原成原来的格式。

(2) IP 协议把每个 TCP 信封再套上一个 IP 信封,在上面写上接收主机的地址。有了 IP,信封就可以在物理网络上传送数据了。IP 协议还具有利用路由算法进行路由选择的功能。

(3) 上述信封可以通过不同的传输途径(路由)进行传输,由于路径不同以及其他原因,可能出现顺序颠倒、数据丢失、数据重复等问题。这些问题由 TCP 协议来处理,它具有检查和处理错误的功能,必要时还可以请求发送端重发。因此,可以说,IP 协议负责数据的传输,而 TCP 协议负责数据的可靠传输。

4. 信息按 TCP/IP 协议的传输过程

TCP/IP 是怎样工作的呢? 信息是怎样在 Internet 上传送的呢? Internet 上各种网络之间是通过路由器(Router)连接的,信息的传送是通过路由器来实现的。

我们把与路由器相连接的主机称为站点。一个路由器并不连接所有的站点,它只连通相邻的站点。信息是由路由器一个一个站点传送到目的地的。路由器知道下一个站点(NextHOP)是什么? 哪一个站点距离目的地近? 由此,路由器可决定将信息送往哪儿。

路由器是怎样知道信息的目的地呢? 这就像邮寄信件要有信封、地址一样,Internet 上的信息在传送前要加一个信息头,其中包括信息的地址,Internet 上称 IP 地址,负责 Internet 地址管理的协议称 IP 协议。由于受传输硬件的限制,长的信息是分组传送的,每组都有编号,当信息被传送到目的地后再重新组合起来。负责将信息拆开、分组、编号、再重新组合起来的协议称为 TCP 协议。信息在每经过一层协议时需要附加一些信息,组成新的信息包。例如,经过 TCP 协议时,要附加编组号、校验码等组成 TCP 包,经过 IP 协议时要附加地址信息等组成 IP 包。当信息被传送到目的地后再拆包,丢弃附加信息,还原为原始数据。

总之,TCP/IP 是一个非常庞大的协议族,其中,最重要的两个协议是 TCP 和 IP。IP 负责信息的实际传送,而 TCP 则保证所传送信息的正确性。它们和其他 100 多个协议一起使 Internet 上千万台计算机组成一个巨大的因特网,协同工作,并提供各种各样的服务。

5. 我国互联网的发展

我国互联网的发展启蒙于 20 世纪 80 年代末。1987 年 9 月 20 日,钱天白教授通过意大利公用分组交换网 ITAPAC 设在北京的 PAD 发出我国的第一封电子邮件,与德国卡尔斯鲁厄大学进行了通信,揭开了中国人使用 Internet 的序幕。

目前我国建成的四大 Internet 主干网的情况如下:

(1) 中国公用计算机互联网(CHINANET)

CHINANET 是原邮电部组织建设和管理的。1994 年开始在北京、上海两个电信局进行 Internet 网络互联工程。目前,CHINANET 在北京和上海分别有两条专线,作为国际出口。CHINANET 由骨干网和接入网组成。骨干网是 CHINANET 的主要信息通路,连接各直辖市和省会网络接点。骨干网已覆盖全国各省市、自治区,包括 8 个大区网络中心和 31 个省市网络分中心。接入网是由各省内建设的网络结点形成的网络。

1997 年,中国公用计算机互联网(CHINANET)实现了与其他 3 个互联网络,即中国科学技术网(CST-NET)、中国教育和科研计算机网(CERNET)、中国金桥信息网(CHINAGBN)的互连互通。

(2) 中国教育和科研计算机网(CERNET)

CERNET 是全国最大的公益性互联网络。CERNET 已建成由全国主干网、地区网和校园网在内的三级层次结构网络。CERNET 分四级管理,分别是全国网络中心、地区网络中心和地区主结点、省教育科研网和校园网。到 2001 年,CERNET 主干网的传输速率已达到 2.5 Gbit/s。CERNET 有 28 条国际和地区性信道,与美国、加拿大、英国、德国、日本和香港特区联网,总带宽在 400 Mbit/s 以上。CERNET 地区网的传输速率达到 155 Mbit/s,已经通达中国内地的 160 个城市。联网的大学、中小学等教育和科研单位达 895 个,其中高等学校 800 所以上。联网主机 100 万台,网络用户达到 749 万人。

CERNET 还是中国开展下一代互联网研究的试验网络。1998 年 CERNET 正式参加下一代 IP 协议(IPv6)试验网 6BONE,同年 11 月成为其骨干网成员。CERNET 在全国第一个实现了与国际下一代高速网 Internet 2 的互联。

(3) 中国科学技术网(CSTNET)

CSTNET 是利用公用数据通信网建立的信息增值服务网,在地理上覆盖全国各省市,逻辑上连接各部委和各省市科技信息机构,是国家科技信息系统骨干网,同时也是国际 Internet 的接入网。中国科技信息网从服务功能上是 Intranet 和 Internet 的结合,其 Intranet 功能为国家科委系统内部提供了办公自动化的平台,以及国家科委、各省市科委和其他部委科技司、局之间的信息传输渠道;其 Internet 功能则服务于专业科技信息服务机构,包括国家、各省市和各部委科技信息服务机构。

(4) 中国金桥信息网(CHINAGBN)

CHINAGBN 是为金桥工程建立的业务网,支持金关、金税、金卡等"金"字头工程的应用。它是覆盖全国,实行国际联网,为用户提供专用信道、网络服务和信息服务的基干网,金桥网由吉通公司牵头建设并接入 Internet。

6.6.2　Internet 的地址和域名

为了在网络环境下实现计算机之间的通信,网络中任何一台计算机必须有一个地址,而且该地址在网络上是唯一的。在进行数据传输时,通信协议必须在所传输的数据中增加发送信息的计算机地址(源地址)和接收信息的计算机地址(目标地址)。

1. IP 地址

Internet 网络中所有计算机均称为主机,并有一个称为 IP 的地址。

IP 地址是 Internet 主机的一种数字型标识,它由网络标识(Netid)和主机标识(Hostid)组成。IP 地址的结构如图 6-15 所示。

网络类型	网络ID	主机ID

图 6-15　IP 地址结构

(1) IPv4 地址

在 IPv4 系统中,一个 IP 地址由 32 位二进制数字组成,通常被分隔为 4 段,段与段之间以小数点分隔,每段 8 位,通信时要用 IP 地址来指定目的主机地址。IP 地址常以十进制数形式来表示。

IP 地址包括网络部分和主机部分,网络部分指出 IP 地址所属的网络,主机部分指出这台计算机在网络中的位置。IP 地址分为 A、B、C、D、E 五类。

（2）IPv6 地址

IPv6 的出现彻底解决了 IPv4 地址不足的问题。

IPv6 使用 128 位的 IP 地址,有完整表示法、零压缩表示法、兼容表示法三种规范形式。

目前使用的 IP 协议版本规定是:IP 地址的长度为 32 位(bit)。一般以 4 个字节表示,每个字节的数字又用十进制表示,即每个字节的数的范围是 0～255,且每个数字之间用点隔开,例如,192.168.1.5,这种记录方法称为"点—分"十进制记号法。Internet 的网络地址可分为 A、B、C、D、E 五类。每类网络中 IP 地址的结构,即网络标识长度和主机标识长度都不一样。

A 类地址:A 类网络地址被分配给主要的服务提供商。IP 地址的前 8 位二进制数代表网络部分,取之范围 00000000～01111111(十进制数 0～127),后 24 位代表主机部分。例如,61.100.10.1 属于 A 类地址。

B 类地址:B 类地址分配给拥有大型网络的机构。IP 地址前 16 位二进制数代表网络部分,其中前 8 位二进制数的取值范围 10000000～10111111(十进制数 128～191);后 16 位代表主机部分。例如,168.100.20.55 属于 B 类地址。

C 类地址:C 类地址分配给小型网络。IP 地址的前 24 位二进制数代表网络部分,其中前 8 位二进制数的取值范围是 11000000～11011111(十进制数 192～223),每个网络中的主机数最多为 254 台。C 类地址共有 2097152 个。例如,192.168.0.1 属于 C 类地址。

图 6-16 IP 地址分类

D 类地址:D 类地址是为多路广播保留的。它的前 8 位二进制数的取值范围是 11100000～11101111(十进制数 224～239)。

E 类地址:E 类地址是试验性地址,暂时保留未用。它的前 8 位二进制数的取值范围是 11110000～11110111(十进制数 240～247)。

IP 地址分类如图 6-16 所示,A 类、B 类、C 类 IP 的网络范围和主机数如表 6-1 所示。

表 6-1　A 类、B 类、C 类 IP 的网络范围和主机数

IP 类型	最大网络数	最小网络号	最大网络号	最多主机数
A	126(2^7-1)	1	126	$2^{24}-2=16777214$
B	16384(2^{14})	128.0	192.255	$2^{16}-2=65534$
C	2097152(2^{21})	192.0.0	223.255.255	$2^8-2=254$

说明:IP 中的全"0"和全"1"地址另作他用,所以表中主机数减 2。

目前 Internet 上大约有 6 万多个网络和 400 万台主机,占用网络地址和主机地址资源很少,但却出现了 IP 地址不够用的现象,这是因为许多地址已分配给申请者而没有充分利用。因此,合理地使用地址资源是每个 Internet 用户必须注意的问题。

需要说明的是,Internet 网络信息中心(NIC)是按照网络(Internet 的子网)分配地址的,因此只有在谈到网络地址时才可以使用 A 类、B 类或 C 类地址的说法。

2. 域名

互联网采用了域名系统 DNS。主机或机构有层次结构的名字在互联网中称为域名。DNS 为主机提供一种层次型命名方案,提供主机域名和 IP 地址之间的转换服务。

互联网主机的 IP 地址和域名具有同等地位。通信时,通常使用的是域名,计算机经 DNS 自动将域名翻译成 IP 地址。

上面所讲到的 IP 地址是一种数字型网络和主机标识。数字型标识对使用网络的人来说有不便记忆的缺点,因而提出了字符型的域名标识。目前使用的域名是一种层次型命名法,它与 Internet 的层次结构相对应。域名使用的字符包括字母、数字和连字符,而且必须以字母或数字开头和结尾。整个域名总长度不得超过 255 个字符。在实际使用中,每个域名的长度一般小于 8 个字符。

由于 Internet 起源于美国,所以美国通常不使用国家代码作为第一级域名,其他国家一般采用国家代码作为第一级域名。

Internet 地址中的第一级域名和第二级域名由网络信息中心(NIC)管理。我国国家域名的国家代码是 CN。Internet 目前有三个网络信息中心,INTERNIC 负责北美地区,APNIC 负责亚太地区,NIC 负责欧洲地区。第三级以下的域名由各个子网的 NIC 或具有 NIC 功能的结点自己负责管理。

一台计算机可以有多个域名(一般用于不同的目的),但只能有一个 IP 地址。一台主机从一个地方移到另一个地方,当它属于不同的网络时,其 IP 地址必须更换,但是可以保留原来的域名。

把域名翻译成 IP 地址的软件称为"域名系统(Domain Name System,DNS)"。DNS 的功能相当于一本电话号码簿,已知一个姓名就可以查到一个电话号码,号码的查找是自动完成的。完整的域名系统可以双向查找。装有域名系统的主机称为域名服务器(Domain Name Server)。

域名采用层次结构,每一层构成一个子域名,子域名之间用圆点隔开,自左至右分别为计算机名、网络名、机构名、最高域名。例如,indi. shcnc. ac. cn,该域名表示中国(cn)科学院(ac)上海网络中心(Shcnc)的一台计算机(indi)。为了便于记忆和理解,Internet 域名的取值应当遵守一定的规则。如表 6-2 所示为因特网上常见的域名。

表 6-2　常用域名代码

域名	意义	国家代码	国家
com	商业组织	ca	加拿大
edu	教育部门	cn	中国
gov	政府部门	de	德国
mil	军事部门	fr	法国
net	主要网络支持中心	gb	英国
org	上述以外的机构	jp	日本
int	国际组织	us	美国

在因特网中,把易于记忆的域名翻译成机器可识别的 IP 地址,通常由称为"域名系统(Domain Name System)"的软件完成,而装有 DNS 的主机就称为域名服务器,域名服务器上存有大量的 Internet 主机的地址(数据库),Internet 主机可以自动地访问域名服务器,以完成"IP 地址—域名"间的双向查找功能。比如当在 IE 的地址栏中输入牡丹江师范学院的域名"www. mdjnu. com"时,域名服务器会将它转换为牡丹江师范学院的 IP 地址"218. 7. 92. 230"。

6.6.3　接入 Internet 的方式

在使用 Internet 之前,必须建立 Internet 连接,然后才能进入 Internet 获取网上信息资源。而建立 Internet 连接需首先向 ISP(Internet 服务商,如中国电信)提出申请,获取 ISP 授权的用户账号(图 6-17)。

目前,用户接入因特网的方式主要有:电话拨号接入、ADSL 接入、DDN 专线接入、ISDN 接入、Cable Modem 接入、光纤接入、卫星接入、无线接入等几种方式。其中电话拨号接入、ADSL 接入、DDN 专线接入是目前应用较多的接入方式。

1. 电话拨号接入

电话拨号接入即通常所说的"拨号上网",它的传输速率一般不超过 56 Kbit/s,是指利用串行线路协议(Serial Line Interface Protocol,SLIP)或点对点协议(Peer-Peer Protocol,PPP)把计算机和 ISP 的主机连接起来。

拨号上网的用户需拥有一台 PC、一台调制解调器(MODEM),通过已有的电话线路连接到因特网服务提供商(ISP),如中国电信、中国联通等。

电话拨号接入费用较低,其缺点是传输速度低,线路可靠性较差,比较适合个人或业务量较小的单位使用。在 Windows 中需手动建立"网络连接"才能建立拨号上网。

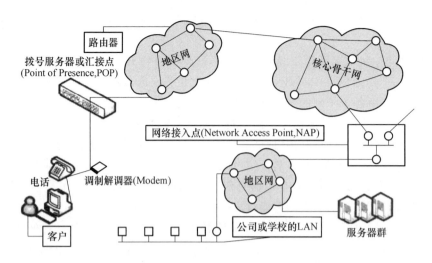

图 6-17　接入 Internet

2. ADSL 宽带接入

ADSL(Asymetric Digital Subscriber Line)的中文是非对称数字用户线,并具有固定 IP 地址。所谓非对称主要体现在:利用一对电话线,为用户提供上、下行非对称的传输速率(带宽),上行(从用户到网络)为低速的传输,可达 1 Mbit/s;下行(从网络到用户)为高速传输,可达 8 Mbit/s。ADSL 可以在普通电话线上实现高速数字信号传输,它使用频分复用技术将电话语音信号和网络数据信号分开,用户在上网的同时还可以拨打电话,两者互不干扰,这是 ADSL 接入方式优越于电话拨号接入方式的地方。

ADSL 接入上网的用户需要具备以下条件:1 台 PC、1 个语音/数据滤波器、1 个 ADSL Modem 等。

ADSL 也可以满足局域网接入的需要,常用的方法是将直接通过 ADSL 接入网络的那台主机设置成服务器,然后本地局域网上的客户机通过共享该服务器连接访问网上信息资源,服务器上需安装两块网卡,其中一块与交换机(或集线器)相连,另一块与 ADSL 相连。这样,只需申请一个账号,通过共享服务器的 Internet 连接,就可以使局域网的所有计算机可以访问 Internet。局域网中的客户机可采用保留的 IP 地址(如192.168.0.x)。市面上很多网吧采用的都是这种方式,以降低成本。

3. 局域网方式接入

即用路由器将本地计算机局域网作为一个子网连接到 Internet 上,使得局域网中的所有计算机都能够访问 Internet。这种连接的本地传输速率可达 10～100 Mbit/s,甚至可达 1000 Mbit/s,但访问 Internet 的速率受到局域网出口(路由器)的速率和同时访问 Internet 用户数量的影响。这种入网方式适用于用户数较多且较为集中的情况。

4. DDN 专线上网

DDN 即数字数据网(Digital Data Network),它是利用数字信道传输数据信号的数据传输网,向用户提供永久性和半永久性连接的数字数据传输信道,如图 6-18 所示。

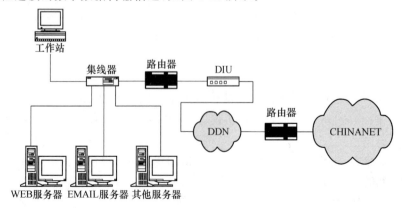

图 6-18　DDN 专线接入因特网

DDN 专线接入能提供高性能的点到点通信,保密性强;信道固定分配,可以充分保证通信的可靠性,保证用户使用的带宽不会受其他用户使用情况的影响;通过 DDN 专线,局域网很容易实现整体接入 Internet。另外,DDN 专线入网线路稳定,可获得真实的 IP 地址,便于企业在互联网上建立网站、树立企业形象、服务广大客户。总之,DDN 的优点很多,但接入造价较高、通信费用也较高,这种接入方式适合网络用户较多的单位使用,如大型企业单位、银行、高校等。

专线上网除了 DDN 之外,还有帧中继、X.25 等方式。

5. 无线方式接入

无线接入使用无线电波将移动端系统(如笔记本式计算机、PDA、手机等)和 ISP 的基站(Base Station)连接起来,基站又通过有线方式连入 Internet。目前的无线上网可以分为两种,一种是无线局域网 WLAN(Wireless Local Area Networks),它以传统局域网为基础,通过无线 AP 和无线网卡构建的一种无线上网方式;另一种是无线广域网 WWAN(Wireless Wide Area Network),通过电信服务商开通数据功能,以计算机通过无线上网卡来达到无线上网的接入方式,如 CDMA 无线上网卡、GPRS 无线上网卡等。

6.6.4　Internet 的基本服务

1. WWW(World Wide Web)服务

Internet 上的各种信息资源组成了世界上最大的信息资源库,能为用户提供无所不包的信息,WWW(即万维网)将这些信息以最方便的形式提供给用户,是 Internet 上最受欢迎的信息浏览方式,它的影响力已远远超出了专业技术的范畴。工作原理如图 6-19 所示。

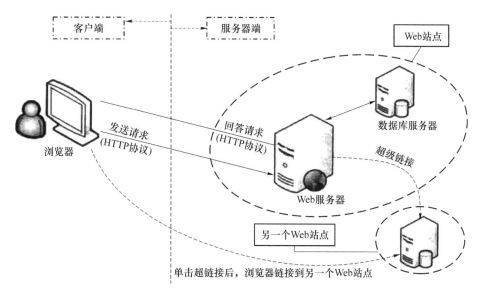

图 6-19　WWW 工作原理

(1) HTML 和 HTTP

HTML(Hyper Text Makeup Language)即超文本标注语言,它是 WWW 的信息组织形式,用于描述网页格式设计和不同网页文件间通过关键字进行的链接,使得用户可以方便地在网上浏览各种信息及从一个页面跳转到另一个页面。

HTTP(Hyper Text Transfer Protocol)即超文本传输协议,是 WWW 客户端程序和 WWW 服务器程序之间的通信协议。

(2) WWW 的工作方式

WWW 的工作方式是以 HTML 和 HTTP 为基础,采用客户机/服务器模式。信息资源以网页(Web页)的形式存储在服务器中,用户通过 WWW 客户端程序(浏览器)向 WWW 服务器发出请求;WWW 服务器根据客户端请求的内容,将保存在 WWW 服务器中的某个页面发送给客户端;浏览器接收到该页面后对其进行解释,最终将图、文、声同时呈现给用户。

我们可以通过页面中的链接,方便地访问位于其他页面甚至其他 WWW 服务器中的页面。

（3）网站和主页

网站是指在 WWW 上提供一个或多个网页的个人或机构。主页是指个人或机构的基本信息页面,是某个网站的起始页面,如图 6-20 和图 6-21 所示。

图 6-20　网站首页

图 6-21　主页

（4）URL 与定位信息

在 Internet 中有如此众多的 WWW 服务器,而每台服务器中又包含有很多主页,我们如何找到想看的主页呢？有人可能会说输入网址。网址其实是一个通俗的说法,确切地说,是要使用统一资源定位器（Uniform Resource Locators,URL）。

统一资源定位器的目标就是用统一的方式来指明某一资源的位置。它由三部分组成:代码标识所使用的传输协议、地址标识服务器名称、在该服务器上定位文件的路径名。

例如,http://www.edu.cn/index.shtml,其中:

http　　　　　　所使用的传输协议类型

www.edu.cn　　中国教育网 WWW 服务器主机名

index.shtml　　访问网页所在的路径和文件名

因此,通过使用 URL 机制,用户可以指定要访问什么服务器、哪台服务器、服务器中的哪个文件。

(5)搜索引擎

Internet 中拥有数以百万计的 WWW 服务器,而且 WWW 服务器所提供的信息种类及所覆盖的领域也极为丰富,如果要求用户了解每台 WWW 服务器的主机名,以及它所提供的资源种类,是不现实的。那么,用户如何在数百万个网站中快速、有效地查找到想要得到的信息呢？这就需要借助于 Internet 中的搜索引擎。

搜索引擎实际上也是一个网站,也就是 Internet 中的一个 WWW 服务器。它的主要任务是在 Internet 中主动搜索其他 WWW 服务器中的信息,并对其自动分类、索引,将分类、索引的内容存储在该服务器中的大型数据库中。用户可以利用搜索引擎所提供的分类目录和查询功能查找所需要的信息。常见的搜索引擎有 www.google.com、www.baidu.com、www.sohu.com、www.sina.com 等,如图 6-22 所示。

图 6-22　搜索引擎网站

搜索引擎的使用比较简单,搜索引擎有一个"关键词"输入栏,在该栏中输入要搜索内容的关键词即可。

(6)WWW 浏览器

WWW 浏览器是用来浏览 Internet 上的主页的客户端软件。WWW 浏览器为用户提供了寻找 Internet 上内容丰富、形式多样的信息资源的便捷途径。更重要的是,目前的浏览器基本上都支持多媒体特性,可以通过浏览器来播放声音、动画与视频。

目前流行的浏览器软件主要有很多种,如美国 Microsoft 公司的 Internet Explorer(简称 IE,如图 6-23 所示)和网上比较流行实用的火狐浏览器、傲游浏览器和 360 安全浏览器等。

图 6-23　Internet Explorer 浏览器

2.电子邮件(E-mail)

电子邮件(Electronic Mail,E-mail)是利用计算机网络交换的电子媒体信件。一个用户通过 Internet,可将邮件传送给任何一个有 E-mail 地址的用户。所传递的邮件可以是文件、图形、图像、语音和视频等内容。由于电子邮件系统采用"存储转发"的方式,在进行邮件传递时,邮件是保存在收信人的邮件服务器的邮箱中,收信人可从任何一台接入 Internet 的计算机上看到信件,并可把信件从邮件服务器中下载到用户的计算机中。

使用电子邮件的首要条件是要拥有一个电子邮件地址。用户可向提供电子邮件服务的网络服务机构 (Internet Service Provide,ISP)申请,申请成功后,ISP 就会在它的邮件服务器上建立该用户的电子邮件账户。该账户包括邮箱的容量、用户的姓名、口令及相关信息。电子邮件地址的格式在全球范围内是统一的,即用户名@邮件服务器主机名,例如,msy@163.com。一般邮件通常通过 Outlook 或 Web 邮箱发送,Outlook 如图 6-24 所示。

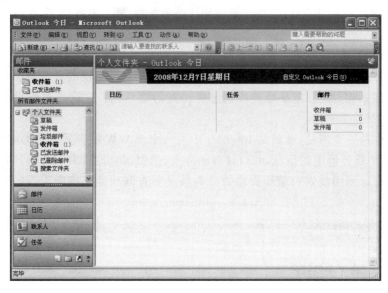

图 6-24 Microsoft Outlook

3. 文件传输(FTP)

文件传输(File Transfer Protocol,FTP)服务实现文件在网络计算机之间可靠、方便地互相传递。Internet 上的两台计算机在地理位置上无论相距多远,只要两者都支持 FTP 协议,网上的用户就能将一台计算机上的文件传送到另一台。

文件传输使 Internet 上的用户之间能够非常方便地交换文件,共享计算机软件资源。在 Internet 上通常有许多 FTP 服务器,管理者将非常多的软件放置其上,用户可以根据需要从服务器上获得自己需要的软件,这一过程称为文件下载。也有一些服务器支持用户将文件从用户计算机传送至服务器上,这一过程则称为文件上载。其连接如图 6-25 所示。

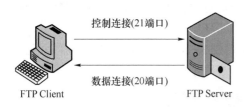

图 6-25 FTP 连接

4. 远程登录

远程登录(Telnet)是指用户使用 Telnet 命令,将自己的计算机登录到另一台计算机上,使用该计算机的各项软硬件资源。登录成功后,用户便可以实时使用该系统对外开放的功能和资源,例如,共享它的软硬件资源和数据库。图 6-26 是一个游戏网站的远程登录。

Telnet 也是一个有用的资源共享工具。许多大学图书馆通过 Telnet 对外提供联机检索服务,一些政府部门、研究机构也将它们的数据库对外开放,让用户通过 Telnet 进行查询。

5. 网络新闻服务(Usenet 和 BBS)

网络新闻组是利用网络进行专题讨论的国际论坛。Usenet 是规模最大的一个网络新闻组。用户可以在一些特定的讨论组中,针对特定的主题阅读新闻,发表意见,相互讨论,收集信息等。

电子公告牌是(Bulletin Boards System,BBS)Internet 上较常用的服务功能之一。用户可以利用 BBS 服务与未见面的网友聊天、组织沙龙、获得帮助、讨论问题及为别人提供信息等。现在更多的 BBS 服务已经开始出现在 WWW 服务中。网上聊天是 BBS 的一个重要功能,一台 BBS 服务器上可以开设多个聊天室。进入聊天室的人要输入一个聊天代号,先到聊天室的人会列出本次聊天的主题,用户可以在自己计算机的屏幕上看到。用户可以通过阅读屏幕上所显示的信息及输入自己想要表达的信息,与同一聊天室中的网友

图 6-26　远程登录(Telnet)

进行聊天。

6. 信息查找服务(Gopher)

Gopher 是 Internet 上一种综合性的信息查询系统,它给用户提供具有层次结构的菜单和文件目录,每个菜单指向特定信息。用户选择菜单项后,Gopher 服务器将提供新的菜单,逐步指引用户轻松地找到自己需要的信息资源。

Gopher 采用客户机/服务器模式。Internet 上有成千上万个 Gopher 服务器,它们将 Internet 的信息资源组织成单一形式的资料库,称作 Gopher 空间。Gopher 不同于一般的信息查询工具,它使用关键字作索引,用户可以方便地从 Internet 上的某台主机连接到另一台主机查找所需资料。

7. 广域信息服务(WAIS)

广域信息服务(Wide Area Information Service,WAIS)是一个网络数据库的查询工具,它可以从 Internet 的数百个数据库中搜索任何一个信息。用户只要指定一个或几个单词为关键字,WAIS 就按照这些关键字对数据库中的每个项目或整个正文内容进行检索,从中找出相匹配的关键词,即符合用户要求的信息,查询结果通过客户机返回给用户。

习　题

一、选择题

1. 计算机网络是按照(　　)相互通信的。
A. 信息交换方式　　　　　B. 传输装置　　　　　C. 网络协议　　　　　D. 分类标准

2. 计算机网络的功能主要体现在信息交换、资源共享和(　　)三个方面。
A. 网络硬件　　　　　B. 网络软件　　　　　C. 分布式处理　　　　　D. 网络操作系统

3. 网卡的作用是(　　)。
A. 将计算机的模拟信号转换成数字信号,以便接收
B. 将计算机的数字信号转换成模拟信号,以便发送
C. 将计算机数据转换为能通过介质传输的信号
D. 将计算机的数字信号与模拟信号互相转换,以便传输

4. 利用网络交换文字信息的非交互式服务称为(　　)。
A. E-Mail　　　　　B. Telnet　　　　　C. WWW　　　　　D. BBS

5. 中国公用计算机互联网的英文简写是(　　)。
A. ChinaNet　　　　　B. CERNET　　　　　C. NCFC　　　　　D. ChinaGBNet

6. 根据计算机网络覆盖地理范围的大小,网络可分为局域网和(　　)。
A. 广域网　　　　　B. Novell　　　　　C. 互联网　　　　　D. Internet

7. 下面关于 Web 页的叙述,不正确的是(　　　)。

A. Web 页可以以文档的形式保存

B. 可以直接在"地址栏"中输入想要访问的 Web 页的地址,即可访问 Web 页

C. 可以利用搜索引擎搜索要进行访问的 Web 页

D. 可以根据自己的方式任意编辑 Web 页

8. 计算机网络是一个(　　　)。

A. 管理信息系统　　　　　　　　　　　　B. 管理数据系统

C. 编译系统　　　　　　　　　　　　　　D. 在协议控制下的多机互连系统

9. 单击 Internet Explorer 浏览器窗口中工具栏上的某按钮,则可以在浏览器窗口左侧显示几天或几周前访问过的 Web 站点链接,这里的某按钮指的是(　　　)。

A. "刷新"按钮　　　B. "历史"按钮　　　C. "收藏夹"按钮　　　D. "搜索"按钮

10. 网络中各结点的互联方式称为网络的(　　　)。

A. 拓扑结构　　　B. 协议　　　C. 分层结构　　　D. 分组结构

11. 双绞线主要分为两类,即 4 对双绞线和(　　　)双绞线。

A. 1 对　　　B. 2 对　　　C. 6 对　　　D. 8 对

12. OSI 模型中最底层为(　　　)。

A. 物理层　　　B. 应用层　　　C. 网络层　　　D. 传输层

13. Modem 的中文名称是(　　　)。

A. 计算机网络　　　B. 鼠标器　　　C. 电话　　　D. 调制解调器

14. 域名与 IP 地址的关系是(　　　)。

A. 一个域名对应多个 IP 地址　　　　　　B. 一个 IP 地址对应多个域名

C. 域名与 IP 地址没有关系　　　　　　　D. 一一对应

15. 因特网上的安全问题一方面来自人为因素和自然因素,另一方面是(　　　)本身存在的安全问题。

A. 网络传输协议　　　B. TCP/IP 协议　　　C. TCP 协议　　　D. IP 协议

16. 在计算机网络术语中,WAN 的中文含义是(　　　)。

A. 以太网　　　B. 互联网　　　C. 局域网　　　D. 广域网

17. 在电子邮件地址中,符号@后面的部分是(　　　)。

A. 用户名　　　　　　　　　　　　　　　B. 主机域名

C. IP 地址　　　　　　　　　　　　　　　D. 以上三项都不对

18. 用户要想在网上查询 WWW 信息,必须要安装并运行一个被称之为(　　　)的软件。

A. HTTP　　　B. Yahoo　　　C. 浏览器　　　D. 万维网

19. 下面的 IP 地址中,正确的是(　　　)。

A. 202.9.1.12　　　　　　　　　　　　　B. CX.9.23.01

C. 202.122.202.345.34　　　　　　　　　　D. 202.156.33.D

20. 国内一所高校要建立 WWW 网站,其域名的后缀应该是(　　　)。

A. com　　　B. edu. cn　　　C. com. cn　　　D. ac

二、简答题

1. 什么是计算机网络及组成?

2. 计算机网络有哪些分类方法?

3. 计算机网络的拓扑结构有哪几类?它们各有什么特点?

4. 计算机网络的互联设备有哪些?

5. Internet 的服务有哪些?

6. TCP/IP 协议的含义是什么?

7. 什么是 IP 地址和域名?它们有什么关系?

第7章 计算机多媒体技术基础

【学习目标】

1. 掌握多媒体、多媒体技术的基本概念;
2. 掌握多媒体技术的特点和分类;
3. 掌握多媒体系统组成及应用;
4. 掌握多媒体文件格式;
5. 了解各种媒体处理技术的基本知识。

7.1 多媒体技术概述

多媒体技术是当今信息技术领域发展最快、最活跃的技术。多媒体技术是基于计算机技术的综合技术。它包括数字信号处理技术、音频和视频技术、计算机软件和硬件技术、人工智能和模式识别技术、通信和图像处理技术等,是一门不断发展的跨学科的高新技术。

计算机技术和数字信息处理技术的实质性进展,使我们今天拥有了处理多媒体信息的能力,使多媒体成为一种现实。多媒体技术往往与计算机联系起来,这是由于计算机的数字化及交互式处理能力,极大地推动了多媒体技术的发展,通常可以把多媒体看作是先进的计算机技术与视频、音频和通信技术融为一体而形成的一种新技术。

7.1.1 多媒体基本概念

1. 媒体

所谓媒体(Medium)就是人与人之间为达到交流的目的所利用的介质,是指人们用于存储和传递各种信息的载体,同时也是信息表示和传输的载体。媒体(Media)在计算机领域有两种含义:一是指用于存储信息的实体,又称为介质,如磁盘、光盘、闪盘、云盘等;二是信息的载体,又称为媒介,如文字、图形、图像、动画、声音等。

2. 多媒体

多媒体(Multimedia)是指能够同时获取、处理、编辑、存储和展示两个以上不同类型信息媒体的技术,这些信息媒体包括文字、声音、音乐、图形、动画、视频等。

多媒体就是多重媒体的意思,可以理解为直接作用于人的感官的文字、图形图像、动画、声音和视频等各种媒体的统称,即多种信息载体的表现形式和传递方式。

3. 多媒体计算机技术

多媒体计算机技术(Multimedia Computer Technology)的概念定义为:多媒体技术是利用计算机技术把文本、图形、图像、音频和视频等多种媒体信息综合一体化,使之建立逻辑连接,集成为一个具有交互性的系统,并能对多媒体信息进行获取、压缩编码、编辑、加工处理、存储和展示。

4. 多媒体技术

多媒体技术就是把声、文、图像和计算机结合在一起的技术。实际上,多媒体技术是计算机技术、通信技术、音频技术、视频技术、图像压缩技术、文字处理技术等多种技术的一种综合技术。

7.1.2 多媒体技术的特点

多媒体技术具有数字化、多样性、集成性、交互性和实时性等特点。

1. 数字化

数字化是指多媒体系统中的各种媒体信息都以数字形式存储于计算机中。各种媒体信息处理为数字信息后,计算机就能对数字化的多媒体信息进行存储、加工、控制、编辑、交换、查询和检索。

2. 多样性

多样性是指信息载体的多样化,即计算机能够处理的信息的范围呈现多样性。

3. 集成性

集成性是指处理多种信息载体的能力,也称为综合性。

4. 交互性

交互性是指用户与计算机之间在完成信息交换和控制权交换时的一种特性。

5. 实时性

实时性是指在计算机多媒体系统中声音及活动的视频图像是实时的、同步的。

7.1.3　多媒体技术的发展

多媒体技术最早起源于 20 世纪 80 年代中期。1985 年,微软公司推出了界面友好的多窗口图形操作环境——Windows 操作系统;1987 年,美国 RCA 公司推出交互式数字视频系统(Digital Video Interactive,DVI)。从 20 世纪 90 年代开始,多媒体技术逐渐走向成熟。

目前的多媒体计算机系统主要有两种:一种是 Apple 公司的 PowerMac 系统,功能强、性能高,价格也相对较高,主要占领多媒体处理性能较强的高端市场;另一种是以 Windows 系列操作系统为平台的 MPC,是应用最为广泛的多媒体个人计算机系统。

基于计算机的多媒体技术大体上经历了 3 个阶段:

第一个阶段是启蒙发展阶段。1985 年以前,这一时期是计算机多媒体技术的萌芽阶段。在这个时期,人们已经开始将声音、图像通过计算机数字化进行处理加工。该阶段具有代表性的事件是美国 Apple 公司推出了具有图形用户界面和图形图像处理功能的 Macintosh 计算机,并且提出了位图(Bitmap)的概念。

第二个阶段是初期应用和标准化阶段。1985 年至 20 世纪 90 年代初,是多媒体计算机初期标准的形成阶段。这一时期发表的重要标准有:CD-I 光盘信息交换标准、CD-ROM 及 CD-R 可读/写光盘标准、MPC 标准 1.0 版、Photo CD 图像光盘标准、JPEG 静态图像压缩标准和 MPEG 动态图像压缩标准等。

第三个阶段是蓬勃发展阶段。20 世纪 90 年代至今,是计算机多媒体技术飞速发展的阶段。在这一阶段,各类标准进一步完善,各种产品层出不穷,价格不断下降,多媒体技术的应用日趋广泛。这一阶段典型的多媒体产品有视频点播与交互电视、虚拟现实、网游、APP 商城等。

多媒体技术正向多重业务融合、网络化、多媒体终端应用设施部件化、智能化和嵌入式方向发展。

7.1.4　多媒体技术的应用

多媒体的应用是极其广泛的。目前的多媒体硬件和软件已经能将数据、声音以及高清晰度的图像作为窗口软件中的对象进行各式各样的处理。所出现的各种丰富多彩的多媒体应用,不仅使原有的计算机技术锦上添花,而且将复杂的事物变得简单,把抽象的东西变得具体。

由于多媒体技术的引进,极大地改善了人和计算机之间的界面,更进一步提高了计算机的易用性与可用性,扩大了计算机的应用领域,促进了全新的产品和服务的出现,也推动了多媒体技术自身的发展。在可以预见的将来,多媒体的应用将遍及社会生活的各个领域。目前主要应用在:商业、教育培训、电子出版、电视会议、广告与信息咨询、管理信息系统和办公自动化、家庭应用、虚拟现实等方面。

7.1.5　多媒体的分类

原国际电报电话咨询委员会(简称 CCITT,现已经改组为国际电信联盟 ITU)对媒体做如下分类:媒体分为感觉媒体、表示媒体、表现媒体、存储媒体、传输媒体。

1. 感觉媒体(Perception Medium)

感觉媒体是指能直接作用于人的感官,从而能使人能产生直接感觉的媒体,用于人类感知客观环境。

例如,人的语音、文字、音乐、自然界的声音、图形图像、动画、视频等都属于感觉媒体。

2. 表示媒体(Representation Medium)

表示媒体是为了加工、处理和传输感觉媒体而人为研究和构造出来的一种媒体,借助于此种媒体,能有效地存储感觉媒体或将感觉媒体从一个地方传送到另一个地方。即信息在计算机中的表示。表示媒体表现为信息在计算机中的编码,如语言编码、ACSII 码、电报码、图像编码、声音编码、条形码等。

3. 表现媒体(Presentation Medium)

表现媒体又称为显示媒体,指的是用于通信中使电信号和感觉媒体之间产生转换用的媒体,显示媒体又分为输入显示媒体和输出显示媒体。如输入显示媒体包括键盘、鼠标、光笔、扫描仪、麦克风、摄像机、数字化仪等,输出显示媒体包括显示器、音箱、打印机、投影仪等。

4. 存储媒体(Storage Medium)

存储媒体又称存储介质,存储媒体指的是用于存放表示媒体的介质,以便于保存和加工这些信息。常见的存储媒体有硬盘、软盘、磁带、U 盘和 CD-ROM 等。

5. 传输媒体(Transmission Medium)

传输媒体是指用于将媒体从一处传送到另一处的物理载体,例如电话线、双绞线、光纤、同轴电缆、微波、红外线等。

7.2 多媒体系统

7.2.1 多媒体系统组成

多媒体系统(Multimedia System),是指多媒体终端设备、多媒体网络设备、多媒体服务系统、多媒体软件及有关的媒体数据组成的有机整体。

多媒体计算机系统是对多媒体信息进行逻辑互联、获取、编辑、存储和播放等功能的一个计算机系统。它能灵活地调度和使用多种媒体信息,使之与硬件协调地工作,并且具有交互性。因此多媒体计算机系统是一个复杂的软硬件结合的综合系统。

多媒体系统由多媒体硬件系统和多媒体软件系统两部分组成。其中硬件系统包括计算机主要配置和各种外部设备,以及与各种外部设备的控制接口卡(其中包括多媒体实时压缩和解压缩电路);软件系统包括多媒体驱动软件、多媒体操作系统、多媒体数据处理软件、多媒体制作工具软件和多媒体应用软件。

典型的多媒体计算机系统有 Amiga 系统、CD-I 系统、DVI 系统、Macintosh 多媒体计算机系统、多媒体工作站、多媒体个人计算机系统(MPC)。

7.2.2 多媒体硬件系统

多媒体系统是一个复杂的软硬件结合的综合系统。多媒体把音频、视频等媒体与计算机系统集成在一起组成一个有机的整体,并由计算机对各种媒体进行数字化处理。由此可见,多媒体系统不是原系统的简单叠加,而是有其自身结构特点的系统。组成一个成熟而完备的多媒体系统,其要求是相当高的。

1. 计算机硬件系统

构成多媒体系统除了需要较高配置的传统计算机硬件之外,通常还需要音频、视频处理设备、光盘驱动器、各种多媒体输入/输出设备等。与常规的个人计算机相比,多媒体计算机的硬件结构只是多一些硬件的配置而已。目前,计算机厂商为了满足越来越多用户对多媒体系统的要求,采用两种方式提供多媒体所需的硬件:一是把各种部件都做在计算机的主板上,如 Tandy、Philips 等公司生产的多媒体计算机;二是生产各种有关的板、卡等硬件产品和工具,插入现有的计算机中,使计算机升级而具有多媒体的功能。一般来讲,多媒体计算机的基本硬件结构有以下基本要求。

(1) 功能强大、速度快的 CPU。

(2) 可存放大量数据的配置和足够大的存储空间。

（3）高分辨率的显示接口与设备，可以使动画、图像图文并茂地流畅显示。

（4）高质量的声卡，可以提供优质的数字音响。

2．多媒体接口卡

多媒体接口卡是根据多媒体系统对获取、编辑音频或视频的需要而插接在计算机上的。

多媒体接口卡可以连接各种计算机的外部设备，解决各种多媒体数据输入输出的问题，建立可以制作或播出多媒体系统的工作环境。常用接口卡包括声卡（音频卡）、语音卡、声控卡、图形显卡、光盘接口卡、VGA/TV 转换卡、视频捕捉卡、非线性编辑卡等。

3．多媒体外部设备

（1）视频、音频输入设备。包括 CD-ROM、扫描仪、摄像机、录像机、数码照相机、激光唱盘、MIDI 合成器和传真机等。

扫描仪是一种可将静态图像输入到计算机里的图像采集设备。扫描仪的主要性能指标是分辨率、色彩位数、灰度、速度和描仪支持的幅面大小。

数码相机带有基于软件的特性和功能。此类特性很有用，但通常不如硬件特性重要。其性能指标是数码相机特有的和与传统相机的指标类似，如镜头形式、快门速度、光圈大小以及闪光灯工作模式等。

数码摄像机的特点是清晰度高，因而 DV 拍摄的影像的色彩就更加纯正和绚丽，也达到了专业摄像机的水平。

（2）视频、音频播放设备。包括电视机、投影仪、音响器材等。

（3）交互设备。包括键盘、鼠标器、高分辨率彩色显示器、激光打印机、触摸屏、光笔等。

（4）存储设备。包括磁盘、优盘和光存储器等。

7.2.3　多媒体计算机

多媒体计算机技术是现代计算机技术的重要发展方向，也是的计算机技术发展最快的领域之一。多媒体计算机技术与通信技术的结合将从根本上改变现代社会的信息传播方式，是信息高速公路基础。

1990 年月 11 月，在 Microsoft 公司的主持下，Microsoft、IBM、Philips、NEC 等较大的多媒体计算机厂商召开了多媒体开发者会议，成立了多媒体计算机市场协会（Multimedia PC Marketing Council, Inc），进行多媒体标准的制定和管理。该组织根据当时计算机的发展水平制定了多媒体计算机的基本标准 MPC1，对多媒体计算机硬件规定了必需的技术规格。

1995 年 6 月，该组织更名为"多媒体 PC 工作组"（Multimedia PC Working Group），公布了新的多媒体计算机标准即 MPC3。多媒体计算机配置如图 7-1 所示。

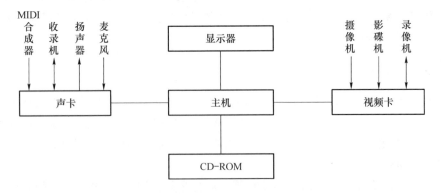

图 7-1　MPC3 多媒体计算机配置

多媒体计算机简称 MPC，是指具有多媒体功能，符合多媒体计算机规范的计算机。多媒体个人计算机系统发展迅速，并且得到了大部分厂商的支持，它是以 PC 为基础增加多媒体升级套件而形成的，已成为多媒体计算机主流。可以将系统划分为三类：

①多媒体个人计算机——MPC；

②通用的计算机多媒体系统，如 Macintosh、DVI、CD-I 等；

③多媒体工作站。

1. 多媒体音频

音频卡已经成为多媒体计算机不可缺少的重要组成部分。音频卡是处理各类数字化声音信息的硬件，大多以插件的形式安装在微机的扩展槽上，也有的与主板集成在一起，音频卡又称声音卡，简称声卡。

2. 声卡的功能

声卡在多媒体计算机系统中的作用如下：

（1）录制（采集）、编辑、还原数字声音文件。通过声卡及相应驱动程序的控制，可采集来自话筒、收录机等音源的信号，压缩后存放于个人计算机系统的内存或硬盘中；将硬盘或激光盘片上压缩的数字化声音文件还原，重建高质量的声音信号，放大后通过扬声器输出；对数字化的声音文件进行编辑加工，以达到某一特殊效果。控制音源的音量，对各种音源进行混合，即声卡具有混响器的功能。

（2）采集时，对数字化声音信号进行压缩，以便存储；播放时，对压缩的数字化声文件进行解压缩。

（3）利用语音合成技术，通过声卡朗读文件信息，如读英文单词或句子。

（4）利用语音识别技术，通过声卡识别操作者的声音实现人机对话。

（5）提供 MIDI 功能，使计算机可以控制多台具有 MIDI 接口的电子乐器。同时在驱动程序的控制下，声卡将以 MIDI 格式存放的文件输出到相应的电子乐器中，发出相应的声音。

3. 多媒体视频

视频是多媒体的重要组成部分，是人们容易接受的信息媒体。视频包括静态图像和动态视频（电影、动画）。

动态视频由多幅图像画面序列构成，每画面称为一帧。每幅画面保持一个极短的时间，利用人眼的视觉暂留效应快速更换另一幅画面，连续不断，就产生了连续运动的感觉。如果把音频信号加进去，就可以实现视频、音频信号的同时播放。

4. 显卡

显卡也称为图形加速卡，简称显卡。它是计算机主要的外部设备之一。显卡承担了后续图像的处理、加工及转换为模拟信号的工作。显卡的基本作用就是控制计算机的显示器显示文本和图形信息。对于多媒体计算机而言，显示器的作用尤为重要，各种媒体的编辑和制作都是以显示器作为唯一的参照依据。

5. 视频采集卡

视频采集卡也称视频卡，是将模拟摄像机、录像机、LD 视盘机、电视机输出的视频信号等输出的视频数据或者视频音频的混合数据输入计算机，并转换成计算机可辨别的数字数据，存储在计算机中，成为可编辑处理的视频数据文件。

7.2.4　多媒体软件系统

多媒体计算机软件系统按功能可分为系统软件和应用软件。如图 7-2 所示为多媒体计算机软件系统的组成结构。

多媒体应用软件	第八层	软件系统
多媒体创作软件	第七层	
多媒体数据处理软件	第六层	
多媒体操作系统	第五层	
多媒体驱动软件	第四层	
多媒体输入/输出控制卡及接口	第三层	硬件系统
多媒体计算机硬件	第二层	
多媒体外围设备	第一层	

图 7-2　多媒体计算机系统的组成结构

1. 多媒体系统软件

系统软件是多媒体系统的核心，它不仅具有综合使用各种媒体，灵活调度多媒体数据进行传输和处理的能力，而且要控制各种媒体硬件设备协调统一的工作，即将种类繁多的硬件有机地组织到一起，使用户能灵活控制多媒体硬件设备和组织处理多媒体数据。

多媒体的各种软件要运行于多媒体操作系统平台上(如 Windows),故操作系统平台是软件的核心。多媒体系统软件除具有一般软件系统软件特点外,还要反映多媒体软件的特点,如数据压缩、媒体硬件接口的驱动与集成、新型交互方式等,多媒体计算机系统主要有以下五种系统软件:

(1) 多媒体驱动软件

多媒体驱动软件(也称驱动模块)是最底层硬件的软件支撑环境,直接与计算机硬件打交道,完成设备初始化、各种设备操作、设备的打开和关闭、基于硬件的压缩/解压缩、图像快速变换及功能调用等。一种多媒体硬件需要一个相应的驱动程序,驱动程序一般随硬件产品提供。

(2) 驱动器接口程序

驱动器接口程序是高层软件与驱动程序之间的接口软件,为高层软件建立虚拟设备。

(3) 多媒体操作系统

多媒体操作系统实现多媒体环境下多任务的调整,保证音频、视频同步控制及信息处理的实时性;提供多媒体信息的各种基本操作和管理;具有对设备的相对独立性和可操作性。操作系统还应该具有独立于硬件设备和较强的可扩展能力。

最常见的多媒体操作系统是在通用操作系统或窗口系统支撑环境下设计音频视频内核(Audio/Video Kernel,AVK)。AVK 方式是目前多媒体操作环境的主流,Windows 环境是最典型的 AVK 方式多媒体操作环境。Windows 环境具有多任务功能,其图形用户界面(GUI)、动态数据交换(DDE)功能,特别是提供的多媒体支持和对象链接与嵌入(OLE)功能,均为多媒体软件提供了很好的支持。

(4) 多媒体素材制作软件及多媒体库函数

这层软件是为多媒体应用程序进行数据准备的程序,主要为多媒体数据采集软件,其中包括数字化音频的录制及编辑软件、MIDI 文件的录制及编辑软件、图像扫描及预处理软件、全动态视频采集软件、动画生成及编辑软件等。多媒体库函数作为开发环境的工具库,供设计者调用。

(5) 多媒体创作工具和开发环境

多媒体创作工具是多媒体设计人员在多媒体操作系统上进行开发的软件工具。与一般的编程工具不同,多媒体创作工具能对多种媒体信息进行控制、管理和编辑,能按用户的要求生成多媒体应用程序。功能强、易学易用、操作简便的创作系统和开发环境是多媒体技术广泛应用的关键所在。目前的创作工具有三种档次:高档适用于影视系统的专业编辑、动画制作和生成特技效果;中档适用于培训、教育和娱乐节目制作;低档可用于商业信息的简介、简报、家庭学习材料、电子手册等系统的制作。多媒体制作工具是在多媒体操作系统之上开发的帮助用户制作多媒体应用软件的工具。其中比较常用的是 Flash 和 Director 等。

多媒体开发环境有两种模式:一是以集成化平台为核心,辅助各种制作工具的工程化开发环境;二是以编程语言为核心,辅以各种工具和函数库的开发环境。

通常,驱动程序、接口程序、多媒体操作系统、多媒体数据采集程序以及创作工具、开发环境这些系统软件都由计算机专业人员设计、实现。

2. 多媒体应用软件

多媒体应用软件是在多媒体创作平台上设计开发的面向应用领域的软件系统,通常由应用领域的专家和多媒体开发人员共同协作、配合完成。开发人员利用开发平台、创作工具制作组织各种多媒体素材,生成最终的多媒体应用程序,并在应用领域中测试、完善,最终成为多媒体产品。例如,各种多媒体教学软件系统、培训软件、声像俱全的电子图书,这些产品以磁盘面世,但更多地是以光盘产品形式面世。

综上所述,多媒体计算机软件系统以金字塔结构描述,其中底层软件建立在硬件基础之上,高层软件建立在底层软件的基础之上。

7.3　图形图像处理技术

视觉信息分为静态图像和动态图像两大类,静态图像根据原理不同又分为位图图像和矢量图形两类,动态图像又分为视频和动画两类,习惯上将通过摄像机拍摄得到的动态图像称为视频,而由计算机或绘画方法生成的动态图像称为动画。

7.3.1　图形图像基本知识

1. 静态图形图像的数字化

(1) 位图图像。我们可以把位图看作是在一个栅格网上的图案——"点阵"图。位(bit)是计算机信息的基本单位,同时也看作是计算机存储器中的一种开关状态。一般用"1"(开)或"0"(关)来表示。这种开/关的值也可以用来代表颜色的黑色和白色。如果把不同的"位"聚集成一个图案,黑白点就可以组成一幅位图。在一个位图中,每一个小"方块"中被填充成黑色或白色时,它就能表达出图像信息,其中每一个小"方块"称为像素。

(2) 矢量图形。与位图不同,矢量图不用大量的单个点来建立图像,而是用数学公式对物体进行描述以建立图像。听起来似乎要比位图复杂一些,但是对有些图形图像来说,数字叙述比位图更容易,例如,同样是在屏幕上画一个圆,矢量图的描述非常简单:圆心坐标(120,120),半径60,而位图必须要描述和存储组成图像的每一个点的位置和颜色信息。

(3) 颜色深度。用于表示一个像素点的颜色所使用的二进制位数称为颜色深度。

(4) 颜色模型。

2. 动态图像的数字化

由于历史上和技术上的原因,过去使用数字技术难以再现自然的图像和声音,所以直到现在大多数的摄录设备都还使用模拟技术。因此从摄像机和录像机输出的信号、电视机的信号以及存储在录像带和激光视盘(LD)上的影视节目等还大多是模拟信号,而我们使用的计算机只能处理数字信号,只有把这些模拟信息转换成数字信息,才能发挥计算机的优势对视频信息进行处理。

在计算机中,使用视频采集卡配合视频处理软件,把从摄像机、录像机和电视机这些模拟信息源输入的模拟信号转换成数字视频信号,有的视频采集设备还能对转换后的数字视频信息直接进行压缩处理并转存起来,以利于对其做进一步的编辑和处理。

7.3.2　图形图像文件格式

计算机图像是以多种不同的格式储存在计算机里的,每种格式都有自己相应的用途和特点。通过了解多种图像格式的特点,我们在设计输出时就能根据自己的需要,有针对性地选择输出格式。

1. JPEG 格式

JPEG (Joint Photographic Expert Group)格式是 24 位的图像文件格式,也是一种高效率的压缩格式。文件格式是 JPEG 标准的产物,该标准由 ISO 与 CCITT(国际电报电话咨询委员会)共同制定,是面向连续色调静止图像的一种压缩标准。它可以储存 RGB 或 CMYK 模式的图像,但不能储存 Alpha 通道,不支持透明。JPEG 是一种有损的压缩,图像经过压缩后存储空间变得很小,但质量会有所下降。

2. BMP 格式

BMP (Windows Bitmap)格式是在 DOS 和 Windows 上常用的一种标准图像格式,能被大多数应用软件所支持。它支持 RGB、索引颜色、灰度和位图色彩模式,不支持透明,需要的存储空间比较大。

3. GIF 格式

GIF(Graphic Interchange Format)即图形交换格式。它用来储存索引颜色模式的图形图像,就是说只支持 256 色的图像。GIF 格式采用的是 LZW 的压缩方式,这种方式可使文件变得很小。GIF89a 格式包含一个 Alpha 通道,支持透明,并且可以将数张图存成一个文件,从而形成动画效果。这种格式的图像在网络上被大量地使用,也是 Internet 上支持的重要文件格式之一。

4. PNG 格式

PNG (Portable Network Graphics)是一种能储存 32 位信息的位图文件格式,其图像质量远胜过 GIF。同 GIF 一样,PNG 也使用无损压缩方式来减少文件的大小。目前,越来越多的软件开始支持这一格式,在不久的将来,它可能会在整个 Web 上广泛流行。PNG 图像可以是灰阶的(16 位)或彩色的(48 位),也可以是 8 位的索引色。PNG 图像使用的是高速交替显示放案,显示速度很快,只需要下载 1/64 的图像信息就可以显示出低分辨率的预览图像。与 GIF 不同的是,PNG 图像格式不支持动画。

5. TIFF 格式

TIFF(Tagged Image File Format)格式支持跨平台的应用软件,它是 Macintosh 和 PC 上使用最广泛的位图交换格式,在这两种硬件平台上移植 TIFF 图像十分便捷,大多数扫描仪也都可以输出 TIFF 格式的图像文件。该格式支持的色彩数最高可达 16M 种,采用的 LZW 压缩方法是一种无损压缩,支持 Alpha 通道,并支持透明。

6. TGA 格式

TGA(Tagged Graphics)是 True Vision 公司为其显卡开发的一种图像文件格式。它创建时间较早,最高色彩数可达 32 位,其中 8 位 Alpha 通道用于显示实况电视。该格式已经被广泛应用于 PC 的各个领域,使它在动画制作、影视合成、模拟显示等方面发挥着重要的作用。

7. PSD 格式

PSD(Adobe PhotoShop Document)格式是 Photoshop 内定的文件格式,它支持 Photoshop 提供的所有图像模式,包括多通道、多图层和多种色彩模式。

7.4 音频处理技术

多媒体技术在对各种媒体信息处理方面一般主要采取转换、集成、管理和控制以及传输等方式。

7.4.1 音频基本知识

1. 音频技术常识

数字音频是一种利用数字化手段对声音进行录制、存放、编辑、压缩或播放的技术,它是随着数字信号处理技术、计算机技术、多媒体技术的发展而形成的一种全新的声音处理手段。音频信号的特点有:音频信号是时间依赖的连续媒体;由于人接收声音有两个通道(左耳、右耳),因此为使计算机模拟自然声音,也应有两个声道,即理想的合成声音应是立体声;由于语音信号不仅是声音的载体,同时还携带了情感的意向,故对语音信号的处理,不仅是信号处理问题,还要抽取语意等其他信息。

声音本身是一种具有振幅和频率的波,通过麦克风可以把它转为模拟电信号,称为模拟音频信号。模拟音频信号要送入计算机,则需要经过"模拟/数字"(A/D)转换电路通过采样和量化转变成数字音频信号。计算机才能对其进行识别、处理和存储。数字音频信号经过计算机处理后,播放时,又需要经过"数字/模拟"(D/A)转换电路还原为模拟信号,放大输出到扬声器。

2. 数字音频技术基础

波形音频是计算机中处理声音最直接、最简便的方式。由多媒体计算机中的声音卡对麦克风、CD 等音源的声音信号进行采样、量化处理后以文件形式存储到硬盘上,声音重放时,声卡将声音文件中的数字音频信号还原为模拟信号,经过混音器混合后,输出到扬声器。

(1)采样

每隔一个时间间隔在模拟声音波形上取一个幅度值,称为采样。

(2)量化

把采样得到的表示声音强弱的模拟电压用数字表示,称为量化。

(3)采样频率

单位时间内的采样次数称为采样频率。采样频率越高,声音数字化质量越高。根据奈奎斯特采样定理,采样频率应该选用该信号所含最高频率的 2 倍,声音才能不失真地还原。目前,常见的采样频率有:11.025 kHz、22.05 kHz、44.1 kHz、48 kHz。

（4）量化位数

对采样得到的样本进行数字化表示所使用的二进制位数称为量化位数。量化位数越高，数字化的精度越高，但数据率也比较大。

3. 声音合成技术

MIDI（Musical Instrument Digital Interface）是乐器数字接口的缩写，它是 1983 年由 YAMAHA、RO-LAND 等公司联合制定的一种数字音乐的国际标准。MIDI 传输的不是声音信号，而是音符、控制参数等指令，MIDI 仅仅是一个通信标准，它是由电子乐器制造商建立起来的，用以确定计算机音乐程序、合成器和其他电子音响的设备互相交换信息与控制信号的方法。MIDI 系统实际就是一个作曲、配器、电子模拟的演奏系统。从一个 MIDI 设备转送到另一个 MIDI 设备上去的数据就是 MIDI 信息。MIDI 数据不是数字的音频波形，而是音乐代码或称电子乐谱。

MIDI 标准提供了多媒体计算机所支持的又一种声音产生方法，MIDI 不支持记录声音的波形的信息，而是说明音乐信息的一系列指令，如音符序列、节拍速度、音量大小，甚至可以指定音色，即它通过描述声音产生了数字化的乐谱，是对声音的符号表示，然后由声音卡上的合成器根据这个"乐谱"所描述的音乐合成，通过扬声器播放出来。音乐合成技术分为调频合成技术和波表合成技术两种。

4. 语音识别

语音识别技术就是让机器通过识别和理解过程把语音信号转变为相应的文本或命令的高技术。

语音识别技术所涉及的领域包括：信号处理、模式识别、概率论和信息论、发声机理和听觉机理、人工智能等。

7.4.2　音频文件格式

在多媒体声音处理技术中，最常见的几种声音存储格式是：WAVE 波形文件、MIDI 音乐数字文件和目前非常流行的 MP3 音乐文件。

1. WAVE 波形文件

WAVE 波形文件是基于 PCM 技术的波形音频文件，文件扩展名是 WAV，是 Windows 操作系统所使用的标准数字音频文件。在适当的软硬件条件下，使用波形文件能够重现各种声音，但波形文件的缺点是产生的文件太大，不适合长时间地记录。

2. MIDI 音乐数字文件

前面所说的 WAV 文件都是波形音频文件，而 MIDI 文件则是按 MIDI 数字化音乐的国际标准来记录描述音符、音高、音长、音量和触键力度（键从触按到最低位置的速度）等音乐信息的指令，通常称为 MIDI 音频文件。它在 Windows 下的扩展名为 MID。

由于 MIDI 文件记录的不是声音信息本身，它只是对声音的一种数字化描述方式，因此，它与波形文件相比，MIDI 文件要小得多。MIDI 文件的主要缺点是缺乏重现真实自然声音的能力，另外，MIDI 只能记录标准所规定的有限几种乐器的组合，并且受声卡上芯片性能限制难以产生真实的音乐效果。

3. MP3 文件

MP3 全称为 MPEG Audio Layer 3。由于在 MPEG 视频信息标准中，也规定了视频伴音系统，因此，MPEG 标准里也就包括了音频压缩方面的标准，称为 MPEG Audio。MP3 文件就是以 MPEG Audio Layer 3 为标准的压缩编码的一种数字音频格式文件。

MP3 语音压缩具有很高的压缩比率，一般来说，1 分钟 CD 音质的 WAV 文件约需 10MB，而经过 MPEG Layer3 标准压缩可以压缩为 1MB 左右且基本保持不失真。

4. RA 文件

RA 音频文件全称是 RealAudio，是由 RealNetworks 公司开发的一种具有较高压缩比的音频文件。由于其压缩比高，因此文件小，适合于网络传输，属于流媒体音频文件格式。同样也由于其压缩比高，声音失真也比较严重，但在可接受范围内。

5. MP4 文件

MP4 相较于 MP3 的主要特征是文件更小，音质更佳，同时还能有效保护版权。MP3 和 MP4 之间其实并没有必然的联系,首先 MP3 是一种音频压缩的国际技术标,而 MP4 却是一个商标的名称;其次,它们采用的音频压缩技术也迥然不同,MP4 采用的是美国电话电报公司所研发的以"知觉编码"为关键技术的音乐压缩技术,可将压缩比成功地提高到 15∶1,最大可达到 20∶1 而不影响音乐的实际听感,同时 MP4 在加密和授权方面采用厂名为 SOLANA 技术的数字水印来防止盗版。

6. WMA 文件

WMA(Windows Media Audio)是微软公司制定的音乐文件格式。WMA 格式是以减少数据流量但保持音质的方法来达到更高的压缩目的。WMA 文件在 80 kbit/s,44 kHz 的模式下压缩比可达 18∶1。生成文件大小只有相应 MP3 文件的一半。WMA 文件适合于低速率传输,在频普结构上更接近于原始音频,因而具有更好的声音保真度。

7.5 视频与动画处理技术

视频是一组连续画面的集合,与加载的同步声音共同呈现动态的视觉和听觉效果。动画是运动的画面,是视频的一种。视频动画信息和其他媒体信息相比具有直观和生动的特点,随着视频处理新技术的不断发展、计算机处理能力的进步,视频技术和产品日益成为多媒体计算机不可缺少的重要组成部分,并广泛应用于商业、教育、家庭娱乐等各个领域。

7.5.1 视频

视频信息是连续变化的影像,通常是指实际场景的动态演示,例如电影、电视、摄像资料等。视频信息的获取来自于数字摄像机、数字化的模拟摄像资料、视频素材库等。视频信息带有同期音频,画面信息量大,表现的场景复杂,常采用专门的软件对其进行加工和处理。

1. 视频图像

视频在多媒体应用系统中占有非常重要的地位,因为它本身可以由文本、图像、声音、动画中的一种或多种组合而成。利用其声音与画面的同步、表现力强的特点,能明显提高直观性和形象性。通常,将连续地随着时间变化的一组图像称为视频图像,其中每一幅图像称为一帧(Frame)。视频用于电影时,采用 24 帧/s 的播放速率;用于电视时,采用 23 帧/s 的播放速率(CPAI 制)。

2. 数字视频处理技术

各种制式的视频信号都是模拟信号,为了使计算机能够处理视频信息,必须将模拟信号转换为数字信号。数字视频处理的基本技术就是通过"模拟/数字"(A/D)信号的转换,也就是把图像上的每个像素信息按照一定的规律,编成二进制数码,即把视频模拟信号数字化,方便视频信息的存储和传输,有利于计算机进行分析处理。

3. 视频数据压缩技术

(1) 视频压缩原理

视频图像的相邻帧是非常相似的,因为存在运动效果,相邻两帧存在一定程度的帧差,所以视频图像主要存在时间冗余。视频图像编码方法的基本思想是:第一帧和关键帧采用帧内编码方法进行压缩。而后续帧的编码根据相邻帧之间的相关性,只传输相邻帧之间的变化信息(帧差),帧差的传送是采用运动估计和补偿的方法进行编码。如果视频图像只传输第一帧和关键帧的完整帧,而其他帧只传输帧差信息,就可以得到较高的压比。

(2) 视频压缩标准

由 ISO 和 ITU-T 制定的视频压缩编码标准有 H. 261、H. 263 、H. 264、MPEG-1、MPEG-2、MPEG-4、MPEG-7 和 MPEG-21 等。

视频压缩系列标准 H. 26x 主要用于视频通信应用中,MPEG-X 主要用于视频存储播放应用中。例如 VCD 中的视频压缩标准为 MPEG-1;DVD 中的视频压缩标准为 MPEG-2;无线视频通信和流媒体压缩标准普遍采用 MPEG-4;低码率的无线应用、标准清晰度和高清晰度的电视广播、传输高清晰度的 DVD 视频以及应用于数码照相机的高质量视频压缩标准为 H.264。

7.5.2　动画

动画是利用了人类眼睛的视觉滞留效应。人在看物体时,物体在大脑视觉神经中的停留时间约为 1/24s。如果每秒更替 24 个画面或更多的画面,那么前一个画面在人脑中消失之前,下一个画面就进入人脑,从而形成连续的影像。

1. 动画分类

从动画制作技术和手段的不同可以将动画分为传统手工工艺的动画和现代计算机设计制作为主的计算机动画。计算机动画又分为二维动画和三维动画。

(1) 二维动画

二维动画是一种平面动画,即通过连续播放平面图像形成。二维计算机动画主要用于实现中间帧画面的生成。二维动画具有灵活的表现手段、强烈的表现力和良好的视觉效果等特点。典型的二维动画制作软件有 GIF Animator 和 Flash。

(2) 三维动画

三维动画制又称"空间动画",是采用计算机技术模拟真实的三维空间,设计师在这个虚拟的三维世界按照要表现对象的形状尺寸建立模型以及场景,再根据要求设定模型的运动轨迹、虚拟摄影机的运动和其他动画参数,并按要求为模型赋上特定的材质,打上灯光,最后生成一系列可供动态实时播放的连续的图像技术。三维动画普遍应用在影视特效创意、前期拍摄、影视 3D 动画、特效后期合成、影视剧特效动画等。典型的三维动画制作软件有 Maya 和 3D Max。

2. 数字动画的基本参数

(1) 帧速度

动画是利用快速变换帧的内容而达到运动的效果。一帧就是一幅静态图像,而帧速度是指一秒播放的画面数量。一般帧速度为每秒 30 帧或每秒 25 帧。

(2) 画面大小

动画的画面尺寸一般在 320×240 像素～1280×1024 像素之间。画面大小与图像质量和数据量有直接的关系。

(3) 图像质量

图像质量和压缩比有关。一般来说,压缩比较小时对图像质量不会产生太大的影响,但当压缩比超过一定数值后,将会看到图像质量明显下降。所以,对图像质量和数据量要适当折中选择。

(4) 数据量

在不计压缩比的情况下,数据量是指帧速度与每幅图像的数据量乘积。

7.5.3　视频与动画文件格式

在多媒体视频与动画处理技术中,最常见的存储格式有:AVI、MOV、MPG、DAT、SWF、ASF、WMV 和 RMVB 等。

1. AVI 格式

音频视频交互(Audio Video Interleaved,AVI)格式是 Windows 操作系统的标准格式,是 Video For Windows 视频应用程序中使用的格式,是一种带有声音的文件格式,通常称为视频文件或电影文件。AVI 很好地解决了音视频信息的同步问题,采用有损压缩方式,可以达到很高的压缩比,是目前比较流行的视频文件格式。

2. MOV 格式

MOV 格式是 Apple 公司在 QuickTime For Windows 视频应用软件中使用的视频文件格式,原先应用于 Macintosh 平台,现在已经移植到 Windows 环境下。MOV 采用 Intel 公司的 INDEX 有损压缩技术,以及音频信息混合交错技术,MOV 格式视频图像质量优于 AVI 格式。

3. MPG 格式

MPG 格式是使用 MPEG 标准进行压缩的全屏幕运动图像文件格式,是 PC 上全屏幕运动视频的标准格式。

4. DAT 格式

DAT 是 Video CD 的数据文件,这种文件结构与 MPG 基本相同,也是基于 MPEG 压缩算法的一种格式文件。虽然 Video CD 也称为全屏幕活动视频,但是实际上标准 VCD 的分辨率只有 350×240 像素,与 AVI 和 MOV 格式差不多,但由于 VCD 的帧频高并有 CD 音质的伴音,所以质量要优于 AVI 和 MOV 格式文件。

5. SWF 格式

SWF 格式是动画制作软件 Flash 的动画文件,是一种支持矢量和点阵图形的动画文件格式,被广泛应用于网页设计、动画制作等领域。因为其采用矢量图形记录画面信息,所以这种格式的动画在播放时不会失真。SWF 格式的动画文件可以嵌入到网页中,也可以单独成页,或以 OLE 对象的方式出现在其他多媒体软件中。

6. ASF 格式

ASF 是一个开放标准,也是一种文件类型,它能依靠多种协议在多种网络环境下支持数据的传送。它是专为在 IP 网上传送有同步关系的多媒体数据而设计的,所以 ASF 格式的信息特别适合在 IP 网上传输。由于它使用了 MPEG-4 的压缩算法,所以压缩率和图像的质量都很高,图像质量优于 RM 格式。

7. WMV 格式

WMV 是 Microsoft 公司开发的视频文件格式,它是一种独立于编码方式在互联网上实时传播多媒体的技术标准。WMV 的主要优点有本地或网络回放、可扩充的媒体类型、部件下载、可伸缩的媒体类型、流的优先级化、多语言支持以及扩展性等。

8. RMVB 格式

RMVB 格式的前身是 RM 格式,是由 Real Networks 公司开发的一种具有较高压缩比的视频文件格式。根据不同的网络传输速率而制定出不同的压缩比率,从而实现在低速率的网络上进行视频数据实时传送和播放,具有体积小、画质优的特点。

以上是 Autodesk 公司的 Animator/Animator Pro/3D Studio/3D MAX 等动画制作软件支持的动画文件格式。

习　题

一、选择题

1. 乐谱和条形码属于(　　)。

    A. 存储媒体　　　　　　B. 表现媒体　　　　　　C. 表示媒体　　　　　　D. 感觉媒体

2. 光盘属于(　　)。

    A. 存储媒体　　　　　　B. 表现媒体　　　　　　C. 表示媒体　　　　　　D. 感觉媒体

3. 键盘属于(　　)。

    A. 存储媒体　　　　　　B. 表现媒体　　　　　　C. 表示媒体　　　　　　D. 感觉媒体

4. 文本属于(　　),而光纤属于(　　)。

    A. 存储媒体　　　　　　B. 表示媒体　　　　　　C. 传输媒体　　　　　　D. 感觉媒体

5. (　　)是多媒体关键技术。

    A. 信息数字化技术　　　　　　　　　　B. 信息的编码压缩

    C. 硬件核心　　　　　　　　　　　　　D. 超媒体超文本

6. 在计算机多媒体技术的特点中,(　　)是指处理多种信息载体的能力。

    A. 多样性　　　　　　　B. 集成性　　　　　　　C. 交互性　　　　　　　D. 实时性

7. 动画的帧速度是指(　　)。

A. 帧移动的速度　　　　　　　　　　　　B. 每帧停留的时间

C. 一秒播放的画面数量　　　　　　　　　D. 帧动画播放速度

8. 下列软件不是动画设计软件的是(　　)。

A. GIF Animator　　　B. Flash　　　　　C. 3DMAX　　　　　D. GoldWave

9. 以下(　　)类型的图像文件格式是用于不同平台资源交换格式。

A. BMP　　　　　　　B. JPG　　　　　　C. GIF　　　　　　D. TIF

10. 以下音频文件格式中,属于音乐文件格式的是(　　)。

A. RA　　　　　　　　B. WAV　　　　　　C. MID　　　　　　D. MP3

11. 所谓媒体是指(　　)。

A. 信息的载体　　　　　　　　　　　　　B. 各种信息的编码

C. 计算机的输入/输出信息　　　　　　　D. 计算机屏幕显示的信息

12. 要想使计算机能够很好地处理三维图形,我们的做法是(　　)。

A. 使用支持 2D 图形的显示卡　　　　　B. 使用支持 3D 图形的显示卡

C. 使用大容量的硬盘　　　　　　　　　D. 使用大容量的软盘

13. 如果一张数据表中含有照片,那么"照片"这一字段的数据类型通常为(　　)。

A. 备注　　　　　　　B. 超级链接　　　　C. OLE 对象　　　　D. 文本

14. 多媒体技术是(　　)。

A. 文本和图形处理技术的集成

B. 图像和声音处理技术的集成

C. 超文本处理技术的集成

D. 计算机技术、电视技术和通信技术相结合的综合技术

15. 多媒体技术处理的对象是(　　)。

A. 图像和图形

B. 文本和图形

C. 光盘和磁盘

D. 数字、文字、图形、图像、视频、动画和声音

二、简答题

1. 什么是媒体、多媒体技术?媒体的类型有哪些?

2. 多媒体技术涉及哪些技术?

3. 什么是 MPC?简要说明多媒体计算机系统的构成。

4. 写出常见的声音、图形图像、动画视频的文件格式。

5. 二维动画和三维动画的主要区别有哪些?

第8章　数据通信技术基础

【学习目标】

1. 掌握数据通信的基本概念与基本原理；
2. 了解通信信号、通信介质和通信模型；
3. 掌握通信信道的分类及通信技术指标；
4. 掌握数据传输模式、数据交换方式及多路复用技术基本知识。

8.1　数据通信基础

8.1.1　数据通信

1. 通信

通信（Communication）是指人与人或人与自然之间通过某种行为或媒介进行的信息交流与传递。从广义上讲，无论采用何种方法，使用何种介质，只要将信息从一方传送到另一方，均可称为通信，通信的根本目的就是传递信息。

2. 数据通信

数据通信是指依照通信协议，利用数据传输技术在两个功能单元之间传递数据信息。它可实现计算机与计算机、计算机与终端以及终端与终端之间的数据信息传递。通俗而言，数据通信是计算机与通信相结合而产生的一种通信方式和通信业务。可见，数据通信是一种把计算机技术与通信技术结合起来的新型通信方式，它是信息社会不可缺少的一种高效通信方式，也是未来"信息高速公路"的主要内容。从数据通信的定义可见，数据通信包含两个方面的内容：数据的传输和数据传输前后的处理（例如数据的集中、交换、控制等）。数据传输是数据通信的基础，而数据传输前后的处理使数据的远距离交换得以实现（图8-1）。

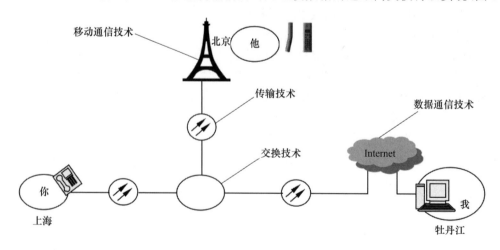

图 8-1　数据通信

8.1.2　通信信号

在数据通信中数据从一方传递到另一方，数据必须以一种合适的形式快速有效地传送。在发送和接收数据所在地,数据还必须能够被人们利用。数据一般可以理解为"信息的数字化形式",在计算机网络系统中,数据通常理解为在网络中存储、处理和传输的二进制数字编码。声音信息、图像信息、文字信息以及从现实世界直接采集的各种信息,均可以转换为二进制编码在计算机网络系统中存储、处理和传输。

1. 信号

信号(Signal)是运载数据的工具,是数据的载体。从广义上讲,它包含光信号、声信号和电信号等。

2. 数字信号与模拟信号

信号分为数字信号和模拟信号(图 8-2)。数字信号和模拟信号都用于数据通信,不同的网络使用不同类型的信号。

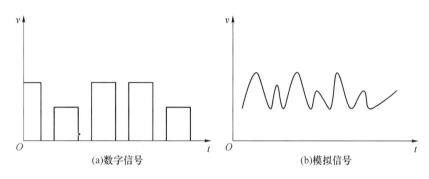

图 8-2　模拟信号和数字信号

数字信号是指自变量是离散的,因变量也是离散的信号。这种信号的自变量用整数表示,因变量用有限数字中的一个数字来表示。

模拟信号是指数据在给定范围内表现为连续的信号。模拟信号与连续相对应。模拟数据是取某一区间的连续值,而模拟信号是一个连续变化的物理量。

不同的数据必须转换为相应的信号才能进行传输,模拟数据一般采用模拟信号,数字数据则采用数字信号。模拟信号和数字信号之间可以相互转换。

8.1.3　通信系统模型

1. 数据通信系统模型

数据通信系统是指以计算机为中心,用通信线路与分布于异地数据终端设备连接起来,执行数据通信的系统。数据通信系统的基本作用是完成两个实体间数据的交换,如图 8-3 所示。

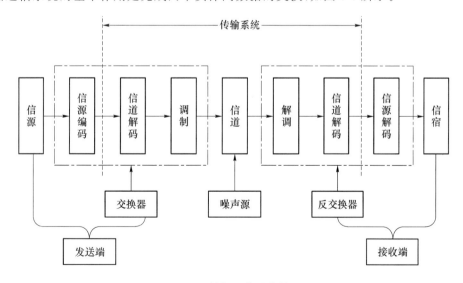

图 8-3　数据通信系统模型

2. 计算机网络通信系统模型

从计算机网络技术的组成部分来看,一个完整的数据通信系统一般有数据终端设备、通信控制器、通信信道、信号变换器等组成部分,如图 8-4 所示。

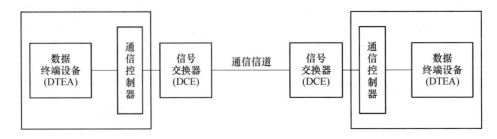

图 8-4   计算机网络通信系统模型

- 数据终端设备:即数据的生成者和使用者,它根据协议控制通信的功能。最常用的数据终端设备是网络中的计算机,此外,数据终端设备还可以是网络中的专用数据输出设备,如打印机等。
- 通信控制器:其功能除进行通信状态的连接、监控和拆除等操作外,还可以接收来自多个数据终端设备的信息,并转换信息格式。
- 通信信道:信息在信号变换器之间传输的通道,如电话线路模拟通道信道、专用数字通信信道、宽带电缆(CATV)和光纤等。
- 信号变换器:模拟转换器是一种能将模拟信号转变为数字信号的电子元件。数模转换器是一种能够把连续的模拟信号转变为离散的数字信号的器件。其功能是将通信控制器提供的数据转换成适合通信信道要求的信号形式,或将信道中传来的信号转换成可供数据终端设备使用的数据,最大限度地保证传输质量。在计算机网络的数据通信系统中,最常用的信号变换器是调制解调器和光纤通信网中的光电转换器。信号变换器和其他的网络通信设备又统称为数据通信设备(DCE)。DCE 为用户设备提供入网的连接点。

数据通信系统要完成通信任务,必须考虑以下关键性问题:

- 传输系统利用率:指有效地使用传输设备,这些设施通常是由很多的通信设备共享。因此要有效地分配传输介质的容量,如采用多路复用技术等;要协调传输服务的要求以免系统过载,如采用拥塞控制技术等。
- 接口规范:为了通信,设备必须和传输系统有接口,使发送端产生的信号特征能适应信道的传输,以及在接收端能对数据做正确解释。
- 同步:接收端要按发送端发送的数据频率和起止时间来接收数据,使自己的时钟与发送端一致,实现同步接收。传输系统和接收设备之间、发送器和接收器之间都需要同步,必须确定何时信号开始,何时信号结束,以及每个信号的间距。
- 交换管理:在两个实体通信期间的各种协调管理。
- 差错检测和校正:对通信中产生的差错进行检测和校正,另外还需要通过流量控制来防止接收器来不及接收的信号。
- 寻址和路由:决定信号到达目的地的最优路径。
- 恢复:不同于差错检测和校正,"恢复"是指在系统由某种原因被破坏或中断后,对系统进行必要的恢复。
- 报文格式:由两个对话实体需要进行协商,使报文格式一致。
- 安全:保证正确地、完整地、不被泄露地将收据从发送端传输至接收端。
- 网络管理:对复杂的通信系统进行配置、故障、性能、安全、计费等管理。

8.1.4 信道分类

信道可按不同方式来分类。从概念上,可分为广义信道和狭义信道;按传输媒体,可分为有线信道和无线信道;按信息复用形式,一般可分为频分制信道和时分制信道;按允许通过的信号类型,可分为模拟信道和数字信道。此外,信道还可以按信道的使用方式,分为专用信道和公用信道;按信道参数的时间特性,分为恒参信道和变参信道等。

1. 广义信道与狭义信道(图 8-5)

广义信道是指相对于某类传输信号的广义上的信号传输通路。它通常是将信号的物理传输媒介与相应的信号转换设备合起来看作是信道,常用的信道如调制信道、编码信道等。

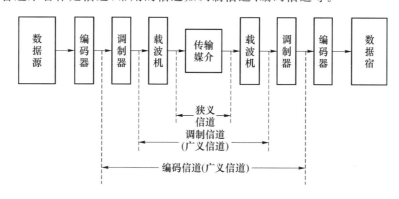

图 8-5 广义信道与狭义信道

狭义信道是指传输信号的具体的传输媒介,如电缆、光纤或短波、微波、卫星中继等传输线路。在讨论信道时,物理传输媒介仍是重点。

2. 有线信道和无线信道

有线信道(明线、对称电缆、同轴电缆、光纤等)具有性能稳定、外界干扰小、保密性强、维护便利等优点,在通信网中占有较大的比例。但是,一般而言,有线信道架设工程量大,一次性投资较大。目前,在有线信道中光纤的使用制作进一步增大。

无线信道(中波、短波、超短波、微波、卫星等)是利用无线电波在空间进行信号传输。无线信道通信成本低,一次性投资也较低,通信的建立比较灵活,可移植性大。但一般而言,无线信道受环境气候影响较大,保密性较差。目前,在无线信道中,微波和卫星信道在通信网中所占的比重较大。

3. 模拟信道和数字信道

模拟信道是指信道上允许通过的是取连续值(在时间上和幅度上)的模拟信号,如模拟电话信道等。模拟信道的质量用信号在传输过程中的失真和输出信噪比来衡量。

数字信道是指信道上允许通过的是取离散值(在时间上和幅度上)的数字信号,如 PCM 数字电话信道。数字信道的特性是通过信道的信号平均差错率和差错序列的统计特征来描述的。需要指出,传统的传输媒介的电特性一般都是模拟的,利用这些传输媒介只有加某些设备(如调制解调器)才能构成数字信道。由于绝大部分数据信号都是数字的,故数字信道更便于传输数据。

4. 专用信道和公用信道

在通信网中,用户因数据量的多少和通信对象状态不同而对传输电路的要求不同,这客观上使通信网中的数据电路处于两种不同的使用状态。

专用信道:两个用户间固定不变的数据电路,它可以有专门敷设的专用线路或通信网中固定路由(租用信道)提供。专用信道每次通信的传输路由固定不变,传输质量可得到保证。一些特殊业务(如银行、证券交易等)网和大企业的区域网常采用专用信道。

公用信道:网中用户通信时由交换机随机确定的数据传输电路,这类电路由于其路由的随机性,其传输质量也相对不稳定。一般是在用户间数据传输量不大,而且通信时间不固定时采用。

8.1.5 数据通信主要技术指标

1. 传输速率

传输速率是指通信线路上传输信息的速度,它是衡量系统传输能力的主要指标。传输速率一般有三种表示方法,即比特率、波特率和数据传输率。

①比特率是数据传输速率,也称信号速率,是指在有效的带宽上,单位时间内所传输的二进制代码的有效位数,用 bit/s(每秒比特数)表示。

②波特率也称调制速率,是指数字信号经过调制后的速率,即调制后的信号每秒变化的次数,其单位为波特(Baud,BD)。

③数据传输率是单位时间内传送的数据量。通常采用字符/min 为单位。数据传输速率和比特率之间的关系要考虑用多少比特来表示一个字符。

2. 信道带宽

信道带宽是指信道所能传送的信号频带宽度,它的值为信道上可传送信号的最高频率和最低频率之差。带宽越大,所能达到的传输速率就越大,所以信道的带宽是衡量传输系统的一个重要指标。带宽单位为赫兹(Hz)。

3. 信道容量

信道容量是指物理信道上能够传输数据的最大能力,即数据传输速率的上限。通常用数据传输率来表示。当信道上传输的数据速率大于信道所允许的数据速率时,信道就不能用来传输数据。一般而言,信道带宽越宽,数据传输速率就越快。信道容量一般表示为单位时间内最多可传输的二进制数据的位数。

4. 误码率

误码率是指二进制编码在数据传输中被传错的概率,也称出错率,是数据通信系统在正常工作情况下,衡量传输可靠性的指标。

5. 吞吐量

吞吐量是单位时间内网络能够成功地传送数据的数量,单位是 bit/s。在单信道总线型网络中,吞吐量＝信道容量×传输效率。

8.1.6　通信介质

通信介质(传输介质)即网络通信的线路,是网络中传输数据的载体,常见的传输介质分为两大类:有线传输介质和无线传输介质。目前最常用的有线传输介质有双绞线、同轴电缆和光纤等。常用的无线传输介质有无线电波、微波、红外线、蓝牙、激光和卫星通信等。

1. 有线传输介质

(1) 双绞线

双绞线是一种广泛使用的通信传输介质,既可以传输模拟信号,也可以传输数字信号。组建局域网络所用的双绞线是一种由 4 对线(即 8 根线)组成的,其中每根线的材质有铜线和铜包的钢线两类。

一般来说,双绞线电缆中的 8 根线是成对使用的,而且每一对都相互绞合在一起,绞合的目的是为了减少对相邻线的电磁干扰。双绞线分为屏蔽双绞线(STP)和非屏蔽双绞线(UTP),如图 8-6 所示。

屏蔽双绞线 (STP)　　　　非屏蔽双绞线 (UTP)

图 8-6　双绞线实物

常用到的双绞线是非屏蔽双绞线(UTP),它又分为 3 类、4 类、5 类、超 5 类、6 类和 7 类。

在局域网中,双绞线主要是用来连接计算机网卡到集线器或通过集线器之间级联口的级联,有时也可直接用于两个网卡之间的连接或不通过集线器级联口之间的级联,但它们的接线方式各有不同,如表 8-1、图 8-7 所示。

表 8-1　双绞线的 8 根线的引脚定义

线路线号	1	2	3	4	5	6	7	8
线路色标	橙白	橙	绿白	蓝	蓝白	绿	褐白	褐
引脚定义	Tx^+	Tx^-	Rx^+			Rx^-		

(2) 同轴电缆

同轴电缆是指有两个同心导体,它的中央是铜质的芯线(单股的实心线或多股绞合线),铜质的芯线外包着一层绝缘层,绝缘层外是一层网状编织的金属丝作外导体屏蔽层(可以是单股的),屏蔽层把电线很好地包起来,再往外就是外包皮的保护塑料外层了,如图 8-8 所示。

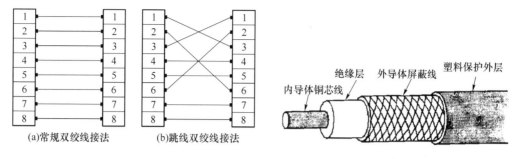

(a)常规双绞线接法　　(b)跳线双绞线接法

图 8-7　双绞线接法

图 8-8　同轴电缆结构

目前经常用的同轴电缆有两种:一种是专门用在符合 IEEE 802.3 标准以太网环境中阻抗为 50 Ω 的电缆,只用于数字信号发送,称为基带同轴电缆;另一种是用于频分多路复用 FDM 的模拟信号发送,阻抗为 75 Ω 的电缆,称为宽带同轴电缆。

(3) 光纤

光导纤维电缆,简称光纤。它是一种细小、柔韧并能传输光信号的介质,一根光缆中包含有多条光纤。

光纤是利用有光脉冲信号表示 1,没有光脉冲表示 0。光纤通信系统是由光端机、光纤(光缆)和光纤中继器组成。光端机又分成光发送机和光接收机。而光中继器用来延伸光纤或光缆的长度,防止光信号衰减。光发送机将电信号调制成光信号,利用光发送机内的光源将调制好的光波导入光纤,经光纤传送到光接收机。光接收机将光信号变换为电信号,经放大、均衡判决等处理后送给接收方。

光纤和同轴电缆相似,只是没有网状屏蔽层。中心是光传播的玻璃芯,如图 8-9 所示。光纤分为单模光纤和多模光纤两类(所谓"模"是指以一定的角度进入光纤的一束光)。

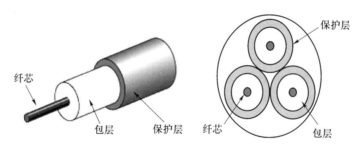

图 8-9　通信用室外光纤结构

光纤不仅具有通信容量非常大的特点,而且还具有其他的一些特点:

- 抗电磁干扰性能好;
- 保密性好,无串音干扰;
- 信号衰减小,传输距离长;
- 抗化学腐蚀能力强;
- 体积小、重量轻、造价低。

正是由于光纤的数据传输率高(目前已达到 1 Gbit/s),传输距离远(无中继传输距离达几十千米至上百千米)的特点,所以在计算机网络布线中得到了广泛的应用。目前光缆主要是用于交换机之间、集线器之间的连接,但随着千兆位局域网络应用的不断普及和光纤产品及其设备价格的不断下降,光纤连接到桌面也将成为网络发展的一个趋势。

但是光纤也存在一些缺点,就是光纤的切断和将两根光纤精确地连接所需要的技术要求较高。

2. 无线传输介质

最常用的无线介质有微波、红外线、无线电、激光和卫星,它们都以空气为传输介质。无线介质的带宽可达到几十 Mbit/s,如微波为 45 Mbit/s,卫星为 50 Mbit/s。室内传输距离一般在 200 米以内,室外为几十千米到上千千米。

采用无线传输介质连接到网络称为无线网络。无线局域网可以在普通局域网的基础上通过无线 HUB、无线接入点 AP(Access Point,也译为网络桥通器)、无线网桥、无线 Modem 及无线网卡等实现。其中,无线网卡最为普遍。无线网络具有组网灵活、容易安装、结点加入或退出方便、可移动上网等优点。随着通信的不断发展,无线网络必将占据越来越重要的地位,其应用会越来越广泛。

(1) 微波

微波传输一般发生在两个地面站之间。微波传输的两个特性限制了它的使用范围。首先,微波是直线传播的,它无法像某些低频波那样沿着地球的曲面传播。其次,大气条件和固体物将妨碍微波的传播。比如,微波就无法穿过建筑物。

因为发射装置与接收装置之间必须存在一条直接的视线,这样就限制了它们可以拉开的距离。两者的最大距离取决于塔的高度、地球的曲率以及两者间的地形。比如,把天线安装在位于平原的高塔上,信号将传播得很远,通常是 32～48 千米,当然,如果增加塔的高度,或者把塔建在山顶上,距离将更远。有时候城市里的天线间隔很短。如果有人在两座天线的视线上修建建筑物,那也会产生问题。如果要实现长途传送,可以在中间设置几个中继站(图 8-10)。中继站上的天线依次将信号传递给相邻的站点。这种传递不断持续下去就可以实现视线被地表切断的两个站点间的传输。

(2) 卫星传输

首先,卫星传输(图 8-11)是微波传输的一种,只不过它的一个站点是绕地球轨道运行的卫星。卫星传输的确是当今一种更为普遍的通信手段。其应用包括电话、电视、新闻联播、天气预报以及军事用途等。

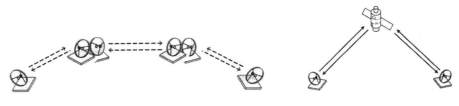

图 8-10　微波传输　　　　　　　　图 8-11　卫星传输

因为卫星必须在空中移动,所以只有很短的时间能够进行通信。卫星落下水平线后,通信就必须停止,一直到它重新在另一边的水平线上出现。这种情形与当今的很多应用(但不是全部)是不相适应的。想象一下每次卫星落下水平线时都得中断电缆电视或电话通话的情景吧(当然,如果它能够在每次商业广告开始时同步发生的话,那还是有价值的)。实际上,卫星保持固定的位置将允许传输持续地进行。对于大多数媒体应用来说,这无疑是一个重要的判定标准。

(3) 无线电波

无线电波是指在自由空间(包括空气和真空)传播的射频频段的电磁波。其频率在 300 GHz 以下,适合于远距离大容量的数据通信。

(4) 红外线

红外线是太阳光线中众多不可见光线中的一种。红外线可分为三部分,即近红外线、中红外线和远红外线。红外线通信就是把要传输的信号分别转换成红外光信号直接在空间沿直线进行传播,比微波通信具有更强的方向性,难以窃听,难以插入数据和难以进行干扰。

(5) 蓝牙

蓝牙是一种支持设备短距离通信(一般 10 米内)的无线电技术,工作在全球通用的 2.4 GHz 频段,其数据传输速率为 1 Mbit/s,能在包括移动电话、PDA、无线耳机、笔记本式计算机、相关外设等众多设备之间进行无线信息交换。

8.2 数据通信技术

数据通信技术,不仅完成时间的传输,还要对数据传输前后的数据进行处理。数据通信技术是数据在网络传输中有效性和可靠性的重要保证。

8.2.1　数据传输模式

数据传输模式是指数据在通信信道上传送所采取的方式。按数据代码传输的顺序可分为并行传输和串行传输;按数据传输的同步方式可分为同步传输和异步传输;按数据传输的流向可分为单工数据传输、双工数据传输和全双工数据传输;按被传输的数据信号特点可分为基带传输、频带传输和数字数据传输。

1. 串行传输和并行传输

(1)串行传输

串行传输是构成字符的二进制代码在一条信道上以位为单位,按时间顺序逐位传输的方式。按位发送,逐位接收,同时还要确认字符,所以要采取同步措施。速度虽慢,但只需要一条传输信道,投资小,易于实现,是数据传输采用的主要传输方式,也是计算机通信采取的一种主要方式。

特点:

- 通信线路数小,线路利用率高,适合于远距离传输。
- 在发送端和接收端需要并/串转换和串/并转换。
- 需要实施同步措施,以确保不产生错字。

(2)并行传输

并行传输是构成字符的二进制代码在并行信道上同时传输的方式。并行传输不需要另外措施就实现了收发双方的字符同步。缺点是需要传输信道多,设备复杂,成本高。一般适用于计算机和其他高速数字系统,特别适于在设备之间距离较近时采用。

特点:

- 不需要对传输代码进行时序转换。
- 需要数据线数目多。
- 传输速率高。

2. 同步传输和异步传输

(1)同步传输

同步传输是一种以数据块为单位的数据传输方式,该方式下数据块与数据块之间的时间间隔是固定的,必须严格地规定它们的时间关系。该方式必须在收、发双方建立精确的位定时信号,以便正确区分每位数据信号(图 8-12)。

图 8-12　字符同步传输方式

(2)异步传输

所谓异步传输又称起止式传输,只要被发送的数据已经是可以发送的状态,发送者可以在任何时候发送数据。接收者则只要数据到达,就可以接收数据(图 8-13)。

3. 单工通信、半双工通信和全双工通信

(1)单工通信

所谓单工、双工等,是指数据传输的方向如图 8-14(a)、(b)所示。如果从一台设备传输信息到另一台设备,在发送方和接收方之间有明确的方向性,就是典型的单工通信。也就是说,单工通信是指通信双方传送的数据只在一个方向上进行,不能反方向进行。无线电广播和电视信号传播都是单工通信。例如,打印机、电视剧、机场监视器等。

(2)半双工通信

半双工通信是指通信双方传送的数据可以双向传输,但不能同时进行,发送和接收共用一个数据通道,

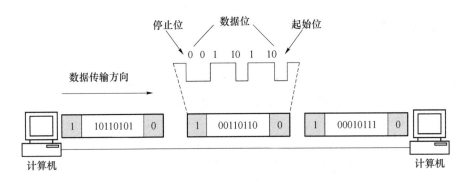

图 8-13　异步传输方式

必须轮流进行。若要改变数据的传输方向,需要利用开关进行切换。它用于双向无线电通信、某些调制解调器和外围设备中。

（3）全双工通信

全双工通信是指通信双方可以同时双向传输,如图 8-14(c)所示。当设备在一条线路上发送数据时,它可能会收到其他的数据。它相当于两个相反方向的单工通信的组合,显然,全双工通信较前两种方式效率高、控制简单,但结构复杂,成本高。例如,电话是全双工通信,双方科研同时讲话;计算机与计算机通信也可以是全双工通信。

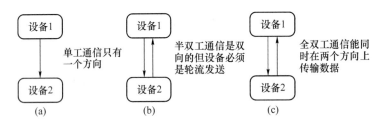

图 8-14　单工、半双工和全双工

8.2.2　数据交换方式

在网络通信系统中,考虑网络结构时的一个重要因素就是怎样进行信息交换。交换方式是指计算机之间、计算机与终端之间和各终端之间交换信息所用信息格式与交换装置的方式。根据交换装置和信息处理方法的不同,常用的交换方式有电路交换、报文交换和分组交换 3 种交换方式。

1. 电路交换

数据通信中的电路交换方式是指两台计算机或终端在相互通信时,使用同一条实际的物理链路,在通信中自始至终使用该条链路进行信息传输,并且不允许其他计算机或终端同时共享该链路的通信方式。

实现电路交换的主要设备是电路交换机,它由交换电路部分和控制部分构成。交换电路部分实现主、被叫用户的连接,构成数据传输通路;控制部分的主要功能是根据主叫用户的选线信号控制交换电路完成接续,交换电路部分的核心是交换网。

2. 报文交换

报文交换方式是指源站在发送报文时,将目的地的地址添加到报文中,然后报文在网络中从一个结点传至另一个结点。在报文交换中是以报文为单位接收、存储和转发信息。为了准确地实现转发报文,一份报文应包括以下三个部分:报头或标题、报文正文、报尾。

3. 分组交换

分组交换仍采用存储转发传输方式,但将一个长报文先分割为若干个较短的分组,然后把这些分组逐个发送出去,在分组交换网中,有数据报方式和虚电路方式两种常用的处理数据的方法。

（1）数据报方式

在数据报方式中,每个分组被称为一个数据报（数据包）,若干个数据报构成一次要传送的报文或数据块。数据报方式采用同报文交换一样的方法对每个分组单独进行处理。

（2）虚电路方式

在虚电路方式中传递数据之前，发送和接收双方在网络中会建立起一条逻辑上的连接，但它并不像电路交换中那样有一条专用的物理通路。逻辑连接路径上各个结点都有缓冲装置服从于这条逻辑线路的安排，也就是按照逻辑连接的方向和接收的次序进行转发。发送方依次发出的每个数据包经过若干次存储转发，按顺序到达接收方。双方完成数据交换后，拆除该虚电路。

8.2.3　多路复用技术

为了充分利用传输介质，降低成本，提高有效性，人们提出了复用问题。多路复用是指把许多单个信号在一个信道上同时传输的技术。在采用多路复用技术的数据传输系统中，允许两个或多个数据源共享同一个传输介质，把若干个彼此无关的信号在一个共用信道上进行传输，互不干扰，就像每一个数据源都有自己的信道一样。多路复用一般可分为频分多路复用、时分多路复用和波分多路复用 3 种基本形式。

1. 频分多路复用（FDM）

在物理信道能提供比单个原始信号宽得多的带宽的情况下，我们就可将该物理信道的总带宽分割成若干个与传输的单个信号带宽相同（或略为宽一点）的子信道，每一个子信道传输一路信号，这就是频分多路复用（图 8-15）。

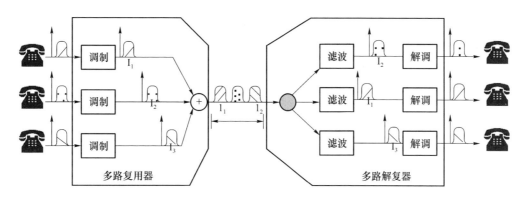

图 8-15　频分多路复用

频分多路复用接收来自多个源的模拟信号，每个信号有自己独立的带宽。这些信号被组合成另一个具有更大带宽更加复杂的信号，产生的信号通过某种媒体被传送到目的地，在那里另一个多路复用器完成分解任务，把各个信号单元分离出来。

频分多路复用的优点是通信信道利用率高，允许复用的路数多，分路方便，频带宽度越宽，在此频带宽度内允许使用的用户越多；缺点是设备复杂，抗干扰能力差。

2. 时分多路复用（TDM）

时分多路复用是将一条物理线路按时间分成一个个互不重叠的时间片，每个时间片常称为一帧，帧再分为若干时隙，轮换地为多个信号所使用。每一个时隙由一个信号（一个用户）占用，该信号使用通信线路的全部带宽。

时分多路复用把许多输入信号结合起来，并一起传送出去，用于数字信号。时分多路复用保持了信号物理独立性，而逻辑上把它们结合在一起。

3. 波分多路复用（WDM）

波分多路复用与频分多路复用使用的技术原理是一样的，与 FDM 技术不同的是，波分多路复用采用光纤作为通信介质，利用光学系统中的衍射光栅，来实现多路不同频率（波长）光波信号的合成与分解。光纤信道上使用的波分多路复用（WDM）是频分多路复用的一个扩展。

8.2.4 同步与异步通信

1. 同步通信

同步就是接收端要按发送端所发送的每个码元的重复频率以及起止时间来接收数据。

在通信时,接收端要校准自己的时间和重复频率,以便和发送端取得一致,这一过程称为同步过程。同步式要求不管是否传输信息代码,每个比特位必须在收发两端始终保持同步,中间没有间断时间,即为比特位同步。

当不传送信息代码时,在线路上传送的是全1或其他特定代码,在传输开始时用同步字符 SYN(编码为01111110)使收发双方进入同步。当搜索到 SYN 同步字符时,接收端开始接收信息,此后就从传输信息中检测同步信息。一般在高速传输数据的系统中采用同步式。

2. 异步通信

异步方式又称为起止同步方式,它把各个字符分开传输,字符之间插入同步信息。它在要传输的字符前设置起始位,在信息代码和校验位(一般总共为 8 比特)结束以后,再设置1~2位比特的终止位,表示该字符已结束。终止位也反映了平时不进行通信时的状态。各字符之间的间隔是任意的、不同步的,但在一个字符时间之内,收发双方各数据位必须同步,所以这种通信方式又称为起止同步方式。

8.3 常用通信系统

通信系统是用以完成信息传输过程的技术系统的总称。现代通信系统主要借助电磁波在自由空间的传播或在导引媒体中的传输机理来实现,前者称为无线通信系统,后者称为有线通信系统;如果按通信业务的不同,通信系统又可分为电话、电报、传真、数据通信系统等;按通信系统中传输的信号的不同,又可将通信系统分为模拟通信系统和数字通信系统。下面介绍几种常用的通信系统。

8.3.1 电话系统

电话系统从最早的直接方式到今天的数字程控交换网络,从单一的通话业务到能提供十种新业务,可以说,它已经发展到了相当成熟的程度。

电话通信的特点是通话双方要求实时对话,因而要在一个相对短暂的时间内在双方之间临时接通一条通路,故电话通信系统应具有传输和交换两种功能。这种系统通常由用户线路、交换中心、局间中继线和干线等组成(图 8-16)。

图 8-16 模拟电话系统结构

8.3.2 移动通信系统

现代移动通信集中了无线通信、有线通信、网络技术、计算机技术等许多成果,在人们的生活中得到了广泛的应用,在任何地方与任何人都能及时沟通联系、交流信息,弥补了固定通信的不足。

1. 移动通信的特点

由于移动通信系统需保证移动体在运动中实现不间断通信,尽可能为移动用户提供高质量、方便、快捷的服务,因此移动通信有其自身的特点和更高的要求。与有线通信方式和固定无线通信方式相比,移动通信有如下特点:

①信道特性差,电波传播环境复杂。

②干扰和噪声的影响大。

③处于运动状态下的移动台工作环境恶劣。

④组网方式灵活多样。

⑤有限的频谱资源。

⑥用户终端设备要求高。

⑦要求有效的管理和控制、控制系统复杂。

2. 移动通信系统的组成

移动通信系统一般由移动台、基地站、移动业务交换中心以及与公用电话网相连接的中继线栈构成,如图 8-17 所示。

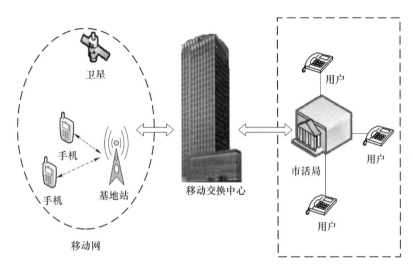

图 8-17　移动通信模拟

3. 移动通信系统的分类

移动通信的种类繁多。按使用要求和工作场合不同可以分为集群移动通信、蜂窝移动通信、无绳电话系统和卫星移动通信系统等。

4. 新一代移动通信系统

第四代移动通信系统即 4G,它集 3G 与 WLAN 于一体,能够传输高质量视频图像,图像传输质量与高清晰度电视不相上下。4G 网络架构如图 8-18 所示。4G 系统能够以 100 Mbit/s 的速度下载,比拨号上网快 2000 倍,上传的速度能达到 20 Mbit/s,并能够满足绝大多数用户对于无线服务的要求。

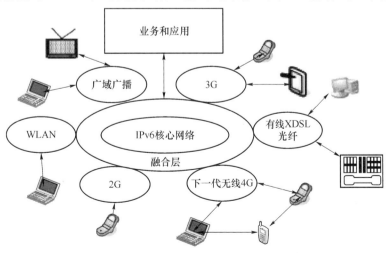

图 8-18　基于网络融合的 4G 网络架构

4G 通信系统具有如下特征：

①通信速度更快；

②网络频谱更宽；

③通信更加灵活；

④智能性更高；

⑤实现更高质量的多媒体通信；

⑥通信费用更低。

习　　题

一、简答题

1. 什么是数据通信？说明数据通信系统的基本构成和各部分功能。

2. 什么是单工数据传输、半双工数据传输和全双工数据传输？

3. 数据交换的要求是什么？

4. 区分报文交换和分组交换。

第9章 数据结构基础

【学习目标】

1. 理解算法与数据结构的基本思想；
2. 掌握数据结构中的基本概念；
3. 掌握线性结构与非线性结构的概念；
4. 掌握线性表、栈和队列的定义,存储结构及插入、删除等运算；
5. 掌握树与二叉树的基本概念及二叉树的遍历；
6. 了解常用的查找、排序的方法。

9.1 算 法

在计算机领域的软件开发中,算法是至关重要的,例如在一个大型软件系统的开发中,设计出有效的算法将起决定性的作用。

一个程序应包括以下两方面内容:

(1) 对数据的描述。在程序中要指定数据的类型和数据的组织形式,即数据结构。

(2) 对操作的描述。即操作步骤,也就是算法。

算法是程序的灵魂,数据结构是加工对象。

在计算机领域,根据所要处理的问题,在数据的逻辑结构和物理结构基础上,在有限步骤内解决这一问题所采用的一组指令序列。

在实际生活中,算法就是为解决某一问题所采取的方法和步骤。

算法的定义是指对解题方案的准确而完整的描述,简单地说,就是解决问题的操作步骤。

9.1.1 算法的基本概念

1. 算法的基本特征

(1) 可行性

一个算法是能行的,即算法中的每一个步骤都应当能有效地执行,并得到确定的结果。

(2) 确定性

确定性是指算法中的每一个步骤都必须是有明确定义的,不允许有模棱两可的解释,也不允许有多义性。

(3) 有穷性

有穷性是指算法必须在有限的时间内做完,即算法必须在执行有限个步骤之后终止。

(4) 拥有足够的情报

一般来说,算法在拥有足够的输入信息和初始化信息时,才是有效的;当提供的情报不够时,算法可能无效。在特殊情况下,算法也可以没有输入。因此,一个算法有 0 个或多个输入。

算法的特性如下:

有限性:有限步骤之内正常结束,不能形成无穷循环。

确定性:算法中的每一个步骤必须有确定含义,不能有二义性。

可行性:算法中的每一个步骤都应当能有效执行,并得到确切结果。

输入：有 0 个或多个输入。

输出：至少有一个或多个输出。

2. 算法的基本要素

算法的功能取决于两方面因素：选用的操作和各个操作之间的顺序。因此，一个算法通常由两种基本要素组成：

- 对数据对象的运算和操作；
- 算法的控件结构，即运算或操作间的顺序。

（1）算法中对数据对象的基本运算和操作

计算机可以执行的基本操作用指令来描述，指令系统指的是一个计算机系统能执行的所有指令的集合。计算机程序解题就是按算法要求从指令系统中选择合适的指令，组成指令序列。一般的计算机系统中基本的运算和操作包括以下 4 类。

①算术运算：包括加、减、乘、除等运算。

②逻辑运算：包括与、或、非等运算。

③关系运算：包括大于、小于、等于、不等于等运算。

④数据传输：包括赋值、输入、输出等操作。

（2）算法的控制结构

算法的控制结构，是算法中各个操作之间的执行顺序。算法一般是由顺序结构、选择结构、循环结构 3 种基本控制结构组合而成的。

算法的描述工具有传统流程图、N-S 结构化流程图以及算法描述语言。

3. 算法基本设计方法

（1）列举法

列举法是针对待解决的问题，列举所有可能的情况，并用问题中给定的条件来检验哪些是必需的，哪些是不需要的。

（2）归纳法

归纳法是从特殊到一般的抽象过程。通过分析少量的特殊情况，找出一般的关系。

（3）递推法

递推是指从已知的初始条件出发，逐次推出所要求的各中间结果和最后结果。

（4）递归法

递归分为直接递归与间接递归两种。如果一个算法 A 显式地调用自己则称为直接递归。如果算法 A 调用另一个算法 B，而算法 B 又调用算法 A，则称为间接递归调用。

（5）回溯法

通过对待解决的问题进行分析，找出一个解决问题的线索，然后根据这个线索进行探测，若探测成功便可得到问题的解，若探测失败，就要逐步回退，改换别的路经进一步探测，直到问题得到解答或问题最终无解。

9.1.2 算法复杂度

一个算法的复杂度高低体现在运行该算法所需要的计算机资源的多少，所需的资源越多，就说明该算法的复杂度越高；反之，所需要的资源越少，则该算法的复杂度越低。计算机的资源，最重要的是时间资源和空间资源。因此，算法复杂度包括时间复杂度和空间复杂度。

时间复杂度和空间复杂度是两个相对独立的概念，分别从不同角度衡量算法的复杂度，如表 9-1 所示。

表 9-1　算法复杂性

名称	描述
时间复杂度	执行算法所需要的计算工作量，即执行算法时所需的基本运算次数
空间复杂度	执行这个算法所需要的内存空间

1. 算法时间复杂度

算法程序执行的具体时间和算法的计算工作量并不是一致的。算法程序执行的具体时间受到所使用的计算机、程序设计语言以及算法实现过程中的许多细节所影响。而算法时间复杂度与这些因素无关。

算法的计算工作量是用算法所执行的基本运算次数(频度)来度量的,而算法所执行的基本运算次数是问题规模(通常用整数 n 表示)的函数 $f(n)$,其算法的时间量度记作:

$$T(n) = O(f(n))$$

其中 n 为问题的规模。

例如,在下列 3 个程序段中:

(1){++x;s=0;}

将 x 自增看成是基本操作,则语句频度为 1,即时间复杂度为 $O(1)$。如果将 s=0 也看成是基本操作,则语句频度为 2,其时间复杂度仍为 $O(1)$,即常量阶。

(2) for(I=1;I<=n;++I)

　　　{++x;s+=x;}

语句频度为:$2n$,其时间复杂度为:$O(n)$,即时间复杂度为线性阶。

(3) for(I=1;I<=n;++I)

　　　for(j=1;j<=n;++j)

　　　　{++x;s+=x;}

语句频度为:$2n^2$,其时间复杂度为:$O(n^2)$,即时间复杂度为平方阶。

2. 算法空间复杂度

一个算法在计算机存储器上所占用的存储空间,包括存储算法本身所占用的存储空间,算法的输入输出数据所占用的存储空间和算法在运行过程中所需要的辅助空间三个方面。其中,若辅助空间相对于输入数据量是常数,则称此算法是原地工作。在许多实际问题中,为了减少算法所占存储空间,通常采用压缩存储技术,减少不必要的辅助空间。

9.2　数　据　结　构

数据结构是在整个计算机科学与技术领域中广泛使用的术语。它用来反映数据的内部构成,即数据由哪些成分数据构成,以什么方式构成。

数据结构分为逻辑数据结构和物理数据结构,逻辑数据结构反映数据之间的逻辑关系;物理数据结构反映数据在计算机内的存储安排。数据结构是数据存在的形式。数据是按照数据结构分类的,具有相同数据结构的数据属同一类。同一类数据的全体称为一个数据类型。

通过本节的学习,可以了解什么是数据结构,它们是如何用图形表示的,以及线性结构与非线性结构的区别。

9.2.1　数据结构的基本概念

1. 什么是数据结构

数据结构是指相互有关联的数据元素的集合。从定义上可知,数据结构包含两个要素,即"数据"和"结构"。

"数据"指需要处理的数据元素的集合,一般来说,这些数据元素,具有某个共同的特征。"结构"指关系,是集合中各个数据元素之间存在的前后件关系(或联系)。

"结构"是数据结构研究的重点。数据元素根据其之间的不同特性的关系,通常可以分为 4 类:线性结构、树形结构、网状结构和集合(图 9-1)。

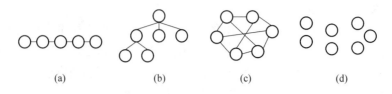

(a)   (b)   (c)   (d)

图 9-1   四类基本结构

2. 数据结构研究的 3 个方面

（1）数据集合中各数据元素之间所固有的逻辑关系，即数据的逻辑结构；

（2）在对数据进行处理时，各数据元素在计算机中的存储关系，即数据的存储结构；

（3）对各种数据结构进行的运算。

9.2.2 逻辑结构和存储结构

1. 逻辑结构

数据的逻辑结构是对数据元素之间的逻辑关系的描述，它可以用一个数据元素的集合和定义在此集合中的若干关系来表示。数据的逻辑结构有两个要素：一是数据元素的集合，通常记为 D；二是 D 上的关系，它反映了数据元素之间的前后件关系，通常记为 R。一个数据结构可以表示成：$B=(D,R)$，其中，B 表示数据结构。为了反映 D 中各数据元素之间的前后件关系，一般用二元组来表示。例如，如果把一年四季看作一个数据结构，则可表示成：$B=(D,R)$。

$$D=\{春季,夏季,秋季,冬季\}$$
$$R=\{(春季,夏季),(夏季,秋季),(秋季,冬季)\}$$

2. 存储结构

数据的逻辑结构在计算机存储空间中的存放形式称为数据的存储结构（也称数据的物理结构）。

由于数据元素在计算机存储空间中的位置关系可能与逻辑关系不同，因此，为了表示存放在计算机存储空间中的各数据元素之间的逻辑关系（即前后件关系），在数据的存储结构中，不仅要存放各数据元素的信息，还要存放各数据元素之间的前后件关系的信息。

一种数据的逻辑结构根据需要可以表示成多种存储结构，常用的存储结构有顺序、链式、索引等存储结构。

（1）顺序存储结构

顺序存储方式主要用于线性的数据结构，它把逻辑上相邻的数据元素存储在物理上相邻的存储单元里，结点之间的关系由存储单元的邻接关系来体现。

（2）链式存储结构

链式存储结构就是在每个结点中至少包含一个指针域，用指针来体现数据元素之间逻辑上的联系。

9.2.3 线性结构和非线性结构

根据数据结构中各数据元素之间前后件关系的复杂程度，一般将数据结构分为两大类型：线性结构与非线性结构。

空的数据结构：如果在一个数据结构中一个数据元素都没有，则称该数据结构为空的数据结构。在一个空的数据结构中插入一个新的元素后就变为非空的数据结构。

如果一个非空的数据结构满足下列两个条件：

①有且只有一个根结点；

②每一个结点最多有一个前件，也最多有一个后件，则称该数据结构为线性结构。线性结构又称线性表。如一年四季这个数据结构就属于线性结构，如图 9-2 所示。

在一个线性结构中插入或删除任何一个结点后还应是线性结构。栈、队列、串等都为线性结构。

如果一个数据结构不是线性结构，则称之为非线性结构。数组、广义表、树和图等数据结构都是非线性结构。如家庭成员间辈分关系的数据结构就属于非线性结构,如图 9-3 所示。

图 9-2 线性结构实例   图 9-3 非线性结构实例

显然,在非线性结构中,各数据元素之间的前后件关系要比线性结构复杂,因此,对非线性结构的存储与处理比线性结构要复杂得多。

9.3 线性表及其顺序存储结构

通过本节的学习,可以了解线性表的基本概念、线性表的顺序存储结构以及如何在线性表中对数据的插入、删除运算。

9.3.1 线性表的定义

线性表是 $n(n \geq 0)$ 个数据元素构成的有限序列,表中除第一个元素外的每一个元素,有且只有一个前件,除最后一个元素外,有且只有一个后件。

线性表要么是空表,要么可以表示为 $(a_1, a_2, \cdots, a_i, \cdots, a_n)$,其中 $a_i (i = 1, 2, \cdots, n)$ 是属于数据对象的元素,通常也称其为线性表中的一个结点。如 26 个英文字母的字母表(A,B,C,…,Z)是一个长度为 26 的线性表,其中的数据元素是单个字母字符。

在稍微复杂的线性表中,一个数据元素还可以由若干个数据项组成,在这种情况下,常把数据元素称为记录(Record)。例如,某班的学生情况登记表是一个复杂的线性表,表中每一个学生的情况就组成了线性表中的每一个元素,每一个数据元素包括姓名、学号、性别、年龄和健康状况 5 个数据项,如表 9-2 所示。

表 9-2 学生情况登记

姓名	学号	性别	年龄	健康状况
石煜文	0204421	女	20	健康
谷红翠	0204488	女	19	良好
孟祥欣	0204484	男	21	一般
…	…	…	…	…

非空线性表的特点:

- 只有一个根结点,即结点 a_1,它无前件;
- 有且只有一个终端结点,即 a_n,它无后件;
- 除根结点与终端结点外,其他所有结点有且只有一个前件,也有且只有一个后件。结点个数 n 称为线性表的长度,当 $n = 0$ 时,称为空表。

9.3.2 线性表的顺序存储结构

1. 线性表的顺序存储结构

线性表的顺序存储指的是用一组地址连续的存储单元依次存储线性表的数据元素。线性表的顺序存储结构具有以下两个基本特点:

① 线性表中所有元素所占的存储空间是连续的;

② 线性表中各数据元素在存储空间中是按逻辑顺序依次存放的。

在线性表的顺序存储结构中,如果线性表中各数据元素所占的存储空间(字节数)相等,则要在该线性表中查找某一个元素是很方便的。假设线性表中的第一个数据元素的存储地址为 $LOC(b_1)$,每一个数据元

存储地址

LOC(b_1)	b_1	占 m 个字节
LOC(b_1)+m	b_2	占 m 个字节
⋮	⋮	⋮
LOC(b_1)+(i-1)m	b_i	占 m 个字节
⋮		
LOC(b_1)+(n-1)m	b_n	占 m 个字节
⋮		

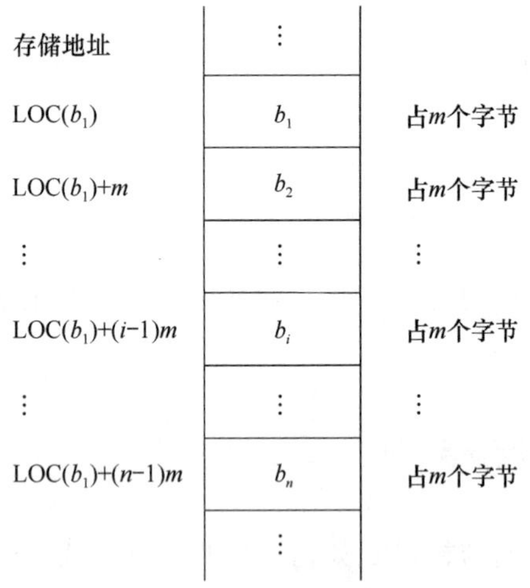

图 9-4　线性表的顺序存储结构

素占 m 个字节,则线性表中第 i 个元素 b_i 在计算机存储空间中的存储地址为:

$$LOC(b_i) = LOC(b_1)+(i-1)m$$

在计算机中线性表的顺序存储结构如图 9-4 所示。

2. 顺序表的插入运算

在一般情况下,要在第 $i(1\leqslant i\leqslant n)$ 个元素之前插入一个新元素时,首先要从最后一个(即第 n 个)元素开始,直到第 i 个元素之间共 $n-i+1$ 元素依次向后移动一个位置,移动结束后,第 i 个位置就被空出,然后将新元素插入到第 i 项。插入结束后,线性表的长度就增加了 1。

例如在线性表 $L=(a_1,\cdots,a_{i-1},a_i,a_{i+1},\cdots,a_n)$ 中的第 $i(1\leqslant i\leqslant n)$ 个位置上插入一个新结点 e,使其成为线性表:

$$L=(a_1,\cdots,a_{i-1},e,a_i,a_{i+1},\cdots,a_n)$$

实现步骤:

(1) 将线性表 L 中的第 i 个至第 n 个结点后移一个位置。

(2) 将结点 e 插入到结点 a_{i-1} 之后。

(3) 线性表长度加 1。

时间复杂度分析:

在线性表 L 中的第 i 个元素之前插入新结点,其时间主要耗费在表中结点的移动操作上,因此,可用结点的移动来估计算法的时间复杂度。

设在线性表 L 中的第 i 个元素之前插入结点的概率为 p_i,不失一般性,设各个位置插入是等概率,则 $p_i=1/(n+1)$,而插入时移动结点的次数为 $n-i+1$。

总的平均移动次数:$E_{insert}=\sum p_i*(n-i+1)$　$(1\leqslant i\leqslant n)$

$\therefore E_{insert}=n/2$。

即在顺序表上做插入运算,平均要移动表上一半结点。当表长 n 较大时,算法的效率相当低。因此算法的平均时间复杂度为 $O(n)$。

3. 顺序表的删除运算

在一般情况下,要删除第 $i(1\leqslant i\leqslant n)$ 个元素时,则要从第 $i+1$ 个元素开始,直到第 n 个元素之间共 $n-i$ 个元素依次向前移动一个位置。删除结束后,线性表的长度就减小了 1。

例如在线性表 $L=(a_1,\cdots,a_{i-1},a_i,a_{i+1},\cdots,a_n)$ 中删除结点 $a_i(1\leqslant i\leqslant n)$,使其成为线性表:

$$L=(a_1,\cdots,a_{i-1},a_{i+1},\cdots,a_n)$$

实现步骤:

(1) 将线性表 L 中的第 $i+1$ 个至第 n 个结点依此向前移动一个位置。

(2) 线性表长度减 1。

时间复杂度分析:

删除线性表 L 中的第 i 个元素,其时间主要耗费在表中结点的移动操作上,因此,可用结点的移动来估计算法的时间复杂度。

设在线性表 L 中删除第 i 个元素的概率为 p_i,不失一般性,设删除各个位置是等概率,则 $p_i=1/n$,而删除时移动结点的次数为 $n-i$。

则总的平均移动次数:$E_{delete}=\sum p_i*(n-i)$　$(1\leqslant i\leqslant n)$

$\therefore E_{delete}=(n-1)/2$。

即在顺序表上做删除运算,平均要移动表上一半结点。当表长 n 较大时,算法的效率相当低。因此算法的平均时间复杂度为 $O(n)$。

9.4　栈和队列

栈和队列都是一种特殊的线性表,本节将详细讲解栈及队列的基本运算以及它们的不同点。

9.4.1　栈

1. 栈的基本概念

栈(Stack)是一种特殊的线性表,是限定只在一端进行插入与删除的线性表。在栈中,一端是封闭的,既不允许进行插入元素,也不允许删除元素;另一端是开口的,允许插入和删除元素。通常称插入、删除的这一端为栈顶(Top),另一端为栈底(Bottom)。当表中没有元素时称为空栈。栈顶元素总是最后被插入的元素,从而也是最先被删除的元素;栈底元素总是最先被插入的元素,从而也是最后才能被删除的元素。

栈是按照"先进后出"或"后进先出"的原则组织数据的。例如,枪械的子弹匣就可以用来形象地表示栈结构。子弹匣的一端是完全封闭的,最后被压入弹匣的子弹总是最先被弹出,而最先被压入的子弹最后才能被弹出。

通常用指针 top 来指示栈顶的位置,用指针 bottom 指向栈底(图 9-5)。向栈中插入一个元素为进栈操作,从栈中删除一个元素称为出栈操作。栈顶指针 top 动态反映了栈中元素的变化情况。

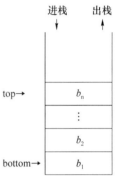

图 9-5　栈

2. 栈的基本运算

栈的基本运算有 3 种:进栈、出栈与读栈顶元素。

(1)进栈运算

进栈操作是指在栈顶位置插入一个新元素。其过程是:先将栈顶指针加1,然后将新元素放到栈顶指针指向的位置。当栈顶指针已经指向存储空间的最后一个位置时,说明栈空间已满,不能再进栈,这种情况称为栈"上溢"错误,如图 9-6 所示。

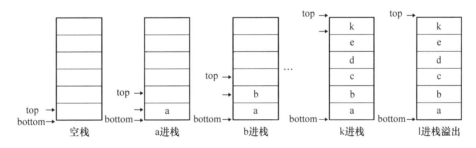

图 9-6　进栈变化

(2)出栈运算

出栈操作是指取出栈顶元素。其过程是:先将栈顶指针指向的元素赋给一个指定的变量,然后将栈顶指针减 1。当栈顶指针为 0 时,说明栈空,不能再出栈,这种情况称为栈"下溢"错误,如图 9-7 所示。

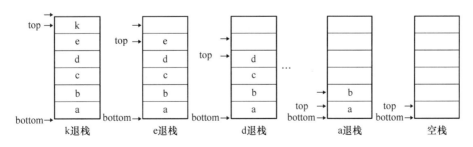

图 9-7　退栈变化

(3)读栈顶元素:将栈顶元素赋给一个指定的变量。

9.4.2 队列

1. 队列的基本概念

队列是只允许在一端进行删除,在另一端进行插入的顺序表。通常将允许删除的这一端称为队头(front),允许插入的这一端称为队尾(rear)。当表中没有元素时称为空队列。

队列的修改是依照先进先出的原则进行的,因此队列也称为先进先出的线性表,或者后进后出的线性表。例如,火车进隧道,最先进隧道的是火车头,最后是火车尾,而火车出隧道的时候也是火车头先出,最后出的是火车尾。若有队列:$Q = (q_1, q_2, \cdots, q_n)$那么,$q_1$为队头元素(排头元素),$q_n$为队尾元素。队列中的元素是按照$q_1, q_2, \cdots, q_n$的顺序进入的,退出队列也只能按照这个次序依次退出,即只有在$q_1, q_2, \cdots, q_{n-1}$都退队之后,$q_n$才能退出队列。因最先进入队列的元素将最先出队,所以队列具有先进先出的特性,体现"先来先服务"的原则。队头元素q_1是最先被插入的元素,也是最先被删除的元素。队尾元素q_n是最后被插入的元素,也是最后被删除的元素。因此,与栈相反,队列又称为"先进先出"(First In First Out,FIFO)或"后进后出"(Last In Last Out,LILO)的线性表。

在队列中,队尾指针 rear 与队头指针 front 共同反映了队列元素中元素动态变化的情况(图 9-8)。

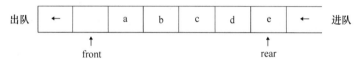

图 9-8 队列

2. 队列运算

(1) 入队运算

入队运算是往队列队尾插入一个数据元素,即将新元素插入 rear 所指的位置,然后 rear 加 1。

(2) 退队运算

退队运算是从队列的队头删除一个数据元素,即删去 front 所指的元素,然后加 1 并返回被删元素。图 9-9 为入队、出队运算。

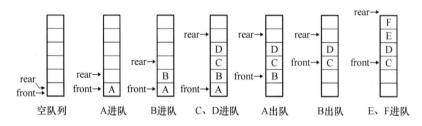

图 9-9 入队、出队运算

由图 9-9 可知:进队时,将新元素按 Q.rear 指示位置加入,再将队尾指针增 1,rear=rear+1。出队时,将下标为 front 的元素取出,再将队头指针增 1,front=front+1。在入队和出队操作中,头、尾指针只增加不减小,致使被删除元素的空间永远无法重新利用。因此,尽管队列中实际元素个数可能远远小于数组大小,但可能由于尾指针已超出向量空间的上界而不能做入队操作。该现象称为假溢出。

3. 循环队列及其运算

为充分利用向量空间,克服上述"假溢出"现象的方法是:将为队列分配的向量空间看成为一个首尾相接的圆环,并称这种队列为循环队列(Circular Queue)。将队列存储空间的第一个位置作为队列最后一个位置的下一个位置,供队列循环使用。计算循环队列的元素个数:"尾指针减头指针",若为负数,再加其容量即可。

循环队列主要有两种基本操作:入队操作与退队操作。每进行一次入队操作,队尾指针加 1(即 rear+1)。当队尾指针 rear=n+1 时,则置 rear=1。每进行一次退队操作,队头指针就加 1(即 front+1)。当队头指针 front=n+1 时,则置 front=1。如图 9-10 所示。

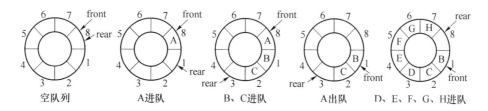

| 空队列 | A进队 | B、C进队 | A出队 | D、E、F、G、H进队 |

图 9-10　循环队列操作及指针变化情况

为了能区分队列满还是队列空,通常还需增加一个标志 s,s 值的定义如下:

$$S=\begin{cases} 0 & \text{表示队列为空} \\ 1 & \text{表示队列非空} \end{cases}$$

由此可以得出队列空与队列满的条件如下:

队列空的条件为 $s=0$;队列满的条件为 $s=1$ 且 front＝rear。

9.5　线　性　链　表

线性表主要有两种存储方式:顺序存储和链接存储,前面在介绍一般的线性表以及栈和队列时,主要介绍了相应的顺序存储,本节讲解线性表的链接存储。

9.5.1　线性链表的基本概念

1. 线性链表

线性表的顺序存储结构具有简单、操作方便等优点。但在做插入或删除操作时,需要移动大量的元素。因此,对于大的线性表,特别是元素变动频繁的大线性表不宜采用顺序存储结构,而是通常采用链式存储结构。

在链式存储结构中,存储数据结构的存储空间可以不连续,各数据结点的存储顺序与数据元素之间的逻辑关系可以不一致。链式存储方式既可用于表示线性结构,也可用于表示非线性结构。

在链式存储方式中,要求每个结点由两部分组成:一部分用于存放数据元素值,称为数据域;另一部分用于存放指针,称为指针域。其中指针用于指向该结点的前一个或后一个结点(即前件或后件)。

我们把线性表的链式存储结构称为线性链表。线性链表中存储结点的结构如图 9-11 所示。

存储序号	数据域	指针域
i	$D(i)$	$\mathrm{NEXT}(i)$

图 9-11　线性链表中存储结点的结构

在线性链表中,用一个专门的指针 H(称为头指针)指向线性链表中第一个数据元素的结点(即存放线性表中第一个数据元素的存储结点的序号)。从头指针开始,沿着线性链表各结点的指针可以扫描到链表中的所有结点。线性表中最后一个元素没有后件,因此,线性链表中最后一个结点的指针域为空(用∧、NULL 或 0 表示),表示链表终止,如图 9-12 所示。当头指针 H＝NULL(或 0)时称为空表。

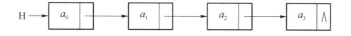

图 9-12　线性表的逻辑结构

前面提到,这样的线性链表中,每一个存储结点只有一个指针域,称为单链表。在某些应用中,对线性链表中的每个结点设置两个指针,一个称为左指针,用以指向其直接前驱;另一个称为右指针,用以指向其直接后继。这样的线性链表称为双向链表。

2. 带链的栈

栈也是线性表,也可以采用链式存储结构,如图 9-13 所示。带链的栈可以用来收集计算机存储空间中所有空闲的存储结点,这种带链的栈称为可利用栈。

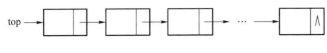

图 9-13　带链的栈

3．带链的队列

与栈类似，队列也可以采用链式存储结构表示，如图 9-14 所示。带链的队列就是用一个单链表来表示队列，队列中的每一个元素对应链表中的一个结点。

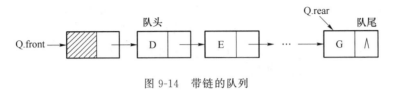

图 9-14　带链的队列

9.5.2　线性链表的基本操作

1．在线性链表中查找指定的元素

查找指定元素所处的位置是插入和删除等操作的前提，只有先通过查找定位才能进行元素的插入和删除等进一步的运算。

在链表中查找指定元素必须从头指针指向的结点开始向后沿指针域 Next 进行扫描，直到后面已经没有结点或找到指定元素为止，而不能像顺序表那样只要知道元素序号就可直接访问相应序号结点。因此，链表不是随机存取结构。

因此，由这种方法找到的指定元素有两种可能：当线性链表中存在包含指定元素的结点时，则返回第一次找到等于该元素值的结点的位置；当线性链表中不存在包含指定元素的结点时，则返回 NULL。

2．线性链表的插入

线性链表的插入操作是指在线性链表中的指定位置上插入一个新的元素。为了要在线性链表中插入一个新元素，首先要为该元素申请一个新结点，以存储该元素的值。然后将存放新元素值的结点链接到线性链表中指定的位置，如图 9-15 所示。

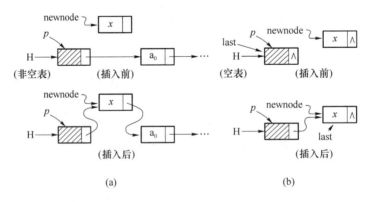

(a) (b)

图 9-15　线性链表的插入

3．线性链表的删除

线性链表的删除是指在线性链表中删除包含指定元素的结点。

为了在线性链表中删除包含指定元素的结点，首先要在线性链表中找到这个结点，然后将要删除结点释放，以便于以后再次利用，如图 9-16 所示。

4．循环链表及其基本操作

循环链表的结构与前面所讨论的线性链表相比，具有以下两个特点：

（1）在循环链表中增加了一个表头结点，表头结点的数据域可以是任意值，也可以根据需要来设置，指针域指向线性表的第一个元素的结点。循环链表的头指针指向表头结点。

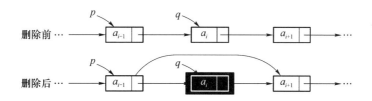

图 9-16　线性链表的删除

（2）循环链表中最后一个结点的指针域不为空，而是指向表头结点。从而在循环链表中，所有结点的指针构成了一个环。如图 9-17 所示。

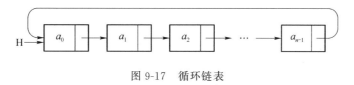

图 9-17　循环链表

9.6　树与二叉树

树与二叉树是数据结构的重要部分，本节将对树与二叉树进行介绍，对其中的二叉树的重点概念、重要术语举例说明，并对二叉树的基本性质、二叉树的遍历加以重点介绍。

9.6.1　树的基本概念

树是一种重要的非线性结构。在这种数据结构中，所有数据元素之间的关系具有明显的层次特性，并以分支关系定义了层次结构。如图 9-18 是一棵树的例子。

树中每一个结点只有一个直接前驱，称作父结点。没有直接前驱的结点只有一个，称作树的根结点，简称为树的根。例如，在图 9-18 中，结点 A 是树的根结点。每一个结点可以有多个直接后继，它们都称为该结点的子女。没有直接后继的结点称为叶子结点。树的基本概念如表 9-3 所示。

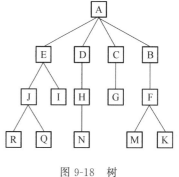

图 9-18　树

表 9-3　树的基本概念

术语	解　释
父结点（根）	在树结构中，每一个结点只有一个前件，称为父结点，没有前件的结点只有一个，称为树的根结点，简称树的根。例如，在图 9-18 中，结点 A 是树的根结点
子结点和叶子结点	在树结构中，每一个结点可以有多个后件，称为该结点的子结点。没有后件的结点称为叶子结点。例如，在图 9-18 中，结点 I、G、R、Q、N、M、K 均为叶子结点
度	在树结构中，一个结点所拥有的后件的个数称为该结点的度，所有结点中最大的度称为树的度。例如，在图 9-18 中，根结点 A 的度为 4，结点 E、J、F 的度为 2，结点 D、C、B、H 的度为 1，叶子结点 I、G、R、Q、N、M、K 的度为 0。所以，该树的度为 4
深度	定义一棵树的根结点所在的层次为 1，其他结点所在的层次等于它的父结点所在的层次加 1。树的最大层次称为树的深度。例如，在图 9-18 中，根结点 A 在第 1 层，结点 B、C、D、E 在第 2 层，结点 J、I、H、G、F 在第 3 层，结点 R、Q、N、M、K 在第 4 层，所以该树的深度为 4
子树	在树中，以某结点的一个子结点为根构成的树称为该结点的一棵子树

9.6.2 二叉树概念及其基本性质

1. 二叉树及其基本概念

二叉树是一种很有用的非线性结构,具有以下两个特点:

①非空二叉树只有一个根结点;

②每一个结点最多有两棵子树,且分别称为该结点的左子树和右子树。在二叉树中,每一个结点的度最大为 2,即所有子树(左子树或右子树)也均为二叉树。另外,二叉树中的每个结点的子树被明显地分为左子树和右子树。

在二叉树中,一个结点可以只有左子树而没有右子树,也可以只有右子树而没有左子树。当一个结点既没有左子树也没有右子树时,该结点即为叶子结点。

例如,一个家族中的族谱关系如图 9-19 所示,A 有后代 B、C;B 有后代 D、E;C 有后代 F。

图 9-19 二叉树

2. 二叉树基本性质

二叉树具有以下几个性质:

性质 1:在二叉树的第 k 层上,最多有 $2^{k-1}(k \geqslant 1)$ 个结点。

性质 2:深度为 m 的二叉树最多有 $2^m - 1$ 个结点。

性质 3:在任意一棵二叉树中,度为 0 的结点(即叶子结点)总是比度为 2 的结点多一个。

性质 4:具有 n 个结点的二叉树,其深度至少为 $[\log_2 n] + 1$,其中 $[\log_2 n]$ 表示 取 $\log_2 n$ 的整数部分。

3. 满二叉树与完全二叉树

满二叉树是指这样的一种二叉树:除最后一层外,每一层上的所有结点都有两个子结点。在满二叉树中,每一层上的结点数都达到最大值,即在满二叉树的第 k 层上有 2^{k-1} 个结点,且深度为 m 的满二叉树有 $2^m - 1$ 个结点,如图 9-20(a)所示。完全二叉树是指这样的二叉树:除最后一层外,每一层上的结点数均达到最大值;在最后一层上只缺少右边的若干结点。对于完全二叉树来说,叶子结点只可能在层次最大的两层上出现;对于任何一个结点,若其右分支下的子孙结点的最大层次为 p,则其左分支下的子孙结点的最大层次或为 p,或为 $p+1$,如图 9-20(b)所示。

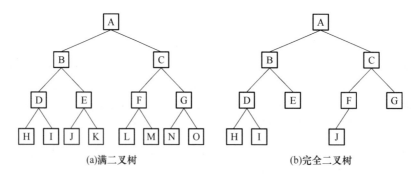

(a)满二叉树　　　　　　　　(b)完全二叉树

图 9-20 满二叉树和完全二叉树

完全二叉树具有以下两个性质:

性质 1:具有 n 个结点的完全二叉树的深度为 $[\log_2 n] + 1$。

性质 2:设完全二叉树共有 n 个结点。如果从根结点开始,按层次(每一层 从左到右)用自然数 $1, 2, \cdots, n$ 给结点进行编号,则对于编号为 $k(k = 1, 2, \cdots, n)$ 的结点有以下结论。

①若 $k = 1$,则该结点为根结点,它没有父结点;若 $k > 1$,则该结点的父结点编号为 $\text{INT}(k/2)$。

②若 $2k \leqslant n$,则编号为 k 的结点的左子结点编号为 $2k$;否则该结点无左子结点(显然也没有右子结点)。

③若 $2k + 1 \leqslant n$,则编号为 k 的结点的右子结点编号为 $2k+1$;否则该结点无右子结点。

9.6.3　二叉树的遍历

在遍历二叉树的过程中,一般先遍历左子树,再遍历右子树。在先左后右的原则下,根据访问根结点的次序,二叉树的遍历分为三类:前序遍历、中序遍历和后序遍历。

(1) 前序遍历。先访问根结点,然后遍历左子树,最后遍历右子树;并且在遍历左、右子树时,仍需先访问根结点,然后遍历左子树,最后遍历右子树。例如,对图 9-19 中的二叉树进行前序遍历的结果(或称为该二叉树的前序序列)为:A,B,D,E,C,F。

(2) 中序遍历。先遍历左子树、然后访问根结点,最后遍历右子树;并且,在遍历左、右子树时,仍然先遍历左子树,然后访问根结点,最后遍历右子树。例如,对图 9-19 中的二叉树进行中序遍历的结果(或称为该二叉树的中序序列)为:D,B,E,A,C,F。

(3) 后序遍历。先遍历左子树、然后遍历右子树,最后访问根结点;并且,在遍历左、右子树时,仍然先遍历左子树,然后遍历右子树,最后访问根结点。例如,对图 9-19 中的二叉树进行后序遍历的结果(或称为该二叉树的后序序列)为:D,E,B,F,C,A。

9.7　查　　找

查找就是在某种数据结构中,找出满足指定条件的元素。查找是插入和删除等运算的基础,是数据处理的重要内容。由于数据结构是算法的基础,对于不同的数据结构,应选用不同的查找算法,以获得更高的查找效率。本节将对顺序查找和二分查找的概念进行详细说明。

9.7.1　顺序查找

顺序查找是最简单的查找方法,它的基本思想是:从线性表的第一个元素开始,逐个将线性表中的元素与被查元素进行比较,如果相等,则查找成功,停止查找;若整个线性表扫描完毕,仍未找到与被查元素相等的元素,则表示线性表中没有要查找的元素,查找失败。

例如,在一维数组[21,46,24,99,57,77,86]中,查找数据元素 99,首先从第 1 个元素 21 开始进行比较,比较结果与要查找的数据不相等,接着与第 2 个元素 46 进行比较,以此类推,当进行到与第 4 个元素比较时,它们相等,所以查找成功。如果查找数据元素 100,则整个线性表扫描完毕,仍未找到与 100 相等的元素,表示线性表中没有要查找的元素,所以查找失败。

顺序查找算法的时间复杂度:

(1) 最好情况下:第一个元素就是要查找的元素,则比较次数为 1 次;

(2) 最坏情况下:最后一个元素是要找的元素,或者在线性表中,没有要查找的元素,则需要与线性表中所有的元素比较,比较次数为 n 次;

(3) 平均情况下:需要比较 $n/2$ 次,因此查找算法的时间复杂度为 $O(n)$。

顺序查找法虽然效率很低,但在下列两种情况下也只能采用顺序查找:

(1) 如果线性表为无序表,则不管是顺序存储结构还是链式存储结构,只能用顺序查找;

(2) 即使是有序线性表,如果采用链式存储结构,也只能用顺序查找。

9.7.2　二分法查找

二分法查找,也称折半查找,是一种高效的查找方法。能使用二分法查找的线性表必须满足用顺序存储结构和线性表是有序表两个条件。

"有序"是特指元素按非递减排列,即从小到大排列,但允许相邻元素相等。下一节排序中,有序的含义也是如此。

对于长度为 n 的有序线性表,利用二分法查找元素 X 的过程如下:

步骤 1:将 X 与线性表的中间项比较;

步骤 2：如果 X 的值与中间项的值相等，则查找成功，结束查找；

步骤 3：如果 X 小于中间项的值，则在线性表的前半部分以二分法继续查找；

步骤 4：如果 X 大于中间项的值，则在线性表的后半部分以二分法继续查找。

例如，长度为 8 的线性表关键码序列为：[6,13,27,30,38,46,47,70]，被查元素为 38，首先将与线性表的中间项比较，即与第 4 个数据元素 30 相比较，38 大于中间项 30 的值，则在线性表[38,46,47,70]中继续查找；接着与中间项比较，即与第 2 个元素 46 相比较，38 小于 46，则在线性表[38]中继续查找，最后一次比较相等，查找成功。

顺序查找法每一次比较，只将查找范围减少 1，而二分法查找，每比较一次，可将查找范围减少为原来的一半，效率大大提高。

对于长度为 n 的有序线性表，在最坏情况下，二分法查找只需比较 $\log_2 n$ 次，而顺序查找需要比较 n 次。

9.8 排 序

排序也是数据处理的重要内容。所谓排序是指将一个无序列整理成按值非递减顺序排列的有序序列。排序的方法有很多，根据待排序序列的规模以及对数据处理的要求，可以采用不同的排序方法。

本节主要介绍一些常用的排序方法。

9.8.1 交换类排序法

所谓交换排序是指借助数据元素之间的互相交换进行排序的一种方法。冒泡排序法与快速排序法都属于交换类的排序方法。

1. 冒泡排序法

冒泡排序法是最简单的一种交换类排序方法。

(1) 冒泡排序法的思想

首先，将第一个元素和第二元素进行比较，若为逆序（在数据元素的序列中，对于某个元素，如果其后存在一个元素小于它，则称为存在一个逆序），则交换之。接下来对第二个元素和第三个元素进行同样的操作，并依次类推，直到倒数第二个元素和最后一个元素为止。其结果是将最大的元素交换到了整个序列的尾部。这个过程称为第一趟冒泡排序。而第二趟冒泡排序是在除去这个最大元素的子序列中从第一个元素起重复上述过程，直到整个序列变为有序为止。在排序过程中，小元素好比水中气泡逐渐上浮，而大元素好比大石头逐渐下沉，冒泡排序故此得名。

(2) 冒泡排序法的例子

设有 10 个待排序的记录，关键字分别为 23、38、22、45、23、67、31、15、41，冒泡排序过程如图 9-21 所示。

初始关键字序列:	23	38	22	45	23	67	31	15	41
第一趟排序	23	22	38	23	45	31	15	41	67
第二趟排序	22	23	23	38	31	15	41	45	67
第三趟排序	22	23	23	31	15	38	41	45	67
第四趟排序	22	23	23	15	31	38	41	45	67
第五趟排序	22	23	15	23	31	38	41	45	67
第六趟排序	22	15	23	23	31	38	41	45	67
第七趟排序	15	22	23	23	31	38	41	45	67

图 9-21 冒泡排序

假设初始序列的长度为 n，冒泡排序需要经过 $n-1$ 趟排序，需要的比较次数为 $n(n-1)/2$。

2. 快速排序法

快速排序法就是一种可以通过一次交换而消除多个逆序的排序方法。

（1）快速排序法的思想

任取待排序序列中的某个元素对象作为基准（通常取第一个元素），按照该元素值的大小，将整个序列划分为左右两个子序列（这个过程称为分割）：左侧子序列中所有元素的值都小于或等于基准对象元素的值，右侧子序列中所有元素的值都大于基准对象元素的值，基准对象元素则排在这两个子序列中间（这也是该对象最终应该被安放的位置），接下来分别对这两个子序列重复进行上述过程，直到所有的对象都排在相应位置上为止。

（2）快速排序法的例子

设有 7 个待排序的记录，关键字分别为 29、38、22、45、23、67、31，快速排序过程如图 9-22 所示。

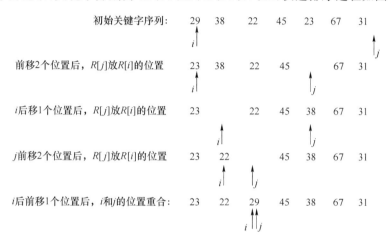

图 9-22　一趟快速排序过程

快速排序的平均时间效率最佳，为 $O(n\log_2^n)$，最坏情况下，即每次划分，只得到一个子序列，时间效率为 $O(n^2)$。

9.8.2　插入类排序法

所谓插入排序，是指将无序序列中的各元素依次插入到已经有序的线性表中。

1. 简单插入排序

（1）简单插入排序的思想

将一个新元素插入到已经排好序的有序序列中，从而元素的个数增 1，并成为新的有序序列。

（2）简单插入排序法的例子

设有 6 个待排序的记录，关键字分别为 7、4、-2、19、13、6，简单插入排序过程如图 9-23 所示。

简单插入排序法，最坏情况需要 $n(n-1)/2$ 次比较。

2. 希尔排序法

（1）希尔排序法的思想

将整个初始序列分割成若干个子序列，对每个子序列分别进行简单插入排序，最后再对全体元素进行一次简单插入排序。由此可见，希尔排序也是一种插入排序方法。

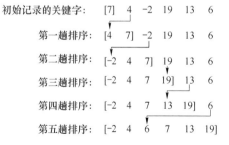

图 9-23　简单插入排序过程

（2）希尔排序法的例子

设有 10 个待排序的记录，关键字分别为 48、37、64、96、75、13、26、50、54、5，增量序列是 5、3、1，希尔排序过程如图 9-24 所示。

希尔排序法，最坏情况需要 $O(n1.5)$ 次比较。

9.8.3 选择类排序法

选择排序的基本思想是：每一趟排序过程都是在当前位置后面剩下的待排序对象中选出元素值最小的对象，放到当前的位置上。

1. 简单选择排序

简单选择排序的基本思想是：

在 n 个待排序的数据元素中选择元素值最小的元素，若它不是这组元素中的第 1 个元素，则将它与这组元素中的第 1 元素交换，在剩下的 $n-1$ 个元素中选出最小的元素与第 2 个元素交换，重复这样的操作直到所有的元素有序为止。

2. 简单排序的例子

设有 10 个待排序的记录，关键字分别为 48、37、64、96、75、13、26、50、54、5，简单选择排序过程如图 9-25 所示。

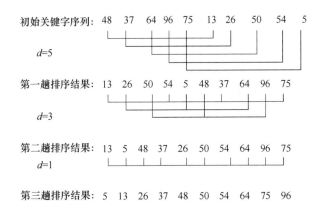

初始关键字序列：73 26 41 5 12 34
第一趟排序结果：[5] 26 41 73 12 34
第二趟排序结果：[5 12] 41 73 26 34
第三趟排序结果：[5 12 26] 73 41 34
第四趟排序结果：[5 12 26 34] 41 73
第五趟排序结果：[5 12 26 34 41] 73
第六趟排序结果：[5 12 26 34 41 73]

图 9-24　希尔排序过程　　　　图 9-25　简单选择排序过程

简单选择排序法，最坏情况需要 $n(n-1)/2$ 次比较。

2. 堆排序法

堆排序法属于选择类的排序方法。堆的定义如下：

具有 n 个元素的序列 $(a_1,a_2,\cdots,a_n)$，将元素按顺序组成一棵完全二叉树，当且仅当满足下列条件时称为堆。

$$\begin{cases} a_i \geqslant a_{2i} \\ a_i \geqslant a_{2i+1} \end{cases} \quad 或 \quad \begin{cases} a_i \leqslant a_{2i} \\ a_i \leqslant a_{2i+1} \end{cases}$$

其中，$i=1,2,\cdots,\lfloor n/2 \rfloor$，左边称为大根堆，所有结点的值大于或等于左右子结点的值，右边称为小根堆，所有结点的值小于或等于左右子结点的值。本节只讨论大根堆的情况。

（1）调整建堆

在调整建堆的过程中，总是将要根结点值与左、右子树的要结点进行比较，若不满足堆的条件，则将左、右子树根结点值中的大者与根结点进行交换，这个调整过程从根结点开始一直延伸到所有叶子结点，直到所有子树均为堆为止。

（2）堆排序法的思想

根据堆的定义和堆的调整过程，可以得到堆排序的方法如下：

①首先将一个无序序列建成堆。

②然后将堆顶元素与堆中最后一个元素交换，并将除了已经换到最后的那个元素之外的其他元素重新调整为堆。

反复做第②步，直到所有的元素都完成交换为止，从而得到一个有序序列。

堆排序的方法对于规模较小的线性表并不合适,但对于较大规模的线性表来说是很有效的。

堆排序法,最坏情况需要 $O(n\log_2 n)$ 次比较。相比以上几种(除希尔排序法外),堆排序法的时间复杂度最小。

习　　题

一、选择题

1. 在数据结构中,从逻辑上可以把数据结构分成( )。

A. 动态结构和静态结构　　　　　　　　B. 紧凑结构和非紧凑结构

C. 线性结构和非线性结构　　　　　　　D. 内部结构和外部结构

2. 数据结构在计算机内存中的表示是指( )。

A. 数据的存储结构　　　　　　　　　　B. 数据结构

C. 数据的逻辑结构　　　　　　　　　　D. 数据元素之间的关系

3. 在以下的叙述中,正确的是( )。

A. 线性表的线性存储结构优于链表存储结构

B. 二维数组是其数据元素为线性表的线性表

C. 栈的操作方式是先进先出

D. 队列的操作方式是先进后出

4. 以下( )不是队列的基本运算。

A. 从队尾插入一个新元素　　　　　　　B. 从队列中删除第 I 个元素

C. 判断一个队列是否为空　　　　　　　D. 读取队头元素的值

5. 算法分析的目的是分析算法的效率以求改进,算法分析的两个主要方面是( )。

A. 空间复杂度和时间复杂度　　　　　　B. 正确性和简明性

C. 可读性和文档性　　　　　　　　　　D. 数据复杂性和程序复杂性

6. 链表不具备的特点是( )。

A. 可随机访问任一结点　　　　　　　　B. 插入删除不需要移动元素

C. 不必事先估计存储空间　　　　　　　D. 所需空间与其长度成正比

7. 栈和队列的共同点是( )。

A. 都是先进后出　　　　　　　　　　　B. 都是后进先出

C. 只允许在端点处插入和删除元素　　　D. 没有共同点

8. 一个栈的进栈序列是 a、b、c、d、e,则栈的不可能的输出序列是( )。

A. edcba　　　　　　　　　　　　　　B. decba

C. dceab　　　　　　　　　　　　　　D. abde

9. ( )排序法是通过相邻数据元素的比较交换逐步将线性表由无序变成有序。

A. 选择　　　　　　　　　　　　　　　B. 冒泡

C. 插入　　　　　　　　　　　　　　　D. 循环

10. 以下选项不属于算法的基本特征的是( )。

A. 一个算法有零个或多个输入　　　　　B. 一个算法有零个或多个输出

C. 算法的每一步操作均有确切的含义　　D. 在有限步骤后结束

11. 对线性表进行折半查找时,要求线性表必须( )。

A. 以顺序方式存储

B. 以链式方式存储

C. 以顺序方式存储,且结点按关键字有序排序

D. 以链式方式存储,且结点按关键字有序排序

12. 设有 1000 个无序的元素,希望用最快的速度挑选出其中前 10 个最大的元素,最好选用(　　)法。

A. 冒泡排序 　　　　　　　　　　　　B. 快速排序

C. 堆排序 　　　　　　　　　　　　　D. 基数排序

13. 算法的空间复杂度是指(　　)。

A. 算法程序的长度 　　　　　　　　　B. 算法程序中的指令条数

C. 算法程序所占的存储空间 　　　　　D. 算法执行过程中所需要的存储空间

14. 一般算法的空间复杂度与算法的时间复杂度的关系是(　　)。

A. 成正比 　　　　　　　　　　　　　B. 成反比

C. 没关系 　　　　　　　　　　　　　D. 相同

15. 栈是按照(　　)原则组织数据的。

A. 先进后出 　　　　　　　　　　　　B. 先进先出

C. 从顶至底 　　　　　　　　　　　　D. 从底至顶

第10章 程序设计基础

【学习目标】

1. 掌握程序设计的基本过程与风格；
2. 掌握结构化程序设计的基本原则；
3. 掌握结构化程序设计的基本结构；
4. 理解面向对象程序设计的基本概念及程序设计思想。

10.1 程序设计概述

10.1.1 程序设计的基本过程

当用户使用计算机来完成某项特定任务时,会遇到两种情况:一种是可通过使用已有的软件来完成,如进行文字编辑可使用文字处理软件;另一种是没有完全合适的应用软件可供使用,则需要编程人员使用某种计算机程序设计语言来进行程序设计。程序设计的基本过程一般由分析所求解的问题、确定解决方案、选择合适算法、编写程序、调试通过直至得到正确结果、整理文档等阶段组成,如图10-1所示。

图 10-1 程序设计的基本过程

程序设计的基本步骤如下:
①分析要解决的问题,找出运算和变化规律,建立数学模型,明确要实现的功能。
②选择适合计算机解决问题的最佳方案。
③依据解决问题的方案确定数据结构和算法。
④选择合适的程序设计语言编写程序。
⑤调试运行程序,达到预期目标。
⑥对解决问题整个过程的有关资料进行整理,编写程序使用说明书。

10.1.2 程序设计的风格

程序设计是一门技术,需要相应的理论、技术、方法和工具来支持。除了好的程序设计方法和技术之外,程序设计风格也很重要。程序设计风格是指编写程序时所表现出的特点、习惯和逻辑思路。良好的程序设计风格可以使程序结构清晰合理,使程序代码便于测试和维护。因此程序设计的风格总体而言应该强调简单和清晰,程序必须是可以理解的。

要养成良好的程序设计风格,应注重考虑以下因素。

1. 源程序文档化

源程序文档化是指在源程序中可包含一些内部文档,以帮助阅读和理解源程序。主要包括选择符号名的名称、程序注释和程序的视觉组织。

（1）符号名的命名

符号名的命名应具有一定的实际含义,以便于对程序功能的理解。

（2）程序注释

在源程序中添加正确的注释可帮助人们理解程序。注释分为序言性注释和功能性注释：序言性注释通常位于每个程序的开头部分，它给出程序的整体说明，主要描述内容可以包括程序标题、程序功能说明、主要算法、接口说明、开发简历等；功能性注释嵌在源程序体之中，主要描述其后的语句或程序做什么。

（3）视觉组织

通过在程序中添加一些空格、空行和缩进等，使人们在视觉上对程序的结构一目了然。

2. 数据说明

在编写程序时，为使程序中的数据说明更易于理解和维护，可采用下列数据说明的风格，如表 10-1 所示。

表 10-1　数据说明风格

数据说明风格	详细说明
次序规范化	鉴于理解、阅读和维护的需要，数据说明先后次序固定，可以使数据的属性容易查找，也有利于程序的测试、调试和维护
变量安排有序化	当使用一个说明语句说明多个变量时，变量最好按照字母顺序排列
使用注释	在定义一个复杂的数据结构时，应通过注解来说明该数据结构的特点

3. 语句的结构

语句构造的原则是简单直接，不能为了追求效率而使代码复杂化。为了便于阅读和理解，一般应注意以下几点：

（1）在一行内只写一条语句，并采用适当的缩进格式，使程序的逻辑和功能变得明确。

（2）避免采用否定的逻辑条件。

（3）尽可能使用库函数。

（4）复杂的表达式要用括号表示运算的优先次序，以防造成误解。

（5）避免使用临时变量而使程序的可读性降低。

（6）避免使用无条件转移语句。

（7）避免采用复制的条件语句。

（8）避免过多的循环嵌套和条件嵌套。

（9）要模块化，使模块功能尽量单一，利用信息隐蔽，确保每一个模块的独立性。

4. 输入和输出

输入、输出方式和格式应尽可能方便用户，避免因设计不当给使用带来麻烦。为使用户对应用程序满意，在设计和编程时应考虑如下原则：

（1）对所有的输入数据都要检验数据的合法性、有效性。

（2）输入格式简单，输入的步骤和操作尽可能简洁。

（3）输入一批数据时，使用输入结束标志。

（4）以交互式输入/输出方式进行输入时，在屏幕上使用提示符来提示输入的请求。

5. 追求效率原则

追求效率是指处理机时间和存储空间的使用，对效率的追求考虑以下原则：

（1）效率是一个性能要求，目标在需求分析中给出。

（2）追求效率建立在不损害程序可读性或可靠性基础上，要先使程序正确清晰，再提高程序效率。

（3）提高程序效率的根本途径在于选择良好的设计方法、良好的数据结构算法，而不是靠编程时对程序语句做调整。

10.2　结构化程序设计

结构化程序设计(Structured Programming)的概念是由 Dijikstra 在 1965 年提出的,是软件发展的一个重要里程碑。结构化程序设计主要强调的是程序的易读性,对程序设计方法的研究和发展产生了重大影响。直到今天,它仍然是程序设计中采用的主要方法。

10.2.1　结构化程序设计的原则

结构化程序设计方法引入了工程思想和结构化思想,使大型软件的开发和编程得到了极大的改善。结构化程序设计方法的主要原则为自顶向下、逐步求精、模块化和限制使用 goto 语句。

1. 自顶向下

程序设计时,应先考虑总体,后考虑细节;先考虑全局目标,后考虑局部目标。不要一开始就过多追求众多的细节,先从最上层总目标开始设计,逐步使问题具体化。

例如,我们写文章时,首先写提纲,将文章分为 3 段,第 1 段写开场白;第 2 段写正文,摆道理,举事实;第 3 段总结归纳,得出结论。

2. 逐步求精

对复杂问题,应设计一些子目标作为过渡,逐步细化。

3. 模块化

一个复杂的问题是由若干个简单的问题构成的,模块化就是把程序要解决的总目标分解为分目标,再进一步分解为具体的小目标,把每个小目标称为一个模块。

例如,我们把吃西瓜作为一个问题来解决,首先就是把西瓜切成若干小块,即把问题分成若干个小模块,然后逐个解决。这就是模块化的方法。

4. 限制使用 goto 语句

针对程序中大量地使用 goto 语句,导致程序结构混乱的现象,E. W. Dijkstra 于 1965 年提出在程序 语言中取消 goto 语句,从而引起了对 goto 语句的争论。这一争论一直持续到 20 世纪 70 年代初,最后的结论是:

(1) 滥用 goto 语句确实有害,应尽量避免;

(2) 完全避免使用 goto 语句也并非是明智的方法,有些地方使用 goto 语句,会使程序的可读性和效率更高;

(3) 争论的焦点不应该放在是否取消 goto 语句,而应该放在用什么样的结构上。

在程序开发过程中要限制使用 goto 语句。

10.2.2　结构化程序的基本结构与特点

1966 年,Bohm 与 Jacopini 证明了程序设计语言仅仅使用顺序结构、选择结构和循环结构 3 种基本结构就足以表达各种其他形式结构的程序设计方法。它们的共同特征是:严格地只有一个入口和一个出口。

提出了在程序的构成上只使用顺序、条件、循环三种结构组成的编程方式。三种结构足以表达各种其他形式结构的程序设计方法。它们的共同特征是严格地只有一个入口和一个出口。

1. 顺序结构

顺序结构是指按照程序语句行的先后顺序,自始至终一条语句一条语句地顺序执行,它是最基本、最普通的结构形式。如图 10-2 所示,虚线框内就是一个顺序结构,执行完语句序列 A 操作后,再执行语句序列 B 操作,没有分支,也没有转移和重复。这里所说的序列可以由一条或若干条不产生控制转移的语句组成。

2. 选择结构

选择结构又称为分支结构,简单选择结构和多分支选择结构都属于这类基本结构,在这种结构中通过对给定条件的判断,来选择一个分支执行。图 10-3 虚线框内是一个简单选择结构,当条件为"真"时,执行语句序列 1 操作;当条件为"假"时,执行语句序列 2 操作。无论何种图形,序列 1、序列 2 操作不能同时执行。

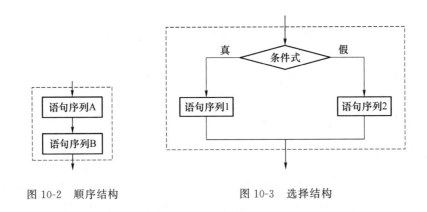

图 10-2　顺序结构　　　　　　　　　图 10-3　选择结构

3. 循环结构

循环结构是根据给定的条件,判断是否需要重复执行某一程序。在程序设计语言中,循环结构对应两类循环语句:先判断后执行的循环体称为当型循环结构,如图 10-4 所示;先执行循环体后判断的称为直到型循环结构,如图 10-5 所示。

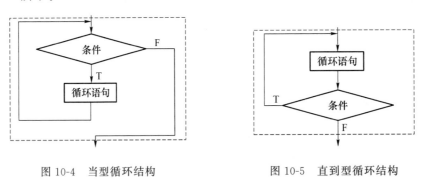

图 10-4　当型循环结构　　　　　　　　图 10-5　直到型循环结构

10.2.3　结构化程序设计的注意事项

基于对结构化程序设计原则、方法以及结构化程序基本构成结构的掌握和了解,在结构化程序设计的具体实施中,要注意把握如下要素:

①使用程序设计语言中的顺序、选择、循环等有限的控制结构表示程序的控制逻辑;

②选用的控制结构只准许有一个入口和一个出口;

③程序语句组成容易识别的块,每块只有一个入口和一个出口;

④复杂结构应该用嵌套的基本控制结构进行组合嵌套来实现;

⑤语言中所没有的控制结构,应该采用前后一致的方法来模拟;

⑥严格控制 goto 语句的使用。

10.3　面向对象的程序设计

面向对象程序设计的方法产生于 20 世纪 80 年代,它起源于 Smalltalk 语言。面向对象程序设计方法并不是抛弃结构化设计方法,而是站在比结构化程序设计更高、更抽象的层次上解决问题。它更简单地模仿建立真实世界模型,对系统的复杂性进行概括、抽象和分类,从而解决大型软件研制中存在的效率低、质量难以保证、调试复杂、维护困难等一系列问题。

面向对象程序设计方法是迄今为止最符合人类认识问题思维过程的方法,这种方法具有 4 个基本特征:抽象、封装、继承和多态性。

10.3.1　面向对象方法的基本概念

关于面向对象方法,对其概念有许多不同的看法和定义,但是都涵盖对象及对象属性与方法、类、继承、多态性几个基本要素。下面分别介绍面对象方法中这几个重要的基本概念,这些概念是理解和使用面向对象方法的基础和关键。

1. 对象(Object)

对象是面向对象方法中最基本的概念。对象可以用来表示客观世界中的任何实体,它既可以是具体的物理实体的抽象,也可以是人为的概念,或者是任何有明确边界和意义的东西。例如,桌椅、学生、手机等都可看作是一个对象。

面向对象的程序设计方法中涉及的对象是系统中用来描述客观事物的一个实体,是构成系统的一个基本单位,它由一组静态特征和它可执行的一组操作组成。

客观世界中的实体通常都既具有静态的属性,又具有动态的行为,因此面向对象方法中的对象是由该对象属性的数据以及可以对这些数据施加的所有操作封装在一起构成的统一体。例如,一辆汽车是一个对象,它包含了汽车的属性(如颜色、型号等)及其操作(如启动、刹车等)。通常把对象的操作也称为方法或服务。属性即对象所包含的信息,它在设计对象时确定,一般只能通过执行对象的操作来改变。属性值应该指的是纯粹的数据值,而不能指对象。

对象的基本特点如下:

(1)标识唯一性:指对象是可区分的,并且由对象的内在本质来区分,而不是通过描述来区分。

(2)分类性:指可以将具有相同属性和操作的对象抽象成类。

(3)多态性:指同一个操作可以是不同对象的行为,不同对象执行统一操作产生不同的结果。

(4)封装性:从外面看只能看到对象的外部特性,对象的内部对外是不可见的。

(5)模块独立性:由于完成对象功能所需的元素都被封装在对象内部,所以模块独立性好。

2. 类(Class)和实例(Instance)

类是具有共同属性、共同方法的对象的集合。它描述了属于该对象类型的所有对象的性质,而一个对象则是其对应类的一个实例。类是关于对象性质的描述,它同对象一样,包括一组数据属性和在数据上的一组合法操作。

由类的定义可知,类是关于对象性质的描述,它同对象一样,包括一组数据属性和在数据上的一组合法操作。

例如,一个面向对象的图形程序在屏幕中间显示一个半径为 4 厘米的绿颜色的圆,在屏幕右上角显示一个半径为 2 厘米的蓝颜色的圆。这两个圆心位置、半径大小和颜色均不相同的圆,是两个不同的对象。但是,它们都有相同的属性(圆心坐标、半径、颜色)和相同的操作(放大、缩小半径等)。因此,它们是同一类事物,可以用"Circle"类来定义。

3. 消息(Message)

消息传递是对象间通信的手段,一个对象通过向另一个对象发送消息来请求其服务。

消息机制统一了数据流和控制流。消息的使用类似于函数调用。通常一个消息由下述 3 部分组成:

• 接收消息的对象的名称;

• 消息选择符(也称为消息名);

• 零个或多个参数。

例如,SolidlLine 是 Line 类的一个实例(对象),端点 1 的坐标为(100,200),端点 2 的坐标为(150,150),当要求它以蓝色、实线型在屏幕上显示时,在 C++语言中应该向它发送下列消息:

SolidLine. Show(blue,solid);

其中,SolidLine 是接收消息的对象名称;Show 是消息选择符(即消息名);小括号内的 blue、solid 是消息的参数。

消息只告诉接收对象需要完成什么操作,但并不只是怎样完成操作。消息完全又接收者解释,独立决定采用什么方法来完成所需的操作。

一个对象能够接收不同形式、不同内容的多个消息;相同形式的消息可以送往不同的对象,不同的对象对于形式相同的消息可以有不同的解释,能够做出不同的反应。一个对象可以同时往多个对象传递消息,两个对象也可以同时向某一个对象传递消息。消息传递如图 10-6 所示。

图 10-6　消息传递

4. 继承(Inheritance)

广义地说,继承是指能够直接获得已有的性质和特征,而不必重复定义它们。

面向对象软件技术的许多强有力的功能和突出的优点,都来源于把类组成一个层次结构的系统:一个类的上层可以有父类,下层可以有子类。这种层次结构系统的一个重要性质是继承性,一个类直接继承其父类的描述(数据和操作)或特性,子类自动地共享基类中定义的数据和方法。

继承分为单继承与多重继承。单继承是指一个类只允许有一个父类,即类等级为树形结构。多重继承是指一个类允许有多个父类。多重继承的类可以组合多个父类的性质构成所需要的性质。继承性的优点是,相似的对象可以共享程序代码和数据结构,从而大大减少了程序中的冗余信息,提高软件的可重用性,便于软件修改维护。

5. 多态性(Polymorphism)

对象根据所接收的消息而做出动作,同样的消息被不同的对象接收时可导致完全不同的行动,该现象称为多态性。在面向对象的软件技术中,多态性是指子类对象可以像父类对象那样使用,同样的消息既可以发送给父类对象,也可以发送给子类对象。

10.3.2　面向对象程序设计的思想

面向对象程序设计的基本思想,一是从现实世界中客观存在的事物(即对象)出发,尽可能运用人类自然的思维方式去构造软件系统,也就是直接以客观世界的事务为中心来思考问题、认识问题、分析问题和解决问题;二是将事物的本质特征经抽象后表示为软件系统的对象,以此作为系统构造的基本单位;三是使软件系统能直接映射问题,并保持问题中事物及其相互关系的本来面貌。因此,面向对象方法强调按照人类思维方法中的抽象、分类、继承、组合、封装等原则去解决问题。这样,软件开发人员便能更有效地思考问题,从而更容易与客户沟通。

10.3.3　面向对象程序设计的步骤

1. 面向对象分析(Object Oriented Analysis,OOA)

进行系统分析时,系统分析员要和用户结合在一起,对用户的需求做出精确的分析和明确的描述,从宏观的角度概括出系统应该做什么(而不是怎么做)。面向对象的分析,要按照面向对象的概念和方法,在对任务的分析中,从客观存在的事物和事物之间的关系,归纳出有关的对象(包括对象的属性和方法)以及对象之间的联系,并将具有相同属性和方法的对象用一个类来表示,建立一个能反映真实工作情况的需求模型。在这个阶段中形成的模型是比较粗略的。

2. 面向对象设计(Object Oriented Design,OOD)

根据面向对象分析阶段形成的需求模型,对每一部分分别进行具体的设计,首先是进行类的设计,类的设计可能包含多个层次(利用继承和派生)。然后,以这些类为基础提出程序设计的思路和方法,包括对算法的设计。在设计阶段,并不牵涉某一种具体的计算机语言,而使用一种更通用的描述工具(如 UML)来描述。

3. 面向对象编程(Object Oriented Programming,OOP)

根据面向对象设计的结果,用一种计算机语言把它写成程序,显然应该选用面向对象的计算机语言(如 C＋＋、Java、C♯),否则是无法实现面向对象设计的要求的。

4. 面向对象测试(Object Oriented Test,OOT)

程序在正式使用之前,必须进行严格的测试。测试目的是发现程序中的错误并改正它。面向对象测试是用面向对象的方法进行测试,以类作为测试的基本单元。

5. 面向对象维护(Object Oriented Soft Maintenance,OOSM)

正如对任何产品都需要进行售后服务和维护一样,软件在使用中也会出现一些问题,或者软件商想改进软件的性能,这就需要修改程序。由于使用了面向对象的方法开发程序,因而使得程序的维护比较容易。因为对象的封装性,修改一个对象对其他对象影响很小。利用面向对象的方法维护程序,大大提高了软件维护的效率。

10.4　结构化程序设计与面向对象程序设计的比较

从概念方面看,结构化软件是功能的集合,通过模块以及模块和模块之间的分层调用关系实现;面向对象软件是事物对象的集合,通过对象以及对象和对象之间的通信联系实现。

从构成方面看,结构化软件是过程和数据的集合,以过程为中心;面向对象软件是数据和相应操作的封装,以对象为中心。

从运行控制方面看,结构化软件采用顺序处理方式,由过程驱动控制;面向对象软件采用交互式、并行处理方式,由消息驱动控制。

从开发方面看,结构化方法的工作重点是设计;面向对象方法的工作重点是分析;但是,在结构化方法中,分析阶段和设计阶段采用了不相吻合的表达方式,需要把在分析阶段采用的具有网络特征的数据流图转换为设计阶段采用的具有分层特征的软件结构图,在面向对象方法中设计阶段的内容是分析阶段成果的细化,则不存在这一转化问题。

从应用方面看,相对而言,结构化方法更加适合数据类型比较简单的数值计算和数据统计管理软件的开发;面向对象方法更加适合大型复杂的人机交互软件的开发。

习　题

一、选择题

1. 结构化程序设计的基本原则不包括(　　)。

A. 多态性　　　　　　B. 自顶向下　　　　　　C. 模块化　　　　　　D. 逐步求精

2. 下列选项中不属于结构化程序设计原则的是(　　)。

A. 可封装　　　　　　B. 自顶向下　　　　　　C. 模块化　　　　　　D. 逐步求精

3. 结构化程序所要求的基本结构不包括(　　)。

A. 顺序结构　　　　　B. goto 跳转　　　　　　C. 选择(分支)结构　　D. 循环结构

4. 下列选项中属于面向对象设计方法主要特征的是(　　)。

A. 继承　　　　　　　B. 自顶向下　　　　　　C. 模块化　　　　　　D. 逐步求精

5. 在面向对象方法中,不属于"对象"基本特点的是(　　)。

A. 一致性　　　　　　B. 分类性　　　　　　　C. 多态性　　　　　　D. 标识唯一性

6. 面向对象方法中,继承是指(　　)。

A. 一组对象所具有的相似性质　　　　　　B. 一个对象具有另一个对象的性质

C. 各对象之间的共同性质　　　　　　　　D. 类之间共享属性和操作的机制

7. 下面叙述正确的是(　　)。

A. 程序设计就是编制程序

B. 程序的测试必须由程序员自己去完成

C. 程序经调试改错后还应进行再测试

D. 程序经调试改错后不必进行再测试

8. 下列叙述中,不符合良好程序设计风格要求的是(　　)。

A. 程序的效率第一,清晰第二　　　　　　　B. 程序的可读性好

C. 程序中要有必要的注释　　　　　　　　　D. 输入数据前要有提示信息

9. 在面向对象方法中,实现信息隐蔽是依靠(　　)。

A. 对象的继承　　　　　　　　　　　　　　B. 对象的多态

C. 对象的封装　　　　　　　　　　　　　　D. 对象的分类

10. 下列叙述中正确的是(　　)。

A. 程序执行的效率与数据的存储结构密切相关

B. 程序执行的效率只取决于程序的控制结构

C. 程序执行的效率只取决于所处理的数据量

D. 以上三种说法都不对

第11章　软件工程基础

【学习目标】

1. 掌握软件工程和软件生命周期的概念；
2. 理解瀑布模型、演化模型、螺旋模型等软件开发模型的基本思想；
3. 掌握需求分析的两种方法；
4. 了解软件开发与测试方法；
5. 了解软件调试的任务；
6. 了解软件维护的方法。

11.1　软件工程基本概念

软件工程是随着计算机系统的发展而逐步形成的计算机科学领域中的一门学科，是一门研究用工程化方法构建和维护有效的、实用的和高质量的软件的学科。它涉及程序设计语言、数据库、软件开发工具、系统平台、标准和设计模式等方面。

11.1.1　软件的定义、特点与分类

1. 软件的定义

计算机软件由两部分组成：一是机器可执行的程序和数据；二是计算机不可执行的，与软件开发、运行、维护、使用等有关的文档。

软件的构成如表11-1所示。计算机软件是由程序、数据及相关文档构成的完整集合，它与计算机硬件一起组成计算机系统。

表 11-1　计算机软件各组成部分的含义

概念	含　义
软件	程序、数据和文档
程序	软件开发人员依据用户需求开发的，用某种程序设计语言描述的，能够在计算机中执行的语句序列
数据	使程序能够正常操纵信息的数据结构
文档	与程序开发、维护和使用有关的资料

2. 软件的特点

软件具有以下特点：

（1）软件是一种逻辑实体，具有抽象性。软件区别于一般的、看得见摸得着的、属于物理实体的工程对象，人们只能看到它的存储介质，而无法看到它本身的形态。只有运用逻辑思维才能把握软件的功能和特性。

（2）软件没有明显的制作过程。硬件研制成功后，在重复制造时，要进行质量控制，才能保证产品合格；而软件一旦研制成功，就可以得到大量的、成本极低的，并且完整精确的副本。因此，软件的质量控制必须着重于软件开发。

（3）软件在使用期间不存在磨损、老化问题。软件价值的损失方式是特殊的，软件会为了适应硬件、环境以及需求的变化而进行修改，而这些修改不可避免地引入错误，导致软件失效率升高，从而使得软件退

化。当修改的成本变得难以接受时,软件就会被抛弃。

(4) 对硬件和环境具有依赖性。软件的开发、运行对计算机硬件和环境具有不同程度的依赖性,这给软件的移植带来了新问题。

(5) 软件复杂性高,成本昂贵。软件涉及人类社会的各行各业、方方面面,软件开发常常涉及其他领域的专业知识。软件开发需要投入大量、高强度的脑力劳动,成本高,风险大。现在软件的成本已大大超过了硬件的成本。

(6) 软件开发涉及诸多的社会因素。软件除了本身具有的复杂性以外,在开发过程中,涉及的社会因素也是非常复杂的。

3. 软件的分类

计算机软件按功能能分为应用软件、系统软件、支撑软件(或工具软件)。

三种软件之间的联系如图 11-1 所示。

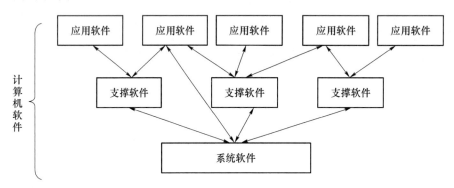

图 11-1　计算机软件

(1) 系统软件:是管理计算机的资源,提高计算机的使用效率,为用户提供各种服务的软件。例如,操作系统(OS)、数据库管理系统(DBMS)、编译程序、汇编程序和网络软件等。系统软件是最靠近计算机硬件的软件。

(2) 应用软件:为了应用于特定的领域而开发的软件。例如,我们熟悉的 Word 2010、Winamp、QQ 和 Flashget 等软件属于应用软件。

(3) 支撑软件:介于系统软件和应用软件之间,协助用户开发软件的工具型软件,其中包括帮助程序人员开发和维护软件产品的工具软件,也包括帮助管理人员控制开发进程和项目管理的工具软件。例如,Delphi、PowerBuilder 等。

11.1.2　软件危机

软件危机是指在计算机软件的开发和维护过程中所遇到的一系列严重问题。这些问题绝不仅仅是"不能正常运行"的软件才具有的,实际上,几乎所有软件都不同程度地存在这些问题。概括地说,软件危机包含下述两方面的问题:如何开发软件,怎样满足对软件的日益增长的需求;如何维护数量不断膨胀的已有软件。具体来说,软件危机主要有以下一些典型表现:

- 对软件开发成本和进度的估计常常很不准确。
- 用户对"已完成的"软件系统不满意的现象经常发生。
- 软件产品的质量往往靠不住。
- 软件常常是不可维护的。
- 软件通常没有适当的文档资料。
- 软件成本在计算机系统总成本中所占的比例逐年上升。
- 软件开发生产率提高的速度,既跟不上硬件的发展速度,也远远跟不上计算机应用迅速普及深入的趋势。

以上列举的仅仅是软件危机的一些明显的表现,与软件开发和维护有关的问题远远不止这些。

在软件开发和维护的过程中之所以存在这么多严重问题,主要原因有两种:

- 软件本身的特点,如复杂性高、规模庞大等;
- 人们对软件开发和维护有许多错误认识和做法,而且对软件的特性认识不足。

11.1.3　软件工程

1. 软件工程的定义

软件工程概念的出现源自软件危机。通过认真研究消除软件危机的途径,逐渐形成了一门新兴的工程学科——计算机软件工程学(简称为软件工程)。软件工程学的主要研究对象包括软件开发与维护的技术、方法、工具和管理等方面。

软件工程包括 3 个要素:方法、工具和过程,如表 11-2 所示。

表 11-2　软件工程三要素

名称	描　　述
方法	方法是完成软件工程项目的技术手段
工具	工具支持软件的开发、管理、文档生成
过程	过程支持软件开发的各个环节的控制、管理

2. 软件工程的目标和研究内容

软件工程的目标是:在给定成本、进度的前提下,开发出具有有效性、可靠性、可理解性、可维护性、可重用性、可适应性、可移植性、可追踪性和可互操作性且满足用户需求的产品。

基于软件工程的目标,软件工程的理论和技术性研究的内容可分为两部分:软件开发技术和软件工程管理。它们各自包含的内容如图 11-2 所示。

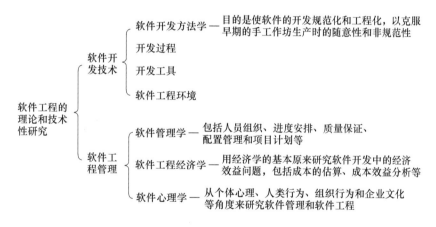

图 11-2　软件工程的理论和技术性研究

3. 软件工程的原则

软件工程发展到现在,已经总结出若干基本原则,所有的软件项目都应遵循这些原则,以达到软件工程的目标。软件工程原则包括抽象、信息隐蔽、模块化、局部化、确定性、一致性、完备性和可验证性,具体描述如表 11-3 所示。

表 11-3　软件工程原则

软件工程原则	原则具体描述
抽象	采用分层次抽象、自顶向下、逐层细化的办法控制软件开发过程的复杂性
信息隐蔽	采用封装技术将程序模块的实现细节隐藏起来,使模块接口尽量简单
模块化	模块是程序中相对独立的部分,一个独立的编程单位,应该有良好的接口定义

续表

软件工程原则	原则具体描述
局部化	要求在一个物理模块内集中逻辑上相互关联的计算资源,保证模块间具有松散的耦合关系,模块内部具有较强的内聚性
确定性	软件开发过程中所有概念的表达应是确定的、无歧义且规范的
一致性	包括程序、数据和文档的整个软件的各模块,应使用已知的概念、符号和术语。程序内外部接口应保持一致,系统规格说明与系统行为应保持一致
完备性	软件系统不丢失任何重要成分,完全实现系统所需的功能
可验证性	开发大型软件系统需要对系统自顶向下、逐层分解。系统分解应遵循易检查、易测评、易评审的原则,以确保系统的正确性

11.1.4 软件工程过程

软件工程过程是为了获得高质量软件所需要完成的一系列任务的框架,它规定了完成各项任务的工作步骤。软件工程过程是把输入转化为输出的一组彼此相关的资源和活动。

软件工程过程所进行的基本活动主要包括4种,如表11-4所示。

表 11-4　软件工程的基本活动

活动名称	描　述
软件规格说明	规定软件的功能及其运行时的限制
软件开发	产生满足规格说明的软件
软件确认	确认能够满足用户提出的要求
软件演进	为满足客户要求的变更,软件必须在使用的过程中不断演进

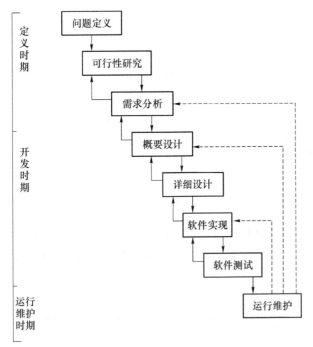

图 11-3　软件生命周期

11.1.5 软件生命周期与开发模型

1. 软件生命周期的概念

软件产品从提出、实现、使用维护到停止使用退役的过程称为软件生命周期。软件生命周期分为3个时期,共8个阶段。

(1)软件定义期:包括问题定义、可行性研究和需求分析3个阶段。

(2)软件开发期:包括概要设计、详细设计、实现和测试4个阶段。

(3)运行维护期:即运行维护阶段。

软件生命周期各个阶段的活动可以有重复,执行时也可以有迭代,如图11-3所示。

2. 软件生命周期各阶段的主要任务

在图11-3中的软件生命周期各阶段的主要任务,如表11-5所示。

3. 软件开发模型

软件开发模型给出了软件开发活动各阶段之间的关系。它是软件开发过程的概括,是软件工程的重要内容。它为软件工程管理提供里程碑和进度表;为软件开发过程提供原则和方法。

表 11-5　软件生命周期各阶段的主要任务

任务	描　　述
问题定义	确定要求解决的问题是什么
可行性研究 与计划制定	决定该问题是否存在一个可行的解决办法,指定完成开发任务的实施计划
需求分析	对待开发软件提出需求进行分析并给出详细定义。编写软件规格说明书及初步的用户手册,提交评审
软件设计	通常又分为概要设计和详细设计两个阶段,给出软件的结构、模块的划分、功能的分配以及处理流程。这阶段提交评审的文档有概要设计说明书、详细设计说明书和测试计划初稿
软件实现	在软件设计的基础上编写程序。这阶段完成的文档有用户手册、操作手册等面向用户的文档,以及为下一步作准备而编写的单元测试计划
软件测试	在设计测试用例的基础上,检验软件的各个组成部分,编写测试分析报告
运行维护	将已交付的软件投入运行,同时不断地维护,进行必要而且可行的扩充和删改

（1）瀑布模型（Waterfall Model）

瀑布模型也称为软件生存周期模型,它根据软件生存周期各个阶段的任务,从可行性研究开始,逐步进行阶段性变换,直至通过确认测试并得到用户确认的软件产品位置。此模型适用于面向过程的软件开发方法。

（2）演化模型（Evolutionary Model）

一种全局的软件生命周期模型,属于迭代开发方法。由于在项目开发的初始阶段,人们对软件的需求认识常常不够清晰,因而使得开发项目难以做到一次开发成功。软件开发人员根据用户提出的软件定义,快速地开发一个原型,它向用户展示了待开发软件系统的全部或部分功能和性能,在征求用户对原型意见的过程中,进一步修改、完善、确认软件系统的需求,并达到一致意见。用演化模型进行软件开发可以快速适应用户需求和多变的环境要求。实际上,这个模型可看作是重复执行的多个“瀑布模型”。

（3）螺旋模型（Spiral Model）

螺旋模型也称为迭代模型,是瀑布模型与演化模型的结合,不仅体现了两个模型的优点,而且增加了新的“风险分析”部分。螺旋模型由需要定义、风险分析、工程实现、评审四部分组成。软件开发过程迭代一次,软件开发推进一个层次,系统又生成一个新版本,而软件开发的时间和成本又有了新的投入。最后总能得到一个用户满意的版本。在实际开发中只有降低迭代次数,减少每次迭代的工作量,才能降低软件开发时间和成本。螺旋模型强调了其他模型所忽视的风险分析,特别适合于大型复杂的系统。

（4）喷泉模型（Fountain Model）

“喷泉”一词体现了迭代和无间隙特性。迭代是指系统中某个部分常常重复工作多次,相关功能在每次迭代中加入演进的系统。无间隙是指在开发活动（即分析、设计和编码）之间不存在时间的边界。喷泉模型是一种以用户需求为动力,以对象为驱动的模型,主要用于描述面向对象的软件开发进程。

（5）智能模型

智能模型也称为基于知识的软件开发模型,它综合了上述若干模型,并结合了专家系统。该模型应用于规则的系统,采用归约和推理机制,帮助软件人员完成开发工作,并使维护在系统规格说明一级进行。智能模型需要 4GL 的支持,主要适合于事务信息的中、小型应用程序的开发。

（6）组合模型（Hybrid Model）

在软件工程实践中,经常将几种模型组合在一起,配套使用,形成组合模型。组合的方式有两种:第一种方式是以一种模型为主,嵌入另外一种或几种模型;第二种方式是建立软件开发的组合模型。软件开发者可以根据软件项目和软件开发环境的特点,选择一条或几条软件开发路径。软件开发通常都是使用几种不同的开发方法混合模型。

11.1.6 软件开发工具与开发环境

现代软件工程方法之所以得以实施,其重要的保证是软件开发工具和环境的保证,使软件在开发效率、工程质量等多方面得到改善。软件工程鼓励研制和采用各种先进的软件开发方法、工具和环境。工具和环境的使用进一步提高了软件的开发效率、维护效率和软件质量。

1. 软件开发工具

早期的软件开发除了一般的程序设计语言以外,缺少工具的支持,致使编程工作量大,质量和进度难以保证,人们将很多精力和时间花费在程序的编制和调试上,而在更重要的软件的需求和设计上反而得不到必要的精力和时间投入。软件开发工具的完善和发展促进了软件开发方法的进步和完善,提高了软件开发的效率和质量。软件开发工具的发展是从单项工具逐步向集成工具发展的,软件开发工具为软件工程方法提供了自动的或半自动的软件支持环境。同时,软件开发方法的有效应用也必须得到相应工具的支持,否则方法将难以有效地实施。例如,微软公司的 Jupiter 开发平台代表了先进的自动化开发技术,是经验与技术的完美结合。

2. 软件开发环境

软件开发环境或称软件工程环境是全面支持软件开发全过程的软件工具集合。这些软件按照一定的方法或模式组合起来,支持软件生命周期内的各个阶段和各项任务的完成。

计算机辅助软件工程(CASE)是当前软件开发环境中富有特色的研究工作和发展方向。CASE 将各种软件工具、开发机器和一个存放开发过程信息的中心数据库组合起来,形成软件工程环境。其重要的技术包括应用生产程序、前端开发过程面向图形的自动化、配置和管理以及寿命周期分析工具。CASE 的成功产品将最大限度地降低软件开发的技术难度,并使软件开发的质量得到保证。

11.2 结构化分析方法

目前,使用最广泛的软件工程方法是结构化方法学和面向对象方法学。结构化方法学也称传统方法学,它采用结构化方法来完成软件开发的各项任务,并使用适当的软件工具或软件工程环境来支持结构化方法的运用。结构化程序设计方法在第 10 章已经做了简要介绍,本节将介绍结构化分析方法,11.3 节将介绍结构化设计方法。

11.2.1 需求分析

需求分析的任务是发现需求、求精、建模和定义需求的过程。需求分析将创建所需的数据模型、功能模型和控制模型。

1. 需求分析的定义

1977 年,IEEE 软件工程标准词汇表将需求分析定义为:

①用户解决问题或达到目标所需的条件或权能;

②系统或系统部件要满足合同、标准、规范或其他正式文档所需具有的条件或权能;

③一种反映①或②所描述的条件或权能的文档说明。

2. 需求分析阶段的工作

需求分析阶段的工作,可以概括为需求获取、需求分析、编写需求规格说明书、需求评审四个方面。

(1)需求获取

了解用户当前所处的情况,发现用户所面临的问题和对目标系统的基本需求;接下来应该与用户深入交流,对用户的基本需求反复细化逐步求精,以得出对目标系统的完整、准确和具体的需求。

(2)需求分析

对获取的需求进行分析和综合,最终给出系统的解决方案和目标系统的逻辑模型。

（3）编写需求规格说明书

需求规格说明书是需求分析的阶段性成果，它可以为用户、分析人员和设计人员之间的交流提供方便，可以直接支持目标系统的确认，又可以作为控件软件开发进程的依据。

（4）需求评审

通常主要从一致性、完整性、现实性和有效性 4 个方面复审软件需求规格说明书。

11.2.2　需求分析方法

1. 需求分析方法分类

需求分析方法可分为结构化分析方法和面向对象的分析方法两大类。

（1）结构化分析方法

主要包括面向数据流的结构化分析方法（SA）、面向数据结构的 Jackson 方法（JSD）、面向数据结构的结构化数据系统开发方法（DSSD）。

（2）面向对象的分析方法

面向对象分析是面向对象软件工程方法的第一个环节，包括一套概念原则、过程步骤、表示方法、提交文档等规范要求。

另外，从需求分析建模的特性来划分，需求分析方法还可分为静态分析方法和动态分析方法。

2. 结构化分析方法

结构化分析方法（SA）就是使用数据流图（DFD）、数据字典（DD）、结构化英语、判定表和判定树的工具，来建立一种新的、称为结构化规格说明的目标文档。

结构化分析方法的实质是着眼于数据流，自顶向下，对系统的功能进行逐层分解，以数据流图和数据字典为主要工具，建立系统的逻辑模型。

11.2.3　结构化分析方法的常用工具

1. 数据流图（DFD）

数据流图是系统逻辑模型的图形表示，即使不是专业的计算机技术人员也容易理解它，因此它是分析员与用户之间极好的通信工具。

数据流图的主要图形元素与说明如表 11-6 所示。

表 11-6　数据流图的主要图形元素

名称	图形	说　　　明
加工	⬭	又称转换，输入数据经加工、变化产生输出
数据流	→	沿箭头方向传送数据的通道，一般在旁边标注数据流名
存储文件	—	又称数据源，表示处理过程中存放各种数据的文件
源/潭	▭	表示系统和环境的接口，属系统之外的实体

在数据流图中，对所有的图形元素都进行了命名，它们都是对一些属性和内容抽象的概括。一个软件系统对其数据流图的命名必须有相同的理解，否则将会严重影响以后的开发工作。

2. 数据字典（DD）

数据字典是对数据流图中所有元素的定义的集合，是结构化分析的核心。数据流图和数据字典共同构成系统的逻辑模型，没有数据字典数据流图就不严格，若没有数据流图，数据字典也难于发挥作用。数据字典中有 4 种类型的条目：数据流、数据项、数据存储和加工。

3. 判定表

有些加工的逻辑用语言形式不容易表达清楚,而用表的形式则一目了然。如果一个加工逻辑有多个条件、多个操作,并且在不同的条件组合下执行不同的操作,那么可以使用判定表来描述。

①基本条件	②条件项
③基本动作	④动作项

图 11-4 判定表组成

判定表由 4 部分组成,如图 11-4 所示。其中:
标识为①的左上部称为基本条件项,它列出各种可能的条件;
标识为②的右上部称为条件项,它列出各种可能的条件组合;
标识为③的左下部称为基本动作项,它列出所有的操作;
标识为④的右下部称为动作项,它列出在对应的条件组合下所选的操作。

4. 判定树

判定树和判定表没有本质的区别,可以用判定表表示的加工逻辑都能用判定树表示。

11.2.4 软件需求规格说明书

软件需求规格说明书(SRS)是需求分析阶段的最后成果,是软件开发的重要文档之一。它的特点是具有正确性、无歧义性、完整性、可验证性、一致性、可理解性、可修改性和可追踪性。

软件需求规格说明书的作用是:便于用户、开发人员进行理解和交流;反映出用户问题的结构,可以作为软件开发工作的基础和依据;作为确认测试和验收的依据。

11.3 结构化设计方法

在需求分析阶段,使用数据流和数据字典等工具已经建立了系统的逻辑模型,解决了"做什么"的问题。接下来的软件设计阶段,是解决"怎么做"的问题。本节主要介绍软件工程的软件设计阶段。软件设计可分为两步:概要设计和详细设计。

11.3.1 软件设计概述

1. 软件设计的基础

软件设计的基本目标是用比较抽象概括的方式确定目标系统如何完成预定的任务,即软件设计是确定系统的物理模型。

软件设计是开发阶段最重要的步骤。从工程管理的角度来看可分为两步:概要设计和详细设计。从技术观点来看,软件设计包括软件结构设计、数据设计、接口设计、过程设计 4 个步骤,如表 11-7 所示。

表 11-7 软件设计的划分

划分	名称	含义
按工程管理角度划分	概要设计	将软件需求转化为软件体系结构、确定系统级接口、全局数据结构或数据库模式
	详细设计	确立每个模块的实现算法和局部数据结构,用适当方法表示算法和数据结构的细节
按技术观点划分	结构设计	定义软件系统各主要部件之间的关系
	数据设计	将分析时创建的模型转化为数据结构的定义
	接口设计	描述软件内部、软件和协作系统之间以及软件与人之间如何通信
	过程设计	把系统结构部件转换为软件的过程性描述

2. 软件设计的基本原理

软件设计中应该遵循的基本原理如下所述。

（1）抽象

软件设计中考虑模块化解决方案时，可以定出多个抽象级别。抽象的层次从概要设计到详细设计逐步降低。

（2）模块化

模块是指把一个待开发的软件分解成若干小的简单的部分。模块化是指解决一个复杂问题时自顶向下逐层把软件系统划分成若干模块的过程。

（3）信息隐蔽

信息隐蔽是指在一个模块内包含的信息（过程或数据），对于不需要这些信息的其他模块来说是不能访问的。

（4）模块独立性

模块独立性是指每个模块只完成系统要求的独立的子功能，并且与其他模块的联系最少且接口简单。模块的独立程度是评价设计好坏的重要度量标准。衡量软件的模块独立性使用耦合性和内聚性两个定性的度量标准。

内聚性是度量一个模块功能强度的一个相对指标。内聚是从功能角度来衡量模块的联系，它描述的是模块内的功能联系。内聚有如下种类，它们之间的内聚度由弱到强排列：偶然内聚、逻辑内聚、时间内聚、过程内聚、通信内聚、顺序内聚、功能内聚。

耦合性是模块之间互相连接的紧密程度的度量。耦合性取决于各个模块之间接口的复杂度、调用方式以及哪些信息通过接口。耦合可以分为多种形式，它们之间的耦合度由高到低排列：内容耦合、公共耦合、外部耦合、控制耦合、标记耦合、数据耦合、非直接耦合。

在程序结构中，各模块的内聚性越强，则耦合性越弱。一般较优秀的软件设计，应尽量做到高内聚、低耦合，即减弱模块之间的耦合性和提高模块内的内聚性，有利于提高模块的独立性。

11.3.2 概要设计

1. 概要设计的任务

概要设计又称总体设计，软件概要设计的基本任务如下所述。

（1）设计软件系统结构

为了实现目标系统，先进行软件结构设计，具体过程如图 11-5 所示。

（2）数据结构及数据库设计

数据设计是实现需求定义和规格说明中提出的数据对象的逻辑表示。

（3）编写概要设计文档

概要设计阶段的文档有概要设计说明书、数据库设计说明书和集成测试计划书等。

（4）概要设计文档评审

在文档编写完成后，要对设计部分是否完整地实现了需求中规定的功能、性能等要求，设计方案的可行性，关键的处理及内外部接口定义的正确性、有效性，各部分之间的一致性等进行评审，以免在以后的设计中出现大的问题返工。

2. 结构图

在结构化设计方法中，常用的结构设计工具是结构图（SC），也称程序结构图。使用结构图描述软件系统的层次和分块结构关系，它反映了整个系统的功能实现以及模块与模块之间的联系与通信，是未来程序中的控制层次体系。

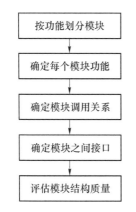

图 11-5 软件系统结构设计过程

在结构图中，矩形表示模块，矩形内注明模块的功能和名字；箭头表示模块间的调用关系，在结构图中还可以用带注释的箭头表示模块调用过程中来回传递的信息；用带实心圆的箭头表示传递的是控制信息；用带空心圆的箭心表示传送的是数据。

经常使用的结构图有传入模块、传出模块、变换模块和协调模块四种模块类型。结构图的有关术语如下:深度是指控制的层数,宽度是指整体控制跨度(最大模块数的层)的表示,扇入是指调用一个给定模块的模块个数,扇出是指一个模块直接调用的其他模块数,原子模块是指树中位于叶子结点的模块。

3. 面向数据流的设计方法

在需求分析阶段,用 SA 方法产生了数据流图。面向数据流的结构化设计(SD),能够方便地将数据流图 DFD 转换成程序机构图。DFD 从系统的输入数据流到系统的输出数据流的一连串连续加工形成了一条信息流。

(1) 数据流图的类型

数据流图的信息流可分为变换流和事务流两种。相应地,数据流图有两种典型的结构形式:变换型和事务型。

①变换型。信息沿输入通路进入系统,同时由外部形式变换成内部形式,然后通过变换中心(也称主加工),经加工处理后再沿输出通路变换成外部形式离开软件系统。当数据流图具有这些特征时,这种信息流就称为变换流,这种数据流图,称为变换型数据流图。变换型数据流图可以明显地分成输入、变换中心、输出三大部分。

②事务型。信息沿着输入通路到达一个事务中心,事务中心根据输入信息(称为事务)的类型在若干个处理序列(称为活动流)中选择一个来执行,这种信息流称为事务流,这种数据流图称为事务型数据流图。事务型数据流图有明显的事务中心,各活动流以事务中心为起点称辐射状流出。

(2) 面向数据流的结构化设计过程

①确认数据流图的类型(是事务型还是变换型)。

②说明数据流的边界。

③把数据流图映射为结构图,根据数据流图的类型进行事务分析或变换分析。

④根据下面介绍的设计准则对产生的结构进行优化。

(3) 结构化设计的准则

大量的实践表明,以下的设计准则可以借鉴为设计的指导和对软件结构图进行优化的条件。

①提高模块独立性。模块独立性是结构设计好坏的最重要标准。设计出软件的初步结构以后,应该分析这个结构,通过模块分解或合并,力求降低耦合,提高内聚。

②模块规模应该适中。过大的模块往往是因为分解不充分;模块过小,则开销大于有效操作,而且模块数目过多将使系统接口复杂。

③深度、宽度、扇入和扇出都应适当。深度表示软件结构中控制的层数,如果层数过多则应该考虑是否有许多管理模块过于简单了,要考虑能否适当合并;如果宽度过大说明系统的控制过于集中;扇出过大意味着模块过分复杂,需要控制和协调过多的下级模块;扇入越大则共享该模块的上级模块数目越多,这是有好处的,但是,不能牺牲模块的独立性单纯追求高扇入。

④模块的作用域应该在控制域之内。在一个设计得很好的系统中,所有受判定影响的模块应该都从属于做出判定的那个模块,最好局限于做出判定的那个模块本身及它的直属下级模块。

⑤降低模块之间接口的复杂程度。应该仔细设计模块接口,使得信息传递简单并且和模块的功能一致。

⑥设计单入口单出口模块,不要使模块间出现内容耦合。

⑦模块功能应该可以预测。如果一个模块可以当作一个黑盒,也就是说,只要输入的数据相同就产生同样的输出,这个模块的功能就是可以预测的。

11.3.3 详细设计

详细(过程)设计的任务是为软件结构图中的每一个模块确定实现算法和局部数据结构,用某种选定的表达工具表示算法和数据结构的细节。

常见的过程设计工具有:

- 图形工具:程序流程图、N-S 图、PAD 图、HIPO。
- 表格工具:判定表。

・语言工具：PDL(伪码)。

下面讨论其中几种主要的工具：

(1) 程序流程图

程序流程图是一种传统的、应用广泛的软件过程设计表示工具,通常也称为程序框图。程序流程图表达直观、清晰,易于学习掌握,且独立于任何一种程序设计语言。

构成程序流程图的最基本的图符及含义如图 11-6 所示。

其中箭头表示控制流,矩形表示加工,菱形表示逻辑条件。

图 11-6　程序流程图的最基本的图符

(2) N-S 图

为了避免流程图在描述程序逻辑时的随意性和灵活性,提出了用方框来代替传统的程序流程图,通常把它称为 N-S 图。

(3) PAD 图

PAD 图是问题分析图的英文缩写,它是继程序流程图和方框图之后,提出的又一种主要用于描述软件详细设计的图形表示工具。

(4) PDL

过程设计语言(PDL)也称为结构化的英语和伪码,也是一种混合语言,采用英语的词汇和结构化程序设计语言的语法,类似编程语言。

11.4　软　件　测　试

软件测试是保证软件质量的重要手段,其主要过程涵盖了整个软件生命期的过程,包括需求定义阶段的需求测试、编码阶段的单元测试、集成测试以及后期的确认测试、系统测试,验证软件是否合格、能否交付用户使用等。本节主要讲解软件测试的目的、方法及实施方法。

11.4.1　软件测试的目的和准则

1. 软件测试的目的

Grenford. J. Myers 给出了软件测试的目的：

(1)测试是为了发现程序中的错误而执行程序的过程；

(2)好的测试用例(Test Case)能发现迄今为止尚未发现的错误；

(3)一次成功的测试是能发现至今为止尚未发现的错误。

测试的目的是发现软件中的错误,但是,暴露错误并不是软件测试的最终目的,测试的根本目的是尽可能多地发现并排除软件中隐藏的错误。

2. 软件测试的准则

根据上述软件测试的目的,为了能设计出有效的测试方案,以及好的测试用例,软件测试人员必须深入理解,并正确运用以下软件测试的基本准则：

(1) 所有测试都应追溯到用户需求；

(2) 在测试之前制订测试计划,并严格执行；

(3) 充分注意测试中的群集现象；

(4) 避免由程序的编写者测试自己的程序；

(5) 不可能进行穷举测试；

(6) 妥善保存测试计划、测试用例、出错统计和最终分析报告,为维护提供方便。

11.4.2　软件测试的方法和实施

1. 软件测试方法

软件测试具有多种方法,依据软件是否需要被执行,可以分为静态测试和动态测试方法。如果依照功能划分,可以分为白盒测试和黑盒测试方法。

(1) 静态测试和动态测试

①静态测试。可以由人工进行,充分发挥人的逻辑思维优势,也可以借助软件工具自动进行。静态测试包括代码检查、静态结构分析、代码质量度量等。经验表明,使用人工测试能够有效地发现30%~70%的逻辑设计和编码错误。

代码检查主要检查代码和设计的一致性,包括代码的逻辑表达的正确性,代码结构的合理性等方面。这项工作可以发现违背程序编写标准的问题,程序中不安全、不明确和模糊的部分,找出程序中不可移植的部分、违背程序编程风格的问题,包括变量检查、命名和类型审查、程序逻辑审查、程序语法检查和程序结构检查等内容。代码检查包括代码审查、代码走查、桌面检查、静态分析等具体方式。

代码审查:小组集体阅读、讨论检查代码。

代码走查:小组成员通过用"脑"研究、执行程序来检查代码。

桌面检查:由程序员自己检查自己编写的程序,程序员在程序通过编译之后,进行单元测试之前,对源代码进行分析、检验,并补充相关文档,目的是发现程序的错误。

静态分析:对代码的机械性、程式化的特性分析方法,包括控制流分析、数据流分析、接口分析、表达式分析。

②动态测试。静态测试不实际运行软件,主要通过人工进行分析。动态测试就是通常所说的上机测试,是通过运行软件来检验软件中的动态行为和运行结果的正确性。设计高效、合理测试用例是动态测试的关键。测试用例(Test Case)是为测试设计的数据,由测试输入数据和与之对应的预期输出结果两部分组成。测试用例的格式为:

$$[(输入值集),(输出值集)]$$

测试用例的设计方法一般分为两类:白盒测试方法和黑盒测试方法。

(2) 白盒测试和黑盒测试

①白盒测试。白盒测试是把程序看成装在一只透明的白盒子里,测试者完全了解程序的结构和处理过程。它根据程序的内部逻辑来设计测试用例,检查程序中的逻辑通路是否都按预定的要求正确地工作。白盒测试原则:保证所测模块中每一独立路径至少执行一次;保证所测模块所有判断的每一分支至少执行一次;保证所测模块每一循环都在边界条件和一般条件下至少各执行一次;验证所有内部数据结构的有效性。白盒测试的方法有:逻辑覆盖测试、基本路径测试。

②黑盒测试。黑盒测试是把程序看成一只黑盒子,测试者完全不了解,或不考虑程序的结构和处理过程。它根据规格说明书的功能来设计测试用例,检查程序的功能是否符合规格说明的要求。黑盒测试的方法有:等价类划分法、边界值分析法、错误推测法。

2. 软件测试的实施

软件测试过程分4个步骤,即单元测试、集成测试、验收测试和系统测试。

(1) 单元测试

单元测试是对软件设计的最小单位——模块(程序单元)进行正确性检验测试。单元测试的技术可以采用静态分析和动态测试。

(2) 集成测试

集成测试是测试和组装软件的过程,主要目的是发现与接口有关的错误,主要依据是概要设计说明书。集成测试所设计的内容包括:软件单元的接口测试、全局数据结构测试、边界条件和非法输入的测试等。集成测试时将模块组装成程序,通常采用两种方式:非增量方式组装和增量方式组装。

(3) 确认测试

确认测试的任务是验证软件的功能和性能,以及其他特性是否满足了需求规格说明中确定的各种需求,包括软件配置是否完全、正确。确认测试的实施首先运用黑盒测试方法,对软件进行有效性测试,即验证被测软件是否满足需求规格说明确认的标准系统测试是通过测试确认的软件,作为整个基于计算机系统的一个元素,与计算机硬件、外设、支撑软件、数据和人员等其他系统元素组合在一起,在实际运行(使用)环境下对计算机系统进行一系列的集成测试和确认测试。

（4）系统测试

系统测试是将通过测试确认的软件，作为整个基于计算机系统的一个元素，与计算机硬件、外设、支持软件、数据和人员等其他系统元素组合在一起，在实际运行（使用）环境下对计算机系统进行一系列的集成测试和确认测试。由此可知，系统测试必须在目标环境下运行，其功用在于评估系统环境下软件的性能，发现和捕捉软件中潜在的错误。

系统测试的目的是在真实的系统工作环境下检验软件是否能与系统正确连接，发现软件与系统要求不一致的地方。

系统测试的具体实施一般包括：功能测试、性能测试、操作测试、配置测试、外部接口测试、安全性测试等。

11.5 程序的调试

程序调试的任务是诊断和改正程序中的错误。它与软件测试不同，软件测试是尽可能多地发现软件中的错误。先要发现软件的错误，然后借助于一定的调试工具去执行找出软件错误的具体位置。软件测试贯穿整个软件生命期，调试主要在开发阶段。本节主要讲解程序调试的基本概念以及调试方法。

11.5.1 程序调试的基本概念

在对程序进行了成功的测试之后将进入程序调试（通常称 Debug，即排错）。程序调试活动由两部分组成，一是根据错误的迹象确定程序中错误的确切性质、原因和位置；二是对程序进行修改，排除这个错误。

1. 程序调试的基本步骤

（1）错误定位。从错误的外部表现形式入手，研究有关部分的程序，确定程序中出错位置，找出错误的内在原因；

（2）修改设计和代码，以排除错误；

（3）进行回归测试，防止引进新的错误。

2. 程序调试的原则

（1）确定错误的性质和位置的原则

①用头脑去分析思考与错误征兆有关的信息。最有效的调试方法是用头脑分析与错误征兆有关的信息。一个能干的程序调试员应能做到不使用计算机就能够确定大部分错误。

②避开死胡同。如果程序调试员走进了死胡同，或者陷入了绝境，最好暂时把问题抛开，留到第二天再去考虑，或者向其他人讲解这个问题。事实上常有这种情形：向一个好的听众简单地描述这个问题时，不需要任何听讲者的提示，便会突然发现问题的所在。

③只把调试工具当作辅助手段来使用。利用调试工具，可以帮助思考，但不能代替思考。因为调试工具是一种无规律的调试方法。实验证明，即使是对一个不熟悉的程序进行调试时不用工具的人往往比使用工具的人更容易成功。

④避免用试探法，最多只能把它当作最后手段。初学调试的人最常犯的一个错误是想试试修改程序来解决问题。这还是一种碰运气的盲目的动作，它的成功机会很小，而且还常把新的错误带到问题中来。

（2）修改错误的原则

①在出现错误的地方，很可能还有别的错误。经验证明，错误有群集现象，当在某一程序段发现有错误时，在该程序段中还存在别的错误的概率也很高。因此，在修改一个错误时，还要查其近邻，看是否还有别的错误。

②修改错误的一个常见失误是只修改了这个错误的征兆或这个错误的表现，而没有修改错误的本质。如果提出的修改不能解释与这个错误有关的全部线索，那就表明了只修改了错误的一部分。

③当心修正一个错误的同时有可能会引入新的错误。人们不仅需要注意不正确的修改，而且还要注意

看起来是正确的修改可能会带来的副作用,即引进新的错误。因此在修改了错误之后,必须进行回归测试,以确认是否引进了新的错误。

④修改错误的过程将迫使人们暂时回到程序设计阶段。修改错误也是程序设计的一种形式。一般来说,在程序设计阶段所使用的任何方法都可以应用到错误修正的过程中来。

⑤修改源代码程序,不要改变目标代码。在对一个大的系统,特别是对一个使用汇编语言编写的系统进行调试时,有时有一种倾向,即试图通过直接改变目标代码来修改错误,并打算以后再改变源程序("当我有时间时")。这种方式有两个问题:第一,因目标代码与源代码不同步,当程序重新编译或汇编时,错误很容易再现;第二,这是一种盲目的实验调试方法。因此,是一种草率的、不妥当的做法。

11.5.2 软件调试方法

调试的关键是错误定位,即推断程序中错误的位置和原因。类似于软件测试,软件调试从是否跟踪和执行程序的角度,分为静态调试和动态调试。静态调试是主要的调试手段,是指通过人的思维来分析源程序代码和排错,而动态调试是静态测试的辅助。

1. 强行排错法

强行排错法是寻找软件错误原因的很低效的方法,但作为传统的调试方法,目前仍经常使用。其过程可以概括为设置断点、程序暂停、观察程序状态和继续运行程序。

2. 回溯法

回溯法是一种常用的调试方法,这种方法适用于调试小程序。从最先发现错误现象的地方开始,人工沿程序的控制流逆向追踪分析源程序代码,直到找出错误原因或者确定错误的范围。但是,随着程序规模扩大,应该回溯的路径数目也变得越来越大,以致彻底回溯变成完全不可能了。

3. 原因排除法

(1) 二分法

二分法的基本思路是,如果已经知道每个变量在程序内若干个关键点的正确值,则可以用赋值语句或输入语句在程序中点附近给这些变量赋正确的值,然后运行程序并检查所得到的输出。如果输出结果是正确的,则说明错误原因在程序的前半部分;反之,错误原因在程序的后半部分。对错误原因所在的那部分在重复使用这个方法,直到把出错范围缩小到可以诊断的程度为止。

(2) 归纳法

归纳法是从个别推断出一般的系统化思维方法。使用归纳法调试时,首先,把和错误有关的数据组织起来进行分析,然后,导出对错误原因的一个或多个假设,并利用已有的数据来证明或排除这些假设。直到寻找到潜在的原因,从而找出错误。

(3) 演绎法

演绎法是一种从一般原理或前提出发,经过排除和精化的过程推导出结论的思维方法。采用这种方法调试时,首先,假设所有可能的出错原因,然后,用测试来逐个排除假设的原因。如果测试表明某个假设的原因可能是真的原因,则对数据进行细化以准确定位错误。

以上三种方法都可以使用调试工具辅助完成,但是工具并不能代替调试人员对全部设计文档和源程序的仔细分析与评估。

11.6 软 件 维 护

11.6.1 传统的软件维护

软件维护是软件生存周期的最后一个阶段,所有活动都发生在软件交付并投入运行之后。维护活动根据起因可分为纠错性维护、适应性维护、改善性维护和预防性维护四类。

1. 纠错性维护

纠错性维护是为诊断和改正软件系统中潜藏的错误而进行的活动。正如我们在讨论软件测试时描述的那样,测试不可能排除大型软件系统中所有的错误,软件交付之后,用户将成为新的测试人员,在使用过程中,一旦发现错误,他们会向开发人员报告并要求维护。

2. 适应性维护

适应性维护是为适应环境的变化而修改软件活动。一般应用软件的使用寿命很容易超过十年,但其运行环境却更新很快,操作系统不断地推出新版本,外部设备与其他系统元素也频繁地升级和变化,因此适应性维护是十分必要且经常发生的。

3. 改善性维护

改善性维护是根据用户在使用过程中提出的一些建设性意见而进行的维护活动。在一个应用软件成功运行期间,用户也可能请求增加新功能、建议修改已有功能或提出某些改进意见。改善性维护通常占所有软件维护工作量的一半以上。

4. 预防性维护

预防性维护是为了进一步改善软件系统的可维护性和可靠性,并为以后的改进奠定基础。这类维护活动包括逆向工程(reverse engineering)和重构工程(re-engineering)。

11.6.2　目前的软件维护

随着软件开发模型、软件开发方法、软件支持过程和软件管理过程等方面技术的飞速发展,软件维护的方法也随之发展。目前,软件企业一般将自己的软件产品维护活动分为面向缺陷维护(程序级维护)和面向功能维护(设计级维护)两类。

1. 面向缺陷维护

面向缺陷维护的条件是该软件产品能够正常运转,可以满足用户的功能、性能、接口需求,只是维护前在个别地方存在缺陷,是用户感到不方便,但不影响大局,因此维护前可以降级使用,经过维护后仍然是合格产品。

2. 面向功能维护

面向功能维护的条件是该软件产品在功能、性能、接口上存在某些不足,不能满足用户的某些需求,因此需要增加某些功能、接口、改善某些性能。这样的软件产品若不加以维护,就不能正常运转,也不能降级使用。

习　　题

一、选择题

1. 软件按功能可以分为应用软件、系统软件和支撑软件(或工具软件),下面属于应用软件的是(　　)。

A. 编译程序　　　　　　B. 操作系统　　　　　　C. 教务管理系统　　　　D. 汇编程序

2. 软件危机是指(　　)。

A. 软件开发和软件维护中出现的一系列问题

B. 计算机出现病毒

C. 使用计算机系统进行经济犯罪活动

D. 以上都不正确

3. 软件生命周期中的活动不包括(　　)。

A. 需求分析　　　　　　B. 市场调研　　　　　　C. 软件测试　　　　　　D. 软件维护

4. 软件生命周期是指(　　)。

A. 软件产品从提出、实现、使用维护到停止使用退役的过程

B. 软件从需求分析、设计、实现到测试完成的过程

C. 软件开发的过程

D. 软件的运行维护过程

5. 下面描述中,不属于软件危机表现的是(　　)。

A. 软件过程不规范　　　　　　　　　　B. 软件开发生产率低

C. 软件质量难以控制　　　　　　　　　D. 软件成本不断提高

6. 下面描述中错误的是(　　)。

A. 系统总体结构图支持软件系统的详细设计

B. 软件设计是将软件需求转换为软件表示的过程

C. 数据结构与数据库设计是软件设计的任务之一

D. PAD 图是软件详细设计的表示工具

7. 软件设计中划分模块的一个准则是(　　)。

A. 高内聚、低耦合　　　　　　　　　　B. 低内聚、高耦合

C. 低内聚、低耦合　　　　　　　　　　D. 高内聚、高耦合

8. 在软件设计中不适用的工具是(　　)。

A. PAD 图　　　　　　　　　　　　　　B. 数据流图(DFD 图)

C. 系统结构图　　　　　　　　　　　　D. 程序流程图

9. 数据流图中带有箭头的线段表示的是(　　)。

A. 事件驱动　　　　　B. 模块调用　　　　　C. 控制流　　　　　D. 数据流

10. 在软件开发中,需求分析阶段产生的主要文档是(　　)。

A. 用户手册　　　　　　　　　　　　　B. 软件需求规格说明书

C. 软件详细设计说明书　　　　　　　　D. 软件集成测试计划

11. 下面不属于需求分析阶段任务的是(　　)。

A. 确定软件系统的性能需求　　　　　　B. 确定软件系统的功能需求

C. 需求规格说明书评审　　　　　　　　D. 制定软件集成测试计划

12. 耦合性和内聚性是对模块独立性度量的两个标准。下列叙述中正确的是(　　)。

A. 提高耦合性降低内聚性有利于提高模块的独立性

B. 降低耦合性提高内聚性有利于提高模块的独立性

C. 耦合性是指一个模块内部各个元素间彼此结合的紧密程度

D. 内聚性是指模块间互相连接的紧密程度

13. 软件测试一般在软件签发给用户(　　)进行可以降低软件成本。

A. 之前　　　　　　　B. 之后　　　　　　　C. 之中　　　　　　　D. 同时

14. 在软件危机中表现出来的软件质量差的问题,原因是(　　)。

A. 没有软件质量标准

B. 软件研发人员不愿遵守软件质量标准

C. 用户经常干预软件系统的研发工作

D. 软件研发人员素质太差

15. 软件维护是指(　　)。

A. 维护软件正常运行　　　　　　　　　B. 软件的配置更新

C. 对软件的改进和完善　　　　　　　　D. 软件开发期的一个阶段

第 12 章　数据库设计基础

【学习目标】

1. 了解数据库系统的发展；
2. 掌握数据库、数据库管理系统、数据库系统的基本概念；
3. 掌握数据模型的基本概念、E-R 模型和关系模型；
4. 了解关系模型中的投影、选择、笛卡儿积、联接关系运算；
5. 掌握 SQL 的基础知识。

12.1　数据库系统的基本概念

数据库技术是计算机领域的一个重要分支,数据库技术是作为一门数据处理技术发展起来的。随着计算机应用的普及和深入,数据库技术变得越来越重要了。本节主要讲解数据库系统的基本概念、特点、内部体系结构及其发展历程。

12.1.1　数据库、数据库管理系统与数据库系统

1. 数据

数据是数据库中存储的基本对象,它是描述事物的符号记录。描述事物的符号可以是数字,也可以是文字、声音、图形、图像等,数据有多种表现形式。数据库系统中的数据有长期持久的作用,它们被称为持久性数据,而把一般存放在计算机内存中的数据称为临时性数据。

2. 数据库

数据库是长期储存在计算机内、有组织的、可共享的大量数据的集合,它具有统一的结构形式并存放于统一的存储介质内,是多种应用数据的集成,并可被各个应用程序所共享,所以数据库技术的根本目标是解决数据共享问题。

3. 数据库管理系统

数据库管理系统(Database Management System,DBMS)是数据库的机构,它是一种系统软件,负责数据库中的数据组织、数据操作、数据维护、控制及保护和数据服务等。数据库管理系统是数据系统的核心,为完成数据库管理系统的功能,数据库管理系统提供相应的数据语言:数据定义语言、数据操纵语言、数据控制语言。

（1）数据定义功能

DBMS 能向用户提供"数据定义语言"(Data Definition Language,DDL),用于描述数据库的结构。

（2）数据操作功能

DBMS 能向用户提供"数据操作语言"(Data Manipulation Language,DML),支持用户对数据库中的数据进行查询、更新等操作。

（3）控制和管理功能

DBMS 具有必要的控制和管理功能。其中包括:在多用户使用时对数据进行的"并发控制",对用户权限实施监督的"安全性检查",数据的备份、恢复和转储功能,以及对数据库运行情况的监控和报告等。

（4）数据通信功能

主要包括数据库与操作系统的接口以及用户应用程序与数据库的接口。

4. 数据库管理员

数据库管理员(Data Administrator,DBA)其职责包含数据库设计、数据库维护、改善系统性能与提高系统效率等方面。

数据库设计:数据库管理员的主要任务之一是做数据库设计,具体地说是进行数据模式的设计。

数据库维护:数据库管理员必须对数据库中的数据安全性、完整性、并发控制及系统恢复、数据定期转存等进行实施与维护。

改善系统性能与提高系统效率:数据库管理员必须随时监视数据库运行状态,不断调整内部结构,使系统保持最佳状态与最高效率。

5. 数据库系统

数据库系统(Database System,DBS),由数据库、数据库管理系统、数据库管理员、硬件平台、软件平台五部分构成。

6. 数据库应用系统

在数据库系统的基础上,如果使用数据库管理系统(DBMS)软件和数据库开发工具书写出应用程序,用相关的可视化工具开发出应用界面,则构成了数据库应用系统(Database Application System,DBAS)。DBAS 由数据库系统、应用软件及应用界面三者组成。

因此,DBAS 包括数据库、数据库管理系统、人员(数据库管理员和用户)、硬件平台、软件平台、应用软件、应用界面 7 个部分。

12.1.2 数据库技术的发展

数据管理技术的发展经历了 3 个阶段:人工管理阶段、文件系统阶段和数据库系统阶段。

文件系统是数据库系统发展的初级阶段,它具有提供简单的数据共享与数据管理的能力,但是它缺少提供完整、统一的管理和数据共享的能力。

层次数据库与网状数据库的发展为统一管理与共享数据提供了有力的支撑,但是,由于它们脱胎于文件系统,所以这两种系统也存在不足。

关系数据库系统结构简单,使用方便,逻辑性强,物理性少,因此,在 20 世纪 80 年代以后一直占据数据库领域的主导地位。

关于数据管理 3 个阶段中的软硬件背景及处理特点,简单概括如表 12-1 所示。

表 12-1 数据管理三个阶段的比较

		人工管理阶段	文件管理阶段	数据库系统管理阶段
背景	应用目的	科学计算	科学计算、管理	大规模管理
	硬件背景	无直接存取设备	磁盘、磁鼓	大容量磁盘
	软件背景	无操作系统	有文件系统	有数据库管理系统
	处理方式	批处理	联机实时处理、批处理	分布处理、联机实时处理和 批处理
特点	数据管理者	人	文件系统	数据库管理系统
	数据面向的对象	某个应用程序	某个应用程序	现实世界
	数据共享程度	无共享,冗余度大	共享性差,冗余度大	共享性大,冗余度小
	数据的独立性	不独立,完全依赖于程序	独立性差	具有高度的物理独立性和一定的逻辑独立性
	数据的结构化	无结构	记录内有结构,整体无结构	整体结构化,用数据模型描述
	数据控制能力	由应用程序控制	应用程序控制	由 DBMS 提供数据安全性、完整性、并发控制和恢复

一般认为,未来的数据库系统应支持数据管理、对象管理和知识管理,应该具有面向对象的基本特征。

在关于数据库的诸多新技术中,下面 3 种是比较重要的。

（1）面向对象数据库系统

用面向对象方法构筑面向对象数据模型,使其具有比关系数据库系统更为通用的能力。

（2）知识库系统

用人工智能中的方法特别是用谓词逻辑知识表示方法构筑数据模型,使其模型具有特别通用的能力。

（3）关系数据库系统的扩充

利用关系数据库作进一步扩展,使其在模型的表达能力与功能上有进一步的加强,如与网络技术相结合的 Web 数据库、数据仓库及嵌入式数据库等。

12.1.3　数据库系统的基本特点

1. 数据集成性

在文件应用系统中,各个文件不存在相互联系。从单个文件来看,数据一般是有结构的,但从整个系统来说,数据在整体上又是没有结构的。数据库系统则不同,在同数据库中的数据文件也存在联系,即在整体上服从一定的结构形式。

2. 数据的共享性高、冗余性低

共享是数据库系统的目的,也是它的重要特点。数据共享是指多个用户可以同时存取数据而不相互影响。而在文件应用系统中,数据由特定的用户专用。

数据冗余就是数据重复,数据冗余既浪费存储空间,又容易产生数据的不一致。而在文件应用系统中,由于每个应用程序都有自己的数据文件,所以数据存在着大量的重复。

3. 数据独立性高

数据独立性是数据与程序间的互不依赖性,即数据库中的数据独立于应用程序而不依赖于应用程序。

数据的独立性一般分为物理独立性与逻辑独立性两种。

（1）物理独立性

当数据的物理结构(包括存储结构、存取方式等)改变时,如存储设备的更换、物理存储的更换、存取方式改变等,应用程序都不用改变。

（2）逻辑独立性

数据的逻辑结构改变了,如修改数据模式、增加新的数据类型、改变数据间联系等,用户程序都可以不变。

4. 数据统一管理与控制

数据库系统不仅为数据提供了高度的集成环境,也为数据提供了统一的管理手段,主要包括以下 3 个方面。

- 数据的安全性保护:检查数据库访问者以防止非法访问。
- 数据的完整性检查:检查数据库中数据的正确性以保证数据的正确。
- 并发控制:控制多个应用的并发访问所产生的相互干扰以保证其正确性。

12.1.4　数据库系统的内部体系结构

数据库系统内部具有三级模式及二级映射,三级模式分别是概念级模式、内部级模式和外部级模式,二级映射分别是概念级到内部级的映射及外部级到概念级的映射,如图 12-1 所示。

1. 数据库系统的三级模式结构

数据库系统在其内部分为三级模式,即概念模式、外模式和内模式。

（1）概念模式

概念模式也称为模式,是数据库系统中全局数据逻辑结构的描述,是全体用户(应用)公共数据视图。一个数据库只有一个概念模式。

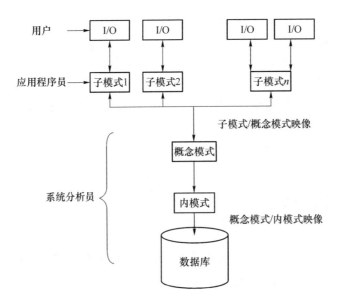

图 12-1　三级模式、两级映射

（2）外模式

外模式也称子模式或用户模式，它是数据库用户能够看见和使用的局部数据的逻辑结构与特征的描述，它是由概念模式推导而出来的，是数据库用户的数据视图，是与某一应用有关的数据的逻辑表示。一个概念模式可以有若干个外模式。

（3）内模式

内模式又称物理模式，是数据物理结构和存储方式的描述，是数据在数据库内部的表示方式。内模式处于最底层，它反映了数据在计算机物理结构中的实际存储形式，概念模式处于中间层，它反映了设计者的数据全局逻辑要求，而外模式处于最外层，它反映了用户对数据的要求。

2. 数据库系统的两级映射

数据库系统在三级模式之间提供了两级映射：外模式/概念模式的映射和概念模式/内模式的映射。

两级映射保证了数据库系统中数据的独立性。

（1）外模式/概念模式的映射

对于每一个外模式，数据库系统都提供一个外模式/概念模式的映射，它定义了该外模式描述的数据局部逻辑结构和概念模式描述的全局逻辑结构之间的对应关系。

当概念模式改变时，只需要修改外模式/概念模式映射即可，外模式可以保持不变。由于应用程序是根据数据的外模式编写的，因此，应用程序也不必修改，保证了数据的逻辑独立性。

（2）概念模式/内模式的映射

数据库只有一个概念模式和一个内模式，所以概念模式/内模式的映射是唯一的，它定义了概念模式描述的全局逻辑结构和内模式描述的存储结构之间的对应关系。

当内模式改变时，只需要改变概念模式/内模式的映射，概念模式可以保持不变，从而应用程序保持不变，保证了数据的物理独立性。

12.2　数 据 模 型

现有的数据库系统都是基于某种数据模型而建立的，数据模型是数据库系统的基础，理解数据模型的概念对于学习数据库的理论是至关重要的。本节主要讲解数据模型的基本概念。

12.2.1　数据模型的基本概念

1. 数据模型的概念

数据是现实世界符号的抽象，数据模型（Data Model）则是对数据特征的抽象。通俗来讲，数据模型就是对现实世界的模拟、描述或表示,建立数据模型的目的是建立数据库来处理数据。

从事物的客观特性到计算机里的具体表示包括了现实世界、信息世界和计算机世界 3 个数据领域。

现实世界(Real World):用户为了某种需要,需将现实世界中的部分需求用数据库实现,这样,我们所见到的是客观世界中的划定边界的一个部分环境,它称为现实世界。

信息世界(Information World):通过抽象对现实世界进行数据库级上的刻画所构成的逻辑模型称为信息世界。信息世界与数据库的具体模型有关,如层次、网状、关系模型等。

计算机世界(Computer World):在信息世界基础上致力于其在计算机物理结构上的描述,从而形成的物理模型称为计算机世界。现实世界的要求只有在计算机世界中才得到真正的物理实现,而这种实现是通过信息世界逐步转化得到的。

2. 数据模型的三要素

数据是现实世界符号的抽象,而数据模型(Date Model)则是数据特征的抽象,它从抽象层次上描述了系统的静态特征、动态行为和约束条件,为数据库系统的信息表示与操作提供一个抽象的框架。数据模型所描述的内容有三个部分,它们是数据结构、数据操作与数据约束。

(1) 数据结构

数据结构是所研究的对象类型的集合,是对系统静态特性的描述。数据结构是数据模型的核心,不同的数据结构有不同的操作和约束,人们通常按照数据结构的类型来命名数据模型。例如,层次结构、网状结构和关系结构的数据模型分别命名为层次模型、网状模型和关系模型。

(2) 数据操作

数据操作时相应数据结构上允许执行的操作及操作规则的集合。数据操作是对数据库系统动态特性的描述。

(3) 数据约束

数据的约束条件是一组完整性规则的集合。数据约束主要描述数据结构内数据间的语法、语义联系,它们之间的制约与依存关系,以及数据动态变化的规则,以保证数据的正确、有效与相容。

3. 数据模型的类型

数据模型按不同的应用层次分成三种类型,它们是概念数据模型(Conceptual Date Model)、逻辑数据模型(Logic Date Model)、物理数据模型(Physical Date Model)。

(1) 概念数据模型简称概念模型。它是一种面向客观世界、面向用户的模型;它与具体的数据库管理系统无关,与具体的计算机平台无关。概念模型着重于对客观世界复杂事物的结构描述及它们之间的内在联系的刻画。概念模型是整个数据模型的基础。目前,较为有名的概念模型有 E-R 模型、扩充的 E-R 模型、面向对象模型及谓词模型等。

(2) 逻辑数据模型又称数据模型,它是一种面向数据库系统的模型,该模型着重在数据库系统一级的实现。概念模型只有在转换成数据模型后才能在数据库中得以表示。目前,逻辑数据模型也有很多种,较为成熟并先后被人们大量使用过的有:层次模型、网状模型、关系模型、面向对象模型等。数据模型特点如表 12-2 所示。

表 12-2　各种数据模型的特点

发展阶段	主要特点
层次模型	用树形结构表示实体及其之间联系的模型称为层次模型,上级结点与下级结点之间为一对多的联系
网状模型	用网状结构表示实体及其之间联系的模型称为网状模型,网中的每一个结点代表一个实体类型,允许结点有多于一个的父结点,可以有一个以上的结点没有父结点
关系模型	用二维表结构来表示实体以及实体之间联系的模型称为关系模型,在关系模型中把数据看成是二维表中的元素,一张二维表就是一个关系

(3) 物理数据模型又称物理模型,它是一种面向计算机物理表示的模型,此模型给出了数据模型在计算机上物理结构的表示。

数据库管理系统所支持的数据模型分为 3 种:层次模型、网状模型和关系模型。

12.2.2　E-R 模型

概念模型是面向现实世界的,它的出发点是有效和自然地模拟现实世界,给出数据的概念化结构。长期以来被广泛使用的概念模型是 E-R 模型(Entity-Relationship Model)(或实体联系模型)。该模型将现实世界的要求转化成实体、联系、属性等几个基本概念,以及它们之间的两种基本连接关系,并且可以用一种图非常直观地表示出来。本节主要介绍 E-R 模型的概念及图示法。

1. E-R 模型的基本概念

(1) 实体

现实世界中的事物可以抽象成为实体,实体是概念世界中的基本单位,它们是客观存在的且又能相互区别的事物。

实体可以是一个实际的事物,例如,一本书、一间教室等;实体也可以是一个抽象的事件,例如,一场演出、一场比赛等。

(2) 属性

现实世界中事物均有一些特性,这些特性可以用属性来表示。例如,一个学生可以用学号、姓名、出生年月等来描述。

(3) 联系

在现实世界中事物间的关联称为联系。

两个实体集间的联系实际上是实体集间的函数关系,这种函数关系可以有下面几种:一对一的联系、一对多或多对一联系、多对多联系。

- 一对一联系(1:1)。如果实体集 A 中的任一个实体至多与实体集 B 中的一个实体存在联系,反之亦然,则称实体集 A 与实体集 B 之间存在一对一联系,记为 1:1。
- 一对多联系(1:n)。如果实体集 A 中的任一个实体,可以与实体集 B 中的多个实体存在联系,而实体集 B 中的每一个实体,至多可以与实体集 A 中的一个实体相联系,则称实体集 A 与实体集 B 存在一对多的联系。记为 1:n。
- 多对多联系(m:n)。如果实体集 A 中的任一个实体,可以与实体集 B 中的多个实体存在联系,而实体集 B 中的每一个实体,也可以与实体集 A 中的多个实体存在联系,则称实体集 A 与实体集 B 存在多对多联系。记为 m:n。

2. E-R 模型的图示法

E-R 模型用 E-R 图来表示,如图 12-2 所示。

(1) 实体表示法:在 E-R 图中用矩形表示实体集,在矩形内写上该实体集的名字。

(2) 属性表示法:在 E-R 图中用椭圆形表示属性,在椭圆形内写上该属性的名称。

(3) 联系表示法:在 E-R 图中用菱形表示联系,菱形内写上联系名。

12.2.3　层次模型

1. 层次模型的数据结构

用树形结构表示实体及其之间联系的模型称为层次模型。在层次模型中,结点是实体,树枝是联系,从上到下是一对多的关系。

支持层次模型的数据库管理系统称为层次数据库管理系统,其中的数据库称为层次数据库。

层次模型的特点如下所述:

- 有且仅有一个无父结点的根结点,它位于最高的层次,即顶端;
- 根结点以外的子结点,向上有且仅有一个父结点,向下可以有一个或多个子结点。

2. 层次模型的数据操作和完整性约束

层次模型的数据操作主要有查询、插入、删除和修改。进行数据操作时,应该满足的完整性约束条件如下所述:

- 进行插入操作时,如果没有相应的双亲结点值就不能插入子女结点值;

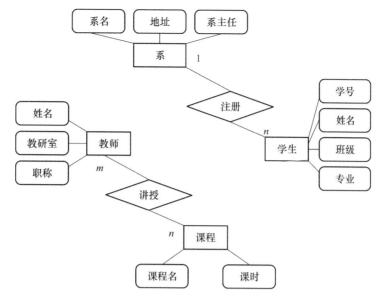

图 12-2　E-R 图实例

- 进行删除操作时,如果删除的结点有子女结点,则相应的子女结点也被同时删除;
- 进行修改操作时,应修改所有相应的记录,以保证数据的一致性。

12.2.4　网状模型

用网状结构表示实体及其之间联系的模型称为网状模型。可以说,网状模型是层次模型的扩展,表示多个从属关系的层次结构,呈现一种交叉关系。

支持网状模型的数据库管理系统称为网状数据库管理系统,其中的数据库称为网状数据库。

网状模型的特点如下:

- 允许一个或多个结点无父结点;
- 一个结点可以有多于一个的父结点。

网状模型上的结点就像是连入到互联网上的计算机一样,可以在任意两个结点之间建立起一条通路。

12.2.5　关系模型

关系模型采用二维表来表示,一个关系对应一张二维表。可以这么说,一个关系就是一个二维表,但是一个二维表不一定是一个关系。本节主要介绍关系模型的数据结构、数据操作以及完整性约束。

1. 关系模型的数据结构

关系模型(Relation Model)是目前最常用的数据模型之一。关系模型的数据结构非常单一,在关系模型中,现实世界的实体以及实体间的各种联系均用关系来表示。

关系模型中常用的术语如下。

元组:在一个二维表(一个具体关系)中,水平方向的行称为元组。元组对应存储文件中的一个具体记录。

属性:二维表中垂直方向的列称为属性,每一列有一个属性名。

域:属性的取值范围,也就是不同元组对同一属性的取值所限定的范围。

候选码或候选键:在二维表中唯一标识元组的最小属性值称为该表的候选码或候选健。

主键或主码:从二维表的所有候选键选取一个作为用户使用的键称为主键或主码。

外键或外码:二维表 A 中的某属性集 F,但 F 不是二维表 A 的主键,并且 F 是另一个二维表 B 的主键,则称 F 为二维表 A 的外键或外码。

关系模型采用二维表来表示,二维表一般满足下面 7 个性质:

①二维表中元组个数是有限的——元组个数有限性;

②二维表中元组均不相同——元组的唯一性;

③二维表中元组的次序可以任意交换——元组的次序无关性；

④二维表中元组的分量是不可分割的基本数据项——元组分量的原子性；

⑤二维表中属性名各不相同——属性名唯一性；

⑥二维表中属性与次序无关,可任意交换——属性的次序无关性；

⑦二维表属性的分量具有与该属性相同的值域——分量值域的统一性。

2. 关系模型的数据操作

关系模型的数据操作是建立在关系上的数据操纵,一般有数据查询、数据删除、数据插入、数据修改。

(1) 数据查询。用户可以查询关系数据库中的数据,它包括一个关系的查询以及多个关系间的查询。

(2) 数据删除。数据删除的基本单位是一个关系内的元组,它的功能是将指定关系内的元组删除。

(3) 数据插入。数据插入仅对一个关系而言,在该关系内插入一个或若干个元组。

(4) 数据修改。数据修改是在一个关系中修改指定的元组与属性。

3. 关系模型的完整性约束

关系模型允许定义三类数据约束,它们是实体完整性约束、参照完整性约束以及用户定义的完整性约束。

(1) 实体完整性约束

若属性 M 是关系的主键,则属性 M 中的属性值不能为空值。

(2) 参照完整性约束

若属性 A 是关系 M 的外键,它与关系 N 的主码相对应,则对于关系 M 中的每个元组在 A 上的值必须为：

①要么取空值(A 的每个属性值均为空值)；

②要么等于关系 N 中某个元组的主码值。

(3) 用户定义的完整性约束

用户定义的完整性约束反映了某一具体应用所涉及的数据必须满足的语义要求。

12.3 关系代数

关系数据库系统的特点之一是,它是建立在数学理论基础之上的,有很多数学理论可以表示关系模型的数据操作,其中最为著名的是关系代数与关系演算。本节将介绍关于关系数据库的理论——关系代数。

1. 传统的集合运算

(1) 投影运算,从关系模式中指定若干个属性组成新的关系称为投影。

投影是从列的角度进行的运算,相当于对关系进行垂直分解。经过投影运算可以得到一个新的关系,其关系模式所包含的属性个数往往比原关系少,或者属性的排列顺序不同。对 R 关系进行投影运算的结果记为 $\pi A(R)$,其形式定义如下：

$$\pi A(R) \equiv \{t[A] \mid t \in R\}$$

其中 A 为 R 的属性列。

例如,对关系 R(表 12-3)中的"C"属性进行投影运算,记为 $\pi C(R)$,得到无重复元组的新关系 T,如表 12-4 所示。

<table>
<tr><td colspan="3" align="center">表 12-3 关系 R</td></tr>
<tr><td align="center">A</td><td align="center">B</td><td align="center">C</td></tr>
<tr><td align="center">a</td><td align="center">b</td><td align="center">21</td></tr>
<tr><td align="center">b</td><td align="center">a</td><td align="center">19</td></tr>
<tr><td align="center">c</td><td align="center">d</td><td align="center">18</td></tr>
<tr><td align="center">d</td><td align="center">f</td><td align="center">22</td></tr>
</table>

<table>
<tr><td align="center">表 12-4 关系 T</td></tr>
<tr><td align="center">C</td></tr>
<tr><td align="center">21</td></tr>
<tr><td align="center">19</td></tr>
<tr><td align="center">18</td></tr>
<tr><td align="center">22</td></tr>
</table>

（2）选择运算，从关系中找出满足给定条件的元组的操作称为选择。

选择是从行的角度进行的运算，即水平方向抽取记录。经过选择运算得到的结果可以形成新的关系，其关系模式不变，但其中的元组是原关系的一个子集。选择运算形式定义如下：

$$6F(R) \equiv \{t \mid t \in R \wedge F(t) \text{为真}\}$$

其中 F 表示选择条件，它是一个逻辑表达式，取逻辑值"真"可"假"。逻辑表达式 F 由逻辑运算符连接各算术表达式组成。算术表达式的基本形式为：

$$\sigma \theta \beta$$

其中 σ、β 是域（变量）或常量，但 σ、β 又不能同为常量，θ 是比较符，它可以是 $\leqslant$、$\geqslant$、$<$、$>$、$=$ 及 $\neq$。$\sigma \theta \beta$ 称为基本逻辑条件。

由若干个基本逻辑条件经逻辑运算得到，逻辑运算为 $\wedge$（并且）$\vee$（或者）及 $\sim$（否）构成，称为复合逻辑条件。

例如，对关系 R（表 12-3）中选择"C"大于 20 的元组，记为 $6C>20(R)$，得到无重复元组的新关系 T，如表 12-5 所示。

（3）笛卡儿积

设有 n 元关系 R 和 m 元关系 S，它们分别有 p 和 q 个元组，则 R 与 S 的笛卡儿积记为：$R \times S$。形式定义如下：

$$R \times S \equiv \{t \mid t = <tr, ts> \wedge tr \in R \wedge ts \in s\}$$

其中 $R \times S$ 是一个 $m+n$ 元关系，元组个数是 $p \times q$。

例如，关系 R（表 12-3）和 S（表 12-6）笛卡儿积运算的结果 T 如表 12-7 所示。

表 12-5　关系 T

A	B	C
a	b	21
d	f	22

表 12-6　关系 S

A	B	C
b	a	19
d	f	22
f	h	19

表 12-7　$T = R \times S$

$R.A$	$R.B$	$R.C$	$S.A$	$S.B$	$S.C$
a	b	21	b	a	19
a	b	21	d	f	22
a	b	21	f	h	19
b	a	19	b	a	19
b	a	19	d	f	22
b	a	19	f	h	19
c	d	18	b	a	19
c	d	18	d	f	22
c	d	18	f	h	19
d	f	22	b	a	19
d	f	22	d	f	22
d	f	22	f	h	19

2. 关系代数的扩充运算

（1）交

假设有 n 元关系 R 和 n 元关系 S，它们的交仍然是一个 n 元关系，它由属于关系 R 且由属于关系 S 的

元组组成,并记为 $R \cap S$,形式定义如下:

$$R \cap S \equiv \{t \mid t \in R \wedge t \in S\}$$

显然,$R \cap S = R - (R - S)$,或者 $R \cap S = S - (S - R)$。

例如,对上述的关系 R 和 S 做交运算的结果如表 12-8 所示。

(2) 除

如果将笛卡儿积运算看作乘运算的话,那么除运算就是它的逆运算。当关系 $T = R \times S$ 时,则可将除运算写成为:

$$T \div R = S \text{ 或 } T / R = S$$

S 称为 T 除以 R 的商(quotient)。

表 12-8 $R \cap S$

A	B	C
b	a	19
d	f	22

由于除是采用的逆运算,因此除运算的执行是需要满足一定条件的。设有关系 T、R,T 能被除的充分必要条件是:T 中的域包含 R 中的所有属性;T 中有一些域不出现在 R 中。

在除运算中 S 的域由 T 中那些不出现在 R 中的域所组成,对于 S 中任一有序组,由它与关系 R 中每个有序组所构成的有序组均出现在关系 T 中。

例如,关系 T(表 12-9)、R(表 12-10),求 $S = T \div R$,结果如表 12-11 所示。

表 12-9 关系 T

A	B	C	D
a	b	19	d
a	b	20	f
a	b	18	b
b	c	20	f
b	c	22	d
c	d	19	d
c	d	20	f

表 12-10 关系 R

C	D
19	d
20	f

表 12-11 $S = T \div R$

A	B
a	b
c	d

除法的定义虽然较复杂,但在实际中,除法的意义还是比较容易理解的。

(3) 连接(join)与自然连接(natural join)

在数学上,可以用笛卡儿积建立两个关系间的连接,但这样得到的关系庞大,而且数据大量冗余,在实际应用中一般两个相互连接的关系往往须满足一些条件,所得到的结果也较为简单,这样就引入了连接运算与自然连接运算。

连接运算又可称为 θ 连接运算,这是一种二元运算,通过它可以将两个关系合并而成一个大关系,设有关系 R、S 以及比较式 $i\theta j$,其中 i 为 R 中的域,j 为 S 中的域,θ 含义同前,则可以将它的含义可用下式定义:

$$R \underset{i\theta j}{\infty} S = \sigma_{i\theta j}(R \times S)$$

即 R 与 S 的 θ 连接是由 R 与 S 的笛卡儿积中满足限制 $i\theta j$ 的元组构成的关系,一般其元组的数目远远少于 $R \times S$ 的数目,应当注意的是,在 θ 连接中,i 与 j 需具有相同域,否则无法作比较。

在 θ 连接中如果 θ 为“=”,就称此连接为等值连接,否则称为不等值连接;如 θ 为“<”时称为小于连接;如 θ 为“>”时称为大于连接。

在实际应用中,最常用的连接是一个称为自然连接的特例。自然连接要求两个关系中进行比较的分量必须是相同属性,并且进行等值连接,相当于 θ 恒为“=”,在结果中还要把重复的属性列去掉。自然连接可记为:

$$R \infty S$$

例如,设关系 R(表 12-12)和关系 S(表 12-13),则 $R \infty S$ 的结果如表 12-14 所示。

表 12-12　关系 *R*			
A	*B*	*C*	*D*
a	b	b	20
b	a	d	21
c	d	f	17

表 12-13　关系 *S*	
E	*F*
19	d
20	f
18	h

表 12-14　*R*∞*S*					
A	*B*	*C*	*D*	*E*	*F*
a	b	b	20	20	f

12.4　数据库设计与原理

1. 数据库的设计概述

数据库设计中有两种方法,面向数据的方法和面向过程的方法。面向数据的方法是以信息需求为主,兼顾处理需求;面向过程的方法是以处理需求为主,兼顾信息需求。由于数据在系统中稳定性高,数据已成为系统的核心,因此面向数据的设计方法已成为主流。

数据库设计目前一般采用生命周期法,即将整个数据库应用系统的开发分解成目标独立的若干阶段。它们是:需求分析阶段、概念设计阶段、逻辑设计阶段、物理设计阶段、编码阶段、测试阶段、运行阶段和进一步修改阶段。在数据库设计中采用前 4 个阶段。

2. 数据库设计的需求分析

需求收集和分析是数据库设计的第一阶段,这一阶段收集到的基础数据和一组数据流图(DFD)是下一步设计概念结构的基础。概念结构是整个组织中所有用户关心的信息结构,对整个数据库设计具有深刻影响。而要设计好概念结构,就必须在需求分析阶段用系统的观点来考虑问题、收集和分析数据及其处理。

(1)需求分析的任务

需求分析阶段的任务是通过详细调查实现世界要处理的对象(组织、部门、企业等),充分了解原系统的工作概况,明确用户的各种需求,然后在此基础上确定新系统的功能。新系统必须充分考虑今后可能的扩充和改变,不能仅按当前应用需求来设计数据库。

调查的重点是"数据"和"处理",通过调查要从中获得每个用户对数据库的如下要求:

①信息要求。信息要求是指用户需要从数据可中获得信息的内容与性质。由信息要求可以导出数据要求,即在数据可中需存储哪些数据。

②处理要求。处理要求是指用户要完成什么处理功能,对处理的响应时间有何要求,处理的方式是批处理还是联机处理。

③安全性和完整性的要求。为了很好地完成调查的任务,设计人员必须不断地与用户交流,与用户达成共识,以便逐步确定用户的实际需求,然后分析和表达这些需求,需求分析是整个设计活动的基础,也是最困难、最花时间的一步。需求分析人员既要懂得数据库技术,又要对应用环境的业务比较熟悉。

(2)需求分析的方法

分析和表达用户的需求,经常采用的方法有结构化分析法和面向对象的方法。结构化分析(Structured Analysis,简称 SA 方法)方法用自顶向下、逐层分解的方式分析系统。用数据流图表达了数据和处理过程的关系,数据字典对系统中的数据的详尽描述,是各类数据属性的清单。对数据库设计来讲,数据字典是进行详细的数据收集和数据分析所获得的主要结果。

数据字典是各类数据描述的集合,它通常包括 5 个部分,即数据项,是数据的最小单位;数据结构,是若干数据项有意义的集合;数据流,可以是数据项,也可以是数据结构,表示某一处理过程的输入或输出;数据存储,处理过程中存取的数据,常常是手工凭证、手工文档或计算机文件;处理过程。

数据字典是在需求分析阶段建立,在数据库设计过程中不断修改、充实、完善的。

3. 数据库概念设计

数据库概念设计的目的是分析数据间内在语义关联,在此基础上建立一个数据的抽象模型。数据库概念设计的方法有集中模式设计、视图集成设计两种方法。

（1）集中式模式设计法

集中式模式设计法是一种统一的模式设计方法，它根据需求由一个统一机构或人员设计一个综合的全局模式，这种方法设计简单方便，它强调统一与一致，使用与小型或并不复杂的单位或部门，而对大型的或语义关联复杂的单位则并不适合。

（2）视图集成设计法

视图集成设计法是将一个单位分解成若干个部分，先对每个部分做局部模式设计，建立各个部分的视图，然后以各视图为基础进行集成，在集成过程中可能会出现一些冲突，这是由于视图设计的分散性形成的不一致所造成的，因此需要对视图作修正，最终形成全局模式。视图集成设计法是一种由分散到集中的方法，它的设计过程复杂，但它能较好地反映需求，适合于大型或复杂的单位，避免设计的粗糙与不周到，目前此种方法使用较多。

视图集成法进行设计时，需要按以下步骤进行：

①选择局部应用。根据系统的具体情况，在多层的数据流图中选择一个适当层次的数据流图，让这组图中每一部分对应一个局部应用，以这一层次的数据流图为出发点，设计分 E-R 图。

②视图设计。视图设计一般有 3 种设计次序，它们是：自顶向下；由底向上；由内向外。

③视图集成。视图集成的实质是将所有的局部视图统一与合并成一个完整的数据模式。在进行视图集成时，最重要的工作便是解决局部设计中的冲突。在集成过程中由于每个局部视图在设计时的不一致性因而会产生矛盾，引起冲突，常见的冲突有下列几种：命名冲突；概念冲突；域冲突；约束冲突。

4. 数据库的逻辑设计

数据库的逻辑设计主要工作是将 E-R 图转换成制定 RDBMS 中的关系模式。首先，从 E-R 图到关系模式的转换是比较直接的，实体与联系都可以表示成关系，E-R 图中属性也可以转成关系的属性。实体集也可以转换成关系。

5. 数据库的物理设计

数据库物理设计的主要目标是对数据库内部物理结构作调整并选择合理的存取路径，以提高数据库访问速度及有效利用存储空间。在现代关系数据库中已大量屏蔽了内部物理结构，因此留给用户参与物理设计的余地并不多，一般的 RDBMS 中留给用户参与物理设计的内容大致有如下几种：索引设计、集簇设计和分区设计。

12.5 结构化查询语言 SQL

目前，结构化查询语言（Structured Query Language，SQL）是数据库的标准主流语言。SQL 语言是在 1974 年由 Boyce 和 Chamberlin 提出的，并在 IBM 公司的关系数据库系统 System R 上得到实现。

SQL 语言具有使用方式灵活、功能强大、语言简单易学等突出特点，许多关系数据库如 DB2、Oracle、SQL Server 等都实现了 SQL 语言，现在，SQL 语言已经成为关系数据库的通用语言。

12.5.1 SQL 概述

SQL 语言有四大功能：数据查询语言（Data Query Language，DQL）、数据定义语言（Data Definition Language，DDL）、数据操纵语言（Data Manipulation Language，DML）、数据控制语言（Data Control Language，DCL），这四大功能使 SQL 语言成为一个综合的、通用的、功能强大的关系数据库语言。

12.5.2 SQL 语言的特点

1. 一体化的特点

SQL 语言一体化特点主要表现在 SQL 语言的功能和操作符上。SQL 语言能完成定义关系模式、输入数据已建立数据库、查询、更新、维护、数据库重构、数据库安全性控制等一系列操作要求，具有集数据定义语言(DDL)、数据操纵语言(DML)、数据控制语言(DCL)为一体的特点。

2. 两种使用方式、统一的语法结构

SQL 语言有两种使用方式:交互式和嵌入式。在交互方式下,SQL 语言为自含式语言,可以独立使用,这种方式适合非计算机专业人员使用;在嵌入某种高级语言的使用方式下,SQL 语言为嵌入式语言,它依附于主语言,这种方式适合程序员使用。

3. 高度非过程化

在使用 SQL 语言时,用户提出"干什么",而无须指出"怎么干"。

4. 语言简洁、易学易用

标准 SQL 语言完成核心功能共用 8 个动词,数据查询 SELECT,数据定义 CREATE、DROP,数据操纵 INSERT、UPDATE、DELETE,数据控制 GRANT、REVOKE。

12.5.3 数据查询(SELECT)

数据查询是数据库的核心操作。SQL 语言提供了 SELECT 语句进行数据库的查询,该语句具有灵活的使用方式和丰富的功能。

SELECT 语句的一般格式:

SELECT [ALL | DISTINCT] * | <字段 1> [AS 别名 1][,<字段 2> [AS 别名 2]][,…]

FROM <表名 1>[,<表名 2>][,…]

[WHERE <条件表达式 1>]

[GROUP BY <字段 i>[,<字段 j>][,…][HAVING <条件表达式 2>]]

[ORDER BY <字段 m> [ASC | DESC][,<字段 n> [ASC | DESC]][,…[ASC | DESC]]];

SQL 语言检索功能分为简单查询、连接查询、嵌套查询,下面用一些实例来讲述一下数据查询中的简单查询。

1. 选择表中的若干列

(1)查询指定列

【例 1】查询全体学生的姓名与学号。

```
SELECT   Sname , Sno
    FROM Students
```

(2)查询全部列

【例 2】查询全体学生的详细记录。

```
SELECT *
    FROM Students
```

(3)查询经过计算的值

【例 3】查询全体学生的姓名及其年龄。

```
SELECT   Sname ,YEAR(GETDATE()) - YEAR(Sbirthday)
    FROM Students
```

(4)设置列的别名

【例 3】可以改为:

```
SELECT Sname ,YEAR(GETDATE()) - YEAR(Sbirthday) AS Age
    FROM Students
```

2. 选择表中的若干元组

(1)消除取值重复的行

【例 4】对学生表只选择所在系名,消除结果集中的重复行。

```
SELECT   DISTINCT Sdept
    FROM Students
```

（2）限制结果返回行数

【例5】查询学生表前5个学生的信息。

```
SELECT  TOP 5 *
FROM Students
```

若查询学生表前5％的学生信息，则所用语句为：

```
SELECT  TOP 5 PERCENT *
FROM Students
```

（3）查询满足条件的元组

①比较大小

【例6】查询计算机系学生的名单。

```
SELECT *
FROM Students
WHERE Sdept = '计算机'
```

【例7】查询考试成绩有不及格的学生的学号。

```
SELECT DISTINCT Sno
FROM SC
WHERE Grade＜60
```

②确定范围

【例8】查询1986—1988年之间出生的学生的姓名。

```
SELECT Sname
FROM Students s
WHERE YEAR(Sbirthday) BETWEEN 1986 AND 1988
```

③确定集合

【例9】查询机电工程系、计算机系的学生姓名。

```
SELECT Sname
FROM Students
WHERE Sdept IN ('机电工程', '计算机')
```

④字符匹配

【例10】查询所有姓"李"的学生的姓名和学号。

```
SELECT Sname,Sno
FROM Students
WHERE Sname LIKE '李％'
```

【例11】查询姓张、李或林的姓名和学号。

```
SELECT Sname,Sno
FROM Students
 WHERE Sname LIKE  ［张李林]％
```

【例12】查询课程表中课程名含有"DB"的课程情况。

```
SELECT *
FROM Courses
WHERE Cname LIKE '％DB％'
```

⑤涉及空值的查询

【例13】查询课程表中先修课为空的课程名。

```
SELECT Cname
FROM Courses
WHERE PreCno IS NULL
```

⑥多重条件查询

【例 14】查询计算机系的女生姓名。

        SELECT Sname

         FROM Students

         WHERE Sdept = '计算机' AND Ssex = '女'

【例 15】求选修了 C1 课程或 C2 课程的学生的学号及成绩。

        SELECT Sno,Grade

       FROM SC

       WHERE Cno = 'C1' OR Cno = 'C2'

3. 使用聚合函数

【例 16】查询学生总人数。

         SELECT COUNT(*)

         FROM Students

【例 17】查询选修了课程的学生人数。

        SELECT COUNT(DISTINCT Sno)

        FROM SC

【例 18】查询选修了"C1"号课程的学生最高分数。

        SELECT MAX(Grade)

        FROM SC

        WHERE Cno = 'C1'

4. 对查询结果分组

【例 19】求各个课程号及相应的选修人数。

        SELECT Cno,COUNT(Sno)

         FROM SC

       GROUP BY Cno

【例 20】输出每个学生的学号及其各门课程的总成绩。

        SELECT Sno '学号',Sum(grade) '总成绩'

        FROM SC

        GROUP　BY　Sno

【例 21】查询选修了 2 门以上课程的学生学号与课程数。

        SELECT Sno,COUNT(Sno)

        FROM SC

        GROUP BY Sno

        HAVING COUNT(*)＞2

5. 对查询结果排序

【例 22】查询学生选课成绩,查询结果按成绩降序排列,相同成绩的按照学号升序排列。

        SELECT ＊ FROM SC

        ORDER BY Grade DESC,Sno ASC

【例 23】求选修课程数大于等于 2 的学生的学号、平均成绩和选课门数,并按平均成绩降序排列。

        SELECT Sno AS '学号',AVG(Grade)AS '平均成绩',

              COUNT(*)AS '选课门数'

        FROM SC

        GROUP BY Sno HAVING COUNT(*)＞ = 2

        ORDER　BY　AVG(Grade) DESC

习　题

一、选择题

1. 数据库管理系统是(　　)。

A. 操作系统的一部分 　　　　　　　　B. 在操作系统支持下的系统软件

C. 一种编译系统 　　　　　　　　　　D. 一种操作系统

2. 负责数据库中查询操作的数据库语言是(　　)。

A. 数据定义语言 　　　　　　　　　　B. 数据管理语言

C. 数据操纵语言 　　　　　　　　　　D. 数据控制语言

3. 数据库应用系统中的核心问题是(　　)。

A. 数据库设计 　　　　　　　　　　　B. 数据库系统设计

C. 数据库维护 　　　　　　　　　　　D. 数据库管理员培训

4. 在数据管理技术发展的三个阶段中,数据共享最好的是(　　)。

A. 人工管理阶段 　　　　　　　　　　B. 文件系统阶段

C. 数据库系统阶段 　　　　　　　　　D. 三个阶段相同

5. 数据库设计中反映用户对数据要求的模式是(　　)。

A. 内模式 　　　　　　　　　　　　　B. 概念模式

C. 外模式 　　　　　　　　　　　　　D. 设计模式

6. 关于数据库系统的叙述正确的是(　　)。

A. 数据库系统减少了数据冗余

B. 数据库系统避免了一切冗余

C. 数据库系统中数据的一致性是指数据类型一致

D. 数据库系统比文件系统能管理更多的数据

7. 软件功能可以分为应用软件、系统软件和支撑软件(或工具软件),下面属于应用软件的是(　　)。

A. 学生成绩管理系统 　　　　　　　　B. C 语言编译程序

C. UNIX 操作系统 　　　　　　　　　D. 数据库管理系统

8. 一间宿舍可住多个学生,则实体宿舍和学生之间的联系是(　　)。

A. 一对一 　　　　B. 一对多 　　　　C. 多对一 　　　　D. 多对多

9. 一个教师可讲授多门课程,一门课程可由多个教师讲授,则实体教师和课程间的联系是(　　)。

A. 一对一 　　　　B. 一对多 　　　　C. 多对一 　　　　D. 多对多

10. 使用"CREATE　TABLE　SCHEMA"语句建立的是(　　)。

A. 数据库模式 　　　B. 表 　　　　C. 视图 　　　　D. 索引

11. 在 E-R 图中,用来表示实体联系的图形是(　　)。

A. 椭圆形 　　　　B. 矩形 　　　　C. 菱形 　　　　D. 三角形

12. 层次型、网状型和关系型数据库划分原则是(　　)。

A. 记录长度 　　　　　　　　　　　　B. 文件的大小

C. 联系的复杂程度 　　　　　　　　　D. 数据间的联系方式

13. 在满足实体完整性约束的条件下(　　)。

A. 一个关系中应该有一个或多个候选关键字

B. 一个关系中只能有一个候选关键字

C. 一个关系中必须有多个候选关键字

D. 一个关系中可以没有候选关键字

14. 有 3 个关系 R、S 和 T 如下：

R		
B	C	D
a	0	k_1

S		
B	C	D
a	0	k_1
b	1	n_1

T		
B	C	D
f	3	h_2
a	0	k_1
n	2	x_1

由关系 R 和 S 通过运算得到关系 T，则所使用的运算为(　　　)。

    A. 并　　　　　　　　　B. 自然连接　　　　C. 笛卡儿积　　　　D. 交

15. DBS 的含义是(　　)。

    A. 数据库管理系统　　　　　　　　　B. 数据库系统

    C. 对象关系数据库系统　　　　　　　D. 对象关系数据库

第13章 信息安全技术基础

【学习目标】

1. 理解信息安全的基本概念；
2. 了解信息存储安全技术；
3. 了解各种安全防范技术的基本理论；
4. 掌握病毒基本知识及反病毒方法；
5. 了解网络相关法规,遵守网络道德规范。

13.1 信息安全概述

1. 信息安全综述

信息作为一种资源,它的普遍性、共享性、增值性、可处理性和多效性,使其对于人类具有特别重要的意义。信息安全的实质就是要保护信息系统或信息网络中的信息资源免受各种类型的威胁、干扰和破坏,即保证信息的安全性。根据国际标准化组织的定义,信息安全性的含义主要是指信息的完整性、可用性、保密性和可靠性。信息安全是任何国家、政府、部门、行业都必须十分重视的问题,是一个不容忽视的国家安全战略。对于不同的部门和行业来说,其对信息安全的要求和重点却是有区别的。

2. 信息安全和信息系统安全

信息安全是指信息系统(包括硬件、软件、数据、人、物理环境及其基础设施)受到保护,不受偶然的或者恶意的原因而遭到破坏、更改、泄露,系统连续可靠正常地运行,信息服务不中断,最终实现业务连续性。信息安全具有以下五大特征:

(1) 完整性,指信息在传输、交换、存储和处理过程中保持非修改、非破坏和非丢失的特性,即保持信息原样性,使信息能正确生成、存储、传输,这是最基本的安全特征。

(2) 保密性,指信息按要求不泄露给非授权的个人、实体或过程,或提供其利用的特性,即杜绝有用信息泄露给非授权个人或实体,强调有用信息只被授权对象使用的特征。

(3) 可用性,指网络信息可被授权实体正确访问,并按要求能正常使用或在非正常情况下能恢复使用的特征,即在系统运行时能正确存取所需信息,当系统遭受攻击或破坏时,能迅速恢复并能投入使用。可用性是衡量网络信息系统面向用户的一种安全性能。

(4) 不可否认性,指通信双方在信息交互过程中,确信参与者本身,以及参与者所提供的信息的真实同一性,即所有参与者都不可能否认或抵赖本人的真实身份,以及提供信息的原样性和完成的操作与承诺。

(5) 可控性,指对流通在网络系统中的信息传播及具体内容能够实现有效控制的特性,即网络系统中的任何信息要在一定传输范围和存放空间内可控。除了采用常规的传播站点和传播内容监控这种形式外,最典型的如密码的托管政策,当加密算法交由第三方管理时,必须严格按规定可控执行。

信息系统安全是指存储信息的计算机硬件、数据库等软件的安全和传输信息网络的安全。网络环境下的信息安全体系是保证信息安全的关键,包括计算机安全操作系统、各种安全协议、安全机制(数字签名、消息认证、数据加密等),直至安全系统,如 UniNAC、DLP 等,只要存在安全漏洞便可以威胁全局安全。

3. 信息安全隐患

信息安全隐患一般表现为:

(1) 信息泄露:保护的信息被泄露或透露给非授权实体。

（2）信息完整性被破坏：数据被非授权地进行增删、修改或破坏而受到损失。

（3）拒绝服务：信息使用者对信息或其他资源的合法访问被无条件地阻止。

（4）非法使用（非授权访问）：某一资源被非授权实体或以非授权的方式使用。

（5）窃听：用各种可能的合法或非法的手段窃取系统中的信息资源和敏感信息。

（6）业务流分析：通过对系统进行长期监听，利用统计分析方法对诸如通信频度、通信的信息流向、通信总量的变化等参数进行研究，从中发现有价值的信息和规律。

（7）假冒：通过欺骗通信系统（或用户）达到非法用户冒充成为合法用户，或特权小的用户冒充为特权大的用户的目的。通常所说的黑客大多采用的就是假冒攻击。

（8）抵赖：用谎言或狡辩否认曾经完成的操作或做出的承诺。诸如否认自己曾经发布过的消息、伪造对方来信等。

4．解决网络信息安全与保密问题刻不容缓

（1）网络用户飞速发展

中国的因特网上网用户 1997 年年底为 62 万户，1998 年年底为 210 万户，到 1999 年年底发展到 890 万户，平均每 6 个月翻一番，截至 2012 年 6 月底，数量达到 5.38 亿，到 2015 年，数量超过 8 亿。

（2）应用信息系统

电子商务、电子政务、电子税务、电子银行、电子海关、电子证券、网络书店、网上拍卖、网络购物、网络防伪、CTI（客户服务中心）、网上交易、网上选举……总之，网络信息系统将在政治、军事、金融、商业、交通、电信、文教等方面发挥越来越大的作用。社会对网络信息系统的依赖也日益增强。

（3）日益严重的安全问题

网络与信息系统在变成"金库"，当然就会吸引大批合法或非法的"淘金者"，所以网络信息的安全与保密问题显得越来越重要。现在，几乎每天都有各种各样的"黑客"故事。

（4）安全事件造成的经济损失

1999 年 4 月 26 日，中国台湾人编制的 CIH 病毒的大爆发，有统计说我国大陆受其影响的 PC 总量达 36 万台之多。有人估计在这次事件中，经济损失高达近 12 亿元。

（5）信息化与国家安全——社会稳定

2001 年 2 月 8 日正值春节，新浪网遭受攻击，电子邮件服务器瘫痪了 18 个小时。造成了几百万的用户无法正常的联络。广东 163.net 免费邮箱，黑客进去以后进行域名修改，造成 400 多万用户不能使用。

（6）信息化与国家安全——信息战

信息战是指双方为争夺对于信息的获取权、控制权和使用权而展开的斗争。是以计算机网络为战场，计算机技术为核心、为武器，是一场智力的较量，以攻击敌方的信息系统为主要手段，破坏敌方核心的信息系统，是现代战争的"第一个打击目标"。

相当多的网络入侵或攻击并没有被发现。即使被发现了，由于这样或那样的原因，人们并不愿意公开它，以免公众做出强烈的惊慌失措的反应。绝大多数涉及数据安全的事件从来就没有被公开报道过。

事实上，我们听到的关于通过网络的入侵只是实际所发生的事例中非常微小的一部分。据统计，商业信息被窃取的事件以每月 260% 的速率在增加。然而，据专家估计，每公开报道一次网络入侵，就有近 500 例是不被公众所知晓的。

5．信息系统不安全因素

一般来说，是指计算机硬件故障、软件漏洞、网络威胁、安全防范机制不健全等。

6．信息安全任务

信息安全的任务是保护信息和信息系统的安全。为保障信息系统的安全，需要做到下列几点：

（1）建立完整、可靠的数据备份机制和行之有效的数据灾难恢复方法。

（2）系统及时升级、及时修补，封堵自身的安全漏洞。

（3）安装杀毒软件，规范网络行为。

（4）建立严谨的安全防范机制，拒绝非法访问。

随着计算机应用和计算机网络的发展,信息安全问题日趋严重。所以,必须采取严谨的防范态度、完备的安全措施以及严格的管理制度来保障在传输、存储、处理过程中的信息仍具有完整性、保密性和可用性。

13.2　信息存储安全技术

由于计算机通常使用存储设备保存数据,因此,一旦存储设备出现故障,设计丢失或损害所带来的损失将会是灾难性的。为了解决这样的问题,就需要采取冗余数据存储方案。冗余数据存储安全技术不是普通的数据定时备份而是动态地实现数据备份。

实现数据动态冗余存储的技术有磁盘镜像技术、磁盘双工技术、双机热备份技术、快照、磁盘克隆技术、海量存储技术、热点存储技术等。

13.3　信息安全防范技术

信息安全防范是实施信息安全措施的保障,为减少信息安全问题带来的损失,保障信息安全,多采用多种安全防范技术。

(1) 数据加密技术:加密和解密、数字签名。

(2) 防火墙技术:防火墙、常用防火墙。

(3) 入侵检测技术。

(4) 地址转换技术。

(5) Windows 7 安全防范。

13.4　计算机病毒及防治

13.4.1　计算机病毒简介

1. 计算机病毒

从广义上定义,凡能够引起计算机故障,破坏计算机数据的程序统称为计算机病毒。直至1994年2月18日,我国正式颁布实施了《中华人民共和国计算机信息系统安全保护条例》,在《条例》第二十八条中明确指出:"计算机病毒,是指编制或者在计算机程序中插入的破坏计算机功能或者毁坏数据,影响计算机使用,并能自我复制的一组计算机指令或者程序代码。"

2. 计算机病毒特征

(1) 传染性

计算机病毒可通过各种可能的渠道,如软盘、计算机网络去传染其他的计算机。当用户在一台计算机上发现了病毒时,往往曾在这台计算机上用过的软盘已感染上了病毒,而与这台机器相联网的其他计算机也许也被该病毒侵染上了。

(2) 隐蔽性

病毒一般是具有很高编程技巧、短小精悍的程序。通常附在正常程序中或磁盘代码中,病毒程序与正常程序是不容易区别开来的。

(3) 潜伏性

大部分的病毒感染系统之后一般不会马上发作,它可长期隐藏在系统中,只有在满足其特定条件时才启动其表现(破坏)模块。只有这样它才可进行广泛地传播。

(4) 破坏性

良性病毒可能只显示些画面或出点音乐、无聊的语句,或者根本没有任何破坏动作,但会占用系统资源。恶性病毒则有明确目的,或破坏数据、删除文件或加密磁盘、格式化磁盘,有的对数据造成不可挽回的破坏。

（5）不可预见性

从对病毒的检测方面来看,病毒还有不可预见性。不同种类的病毒,它们的代码千差万别,但有些操作是共有的(如驻内存,改中断)。

3. 计算机病毒类型

（1）按破坏性可分为:良性病毒、恶性病毒。

（2）按传染方式分为:引导型病毒、文件型病毒和混合型病毒。

（3）按连接方式分为:源码型病毒、入侵型病毒、操作系统型病毒、外壳型病毒。

4. 常见病毒

QQ 群蠕虫病毒、比特币旷工病毒、游戏外挂捆绑远控木马、文档敲诈者病毒、验证码大盗收集病毒。

5. 病毒发作症状

（1）计算机系统运行速度减慢;

（2）计算机系统经常无故发生死机;

（3）计算机系统中的文件长度发生变化;

（4）计算机存储的容量异常减少;

（5）系统引导速度减慢;

（6）丢失文件或文件损坏;

（7）计算机屏幕上出现异常显示;

（8）计算机系统的蜂鸣器出现异常声响;

（9）磁盘卷标发生变化;

（10）系统不识别硬盘;

（11）对存储系统异常访问;

（12）键盘输入异常;

（13）文件的日期、时间、属性等发生变化;

（14）文件无法正确读取、复制或打开;

（15）命令执行出现错误;

（16）虚假报警;

（17）换当前盘,有些病毒会将当前盘切换到 C 盘;

（18）时钟倒转,有些病毒会命名系统时间倒转,逆向计时;

（19）Windows 操作系统无故频繁出现错误;

（20）系统异常重新启动;

（21）一些外部设备工作异常;

（22）异常要求用户输入密码;

（23）Word 或 Excel 提示执行"宏";

（24）使不应驻留内存的程序驻留内存。

13.4.2　计算机病毒的防治

病毒的繁衍方式、传播方式不断变化,反病毒技术也应该与病毒对抗的同时不断推陈出新。防治计算机病毒要从以下两个方面着手。

1. 在思想和制度方面

（1）加强立法、健全管理制度;

（2）加强教育和宣传,打击盗版。

2. 在技术措施方面

（1）系统安全;

（2）软件过滤;

（3）软件加密;

（4）备份恢复；

（5）建立严密的病毒监视体系；

（6）在内部网络出口进行访问控制。

13.4.3 常见病毒防治工具

目前,市场上杀毒软件品种很多。杀毒软件有腾讯电脑管家、金山毒霸、卡巴斯基、百度杀毒软件、瑞星杀毒软件、诺顿防杀毒软件等。

建议选择正版软件使用,定期更新病毒库,并查杀病毒。

13.5 网络道德与法规

尽管因特网提供了十分自由的空间,但必须遵守一定的网络道德规范与法规,否则因特网就是一个混乱的世界。网络是人类社会的一部分,网上的行为也是社会行为的一部分。

13.5.1 网络道德

道德是由一定的社会组织借助于社会舆论、内心信念、传统习惯所产生的力量,使人们遵从道德规范,达到维持社会秩序、实现社会稳定目的的一种社会管理活动。

网络道德是时代的产物,与信息网络相适应,人类面临新的道德要求和选择,于是网络道德应运而生。网络道德是人与人、人与人群关系的行为法则,它是一定社会背景下人们的行为规范,赋予人们在动机或行为上的是非善恶判断标准。目前比较严重的网络道德失范行为主要有:网络犯罪、色情和暴力、网络文化侵略、破坏国家安全。

13.5.2 网络道德的特点

网络道德由于虚拟空间的出现而产生新的要求,与植根于物理空间的现实道德相比较,有其新的特点。

1. 自主性和自律性

自主性,即与现实社会的道德相比,网络社会的伦理道德呈现出更少强制性和依赖性、更多自主和自觉性的特点与趋势。

在这个以网络技术为基础的少人干预、过问、管理、控制的网络道德环境中,人们进入了"反正没人认识我"的界域,自己对自己负责,自己管理自己,并根据自己的需要独立地选择网络服务的项目和内容、发布和接受任何信息。个体的自主性得到了前所未有的体现;但同时,由于网络道德规范是人们根据既得利益和需要制定的,因此增强了人们遵守这些道德规范的自觉性,要求人们的道德行为具有更高的自律性,自我主宰、自我约束、自我控制,真正体现人格的尊严和道德的觉醒。也就是说,随着"网络社会"的到来,人们建立起来的应该是一种自主自律型的新道德。

2. 开放性和多元性

开放性,即与开放性、超时空性的网络相联系,人们的网络道德意识、观念和行为也是超时空性。

多元性,即与传统社会的道德相比,网络社会的道德呈现出一种多元化、多层次化的特点与发展趋势。

13.5.3 网络道德规范

在我们充分利用网络提供的历史机遇的同时,抵御其负面效应,大力进行网络道德建设已刻不容缓。以下是有关网络道德规范的要求。

1. 基本规范

（1）不要利用计算机窃取别人的口令和财产；

（2）未经授权,不要侵入他人计算机；

（3）软件是人类智慧的结晶,软件作者付出了艰辛的劳动,非法复制和使用别人的软件是侵权行为,不要把共享软件和自由软件用于商业目的；

(4) 在因特网上要体谅和尊重别人；

(5) 不散发反动、迷信、淫秽的内容，不散布谣言，不搞人身攻击；

(6) 在网络上要注意语言美，不要谈论庸俗话题，不要使用粗俗的语言；

(7) 严格自律，不看暴力或色情的网络内容。

2. 全国青少年网络文明公约

2001 年 11 月 22 日，共青团中央、教育部、文化部、国务院新闻办公室等单位在北京联合向社会公布了《全国青少年网络文明公约》：

要善于网上学习，不浏览不良信息；

要诚实友好交流，不侮辱欺诈他人；

要增强自护意识，不随意约会网友；

要维护网络安全，不破坏网络秩序；

要有益身心健康，不沉溺虚拟时空。

13.5.4　网络安全法规

网络安全法规规定了国家在计算机安全方面的各级组织机构，以及相应的责任、职权和工作范围，规范社会工作，统一衡量系统安全的标准；以及各类法规的相关的法规。

世界各国都颁布了法律法规，随着互联网的发展而不断完善。中国颁布的法规有《中华人民共和国计算机信息网络国际联网管理暂行规定》《中国公用计算机互联网国际联网管理办法》《中华人民共和国计算机信息系统安全保护条例》《商用密码管理条例》与《互联网信息服务管理办法》。

1. 国外概况

1978 年 8 月，美国佛罗里达州第一个通过了《佛罗里达计算机犯罪法》。随后，美国 50 个州有 47 个州相继颁布了计算机犯罪法。自 1978 年以来，美国各部门提出了 130 多项法案。1981 年成立了全美计算机安全中心，主要评价商用计算机系统的安全程度和适用范围。1984 年美国国会通过了《联邦禁止利用电子计算机犯罪法》，1987 年国会批准成立国家计算机安全技术中心，并制定了《计算机安全法》。1988 年，著名的"莫里斯案件"成为该法公布以来审理的第一宗计算机犯罪案件(但直到 1990 年，法庭才判处莫里斯 5 年监禁或 25 万美元罚款，后来又改判 3 年缓刑、罚款 1 万美元和 400 小时的社区服务)。

瑞典在计算机安全立法和数据监察方面起步较早，1973 年就颁布了数据法，涉及了计算机犯罪问题。这是世界上第一部保护计算机数据的法律。后来丹麦等西欧各国基本上都颁布了数据法或数据保护法。1991 年，欧洲共同体 12 个成员国批准了软件版权法等。

日本于 1984 年 11 月，成立了金融工业信息系统中心。1985 年 12 月，制定了计算机安全规范，并出版了相应的指南。1986 年 5 月成立了日本安全管理协会，并有四个分组研究计算机安全、EDP 审核、人类因素和保密等基础课题。1989 年 11 月，日本警视厅公布了《计算机病毒等非法程序的对策指南》。

迄今为止，已经 30 多个国家先后从不同的侧面，制定了有关计算机及网络犯罪的法律和法规，很多国家对原有的法律进行了程度不同的修改、补充。

2. 国内概况

自 1981 年以来，我国开始注意计算机安全问题，计算机安全知识得到了较为广泛的宣传。1984 年年初，经国务院批准，在公安部成立了计算机管理监察局，主管全国的计算机安全工作。1987 年 10 月，制定了《电子计算机系统安全规范(试行草案)》，这是我国第一部有关计算机安全工作的法规。继而制定了专利法、商标法、著作权法、计算机软件保护条例等。

3. 网络法规的特点

宏观性、严密性、兼容性、普遍性、可靠性、开放性、稳定性、强制性。

4. 常用的网络法规

（1）知识产权保护

主要是对权利人权利的确认和保护以及对侵权行为制裁方面体现的，狭义的知识产权包括著作权、商标权和专利权，知识产权可以由专利法、著作权法、商标法和反不正当竞争法给予保护。对于在网络中存储和传输的各类作品和信息，以及在网络中出版的作品，当然也受知识产权法的保护。由于在网络中很容易对各种作品和其他信息进行复制、篡改、演绎或作其他利用，也很容易跨越国境传输，因此在网络中要注意区分无偿提供的还是受知识产权保护的信息，否则就会侵犯别人的版权，触犯法律。还应该注意避免侵犯别人的隐私权，不能在网上随意发布、散布他人的个人资料。

（2）计算机犯罪法

计算机犯罪法是以防范计算机犯罪行为、惩罚犯罪、保护计算机资产为目的。它在立法中界定了属于计算机犯罪的行为。比较典型的计算机犯罪条文有：任何人超出其工作范围，企图或未经许可访问任何计算机系统、网络、程序、文件及存取数据；任何人企图或未经许可使用任何计算机系统或网络，存取信息或输入虚假信息，侵犯他人利益；任何人企图或未经许可利用或已经利用计算机系统或网络进行诈骗，或窃取现金、金融证券、情报、信息和程序；任何人非法取得计算机信息系统服务；任何人故意破坏、损害、篡改、删除程序、数据和文件，破坏、更改计算机系统和网络系统，中断或拒绝计算机服务，非法获得计算机服务等。上述任何行为都是触犯了计算机犯罪法，根据情节应处以罚款或监禁，或者两者并罚。

（3）反病毒法规

计算机病毒是对计算机网络安全最严重的威胁之一，因此制定计算机病毒控制条例或反病毒法规，以严格控制计算机病毒的研究、开发，防止并惩罚计算机病毒的制造和传播，保护计算机资产及其运行的安全，1989年9月，国际信息处理协会计算机安全技术委员会对计算机病毒通过了一项决议，内容如下：全世界每个计算机工作人员应认识到并向学生宣传计算机病毒的危害；每个出版者应该拒绝登载涉及计算机病毒的详细程序；每个计算机工作人员不得传播病毒程序，除非是在严格控制的环境中为了研究工作而必须使用病毒；致力于侦查和防范计算机病毒的人员应立即停止将病毒供他人实验；政府和大学的计算机工作者应投入更多力量研制保证计算机安全的新技术；各国政府应采取行动，把散布计算机病毒定为犯罪行为等。

（4）保密法规

为确保国家秘密、商业秘密和技术等不在互联网上泄露，国家保密局2000年1月1日起颁布实施《计算机信息系统国际联网保密管理规定》，明确规定了泄密行为及因信息保护措施不当造成泄密的行为是触犯法律的。国家有关信息安全的法律、法规要求人们增强对计算机信息系统的保密管理，以确保信息安全，避免因为泄密而损害国家、企业、团体的利益。

（5）防治和制止网络犯罪相关法规

网络犯罪与普通犯罪一样，也是触犯法律的行为，分为故意犯罪和过失犯罪。尽管处罚程度不同，但是这些犯罪行为都会受到法律的追究。因此，在使用计算机和网络时，必须明确哪些是违法行为，哪些是不道德行为。计算机使用者需要学习法律、法规文件，知法、懂法、守法，增强自身保护意识、防范意识，抵制计算机网络犯罪。

习　题

一、选择题

1. 网络安全最基本的技术是（　　）。

A. 信息加密技术　　　　B. 防火墙技术　　　　C. 网络控制技术　　　　D. 反病毒技术

2. 网络安全的主要目标是保护网络上的（　　）。

A. 计算机资源　　　　B. 计算机设备　　　　C. 存储介质　　　　D. 软件和数据

3. 文件型病毒是文件传染者，也被称为寄生病毒，它运作在计算机的（　　）里。

A. 网络　　　　B. 显示器　　　　C. 打印机　　　　D. 存储器

4. 下列关于网络病毒描述错误的是(　　)。

A. 网络病毒不会对网络传输造成影响　　　　B. 与单机病毒比较,加快了病毒传播的速度

C. 传播媒介是网络　　　　D. 可通过电子邮件传播

5. 下列关于计算机病毒描述,正确的是(　　)。

A. 计算机病毒只感染.exe 或.com 文件

B. 计算机病毒是通过电力网传播的

C. 计算机病毒是通过读写软盘、光盘或 Internet 传播

D. 计算机病毒是由于软盘表面不卫生引起的

6. 设计网络安全方案时,除增强安全设施投资外,还应该考虑(　　)。

A. 用户的方便性　　　　B. 管理的复杂性

C. 对现有系统的影响及对不同平台的支持　　　　D. 以上三项都是

7. 文件型病毒传染的对象主要是(　　)类文件。

A. DBF　　　　B. DOC　　　　C. COM 和 EXE　　　　D. EXE 和 TXT

8. 网络安全的基本属性是(　　)。

A. 机密性　　　　B. 可用性　　　　C. 完整性　　　　D. 以上三项都是

9. 常见的网络信息系统不安全因素包括(　　)。

A. 设备故障　　　　B. 拒绝服务　　　　C. 篡改数据　　　　D. 以上皆是

10. 下列关于计算机病毒说法错误的是(　　)。

A. 有些病毒仅能攻击某一种操作系统,如 Windows

B. 病毒一般附着在其他应用程序之后

C. 每种病毒都会给用户造成严重后果

D. 有些病毒能损坏计算机硬件

11. 下列叙述中属于计算机犯罪的是(　　)。

A. 非法截取信息、窃取各种情报

B. 复制与传播计算机病毒、黄色影像制品和其他非法活动

C. 借助计算机技术伪造篡改信息、进行诈骗及其他非法活动

D. 以上皆是

12. 网络道德的特点是(　　)。

A. 自主性　　　　B. 多元性　　　　C. 开放性　　　　D. 以上三项都是

13. 下列情况中,(　　)破坏了数据的完整性。

A. 假冒他人地址发送数据　　　　B. 数据在传输中被窃听

C. 数据在传输中被篡改　　　　D. 以上三项都是

14. 拒绝服务的后果是(　　)。

A. 信息不可用　　　　B. 应用程序不可用　　　　C. 阻止通信　　　　D. 以上三项都是

15. 信息安全包括(　　)。

A. 保密性、完整性　　　　B. 可用性、可控性　　　　C. 不可否认性　　　　D. 以上三项都是

二、简答题

1. 什么是信息安全及其特征?

2. 信息安全防范技术有哪些?

3. 什么是计算机病毒? 它有哪些特点和危害性?

4. 如何防治计算机病毒?

5. 网络道德及网络道德的特点是什么?